Technical And Vocational Education

高职高专计算机系列

办公软件案例教程

Office 2003 Tutorial

王凡帆 ◎ 主编

林丽姝 章喜宇 程贤立 ◎ 副主编

人民邮电出版社

北京

图书在版编目（CIP）数据

办公软件案例教程 / 王凡帆主编. -- 北京 : 人民邮电出版社, 2011.10 (2012.6 重印)
工业和信息化人才培养规划教材. 高职高专计算机系列
ISBN 978-7-115-26210-3

Ⅰ. ①办… Ⅱ. ①王… Ⅲ. ①办公自动化－应用软件－高等职业教育－教材 Ⅳ. ①TP317.1

中国版本图书馆CIP数据核字(2011)第164338号

内 容 提 要

本书从 Office 2003 的基础知识和基本操作出发，详细讲解了 Office 2003 各个主要组件的使用方法。以“知识点+案例应用+拓展”的设计思路，把软件的使用功能与实际案例的操作步骤和方法紧密地结合在一起。全书共分 9 章，主要内容包括 Windows XP 操作系统应用、Word 文字处理应用、Excel 电子表格应用、PowerPoint 演示文稿应用、FrontPage 综合应用、Outlook 综合应用、办公软件联合应用、Access 数据库的应用和 Internet 综合应用等。另外，本书还配有案例及练习的素材，能帮助读者轻松学会 Office 2003 的使用，同时还能提高办公文档的设计与操作水平，掌握办公文档处理的各种技能。

全书知识编排由浅入深，本书可作为高职高专计算机公共基础课或办公软件教材，同时还适合各种电脑培训班的培训教材或参考书。

工业和信息化人才培养规划教材——高职高专计算机系列

办公软件案例教程

◆ 主　　编　王凡帆
　副 主 编　林丽姝　章喜字　程贤立
　责任编辑　王　威

◆ 人民邮电出版社出版发行　　北京市崇文区夕照寺街 14 号
　邮编　100061　　电子邮件　315@ptpress.com.cn
　网址　http://www.ptpress.com.cn
　北京鑫正大印刷有限公司印刷

◆ 开本：787×1092　1/16
　印张：19　　　　2011 年 10 月第 1 版
　字数：480 千字　　2012 年 6 月北京第 2 次印刷

ISBN 978-7-115-26210-3

定价：37.00 元

读者服务热线：(010)67170985　印装质量热线：(010)67129223
反盗版热线：(010)67171154

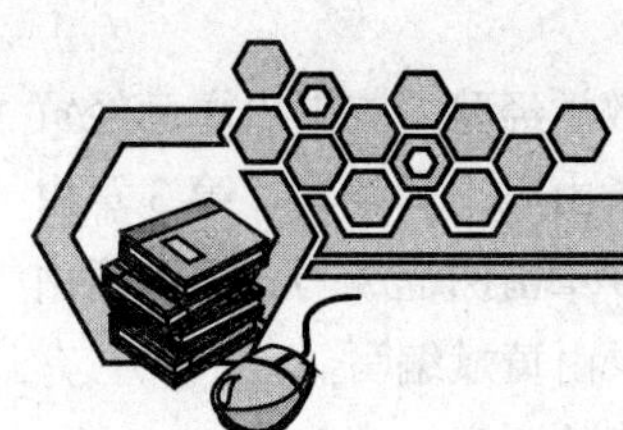

前 言

随着信息技术的飞速发展，计算机在日常生活和工作中的作用日显重要，计算机应用已成为各类专业人才培养方案的重要组成部分，也是各行业从业人员必须掌握的现代工具。《办公软件案例教程》正是顺应了当前的职业需求，从现代办公自动化技术的应用及发展需要出发，结合时代特点而编写的。

本书在编排上注重计算机基础应用课程的综合性、时效性和实用性等特点，紧跟时代步伐，借助“海南建设国际旅游岛”这一备受关注的时事要素作为主线，贯穿全书，把 Microsoft 公司的 Office 系列软件应用融入到具体的职场故事情景当中，让故事中的职场人物来处理完成各项具体的工作任务，让学习者在趣味中学习，在学习中体味，在体味中拓展，在拓展中巩固，真正达到引导学习者“学以致用”的教学目的。

本书在体系结构上做了精心的设计，按照“创建情景——任务剖析——任务实现——任务小结——拓展训练——课后练习”6 个环节的编写思路，旨在引导学习者循序渐进，由浅入深地掌握办公软件操作技能，力求所用案例具有新颖性、实用性及系统性，并留给学习者足够的空间，让其主动参与及创新。本书适用于各类职业院校计算机应用基础教学，也适合职场自动化办公人员及计算机初学者使用。

本书配有所有案例及练习的素材和效果文件，可以帮助学生进一步巩固基础知识及操作技能。任课教师可登录人民邮电出版社教学服务与资源网（www.ptpedu.com.cn）免费下载使用。本书的参考学时为 80 学时，各章的参考学时参见下面的学时分配表。

章节	课程内容	学时分配	
		讲授	实训
第 1 章	Windows XP 操作系统应用	4	4
第 2 章	Word 文字处理应用	6	10
第 3 章	Excel 电子表格应用	6	10
第 4 章	PowerPoint 演示文稿应用	3	3
第 5 章	FrontPage 综合应用	4	4
第 6 章	Outlook 综合应用	2	2
第 7 章	办公软件的联合应用	2	4
第 8 章	Access 数据库的应用	4	6
第 9 章	Internet 综合应用	3	3
课时总计		34	46

本书的编写人员均来自计算机基础教学第一线，具有丰富的实践教学经验。本书由海南经贸职业技术学院的王凡帆副教授担任主编，第 1 章由王凡帆编写，第 2 章由王小莉编写，第 3 章由林丽姝、黄斌编写，第 4 章由刘露思编写，第 5 章由王凡帆编写，第 6 章由谢磊编写，第 7 章由王凡帆、林丽姝编写，第 8 章由何书鸾编写，第 9 章由周波编写，附录由黄斌编写。

李丽蓉主审了全书，并提出了宝贵的意见和建议，在此，表示诚挚的谢意。

由于时间仓促，加之编者的水平有限，书中难免存在错误及不妥之处，恳请广大读者批评指正。

编　者

2011 年 6 月

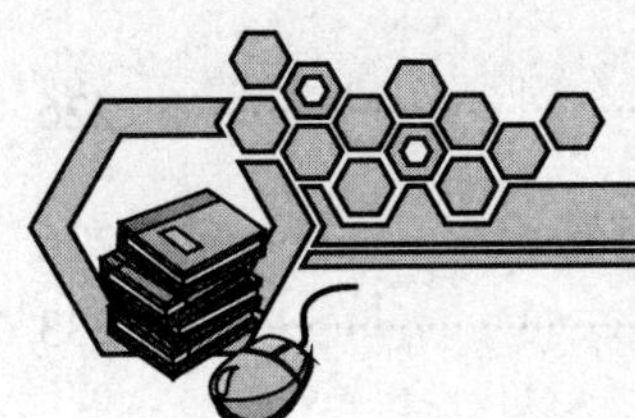

目　录

第1章 Windows XP 操作系统应用

操作系统是计算机系统的核心系统软件，它可以有效控制和管理计算机软件系统和硬件系统资源，是计算机与用户的接口。计算机操作系统通过与用户的交流，对计算机的进程、存储器、设备、文件和任务进行有效的管理。

Windows XP 中文全称为“视窗操作系统体验版”，是微软公司发布的一款视窗操作系统。Windows XP 中的“XP”是英文 Experience（体验）的缩写，象征新版本将以更为智能化的工作方式为广大用户带来新的体验，具有高度客户导向的界面和功能。与以前的其他版本相比，Windows XP 提供了更为新颖、简洁的图形化用户界面，用户操作直观、简捷、形象；进一步提高了计算机系统运行速度、运行的可靠性和易维护性；拥有数字媒体最佳平台，适用家庭用户和游戏玩家；提供了增强的 Internet 功能。

学习目标

- ✧ 掌握 Windows XP 的启动、退出方法；掌握鼠标与键盘的使用方法；熟悉 Windows XP 的桌面界面组成；掌握 Windows XP 的窗口、对话框、菜单操作。
- ✧ 理解文件或文件夹的命名规则，熟练掌握文件（文件夹）的新建、打开、删除、复制、移动、粘贴、搜索、重命名、属性设置操作。
- ✧ 掌握控制面板的使用方法；掌握显示属性设置方法；学会任务栏设置方法；掌握日期时间的设置方法；掌握安装打印机及其他硬件设备的方法。
- ✧ 掌握应用程序的安装及删除方法；了解附件中的常用软件，学会使用画图、计算器等软件。
- ✧ 掌握系统优化方法，学会磁盘碎片整理、磁盘清理及备份操作。
- ✧ 了解 Windows XP 的安装及维护。

1.1 Windows XP 的基本操作——工作界面应用

1.1.1 创建情景

骆珊到新公司上班了，办公秘书的工作杂而多，现在又已进入高信息时代，所有的工作基本上要借助电脑才能完成，可是怎样才能灵活自如地使用电脑，让骆珊能享受到学习与工作的乐趣呢？这让骆珊不得不跟着技术部的李老师学习。

1.1.2 任务剖析

1. 相关的知识点

Windows XP 是一个全新的操作系统，它在界面与功能上都继承了前期版本的优点。要灵活自如地使用电脑，首先要了解电脑的启动、关闭、界面、窗口等最基本的操作。

（1）启动 Windows XP。打开计算机电源开关后，Windows XP 会自动启动。

（2）中文 Windows XP 桌面。计算机启动后，就可以进入 Windows XP 系统了，屏幕上显示出的画面即为桌面。启动后的桌面如图 1-1-1 所示。所谓桌面是指 Windows XP 所占据的整个屏幕背景，是 Windows XP 的工作平台，是 Windows XP 的一个文件夹。Windows XP 桌面主要是由"任务栏"、"桌面背景"、"桌面图标"、"开始"菜单 4 个部分组成，桌面上的一个图标对应一个程序、文件或者文件夹。

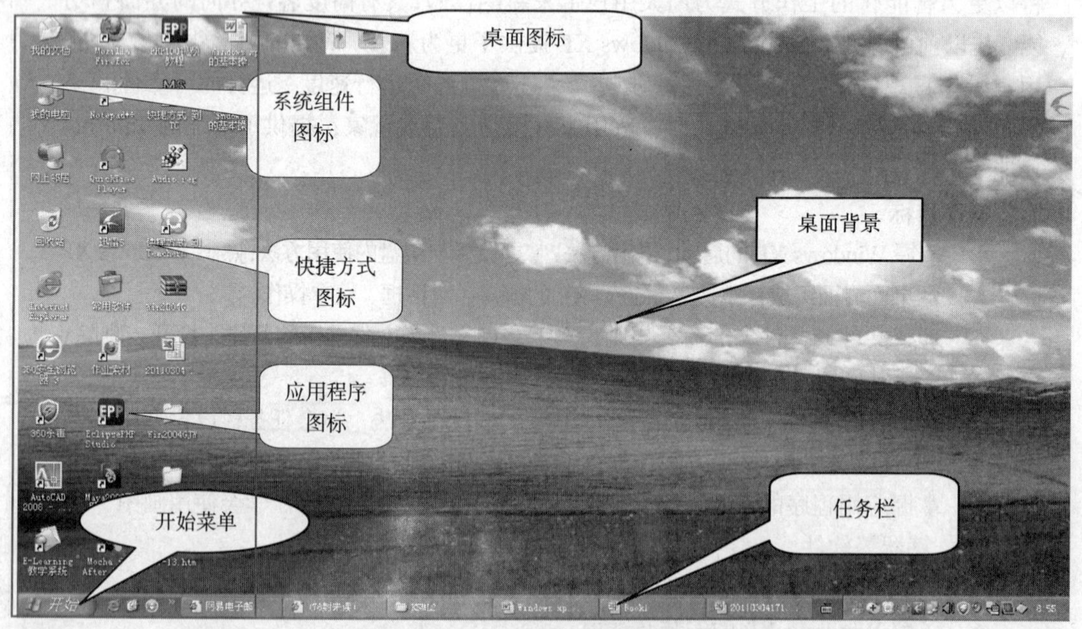

图 1-1-1 Windows XP 桌面

桌面图标有几种类型，分别是系统组件图标、快捷方式图标、应用程序图标、桌面文件图标、桌面文件夹图标。

① 任务栏。Windows XP 的任务栏和“开始”菜单是用户日常管理计算机和运行应用程序的主要途径。初始的任务栏一般在桌面屏幕的底端，如图 1-1-2 所示，它为用户提供快速启动应用程序、文档及其他已打开窗口的方法。

图 1-1-2　任务栏

② 桌面背景。桌面就是在安装好中文版 Windows XP 后，用户启动计算机，登录到系统后看到的整个屏幕界面，它是用户和计算机进行交流的窗口。

③ 桌面图标。图标是桌面上的小图，单击或双击图标，将会打开或执行某些操作，常用的桌面图标见表 1-1-1 所示。

表 1-1-1　常用桌面图标的名称及作用

名　称	功　能
我的文档	它是一个文件夹，是文档、图片和其他文件的默认存储位置
我的电脑	是一个文件夹，使用该文件夹可以快速查看软盘、硬盘、光驱以及映射网络驱动器的内容，可以查看计算机上的所有内容，是用户使用和管理计算机的最重要工具
Internet Explorer	浏览网络信息的浏览器，用于访问 Internet 上的 Web、FTP、BBS 等服务器或本地的 Internet
网上邻居	访问局域网中其他计算机的共享资源
回收站	存放被用户删除的文件或文件夹，用户可以把“回收站”中的文件恢复到它们原来在系统中的位置

（3）鼠标操作。鼠标是电脑的一个非常重要的输入设备，用来在屏幕上定位以及对屏幕对象进行操作。在 Windows XP 中，鼠标有以下几种基本操作。

① 单击：快速单击鼠标左键并释放，单击一般用来选择屏幕上的对象。

② 双击：快速连续单击两次鼠标左键，双击一般用来打开对象。

③ 拖动：按下鼠标左键不放，并移动到一个新的位置。拖动一般可以移动或复制对象。

④ 右击：快速单击并释放鼠标右键。右击一般会弹出一个快捷菜单。

⑤ 指向：在不按鼠标的情况下移动鼠标，将鼠标指针指向某一项上。

（4）关闭和重启 Windows XP。Windows XP 为了有效地保护系统和用户资源，提供了一种安全的关机退出模式。需要关机时，首先关闭所有的应用程序，再关闭 Windows XP。

① 保存所有应用程序处理结果，关闭所有正在运行的应用程序。

② 单击屏幕左下角的【开始】按钮。

③ 选择【关闭计算机】命令，出现如图 1-1-3 所示对话框。

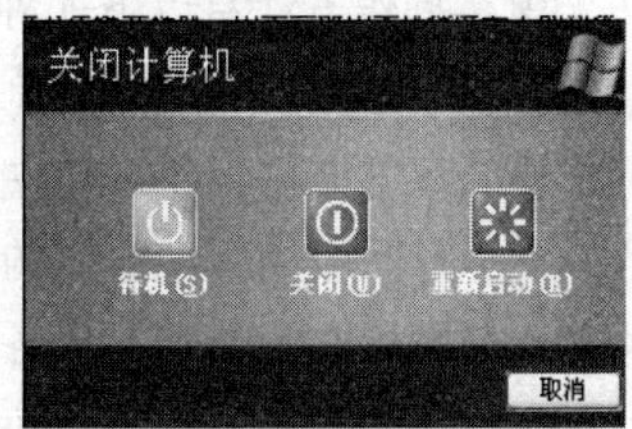

图 1-1-3　【关闭计算机】对话框

④ 单击【关闭】按钮，表示要退出 Windows XP，关闭计算机；单击【待机】按钮，表示计算机进入休眠状态；单击【重新启动】按钮，将重新启动计算机；单击【取消】按钮，表示不退出 Windows XP，计算机返回之前状态。

（5）Windows XP 的窗口。

① Windows XP 窗口的组成。在 Windows 中，有各种各样的应用程序，它们所对应的窗口也不同，不同的窗口的组成也不一样。

一般窗口的组成有：标题栏（包括控制按钮、名称、最大化、最小化、还原、关闭按钮等）、菜单栏、工具栏、编辑栏（或工作区）、状态栏等。如图 1-1-4 所示的是文件夹的窗口界面。

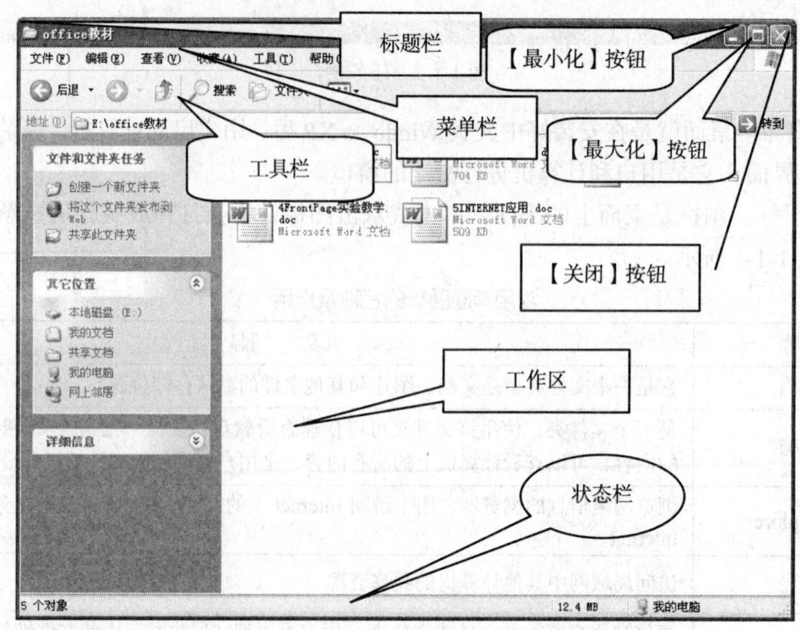

图 1-1-4　Windows XP 窗口界面

② Windows XP 窗口的操作。在 Windows XP 中，无论用户打开磁盘驱动器、文件夹，还是应用程序，系统都会打开一个窗口，用于管理和使用相应的内容。因此，窗口的操作和管理是用户使用计算机过程中最常进行的操作。通过鼠标，用户可以对打开的窗口进行各种操作，其中包括打开、关闭、最大化、最小化、移动等。

（A）打开窗口常用的方法有如下两种。

✧　鼠标左键双击准备打开的窗口图标。

✧　鼠标右键单击准备打开的窗口图标，选择弹出快捷菜单中的【打开】命令。

（B）关闭窗口。常用关闭窗口的操作方法有以下 5 种。

✧　键盘操作方法：按【Alt】+【F4】组合键即可。

鼠标操作方法有以下 4 种。

✧　单击窗口右上角的【关闭】按钮 。

✧　双击应用程序窗口左上角的控制菜单按钮。

✧　打开应用程序窗口的【文件】→【退出】命令。

✧　鼠标右键单击在任务栏该窗口图标按钮，选择弹出快捷菜单中【关闭】命令。

（C）移动窗口。打开 Windows XP 的窗口，用户可以根据需要，利用键盘或鼠标进行移动窗口的操作。

（D）最小化窗口。当用户暂时不使用已打开的窗口，为不影响其他窗口或桌面的操作，可进行最小化窗口操作。

✧　操作方法：单击窗口右上角的【最小化】按钮 。

（E）最大化窗口。在窗口操作中，为查看到更多信息，可进行最大化窗口操作。

✧　操作方法：单击窗口右上角的【最大化】按钮□。

（F）还原窗口。在窗口操作中，为使窗口恢复到原来的状况，可进行还原窗口操作。

✧　操作方法：单击窗口右上角的【还原】按钮。

（G）改变窗口大小。在窗口操作中，当窗口处于还原状态时，用户根据实际情况调整窗口大小，可进行改变窗口大小操作。

✧　操作方法：鼠标指针指向窗口边界，单击同时移动鼠标。

（H）窗口切换。Windows XP 是多任务的操作系统，它允许同时打开多个窗口，这和你在办公桌上摆放多份文件是同样的道理。但是，某一时刻只能对一个窗口进行操作，这个窗口称为当前窗口，其他的窗口称为后台窗口。因此，有必要对当前窗口进行切换，切换方法如下。

✧　方法一：单击对应窗口。这种方法必须要看到要切换为当前窗口的应用程序窗口。

✧　方法二：单击任务栏上对应的应用程序窗口图标。

每一个打开的应用程序窗口，在任务栏上都会显示为一个图标。

（6）Windows XP 菜单。菜单是应用程序命令的一个集合，用户通过选择其中的命令来实现相应的操作，菜单命令的操作可以通过鼠标或键盘实现。

Windows XP 中菜单一般有层叠菜单、下拉式菜单、弹出式菜单 3 类。

① 层叠菜单：“开始”菜单是典型的层叠菜单，如图 1-1-5 所示。

② 下拉式菜单：应用程序窗口的命令菜单，一般以下拉式菜单形式出现，如图 1-1-6 所示。

③ 弹出式菜单：也称快捷菜单，是单击鼠标右键时弹出的菜单，如图 1-1-7 所示。

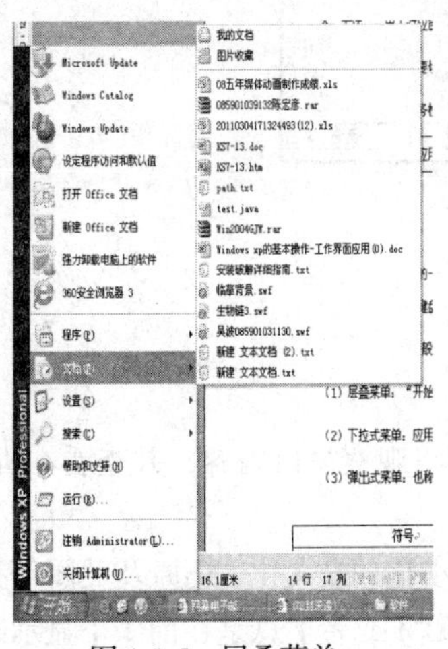

图 1-1-5　层叠菜单

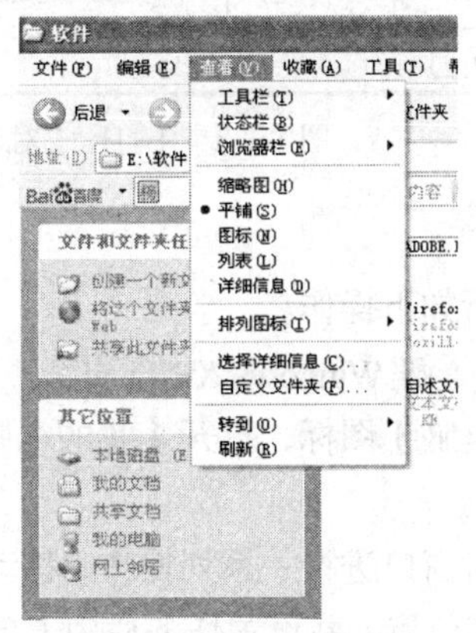

图 1-1-6　下拉式菜单

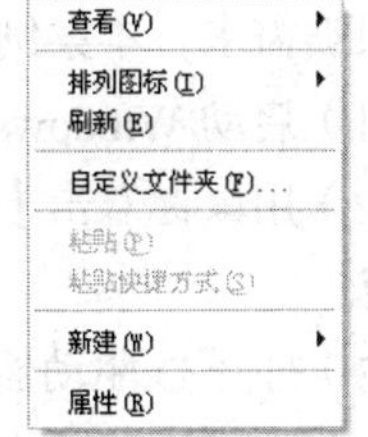

图 1-1-7　弹出式菜单

如果看到菜单的底部有一个向下的双箭头图标，表示屏幕没有足够的空间来显示整个菜单，单击此图标可以展开整个菜单，查看到菜单中的其余命令。

在 Windows 菜单项中，经常出现一些标记符号，这些菜单标记符号的意义见表 1-1-2 所示。

表 1–1–2　命令菜单的符号及意义

符　号	意　义
命令前带符号“●”	表示目前有效的单选项
命令前带符号“√”	表示目前有效的复选项
命令后是组合键（Alt+字母、Ctrl+字母）	表示键盘快捷键
命令后带符号“…”	表示执行该命令会引出一个对话框
命令后带符号“▲”	表示执行该命令会弹出一个子菜单
变灰的命令	表示当前无效的操作，不可使用
分组线“——”	通过分组线将菜单按组分类

（7）Windows XP 对话框。对话框是计算机通过操作系统与用户交流的一种界面。在菜单上选择命令或者在工具栏上单击命令按钮，可以激活对话框。

不同操作状态下会出现不同的对话框，它的组成也不一样。通常，对话框的选项和组成元素有：标题栏、标签、工具栏、单选框、复选框、列表框、下拉列表框、文本框、数值框、滑标、命令按钮、帮助按钮等。如图 1-1-8 所示为【打印】对话框。

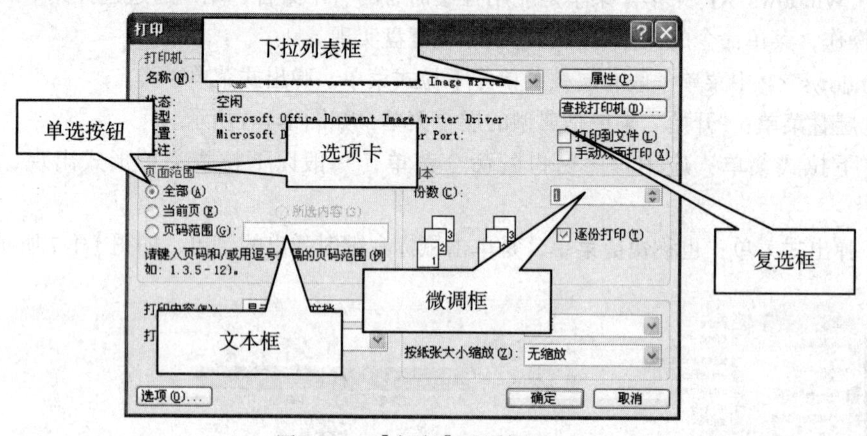

图 1-1-8　【打印】对话框

2. 操作方案

根据需求，本案例将进行如下操作。

（1）启动 Windows XP，了解 Windows XP 桌面。

（2）用鼠标双击【我的电脑】图标，打开【我的电脑】窗口观察窗口内容，并查看本机的系统信息。

（3）打开 D 驱动器，并对窗口进行一系列操作，移动、最小化、最大化、还原及关闭等操作。

（4）改变任务栏的大小和位置，并设置任务栏为【自动隐藏】或者【总是在前】、【显示时钟】等操作。

（5）分别用大图标、小图标、详细资料等 3 种方式查看【我的电脑】内容。

（6）设置 Windows XP 在文件夹中显示所有文件和文件夹。

（7）移动【我的电脑】图标，打开或隐藏状态栏。

（8）关闭应用程序，重启或退出 Windows XP。

1.1.3　任务实现

1. 启动 Windows XP

（1）按下主机电源开关，若是主机加电后发出“嘟”一声短音，则表示主机运行正常，否则可能是主机硬件出现问题，需要关机进行检查。

（2）启动计算机后即启动 Windows XP 操作系统，进入 Windows XP 操作界面。

2. 窗口操作

（1）在桌面上找到【我的电脑】图标，双击打开【我的电脑】窗口，观察窗口内容。

（2）在【我的电脑】窗口中单击左窗格中【系统任务】选项卡中的【查看系统信息】选项，打开【系统属性】对话框，在该窗口查看到系统信息、计算机名等内容，如图 1-1-9 所示。

图 1-1-9　【系统属性】对话框

（3）在【我的电脑】中双击【本地磁盘（D:）】图标，打开 D 驱动器窗口，将鼠标放在标题栏，按下鼠标左键不放进行拖动，可以将整个窗口移动。

（4）用鼠标单击窗口右上角的按钮，将窗口还原；再单击按钮，将窗口最大化；单击按钮，窗口在任务栏最小化显示；如图 1-1-10 所示，将鼠标指向任务栏中的“本地磁盘（D:）”图标处单击，又可以将窗口展开；再单击右上角的按钮，就可以将窗口关闭。

图 1-1-10　窗口最小化到任务栏

3. 定制任务栏

（1）移动任务栏。在默认情况下，任务栏位于桌面的底部，用鼠标拖动的方法可以移动任务栏的位置，任务栏可以移动到桌面的上、下、左、右 4 个位置。

如果不希望任务栏的位置被随意移动，可以锁定任务栏，将鼠标指针放在任务栏的空白处单击右键，在弹出的快捷菜单中选择【锁定任务栏】命令即可，如图 1-1-11 所示。

（2）设置任务栏。将鼠标放在任务栏的空白处单击右键，在弹出的快捷菜单中选择【属性】命令，弹出【任务栏和「开始」菜单属性】对话框，如图 1-1-12 的所示。

（3）隐藏任务栏。在【任务栏和「开始」菜单属性】对话框中勾选【自动隐藏任务栏】复选项，可以隐藏任务栏，只有将鼠标指向任务栏位置时任务栏才出现。

（4）在【任务栏和「开始」菜单属性】对话框中勾选【将任务栏保持在窗口前端】复选项，可以设置任务栏不被隐藏，一直在窗口前面显示。

（5）显示时钟。在【任务栏和「开始」菜单属性】对话框中勾选【显示时钟】复选项时，任务栏的右边会显示当时的系统时间。

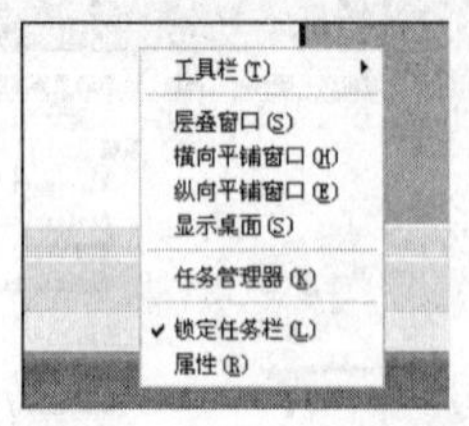

图 1-1-11 任务栏快捷菜单

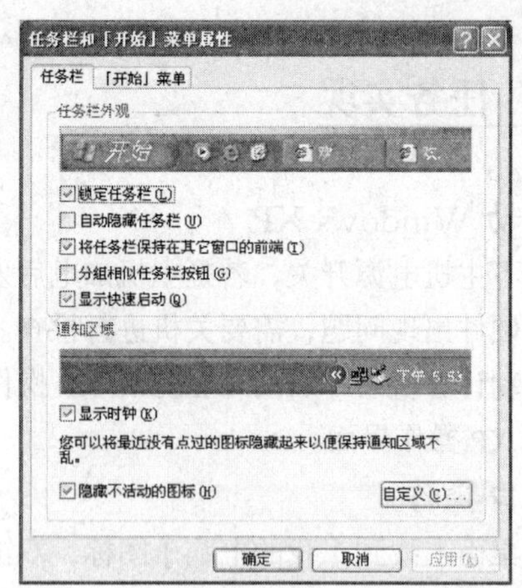

图 1-1-12 【任务栏和「开始」菜单属性】对话框

4. 设置【开始】菜单

（1）用大图标显示【开始】菜单选项。在【任务栏和「开始」菜单属性】对话框中选择【开始菜单】标签，单击选中【「开始」菜单】单选项，单击【自定义】按钮，如图 1-1-13 所示。

（2）打开【自定义「开始」菜单】对话框，选中【大图标】单选项，如图 1-1-14 的所示。

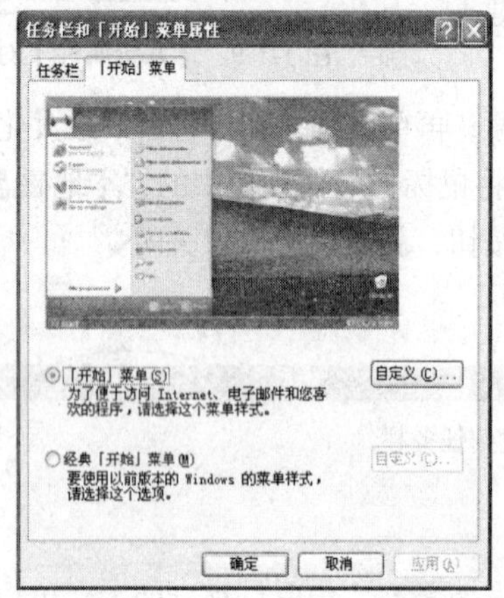

图 1-1-13 设置【开始】菜单

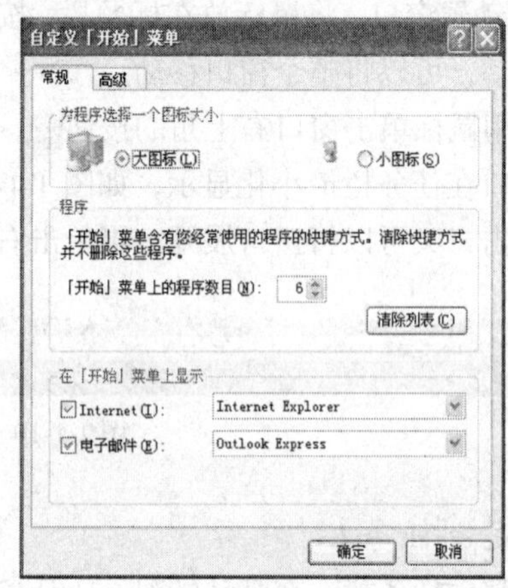

图 1-1-14 设置【开始】菜单大图标

（3）依次单击【确定】按钮，就可以在【开始】菜单中以大图标显示各类选项。

（4）同时，还可以在图 1-1-13 中选中【经典「开始」菜单】单选项，单击【自定义】按钮，打开【自定义经典「开始」菜单】对话框，在【高级「开始」菜单选项】列表框中单击选中【在「开始」菜单中显示小图标】复选框，单击【清除】按钮，即可清除最近访问过的文档，如图 1-1-15 所示。

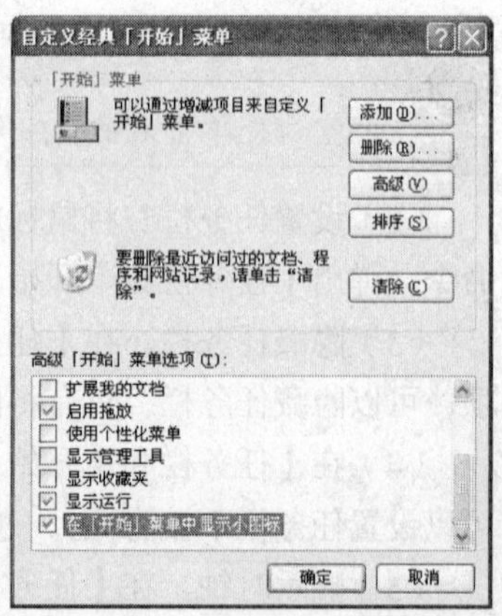

图 1-1-15 自定义「开始」菜单

5. 设置文件显示方式

用多种显示方式显示【我的电脑】内容。

（1）用鼠标双击【我的电脑】图标，打开并观察【我的电脑】窗口内容。

（2）在【我的电脑】窗口的工具栏上单击▦按钮，弹出下拉菜单，如下图 1-1-16 所示。

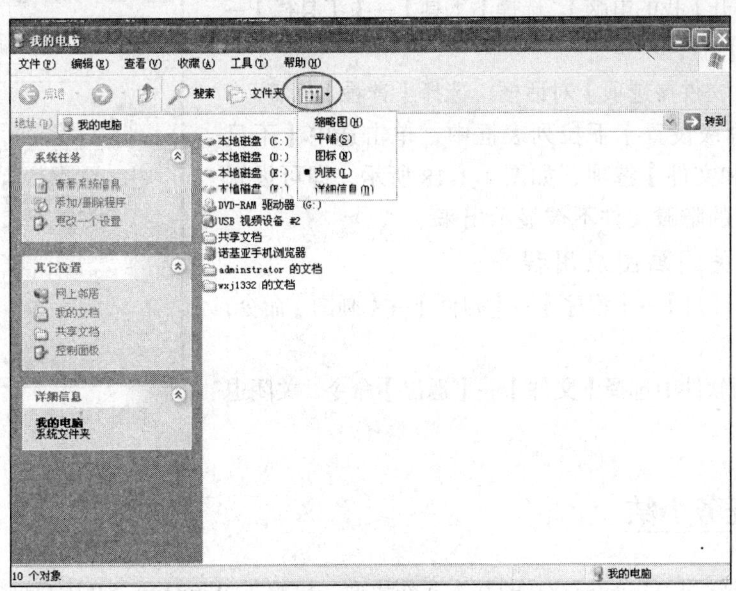

图 1-1-16　设置文件显示方式

（3）在弹出的菜单中分别选择【缩略图】、【平铺】、【图标】、【列表】、【详细信息】选项，【我的电脑】工作区会有不同的显示方式。

6. 隐藏窗口的标准按钮及状态栏

（1）打开【我的电脑】，选择【查看】→【状态栏】命令，将状态栏前面的“✓”去掉，如图 1-1-17 所示，就可以隐藏窗口的状态栏。

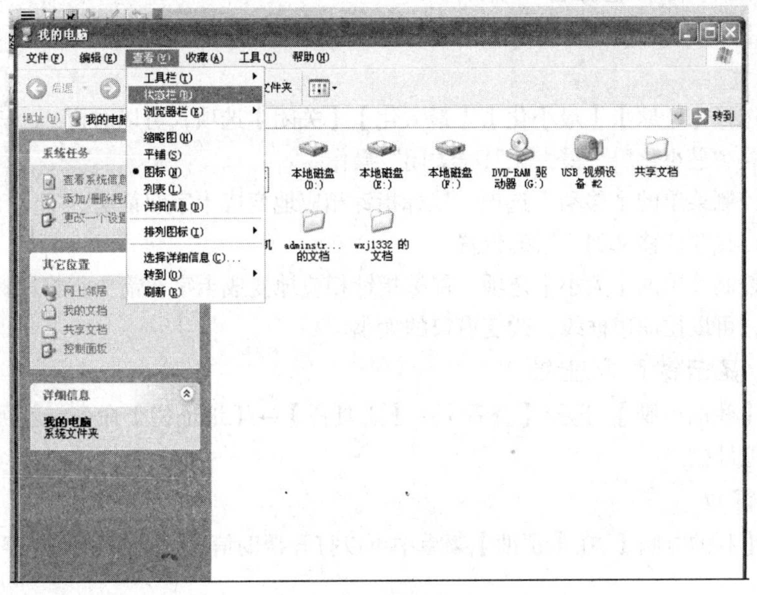

图 1-1-17　隐藏状态栏

（2）打开【我的电脑】，选择【查看】→【工具栏】→【标准按钮】命令，就可以隐藏窗口的标准按钮栏。

7. 不显示隐藏文件

(1) 双击打开【我的电脑】，选择【工具】→【工具栏】→【文件夹选项...】命令。

(2) 打开【文件夹选项】对话框，选择【查看】标签。

(3) 在【高级设置】下拉列表框中，单击选中【不显示隐藏的文件和文件】选项，如图 1-1-18 所示，即可设置【我的电脑】中的隐藏文件不被显示出来。

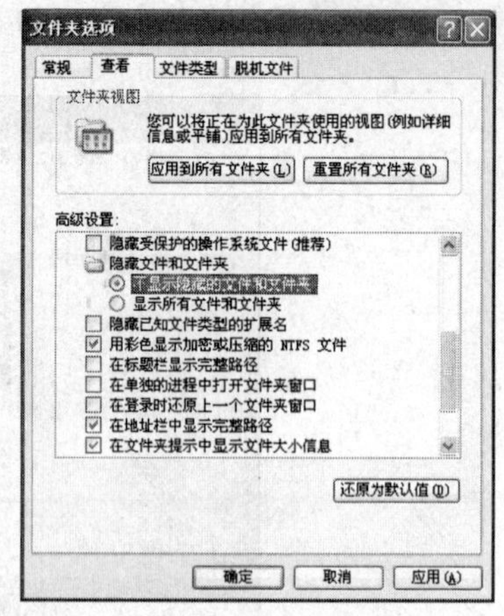

图 1-1-18 查看文件设置

8. 打开/关闭画图应用程序

(1) 选择【开始】→【程序】→【附件】→【画图】命令，打开画图软件。

(2) 在画图软件中选择【文件】→【退出】命令，关闭退出画图软件。

1.1.4 任务小结

本案例通过学习 Windows XP 的基本工作界面，讲解了 Windows XP 中桌面的组成、任务栏设置、Windows XP 的窗口组成及操作应用、Windows XP 对话框组成及操作应用，带领读者掌握 Windows XP 的鼠标及键盘操作、Windows XP 操作系统及应用程序的启动和关闭。

1.1.5 拓展训练

利用本案例所掌握的知识及技巧，可以拓展到其他类似的操作，以管理【我的电脑】。

1. 利用控制菜单进行窗口操作

(1) 在所打开的应用程序窗口中，在窗口标题栏上单击鼠标右键，弹出控制菜单，如图 1-1-19 所示。

(2) 分别选择【还原】、【最小化】、【最大化】、【关闭】选项，可以对窗口进行“还原”、“最小化”、“最大化”、“关闭”操作。

(3) 选择控制菜单的【移动】选项，鼠标指针相应地变成十字双箭头，此时拖动窗口可将窗口移动到合适的位置。

图 1-1-19 控制菜单

(4) 选择控制菜单的【大小】选项，鼠标指针相应地变成十字双箭头，将鼠标放到窗口的边框，拉动鼠标，可以拉动边框线，改变窗口的大小。

2. 隐藏/显示窗口地址栏

双击打开【我的电脑】，选择【查看】→【工具栏】→【地址栏】命令，就可以设置隐藏或显示窗口中的地址栏。

3. 帮助窗口

双击打开【我的电脑】，在【帮助】菜单中可以打开帮助信息，查看帮助内容。

1.1.6 课后练习

1. 开机启动 Windows XP 操作系统，观察 Windows XP 桌面组成和操作，并重新启动计算机；

用鼠标移动桌面上各个图标的位置，如【我的电脑】、【我的文档】、【Internet Explorer】、【回收站】等。

2. 指出在“开始”栏中各个组成部分:【开始】按钮、应用程序图标、输入法图标、时钟图标等组成元素，调整【开始】栏的显示位置和大小。

3. 采用不同的方法进行 Windows 窗口操作。

分别打开【资源管理器】.【我的电脑】、【画图】、【Internet Explorer】等应用程序窗口，对窗口分别进行最大化、最小化、还原、移动、改变窗口大小、关闭等操作。

4. 对话框的基本操作

用鼠标双击任务栏右端的时间区域，打开【日期/时间属性】对话框，观察对话框与窗口的区别，并修改计算机的日期和时间。

5. 任务栏和【开始】菜单的使用

（1）选择【开始】→【所有程序】→【附件】→【画图】命令，打开一个应用程序。任务栏上显示【画图】的图标，并将其最小化。观察任务栏上图标的变化。

（2）选择【开始】→【我的文档】命令，打开【我的文档】文件夹窗口，观察任务栏对应图标则是内凹的，而【Windows Media Player】窗口为外凸的。

（3）通过单击任务栏上的图标，在【我的文档】和【Windows Media Player】窗口间切换。使用键盘操作【Alt】+【Tab】组合键，在以上打开应用程序之间来回切换当前窗口。

（4）用鼠标右键单击“开始”菜单，在弹出的菜单中选择“属性”选项，弹出“任务栏和「开始」菜单属性”对话框，选中对应的复选框，标记或取消确定后观察相应的变化。

（5）使用多种方法打开 Windows 帮助窗口，从而获得帮助信息。

（6）关闭所有应用程序窗口，退出 Windows 操作系统。

1.2 Windows XP 的基本操作——文件及文件夹的管理

1.2.1 创建情景

骆珊到新公司上班已经一段时间了，秘书这个工作要管理许多文件。今天，她来到办公室就坐到电脑前，发现桌面上有许多文件或文件夹，没有分门别类放置好，占用空间不说，要找相关的信息也很难，骆珊决定先整理一下电脑。

1.2.2 任务剖析

对文件的管理是操作系统的基本功能之一，包括文件的创建、删除、移动、复制、查看、重命名、查找等操作。在 Windows 中，文件的管理主要通过【我的电脑】或【资源管理器】来完成，所以在操作之前首先打开【资源管理器】或【我的电脑】窗口。文件和文件夹操作有多种方式，通常有菜单操作、快捷操作、鼠标拖曳操作 3 种方式。

首先，C 盘作为系统盘，主要是用于安装应用软件的，不要将重要的数据文件存放在 C 盘中，我们可以用 D 盘或其他盘作为数据盘。存放文件时，可以根据文件的不同部门或不同性质，进行分类。

1. 相关知识点

（1）文件与文件夹概述。

① 文件。文件是具有某种相关信息的数据集合，计算机的各种信息以文件形式保存在磁盘上，如音频文件、图像文件、视频文件、文本文件等。

文件的完整名称包含了文件名和扩展名，扩展名用来表示文件的类型，不同类型的文件在 Windows XP 中对应不同的文件图标。为了便于管理文件，将相关文件分类后存放在磁盘不同的目录中，这些目录在 Windows XP 中称为文件夹。文件夹中不仅可以包含各种文件，还可以包含下一级文件夹。

② 文件夹。文件夹是系统组织和管理文件的一种形式，是为方便用户查找、维护和存储而设置的，用户可以将文件分门别类地存放在不同的文件夹中。

③ 文件夹树。Windows XP 采用树型结构以文件夹的形式组织和管理文件。Windows XP 允许文件夹中包括文件夹（称为子文件夹），从而构成了文件夹的树型结构。处于树型结构顶层（树根）的文件夹是桌面，计算机所有的资源都组织在桌面上，从桌面开始可以访问任何一个文件。桌面上的【我的电脑】、【我的文档】、【网上邻居】、【回收站】等文件夹是系统专用的文件夹，即系统文件夹，一般不能改名。

操作系统为每个存储设备设置了一个文件列表，称为目录。这种由存储设备开始，层层展开直到最后一个文件夹结构，如同一棵大树，由树根到树叉不断分支的结构，我们称为“树型结构”，处于顶层的树根称为根文件夹或根目录。

④ 路径。在多级目录的文件系统中，用户访问某个文件时，除了文件名外，通常还要找到该文件在目录树中所处的位置。从根文件夹开始直到找到该文件时所经过的文件夹信息，称为路径。

路径是从根文件夹开始，直到找到文件，把途经的文件夹连接起来形成。路径的表示方式为：根文件夹（磁盘驱动器）后面使用“：\”，并且两个子文件之间用反斜杠“\”分开，例如“C:\TEST\A1\CAT.bmp”就是一个路径，表示的是在 C 驱动器下的 TEST 文件夹下 A1 文件夹中的 CAT.bmp 文件。

（2）文件的命名规则。在 Windows XP 中，文件名或文件夹名最多可使用 255 个字符。这些字符可以是字母、空格、数字、汉字或一些特定符号，但不能有以下非法符号（” |\<>*/:?），文件名不区分大小写，即“FIND.doc”和“find.doc”指的是同一个文件。

文件的名称由文件名及扩展名组成，中间用“.”字符连接，一般每个文件名都有最长为 3 个字符的文件扩展名，如“任务书.doc”的文件名为“任务书”，扩展名为“doc”，通常用扩展名来标识文件类型和创建此文件的程序。常用的扩展名及其含义如表 1-2-1 所示。

表 1-2-1　　文件类型及扩展名

扩 展 名	类　型	扩 展 名	类　型
doc	文档文件	swf	Falsh 文件
xls	电子表格文件	com	命令文件
bak	备份文件	exe	可执行文件
txt	文本文件	sys	系统文件
html	网页文件	rar	压缩文件
avi	可播放视频文件	bmp	图像文件
c	C 语言源程序文件	hlp	帮助文件

续表

扩　展　名	类　　型	扩　展　名	类　　型
ini	系统配置文件	bat	批处理文件
wav	波形声音文件	tmp	临时文件
tab	文本表格文件	mid	音频文件

文件夹的命名与文件类似，不同的是，文件夹只有名称，没有扩展名。

（3）文件和文件夹的属性。在 Windows XP 中的文件和文件夹的属性有 4 种：只读、隐藏、存档和系统。

① 只读：表示对文件或文件夹只能读取不能修改。

② 隐藏：可以在系统中不被显示出来。

③ 存档：当用户新建一个文件或文件夹时，系统自动为其设置“存档”属性。它表示文件、文件夹的备份属性，只是提供给备份程序使用。

④ 系统：只有 Windows 的系统文件才具有该属性。

只有磁盘格式化采用 FAT32 分区格式，文件或文件夹属性对话框中才显示存档和系统属性选项。一般采用 NTFS 格式分区的，想修改存档或系统属性需使用 DOS 命令实现。

2. 实践操作方案

根据需求，本方案将进行如下操作。

（1）在 D 盘建立“财务部”、“市场部”、“办公室”3 个文件夹。

（2）在“办公室”文件夹中创建“员工信息”、“合作酒店”两个文件夹。

（3）在“合作酒店”中新建“新国酒店.doc”文件，并发送到桌面快捷方式。

（4）将桌面上的“招录员工表.xls”文件复制到 D 盘的“办公室”中的“员工信息”文件夹中。

（5）将桌面上的“任务书.doc”文件移到 D 盘的“市场部”文件夹中。

（6）删除桌面上的“招录员工表.xls”文件。

（7）查找和清理磁盘中所有扩展名为“.tmp”的文件，清理回收站。

1.2.3　任务实现

1.创建文件夹

（1）从电脑桌面打开【我的电脑】，双击打开 D 驱动器，选择菜单栏上的【文件】→【新建】→【文件夹】命令，如图 1-2-1 所示，建立一个默认名为“新建文件夹”的文件夹，直接输入名字“财务部”后，在新建的文件夹外单击鼠标或按【Enter】键，就可成功建立“财务部”文件夹。

（2）使用同样的方法可创建“市场部”、“办公室”文件夹，或者用鼠标双击打开 D 驱动器，然后在 D 驱动器的空白处单击鼠标右健，弹出快捷菜单，再选择【新建】→【文件夹】命令，同样能建立新文件。

图 1-2-1　新建文件夹菜单

（3）用鼠标双击打开“办公室”文件夹，选择菜单栏中的【文件】→【新建】→【文件夹】命令，建立一个默认名为“新建文件夹”的文件夹，直接输入名字【员工信息】后，在新建的文件夹外单击鼠标或按【Enter】键，就可成功建立“员工信息”文件夹，另外一个文件夹“合作酒店”采用相同方法创建。

（4）双击打开“合作酒店”文件夹，选择菜单栏上的【文件】→【新建】→【Microsoft Word 文档】命令，如图 1-2-2 所示，建立一个默认名为“新建 Microsoft Word 文档”的文件，直接输入名字“新国酒店.doc”文件名，在新建的文件外单击鼠标或按【Enter】键，就可成功建立“新国酒店.doc”文件。

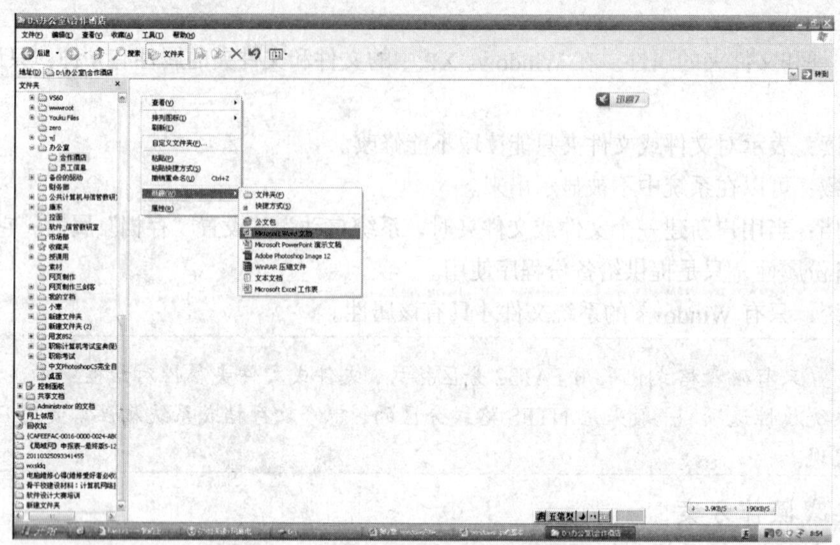

图 1-2-2　新建文件或文件夹快捷菜单

也可从“资源管理器”创建文件或文件夹，用鼠标右键单击“开始”菜单，在弹出的快捷菜单中选择【资源管理器】选项，打开【资源管理器】窗口，在【资源管理器】窗口的左窗格中选择“D 盘”，打开“D 盘”后，就可选择【文件】→【新建】命令来创建文件或文件夹了。

2. 选取文件或文件夹

对文件和文件夹操作，总是对某些操作对象（文件或文件夹）进行的，因此，操作的第一步是操作对象的选取。“先选取后操作”是 Windows 的一个主要操作特点。

（1）选取一个：单击一个文件或文件夹。

（2）选取连续多个：先选取第一个文件或文件夹，按住【Shift】键的同时单击文件或文件夹。

（3）选取不连续多个：按住【Ctrl】键的同时单击文件或文件夹。

（4）全部选取：选择【编辑】→【全选】命令。

选中文件或文件夹时，所选取的对象表现为高亮显示。

3. 创建快捷方式

骆珊在工作时，经常要查阅“员工信息”文件夹，觉得每次都要先打开 D 盘后再打开文件有点麻烦，有没有好的方法能在桌面上直接打开呢？

其实通过在桌面建立一个"员工信息"文件夹的快捷方式，就可以解决这个问题了。

（1）选取要设置快捷方式的"员工信息"文件夹。

（2）单击鼠标右键，在弹出的菜单中选择【创建快捷方式】选项，则可在当前文件夹下创建快捷方式。

（3）单击鼠标右键，如图 1-2-3 所示，在弹出的菜单中选择【发送到】→【桌面快捷方式】命令，则可在桌面创建快捷方式。

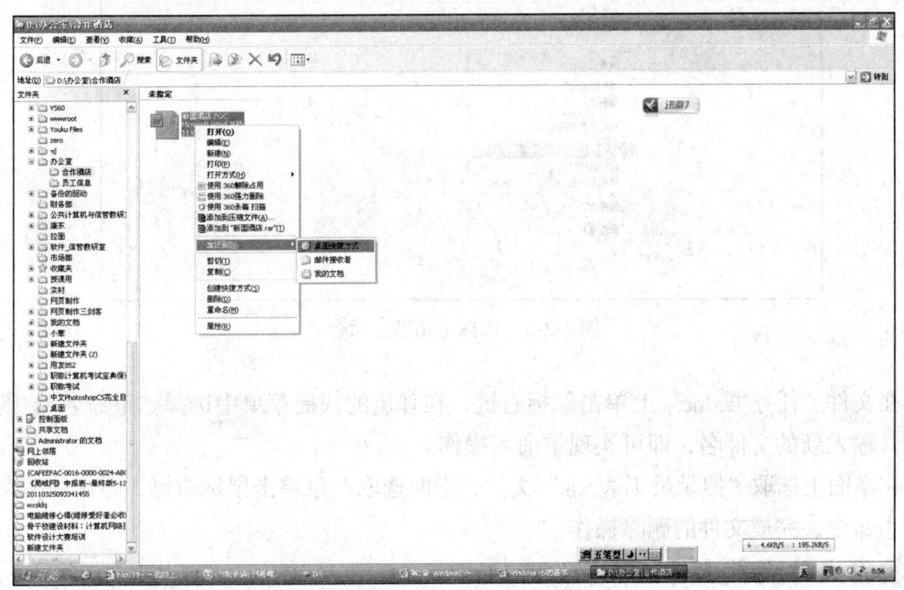

图 1-2-3　创建桌面快捷方式

4. 复制、删除、移动、重命名文件与文件夹

（1）在桌面上选取"招录员工表.xls"文件，指向选取对象单击鼠标右键，弹出快捷菜单，选择【复制】命令，如图 1-2-4 所示。

图 1-2-4　选择【复制】命令

（2）打开 D 盘的"办公室"中的"员工信息"目标文件夹，指向选取对象单击鼠标右键，弹出快捷菜单，如图 1-2-5 所示，选择【粘贴】命令，完成将【招录员工表.xls】文件复制到 D 盘的"办公室"中的"员工信息"文件夹中。

（3）在桌面上选取"任务书.doc"文件，指向选取对象单击鼠标右键，弹出快捷菜单，选择

【剪切】命令。

（4）打开D盘的“市场部”目标文件夹，指向选取对象单击鼠标右键，弹出快捷菜单，选择【粘贴】命令，完成将“任务书.doc”文件移动到D盘的“市场部”文件夹。

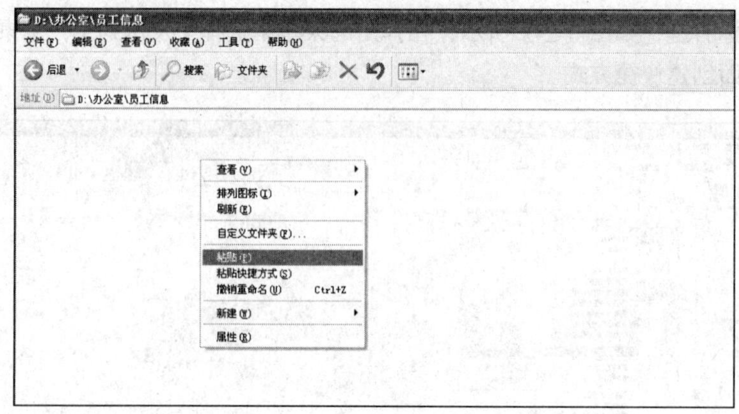

图 1-2-5　选择【粘贴】命令

（5）在文件“任务书.doc”上单击鼠标右键，在弹出的快捷菜单中选择“重命名”，则文件名变成蓝底，输入新的文件名，即可实现重命名操作。

（6）在桌面上选取“招录员工表.xls”文件，指向选取对象单击鼠标右键，弹出快捷菜单，选择【删除】命令，完成文件的删除操作。

5. 搜索文件夹或文件

为了能够很好地管理文件和文件夹，用户必须掌握如何查看文件和文件夹，在 Windows XP 中，一般使用以下两种方法来查找文件和文件夹。

方法一：单击【资源管理器】窗口工具栏中【搜索】图标。

方法二：选择【开始】→【搜索】→【…】命令。

搜索文件夹或文件的具体操作步骤如下所述。

（1）单击【资源管理器】窗口工具栏中【搜索】图标，打开【搜索】助理窗口。

（2）在【要搜索的文件或文件夹名为】栏中输入所要搜索的文件或文件夹名字或部分名字，如“*.tmp”。

（3）在【搜索范围】下拉列表框中选择【本机硬盘驱动器 (C:;D:)】选项。

（4）单击【立即搜索】按钮后，系统进行搜索，如图 1-2-6 所示。

（5）选取搜索到的所有 tmp 文件，按【Delete】键，将其删除。

也可单击【开始】菜单，选择【搜索】→【文件或文件夹】命令，打开搜索对话框后进行搜索查询。

在查找和显示时文件时，如果只记得部分文件名，则可使用通配符“*”和“？”（可代替其他的字符）来帮助搜索，具体如下：

“*”表示任意字符串，“？”表示一个字符。

例如：在搜索中输入“*.doc”表示找的是所有扩展名为“doc”的文件，在搜索中输入“?A.doc”表示文件名只有两个字符且第 2 个字符为“A”的 doc 类型的文件，在搜索中输入“??A*.*”表示找的是文件名的第 3 个字符为“A”的文件。

6. 文件夹或文件的属性

文件或文件夹的主要属性有只读和隐藏等，在 Windows 资源管理器窗口中，可以方便地查看。

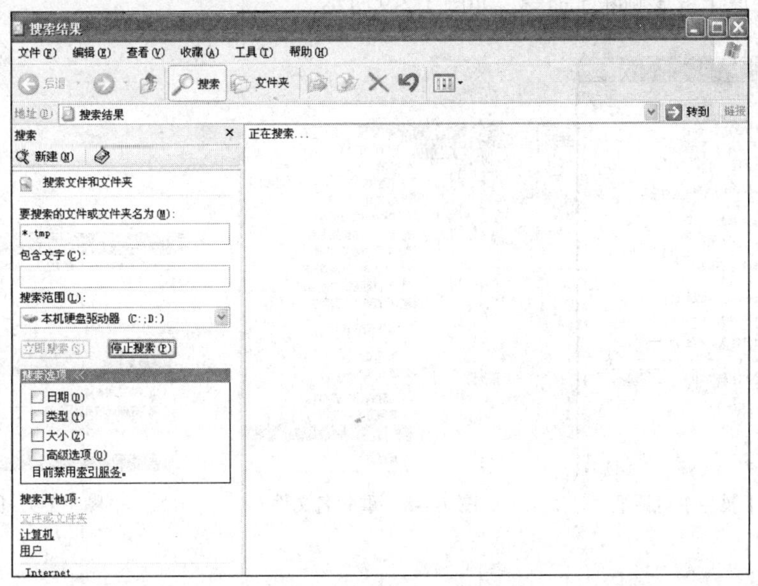

图 1-2-6　搜索文件窗口

（1）选取要设置属性的对象：选取“招录员工表.xls”。

（2）指向选择对象单击鼠标右键，选择【属性】命令，弹出【属性】对话框，如图 1-2-7 所示。

（3）设置【只读】属性，单击【确定】按钮。

“属性”选项说明如下。

只读：文件设置【只读】属性后，用户不能修改其文件。

隐藏：文件设置【隐藏】属性后，只要不设置【显示所有文件】，隐藏文件将不显示。

如果设置【隐藏】属性，则在 Windows 资源管理器中不显示出来；如设置【只读】属性，那么删除时需要一个附加的确认，从而减小了因失误操作而将文件删除的可能性。

7. 重命名文件或文件夹

操作到这里，骆珊发现刚才新建的文件“新国酒店.doc”应为“新南国酒店.doc”，这就要对“新国酒店.doc”进行重命名操作。

（1）选取“新国酒店.doc”文件。

（2）单击鼠标右键，在弹出的菜单中选取【重命名】命令，如图 1-2-8 所示。

（3）输入“新南国酒店.doc”文件名就可。

8. 回收站

回收站是用来管理已被删除的文件或文件夹。可以在回收站中将误删除的文件或文件夹进行恢复，或者清除回收站中的部分文件，也可以清空回收站，以释放被删除文件和文件夹仍然占用的磁盘空间。

（1）双击桌面【回收站】图标，打开【回收站】窗口，点击左边的【清空回收站】或【还原

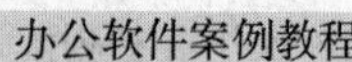

所有项目】选项，对所有回收站中的文件进行清空或还原操作。

（2）如只需删除或还原部分文件，则先选取需删除或还原的文件，单击鼠标右键，弹出快捷菜单，选择【还原】或【删除】命令，如图 1-2-9 所示。

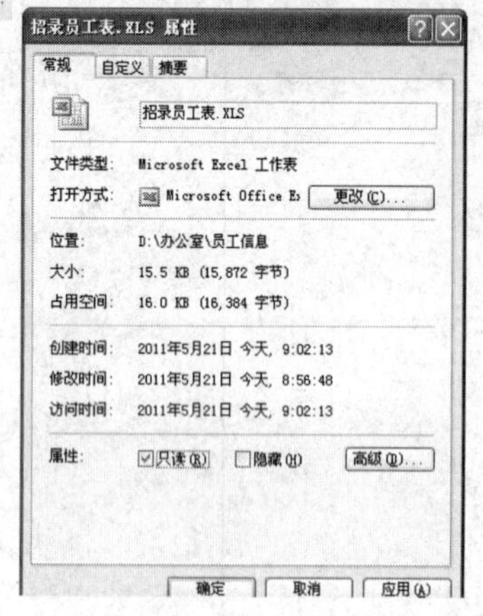
图 1-2-7 【属性】对话框

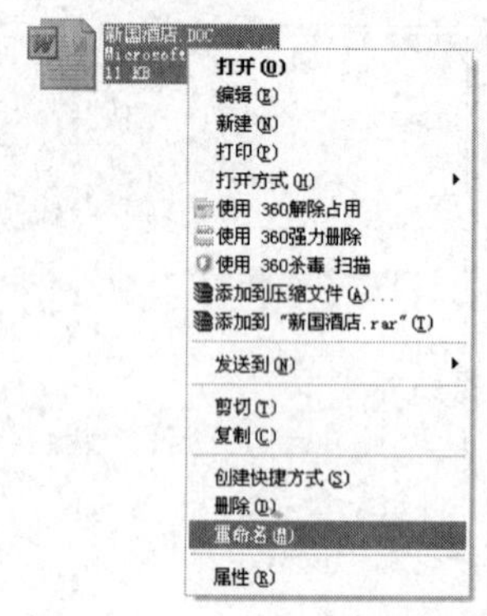
图 1-2-8 重命名文件

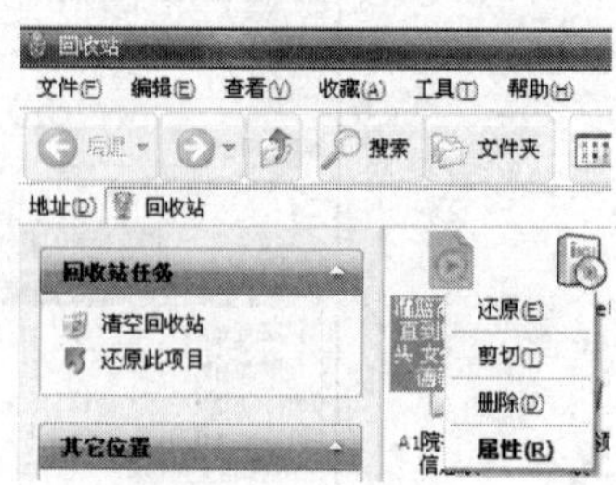
图 1-2-9 回收站

1.2.4 任务小结

本案例通过学习文件或文件夹的基本知识，讲解了在 Windows XP 中如何进行文件或文件夹的管理，带领读者掌握了创建文件、查找文件、删除文件、复制文件、移动文件、重命名文件及属性设置等操作。

1.2.5 拓展训练

利用本案例所掌握的知识及技巧，可以拓展到其他类似文件或文件夹的操作，以管理【我的电脑】。

1. 新建文件或文件夹

（1）用鼠标双击桌面上【我的电脑】图标，打开【我的电脑】窗口，双击【E 盘】图标，在窗口中会显示出 E 盘中的所有文件或文件夹。

（2）在 E 盘窗口的空白处单击鼠标右键，在弹出的快捷菜单中选择【新建】→【文件夹】命令，出现【新建文件夹】图标，然后将文件夹以自己的姓名命名，这里命名为“蓝天”。

（3）用鼠标双击新建的“蓝天”文件夹，分别采用相同的方法建立“图片”、“数据文档”、“视频”3 个文件夹。

（4）用鼠标双击打开名为“数据文档”的文件夹，在该文件夹中创建“t1.txt”和“a1.doc”文件。

2. 文件或文件夹的复制、移动、删除

（1）用鼠标双击打开名为“数据文档”的文件夹，选择“t1.txt”文件，按【Ctrl】+【C】组合键复制，再打开“蓝天”文件夹，按【Ctrl】+【V】组合键粘贴，将“t1.txt”文件复制到“蓝天”文件夹中。

（2）用鼠标双击打开名为【数据文档】的文件夹，选择“a1.doc”文件，按【Ctrl】+【X】组合键剪切，再打开“蓝天”文件夹，按【Ctrl】+【V】组合键粘贴，将“t1.txt”文件复制到“蓝天”文件夹中。

（3）用鼠标右键单击“蓝天”文件夹中的“a1.doc”文件，在弹出的菜单中选择【删除】命令将该文件删除。

3. 设置文件或文件夹的属性

（1）用鼠标双击打开名为“数据文档”的文件夹，选择“t1.txt”文件，单击鼠标右键弹出快捷菜单，选择【属性】命令，打开【属性】对话框，在对话框中选中“只读”复选框，给“t1.txt”文件设置只读属性。

（2）用鼠标双击打开“蓝天”文件夹，选择“视频”文件夹，单击鼠标右键弹出快捷菜单，选择【属性】命令，打开【属性】对话框，在对话框中选中【隐藏】复选框，给【视频】文件夹设置隐藏属性。

4. 搜索文件

（1）在 C 盘中查找所有扩展名为【bmp】的文件，并将其中的 3 个复制到“蓝天”文件夹的“图片”文件夹中。

（2）在我的电脑中查找首两个字符为“任务”的 Word 文档，并将所找到的文件移动到“蓝天”文件夹的“数据文档”文件夹中。

1.2.6 课后练习

1. 在指定的驱动器上创建文件夹，结构如图 1-2-10 所示。

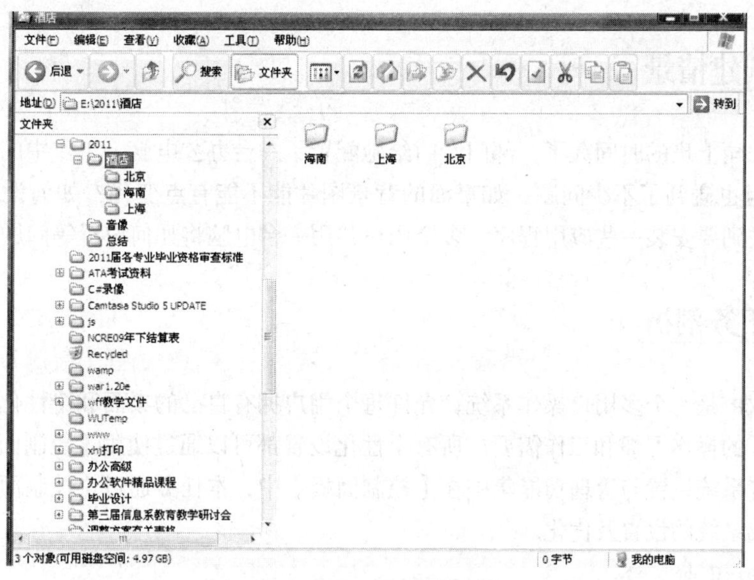

图 1-2-10　文件夹结构图

（1）在“e:/2011”文件夹下分别建立“北京”、“上海”、“海南”3 个文件夹。

（2）在“酒店”文件夹下再分别建立“酒店”、“音像”、“总结”3 个文件夹。

（3）在 C 盘中搜索扩展名为“.jpg”的文件，要求大小在 5K 以内，并任意挑选两个复制到

"音像"文件夹中。

（4）在"酒店"文件夹下新建电子表格文件"a.xls"，并将其复制到"海南"文件夹中，并重命名为"数据一.xls"，并发送桌面快捷方式。

（5）查找D盘中的"tmp"文件，并将查找到的文件删除。

（6）在"海南"文件夹下建立一个名为"海南省省会"的文档文件，输入内容为"这里是海南省政治、经济、文化的中心。"并设置其属性为"只读"。

2. 已知 Windows 文件夹下有如图 1-2-11 所示文件夹。

windows
My eBooks
My Pictures

图 1-2-11　文件夹结构

（1）在 Windows 文件夹下创建一个名为"我的文档"文件夹。

（2）为新建的"我的文档"在同一位置创建一个名为"book"的快捷方式。

（3）将 My eBooks 文件夹下所有文本文档和 Word 文档复制到"我的文档"文件中。

（4）将"我是龙的传人.doc"改名为"龙.doc"。

（5）删除所有扩展名为".dll"的文件。

3. 请完成如下操作。

（1）在"数据"文件夹下创建"data"和"image"两个文件夹，并在"data"文件夹中新建一个名为"中国首都"的文本文件，输入内容为"北京是中国的首都"。

（2）删除"temp"文件夹下大于为1k的图片文件。

（3）把"com"文件夹下的所有.ini文件复制到"系统文件"文件夹中。

（4）把文本文件"fidsk.txt"修改成名为"硬盘分区程序"的文档文件。

（5）把文档文件"四大发明"设置成隐藏文件。

1.3 Windows XP 的综合应用——系统设置与管理

1.3.1 创建情景

骆珊到新公司上班的时间久了，部门专门给她配置了一台办公电脑，工作中的问题基本上能用电脑完成，但也碰到了不少问题，如桌面的背景图片能不能有点变化？如何设置屏幕保护程序？还会经常碰到要安装一些应用程序、多个用户共用一台电脑将如何设置等问题。

1.3.2 任务剖析

Windows XP 是一个多用户操作系统，允许每个用户拥有自己的桌面和个性化的环境，以使系统适合每个人的操作习惯和工作需要。所有个性化设置都可以通过使用【控制面板】来完成，Windows XP 将系统设置与管理功能集中在【控制面板】中，本任务通过【控制面板】中的各项相关内容来完成系统的设置及优化。

1. 相关知识点

（1）设置和管理用户。Windows XP 系统支持多用户操作，若多个用户共同使用一台计算机，可以设置多个用户账户，为各个用户设置不同的密码，并且赋予不同的操作权限。

① 创建新用户账户。在【控制面板】中双击打开【用户账户】对话框，单击【创建一个新账户】选项，如图 1-3-1 所示。

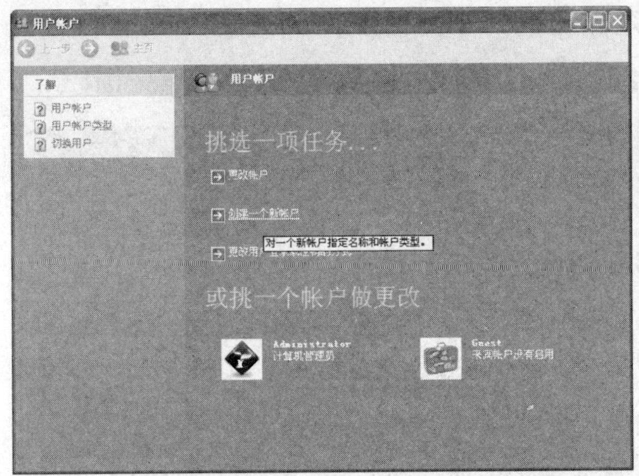

图 1-3-1 创建新账户

在新打开的对话框中输入新账户名称，单击【下一步】按钮，如图 1-3-2 所示。

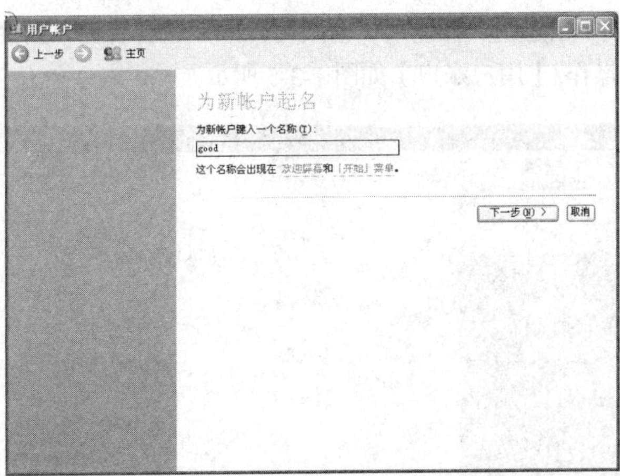

图 1-3-2 输入新账户名称

在弹出的【挑选一个账户类型】界面中，系统提供了两种账户类型：【计算机管理员】和【受限】，选择后再单击【创建账户】按钮，如图 1-3-3 所示。

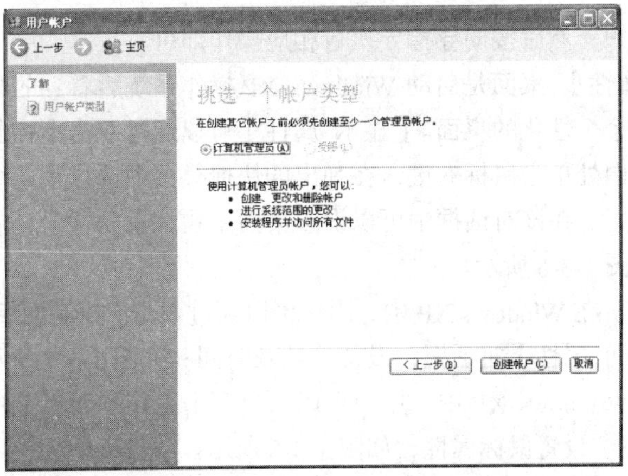

图 1-3-3 挑选一个账户类型

创建账户成功后系统会给新账户添加图标，同时显示，如图 1-3-4 所示。

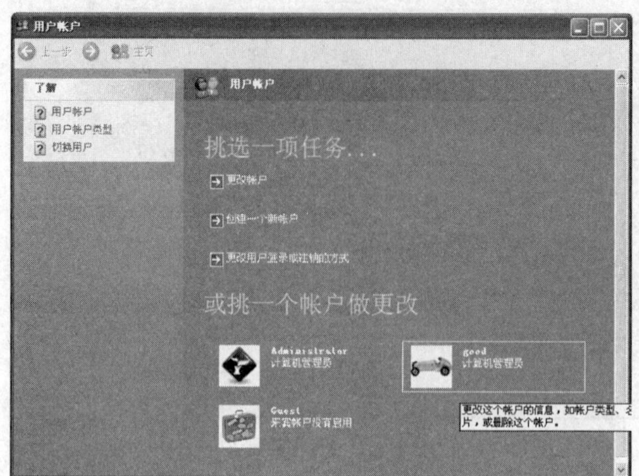

图 1-3-4　账户创建成功

② 管理账户。完成了创建用户操作后，需要对该账户进行管理，如更改名称、创建密码、更改图片、删除账户等操作。【用户账户】如图 1-3-5 所示。

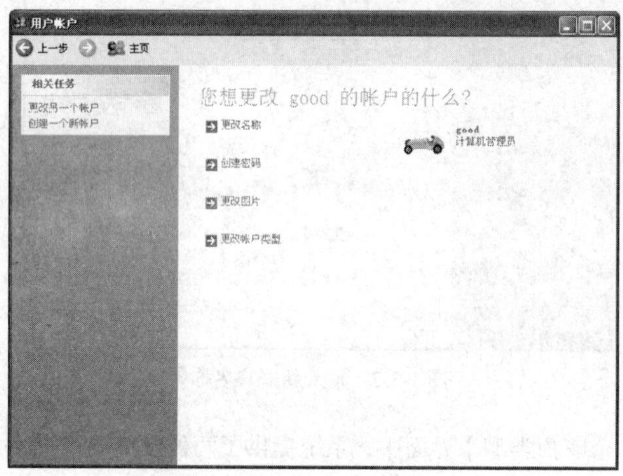

图 1-3-5　【用户账户】对话框

首先需要先选择账户，然后按向导指导执行相应操作即可。

（2）设置【显示 属性】。桌面是启动 Windows XP 操作系统后看到的第一个界面，用户可以根据自己的需要设置一个个性化的桌面。【显示 属性】可以通过双击【控制面板】中的【显示】图标，或者在桌面的空白处单击鼠标右键，在弹出的快捷菜单中选择【属性】命令，打开【显示 属性】对话框来完成设置。在该对话框中可以设置桌面主题、桌面背景、屏幕保护程序、窗口外观及显示器分辨等，如图 1-3-6 所示。

（3）设置日期/时间。在 Windows XP 中，用户可以通过双击【控制面板】中的【日期和时间】图标，打开【日期和时间 属性】对话框，设置日期及时间，如图 1-3-7 所示。

（4）设置鼠标。在 Windows XP 中，用户可以通过双击【控制面板】中的【鼠标】图标，打开【鼠标 属性】对话框，设置鼠标属性，如图 1-3-8 所示。

（5）添加/删除程序。在 Windows XP 中，要使用一个新的应用软件，需要先进行安装才能使

用，同样，如果用户确定不再使用某软件，也可以删除掉，以释放硬盘空间。用户可以通过双击【控制面板】中的【添加/删除程序】图标，打开【添加/删除程序】窗口，来完成添加或删除程序操作，如图 1-3-9 所示。

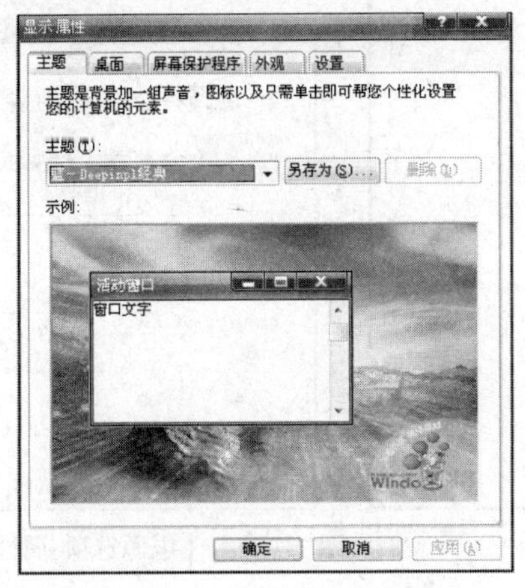

图 1-3-6 【显示属性】对话框

图 1-3-7 【日期和时间 属性】对话框

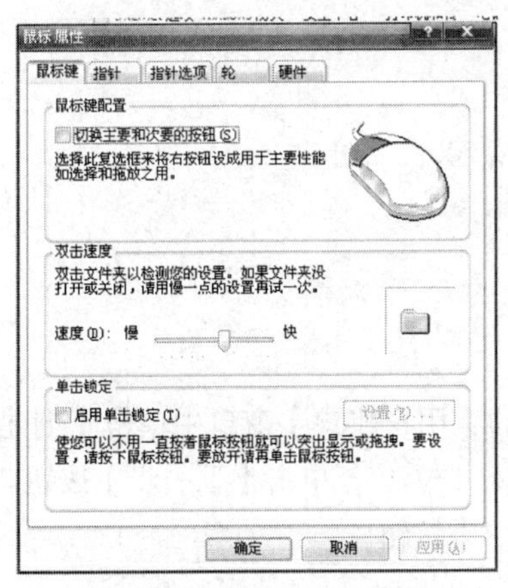

图 1-3-8 【鼠标属性】对话框

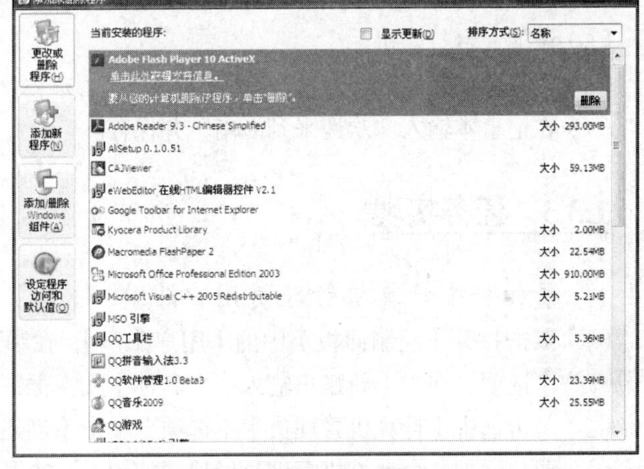

图 1-3-9 【添加/删除程序】窗口

（6）安装打印机。在 Windows XP 中，用户可以通过双击【控制面板】中的【打印机和传真】图标，打开【打印机和传真】窗口，完成添加打印机和传真的设置，如图 1-3-10 所示。

（7）电源管理。在 Windows XP 中，用户可以通过双击【控制面板】中的【电源选项】图标，打开【电源选项 属性】对话框来完成电源的管理设置，如图 1-3-11 所示。

（8）附件程序。Windows XP 的【附件】程序为用户提供了许多方便而且功能强大的工具，如【计算器】、【画图】、【记事本】、【写字板】等。当用户要处理一些要求不是很高的工作时，就可以利用附件中的这些工具来完成。

2. 操作方案

根据需求，本方案将进行如下操作。

（1）创建一个新的计算机管理员账户：sys1，并设置密码。

（2）更新桌面背景图片，并设置图片的方式为【拉伸】，同时设置当计算机 2 分钟无操作时，启动屏幕保护程序，设置显示器分辨率。

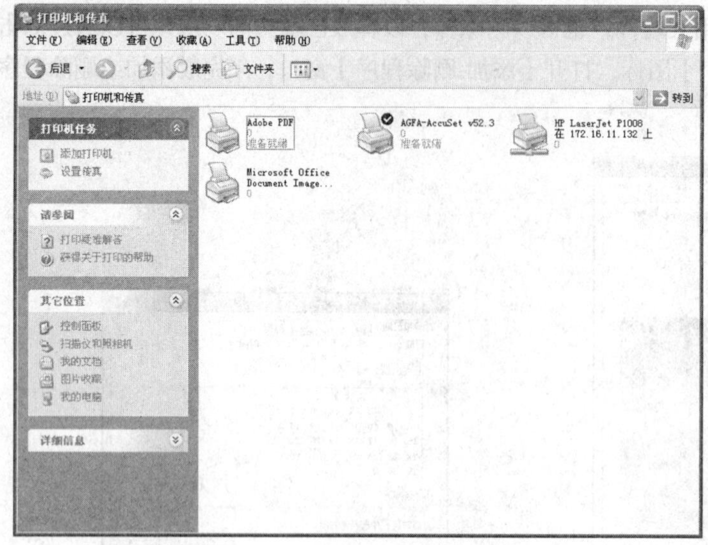

图 1-3-10 【打印机和传真】窗口

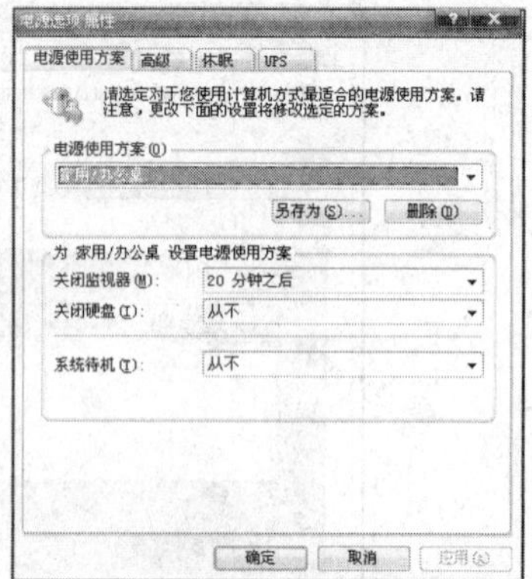

图 1-3-11 【电源选项 属性】对话框

（3）设置日期时间为“2011 年 6 月 1 日 10 点 30 分”。

（4）删除系统中好久不用的软件【超星阅读器】，安装一个新软件【全能背单词】。

（5）添加一台打印机。

（6）设置电源使用方案。

（7）在记事本输入“欢迎来到海南”并保存。

1.3.3 任务实现

1. 添加一个计算机管理员用户账户“sys1”

（1）双击打开【控制面板】中的【用户账户】，在弹出的【用户账户】窗口中单击【创建一个新账户】选项，在为【新账户输入一个名称】文本框中输入“sys1”，单击【下一步】按钮。

（2）单击选中【计算机管理员】单选项，单击【创建用户】按钮。

（3）成功添加一个计算机管理员用户，如图 1-3-12 所示。

图 1-3-12 创建用户账户

（4）在图 1-3-12 所示对话框中，双击“sys1”用户，打开【用户账户】对话框，选择【创建密码】选项，打开【设置密码】对话框。

（5）在【输入一个新密码】文本框中输入“123456”，在【再次输入密码以确认】文本框中再次输入“123456”，同时还可以输入密码提示“数字”，如图 1-3-13 所示。

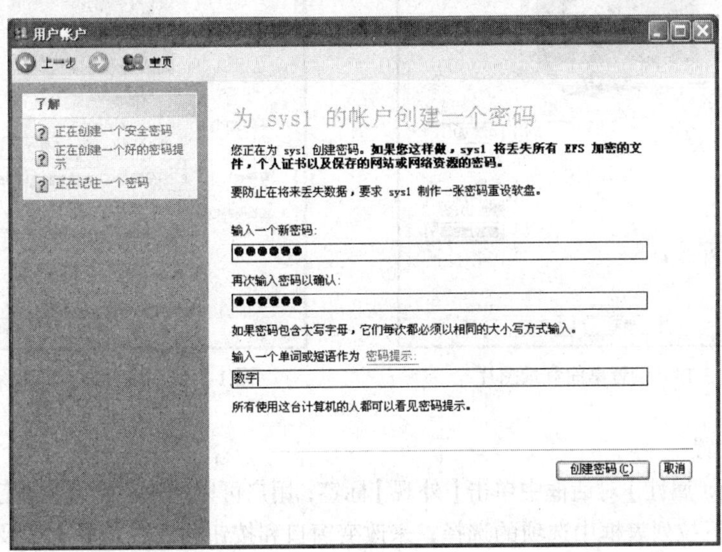

图 1-3-13　设置用户账户密码

（6）最后单击【创建密码】按钮，完成用户密码的设置。

2. 设置【显示 属性】

（1）桌面背景设置。

① 双击打开【控制面板】中的【显示属性】对话框，单击【桌面】标签，在【背景】列表框中选择一个背景图片文件，使其在上面的预览窗口中显示，如果图片的尺寸不符合要求，可以在【位置】下拉列表框中选择一个合适的显示方式，如图 1-3-14 所示。

提示　也可以在图 1-3-14 中单击【浏览】按钮，打开【浏览】窗口，选择其他的图片文件来更改桌面背景图片。

② 设置完成后，单击【确定】按钮即可。

（2）屏幕保护程序设置。

① 在【显示 属性】对话框中单击【屏幕保护程序】标签，在【屏幕保护程序】下拉列表框中选择一个屏幕保护程序，使其在上面的预览窗口中显示，将【等待】微调框中的数字调整为 2，如图 1-3-15 所示。

② 设置完成后，单击【确定】按钮即可。

（3）显示器分辨率及颜色质量设置。

① 在【显示 属性】对话框中单击【设置】标签，使用鼠标拖曳【屏幕分辨率】对应的滑块，可以改变屏幕分辨率，如图 1-3-16 所示。

② 在【颜色质量】下拉列表框中选择合适的颜色质量值。

③ 设置完成后，单击【确定】按钮即可。

图 1-3-14　设置桌面背景图片

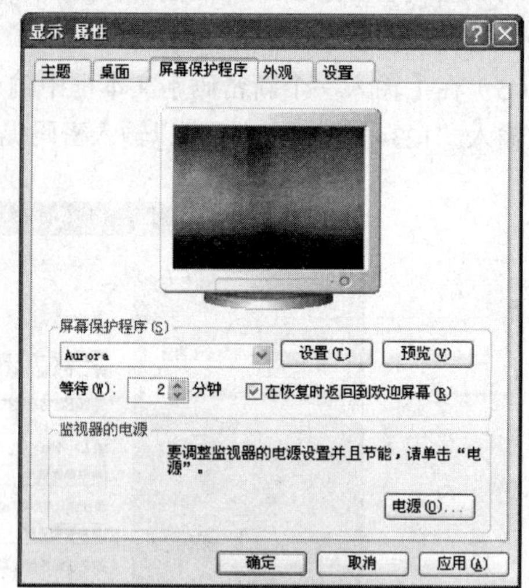

图 1-3-15　设置桌面屏幕保护程序

（4）外观设置。

① 在【显示 属性】对话框中单击【外观】标签，用户可以通过【窗口和按钮】、【色彩方案】、【字体大小】的下拉列表框中选项的选择，来改变窗口和按钮样式、色彩方案及标题栏上的字体显示大小。如图 1-3-17 所示。

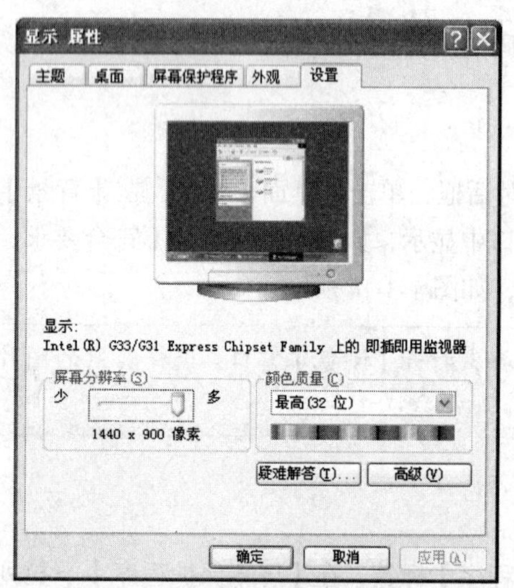

图 1-3-16　设置显示器分辨率及颜色质量

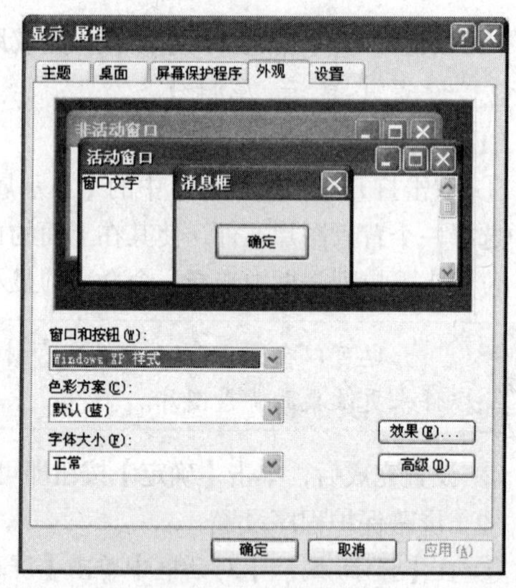

图 1-3-17　设置外观

② 设置完成后，单击【确定】按钮即可。

3. 设置【日期和时间】

（1）用鼠标双击打开【控制面板】中【日期和时间】对话框，在弹出的【日期和时间 属性】对话框，单击【日期和时间】标签。

（2）在月份下拉列表框中选择【六月】，在年份微调框中单击微调按钮，调节年份为"2011"年，在日历表中选择"1"号，在【时间】选项组的时间文本框中输入或调节为准确的时间，如图 1-3-18 所示。

图 1-3-18　设置【日期和时间】

（3）设置完成后，单击【确定】按钮，保存调整后的时间。

4. 添加/删除程序

（1）删除【超星阅读器】程序。

① 在【控制面板】中，单击【添加/删除程序】图标，打开【添加/删除程序】窗口。

② 单击【添加/删除程序】窗口左边的【更改或删除程序】按钮，在右边的列表框中选取【超星阅读器】程序，如图 1-3-19 所示。

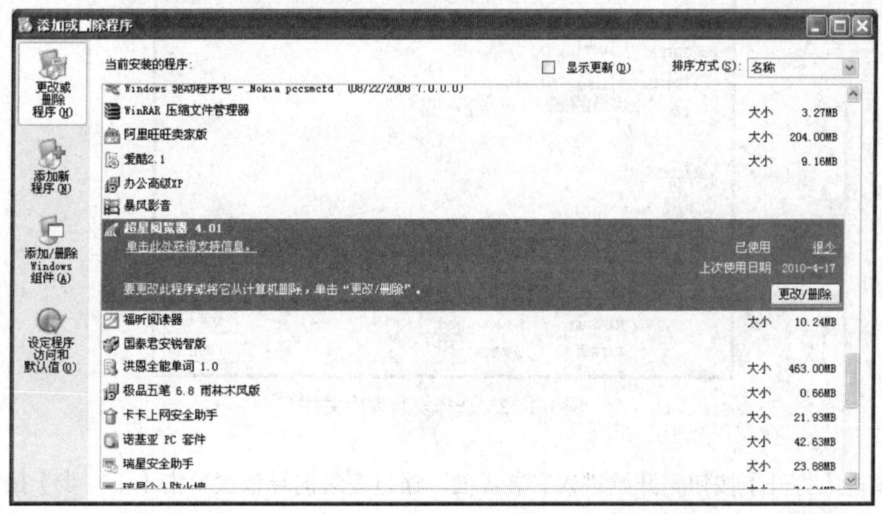

图 1-3-19　删除程序

③ 单击该程序条右边的【更改/删除】按钮，弹出卸载提示框，如图 1-3-20 所示，单击【是】按钮，完成删除程序。

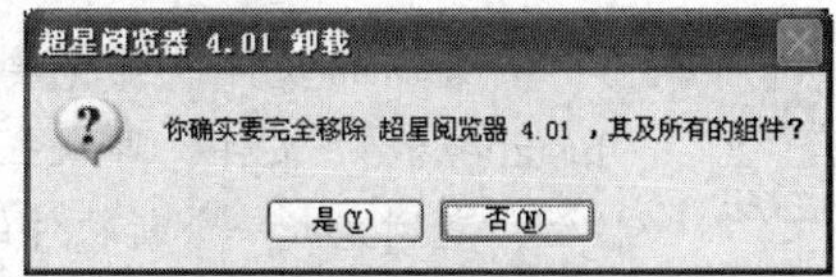

图 1-3-20　卸载提示框

（2）安装“全能背单词”软件。

① 在【控制面板】中，双击【添加/删除程序】图标，打开【添加/删除程序】窗口。

② 在【添加/删除程序】窗口中单击【添加新程序】按钮，如图 1-3-21 所示。

③ 单击【CD 或软盘】按钮，弹出【从软盘或光盘安装程序】向导对话框，单击【下一步】按钮，再单击【浏览】按钮，打开【浏览】对话框，找到所需安装的【全能背单词】软件的安装文件【setup.exe】，如图 1-3-22 所示。

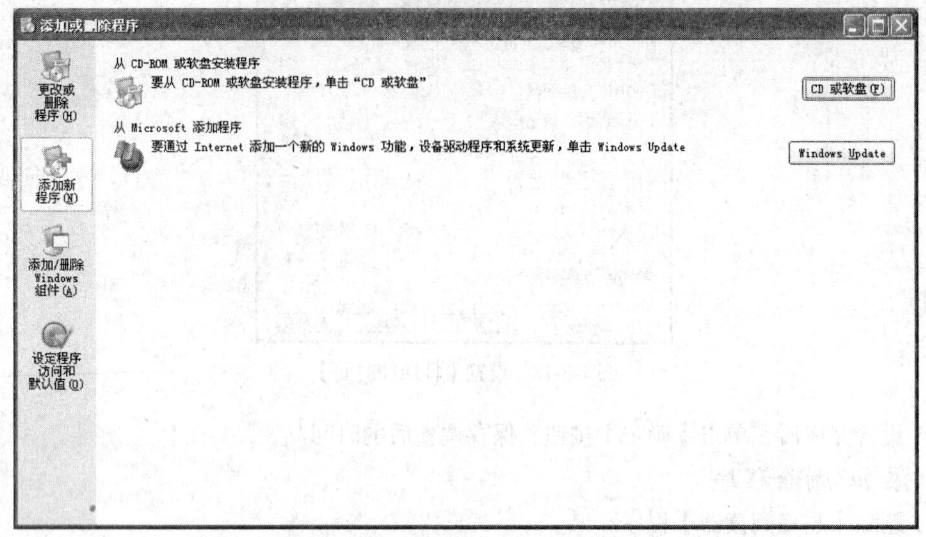

图 1-3-21　添加新程序

图 1-3-22　选择安装程序文件

④ 单击【打开】按钮，开始进入安装界面，通过安装向导依次单击【下一步】按钮，直到出现【完成】按钮，单击【完成】按钮完成安装。

安装新的软件。首先要找到所要安装软件的安装文件，一般是“setup.exe”或“Installer.exe”文件，再双击运行该安装文件，接下来就按照提示依次单击【下一步】按钮，直到完成一个新软件的安装。

5. 添加打印机

在公司处理文件时，经常需要打印文件，这可要先安装一台打印机。

（1）在【控制面板】中，双击【打印机和传真】图标，打开【打印机和传真】窗口。

（2）在【打印机和传真】窗口中，单击【添加打印机】按钮，弹出【添加打印机向导】对话框，单击【下一步】按钮。

（3）选中【连接到此计算机的本地打印机】单选项，单击【下一步】按钮。

（4）选择打印机端口，单击【下一步】按钮。

选择打印机端口要与打印机实际所连接的端口一致，否则打印机将无法工作。

（5）选择打印机型号，如图 1-3-23 所示，单击【从磁盘安装】按钮，按照安装向导的提示完成打印机驱动程序的安装。

（6）最后单击【完成】按钮后，打印机会出现在【打印机和传真】窗口中。

6. 电源使用方案

设置电源的使用方案为 5 个小时后关闭硬盘，30 分钟后关闭监视器。

（1）在【控制面板】中，单击【电源选项】图标，打开【电源选项 属性】对话框。

（2）在【关闭监视器】下拉列表框中选择【30 分钟之后】选项，在【关闭硬盘】下拉列表框中选择【5 小时之后】选项，如图 1-3-24 所示。

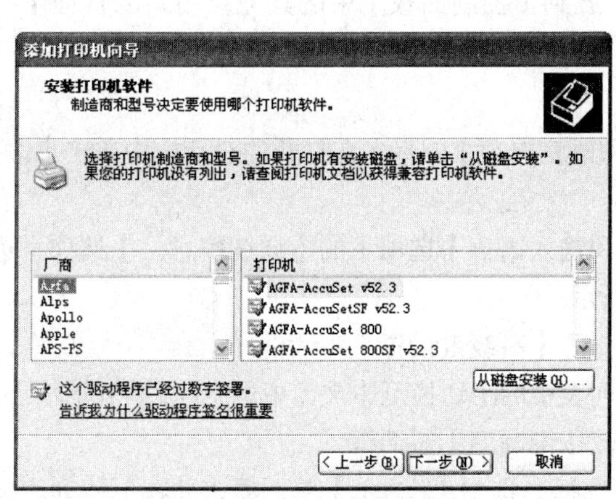

图 1-3-23　选择打印机型号

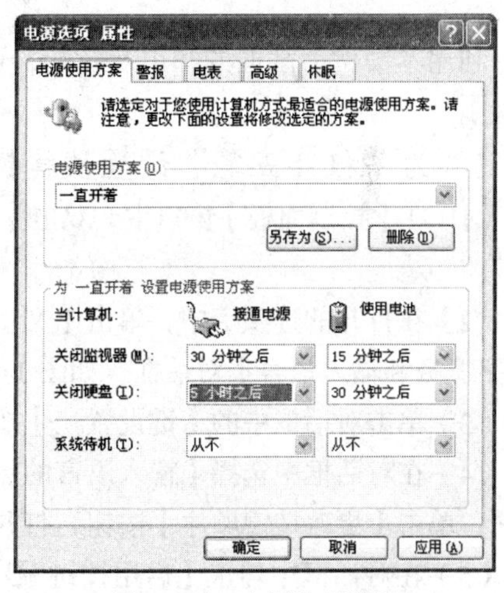

图 1-3-24　电源选项设置

（3）单击【确定】或【应用】按钮完成设置。

7. 记事本的使用

记事本是用来加工处理纯文本文件的一个文字处理工具，可以用来编辑纯文本格式的文件。

（1）选择【开始】→【所有程序】→【附件】→【记事本】命令，打开【记事本】窗口。

（2）在窗口中录入“欢迎来到海南”，如图 1-3-25 所示。

图 1-3-25　记事本

（3）选择【文件】→【保存】命令，在打开的【另存为】对话框中，选择保存路径为“E 盘”，文件名为“欢迎”，文件类型为“.txt”。

（4）设置完成后，单击“保存”按钮。

1.3.4 任务小结

本案例通过了解【控制面板】的作用，讲解了在 Windows XP 中如何添加或删除程序、创建新的计算机账户、桌面属性设置、任务栏的设置及应用、电源方案管理、附件应用程序的使用，如何添加一台新的打印机等操作。

1.3.5 拓展训练

利用本案例所掌握的知识及技巧，可以拓展到【控制面板】中的其他应用，以管理【我的电脑】。

1. 为“极品五笔”设置快捷键

（1）在【控制面板】窗口中，双击【区域和语言选项】图标，在打开的对话框中单击【语言】标签。

（2）在打开的选项卡中，单击【文字服务和输入语言】选项下的【详细信息...】选项，进入【文字服务和输入语言】对话框，如图 1-3-26 所示。

（3）单击对话框中的【键设置...】按钮，打开【高级键设置】对话框。

（4）在对话框中选择【输入语言的热键】列表中的【切换至中文（中国）- 极品五笔输入法】选项，单击【更改按键顺序】按钮，打开【更改按键顺序】对话框。

（5）在对话框中勾选【启用按键顺序】复选框，选中【CTRL】单选项，并在下拉列表框中选择“1”，如图 1-3-27 所示。

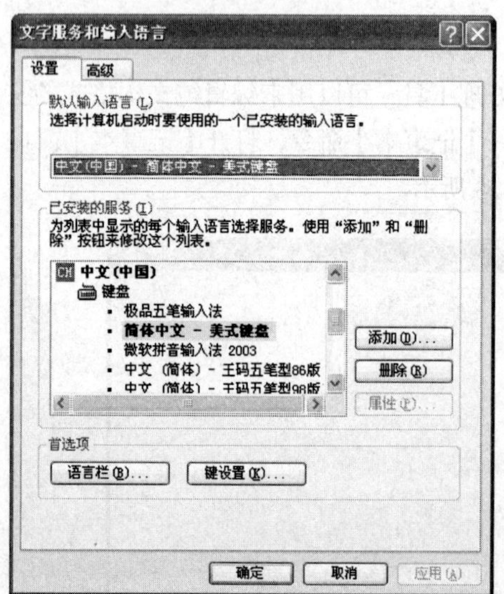

图 1-3-26 【文字服务和输入语言】对话框

图 1-3-27 【更改按键顺序】对话框

（6）最后单击【确定】按钮，完成设置。以后，按【Ctrl+Shift+1】组合键可以快速切换到【中文（中国）-极品五笔输入法】。

2. 设置鼠标指针踪迹

（1）在【控制面板】窗口中，双击【鼠标】图标，打开【鼠标属性】对话框。

（2）在【鼠标属性】对话框中选择【鼠标键】标签，在【双击速度】下的滑杆上拖动滑块，调整鼠标的双击速度。

（3）在【鼠标属性】对话框中选择【指针选项】标签，选中【显示指针踪迹】复选框，如图 1-3-28 所示，设置每移动鼠标时显示活动的踪迹。

3. 计算器的应用

计算器是 Windows XP 附件中的一个计算工具。使用计算器程序，可以帮助用户完成数据的运算。使用标准计算器可以完成日常工作中简单的算术运算，还可以使用科学计算器来完成较去为复杂的科学运算。

（1）选择【开始】→【所有程序】→【附件】→【计算器】命令，打开【计算器】对话框，这是标准型计算器界面，如图 1-3-29 所示。

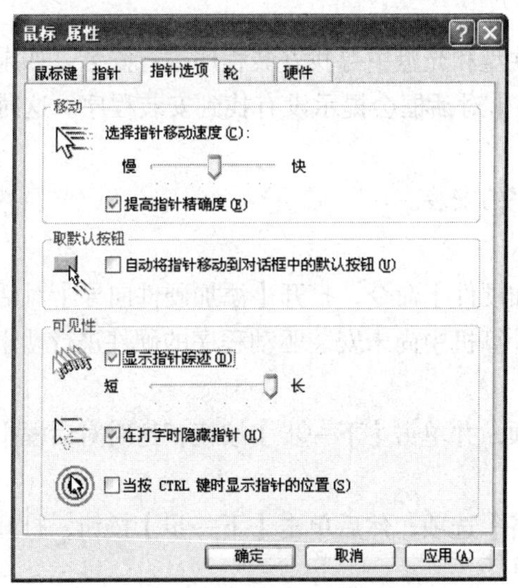

图 1-3-28　【指针选项】设置

图 1-3-29　标准型计算器界面

（2）选择【查看】→【科学型】命令，切换到科学型计算器界面，如图 1-3-30 所示。

图 1-3-30　科学型计算器界面

1.3.6 课后练习

1. 创建/删除用户账户

（1）添加一个计算机管理员用户“TEST”，并设置密码为“123”。

（2）删除上面创建的新用户“TEST”。

2. 设置显示属性

（1）更换桌面背景图片，设置如果计算机不使用 10 分钟启动屏幕保护程序。

（2）设置显示器有分辨率为“1024*768”像素。

（3）将外观的【窗口和样式】设置为【Windows 经典样式】。

3. 添加/删除程序

（1）选择【开始】→【控制面板】→【添加/删除程序】命令，单击【添加/删除程序】对话框左侧的【添加新程序】按钮。

（2）若从软盘或光盘上安装程序，则单击【添加或删除程序】对话框右边【CD 或软盘】按钮，打开【从软盘或光盘安装程序】对话框。

（3）单击【下一步】按钮，系统会自动在软盘和光盘中寻找安装程序进行安装，如果软盘和光盘上没有要安装的应用程序，【运行安装程序】对话框会提示没有找到安装程序。这时，可以单击【浏览】按钮，从其他位置寻找安装程序。

（4）单击【完成】按钮，系统即可进行程序的安装。

4. 添加硬件设备

（1）选择【开始】→【控制面板】→【添加硬件】命令，打开【添加硬件向导】对话框。

（2）单击【下一步】按钮，向导将自动对计算机中尚未安装驱动程序的硬件进行搜索，搜索完成后将确认【硬件连接好了吗？】。

（3）选中【是，我已连接了此硬件】单选项，并单击【下一步】按钮，这时对话框中显示用户当前计算机中已安装的所有硬件列表。

（4）选择列表最下面的【添加新的硬件设备】选项，然后单击【下一步】按钮，打开【选择硬件安装方式】对话框。

（5）选中【安装我手动从列表选择的硬件（高级）】按钮，然后单击【下一步】按钮。

（6）在对话框中选择需安装的选项，单击【下一步】按钮。

（7）后面依次按照向导的提示来完成硬件设备的安装。

5. 输入法应用

删除【中文（简体）—王码五笔型 86 版】输入法和添加【智能 ABC 拼音】输入法。

（1）选择【开始】→【控制面板】命令，在【控制面板】窗口中单击【区域和语言选项】图标，打开【区域和语言选项】对话框。

（2）在【区域和语言选项】对话框中，默认选项卡为【语言】。

（3）单击【详细信息】按钮，打开【文字服务和输入语言】对话框。

（4）在【已安装的服务】列表中，选择【中文（简体）—王码五笔型 86 版】选项，单击【删除】按钮，即可删除该输入法。

（5）单击【添加】按钮，打开【添加输入语言】对话框，在【键盘布局/输入法】列表中选择

【智能 ABC 拼音】输入法，单击【确定】按钮。

6. 常用附件应用

（1）打开附件的【画图】程序，用绘图工具自由绘制一幅图画，并以【test.bmp】文件名保存于【E:\T2】中。

（2）使用【计算器】应用程序进行计算，在【查看】菜单中分别选择【科学型】和【标准型】两种方式，观察两者的区别。

（3）使用【写字板】进行文字编辑，在【写字板】中输入下面的文字内容，并以【亚龙湾.txt】文件名保存到“E:\T2”文件夹中。

亚龙湾位于中国最南端的热带滨海旅游城市——三亚市东南面 25 公里处。1992 年 10 月 4 日经国务院批准，在此建立我国唯一具有热带风情的国家级旅游度假区——亚龙湾国家旅游度假区。度假区规划面积为 18.6 平方公里，是一个拥有滨海浴场，豪华别墅、会议中心、高星级宾馆、度假村、海底观光世界、海上运动中心、高尔夫球场、游艇俱乐部等国际一流水准的旅游度假区。亚龙湾气候宜人，冬可避寒，夏可消暑，自然风光优美，青山连绵起伏，海湾波平浪静，湛蓝的海水清澈如镜，柔软的沙滩洁白如银。“三亚归来不看海，除却亚龙不是湾”这是游人对亚龙湾由衷的赞誉。亚龙湾属典型的热带海洋性气候，全年平均气温 25.5 摄氏度，绵软细腻的沙滩绵延伸展约 8 公里，海滩长度约是美国夏威夷的 3 倍。海水能见度 10 米以上，海底珊瑚礁保存十分完好，生活着众多形态各异，色彩缤纷的热带鱼种，属国家级珊瑚礁重点保护区。海湾面积 66 平方公里，可同时容纳 10 万人嬉水畅游，数千只游艇游弋追逐，可以说这里不仅是滨海浴场，而且也是难得的潜水胜地。

1.4 Windows XP 的高级应用——系统优化

1.4.1 创建情景

骆珊现在处理的文件越来越多，最近觉得所使用的电脑运行比较慢，如何才能让系统更快地运行，优化计算机系统可以实现这个目标。

1.4.2 任务剖析

要消除掉计算机操作系统的“臃肿”和运行的缓慢，就要定期对计算机系统进行优化，系统优化包括定期清理磁盘、定期整理磁盘碎片和使用系统优化软件进行优化。

1. 相关知识点

（1）磁盘检查。磁盘检查程序可以诊断和修复设备中的许多错误，设备包括硬盘、软盘、RAM 驱动器、可移动磁盘和便携式存储插件。

磁盘检查步骤为：双击打开【我的电脑】，在【我的电脑】窗口中用鼠标右键单击【磁盘驱动器】，从弹出的菜单中选择【属性】命令，再选择【工具】标签，单击【开始检查】按钮，进行磁盘检查操作。

（2）清理磁盘。用户在使用计算机的过程中，需进行大量的读/写以及安装软件等操作。在系统和应用程序的运行过程中，都会根据系统管理的需要而产生一些临时文件。如果是正常退出应用程序或关机，系统会自动删除这些临时文件，但如出现误操作或死机的情况，临时文件就会越来越多，所占的内存空间也会越来越大，磁盘上可用的空间也就越来越少，直接导致了计算机运行速度的缓慢。此时，用户就需要删除一些磁盘上的临时文件。

Windows XP 系统为用户提供了磁盘清理程序。磁盘清理程序用于清除磁盘上不必要的文件以释放磁盘空间。可以帮助用户释放硬盘空间、删除系统临时文件、Internet 临时文件等，减少它们占用的系统资源，提高系统性能。

清理磁盘的具体操作步骤是：选择【开始】→【所有程序】→【附件】→【系统工具】→【磁盘清理】命令，启动磁盘清理程序，选择驱动器，单击【确定】按钮，即可对选取的磁盘进行清理。

（3）整理磁盘碎片。在硬盘刚开始使用时，文件在磁盘上的存放是连续的，随着用户对文件的修改、删除、复制、保存等频繁的操作，使得文件在磁盘上留下许多小段空间，这些小的空间就是磁盘碎片。

磁盘碎片整理程序是用于定位和合并本地卷上碎片文件和文件夹的系统实用程序。具体操作步骤是：选择【开始】→【所有程序】→【附件】→【系统工具】→【磁盘碎片整理程序】命令，打开【磁盘碎片整理程序】窗口进行操作。

（4）设备管理器。在 Windows XP 中，用户可使用设备管理器管理计算机上的设备，例如安装更新设备驱动程序、检测计算机硬件是否正常运行、更改设备的高级设置和属性、配置设备设置和卸载设备等。

管理设备管理器操作步骤为：用鼠标右键单击【我的电脑】图标，在弹出的菜单中选择【属性】→【硬件】→【设备管理器】命令，打开【设备管理器】对话框，如图 1-4-1 所示。

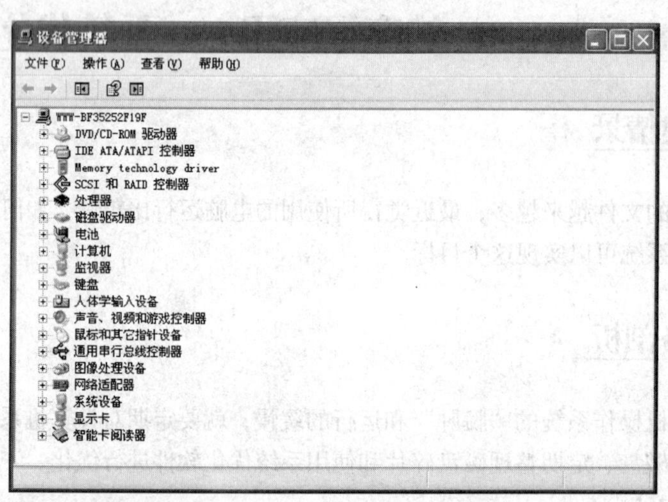

图 1-4-1 设备管理器

【设备管理器】对话框中显示了计算机安装的所有硬件设备，例如 CPU、硬盘、显示器、显卡、网卡、调制解调器等。每个硬件都需要安装相应的驱动程序才能正常工作，否则将因未被系统识别而停止工作。在设备管理器中，用户可以根据特定的符号来判断硬件的状态。

① 红色叉号。具有此标记的设备表示该设备已经被停用，用鼠标右键单击该设备，在快捷菜单中选择“启用”命令，即可启用该设备。同理，选择“停用”命令可停用该设备。

② 黄色问号或感叹号。具有黄色问号的设备表示该硬件未被系统识别，而具有感叹号的设

备表示该硬件未安装驱动程序或驱动程序安装不正确。一般情况下，可先卸载该设备并重新启动计算机，系统将自动识别硬件并安装驱动程序。但有时这么做并不奏效，需要重新安装驱动程序。

③ 绿色问号。具有此标记的设备表示计算机的操作系统或主板与 USB 接口的设备不兼容。一般卸载后重新安装驱动程序即可。

（5）备份/还原文件。备份文件是指制作用户文件的副本，如果原文件出了问题无法读取时，就可以通过备份文件把信息还原回来。

备份文件的具体操作步骤是：选择【开始】→【所有程序】→【附件】→【系统工具】→【备份】命令，启动【备份或还原向导】，然后按照提示进行备份或还原操作。

2. 操作方案

根据需求，本方案将进行如下操作。

（1）打开【磁盘管理】工具，了解本地硬盘的分区情况，并检查 E 磁盘。

（2）对 C 驱动器进行磁盘清理。

（3）用【磁盘碎片整理】程序整理 D 盘。

（4）打开【设备管理器】，观察本机设备的使用情况。

（5）备份【我的文档】内容，并将它还原至 D 盘。

1.4.3　任务实现

1. 打开【磁盘管理】工具，了解本地硬盘的分区情况，并检查 E 磁盘。

（1）双击打开【我的电脑】，在【我的电脑】窗口中查看磁盘分区情况。

（2）用鼠标右键单击【本地磁盘（E:）】选项，在弹出的快捷菜单中选择【属性】选项，打开【属性】对话框。

（3）在对话框中选择【工具】标签，如图 1-4-2 所示。

（4）单击【开始检查】按钮，打开如图 1-4-3 所示的【检查磁盘】对话框。

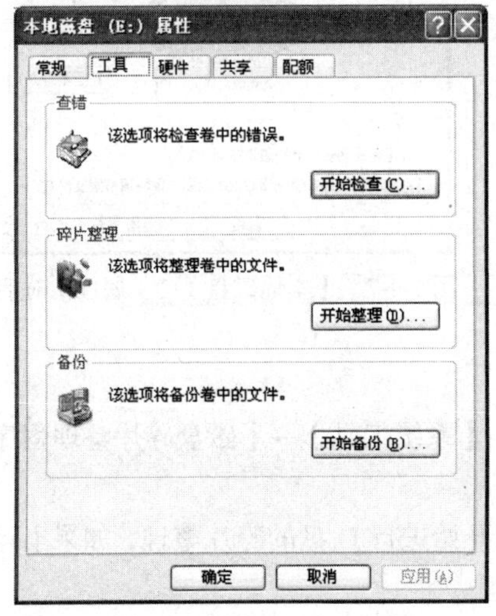

图 1-4-2　【属性】对话框

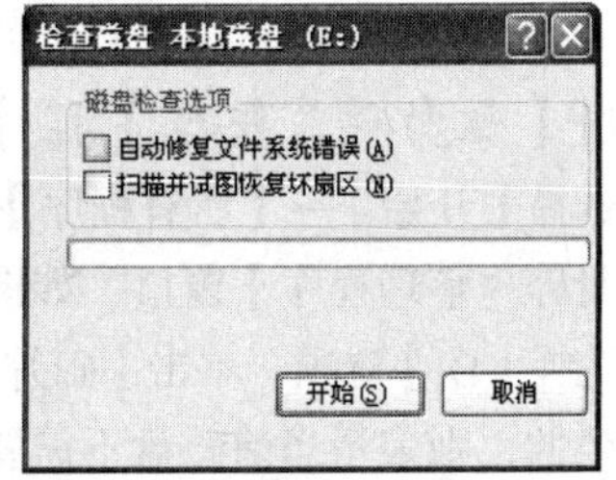

图 1-4-3　【磁盘检查】对话框

（5）选中两个复选框，然后单击【开始】按钮，开始进行全面的磁盘检查。

2. 对C驱动器进行磁盘清理

（1）选择【开始】→【所有程序】→【附件】→【系统工具】→【磁盘清理】命令，启动磁盘清理程序，在驱动器中选择【(C:)】选项，如图1-4-4所示。

（2）单击【确定】按钮，打开【磁盘清理】提示框，如图1-4-5所示。

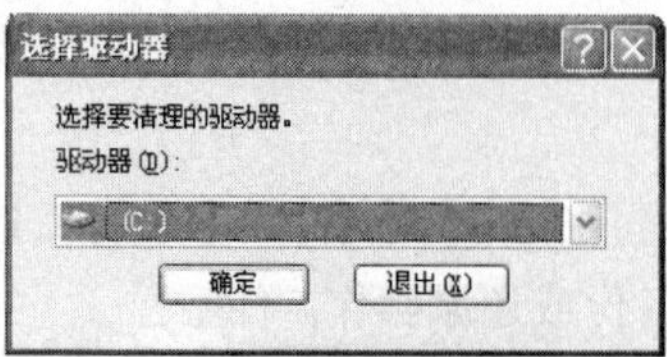

图1-4-4 选择驱动器

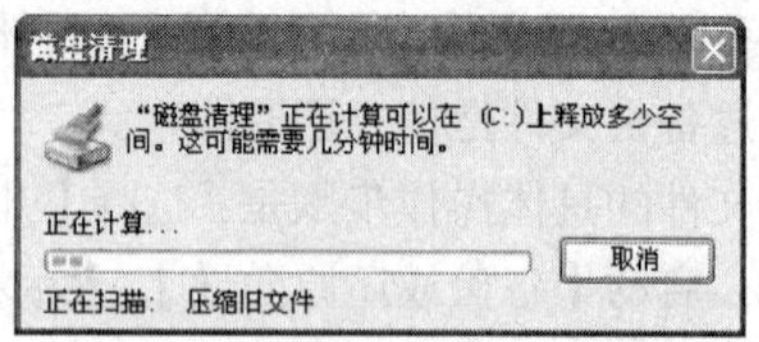

图1-4-5 【磁盘清理】提示框

（3）磁盘清理计算空间完成后，就会打开如图1-4-6所示的【磁盘清理】对话框。

（4）在对话框中选中想要删除的临时文件复选项，单击【确定】按钮，再单击【是】按钮，完成对C驱动器的磁盘清理操作。

磁盘清理也可以在【我的电脑】窗口中选择需做清理的磁盘后，用鼠标右键单击，弹出快捷菜单，选择【属性】命令，打开【属性】对话框，如图1-4-7所示，在该对话框中单击【磁盘清理】按钮来完成磁盘的清理。

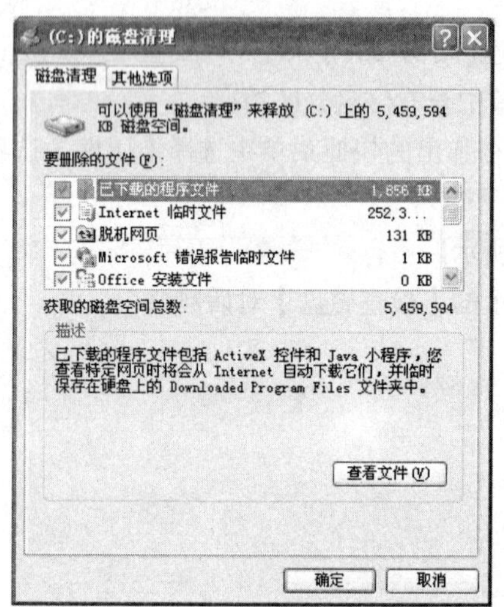

图1-4-6 【磁盘清理】对话框

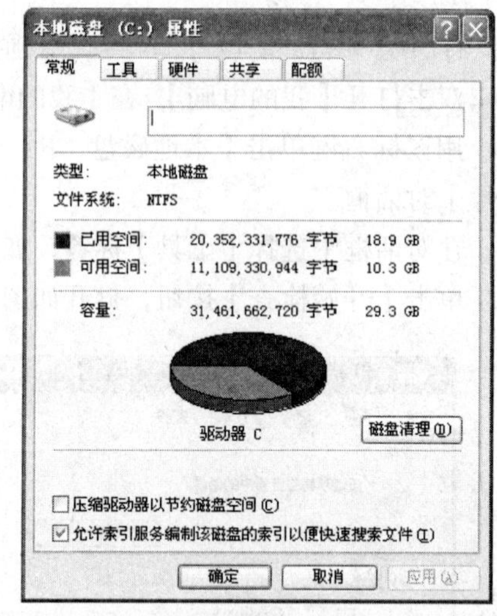

图1-4-7 【本地磁盘(C:)属性】对话框

3. 用【磁盘碎片整理】程序整理D盘

（1）选择【开始】→【所有程序】→【附件】→【系统工具】→【磁盘碎片整理程序】命令，打开【磁盘碎片整理程序】窗口，如图1-4-8所示。

（2）选择【D:】选项，单击【碎片整理】按钮，开始进行D盘的碎片整理，如果【碎片整理】按钮是灰色的，则表示当前磁盘不需要进行碎片整理。

（3）磁盘碎片整理完成时，出现消息框，询问用户是否想要退出程序，单击【确定】按钮，完成操作。

在【我的电脑】窗口中选择需做整理的磁盘后，用鼠标右键单击，弹出快捷菜单，在菜单中选择【属性】选项，打开【属性】对话框，单击【工具】标签，再单击【碎片整理】选项卡中的【开始整理...】按钮，也可完成磁盘碎片整理操作。

4. 打开【设备管理器】，观察本机设备使用情况

（1）用鼠标右键单击【我的电脑】图标，在弹出菜单中选择【属性】→【硬件】→【设备管理器】命令，打开【设备管理器】对话框。

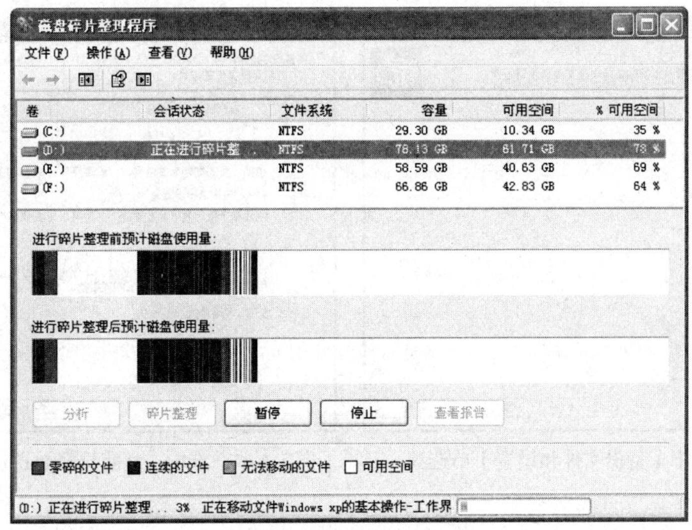

图 1-4-8　磁盘碎片整理程序

（2）在对话框中单击各设备项前面的“+”号，展开设备具体型号，查看具体内容，如图 1-4-9 所示。

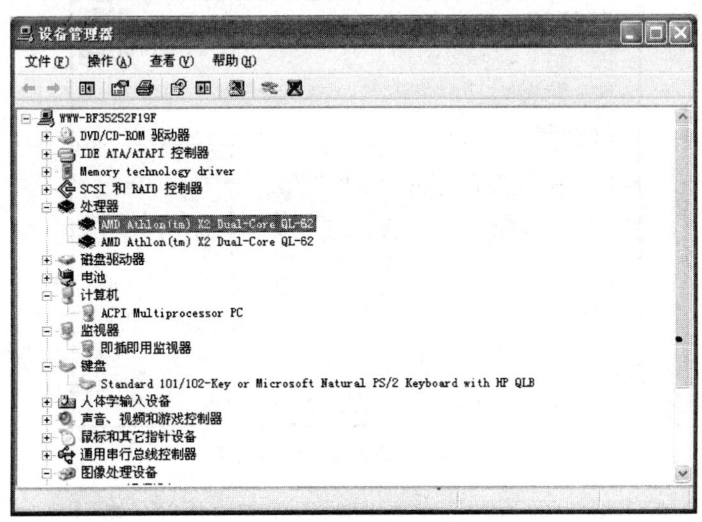

图 1-4-9 【设备管理器】窗口

5. 备份【教材】文件夹内容，并将它还原至D盘。

计算机处理文件时，经常会出现死机、病毒感染等情况，导致文件被破坏或丢失，如果事先做好了文件的备份，就不必担心文件找不回来了。

（1）选择【开始】→【所有程序】→【附件】→【系统工具】→【备份】命令，启动【备份或还原向导】对话框，单击【下一步】按钮。

（2）选中【备份文件和设置】单选项，如图1-4-10所示，单击【下一步】按钮。

（3）选中【让我选择要备份的内容】单选项，如图1-4-11所示，单击【下一步】按钮。

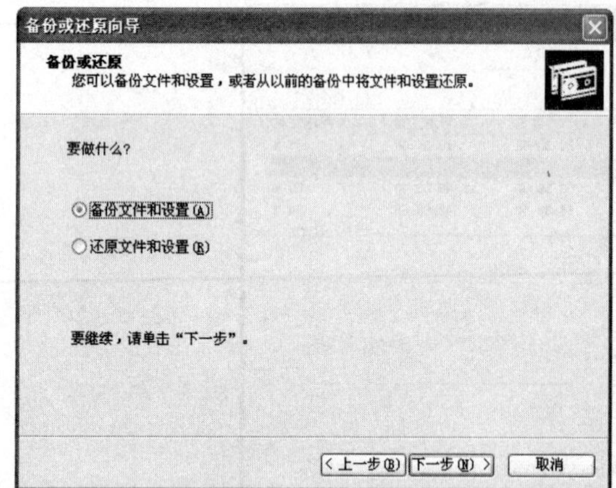

图1-4-10 选中【备份文件和设置】单选项

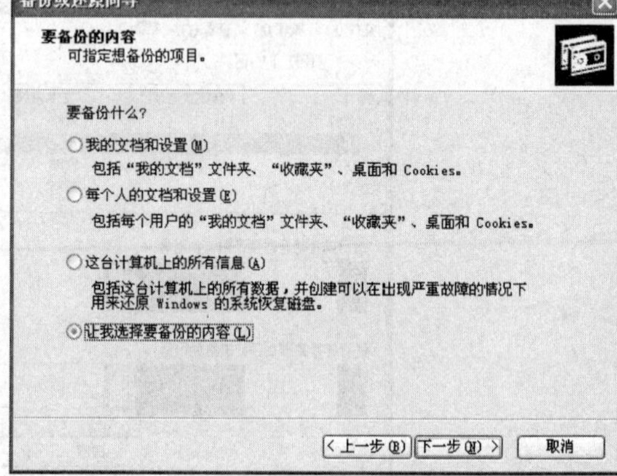

图1-4-11 选中【让我选择要备份的内容】单选项

（4）在【要备份的项目】列表框中选择【教材】选项，如图1-4-12所示，单击【下一步】按钮。

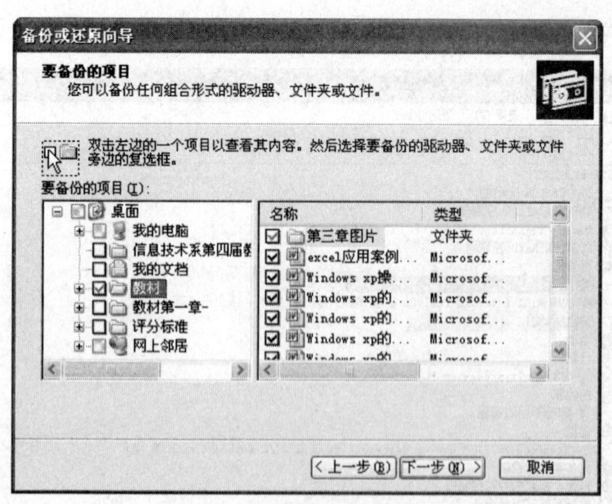

图1-4-12 选择要备份的项目

（5）单击【浏览】按钮，选择备份文件要存储的位置，即E盘，并设置保存的文件名，如

图 1-4-13 所示，单击【下一步】按钮。

（6）最后单击【完成】按钮，完成“教材”文件夹的备份操作。

（7）再次启动【备份或还原向导】，单击【下一步】按钮。如图 1-4-10 所示，选择【还原文件和设置】选项，单击【下一步】按钮。

（8）单击【浏览】按钮，选择备份文件所在的位置“E：/Backup2011.3.10.bkf”，如图 1-4-14 所示，单击【下一步】按钮。

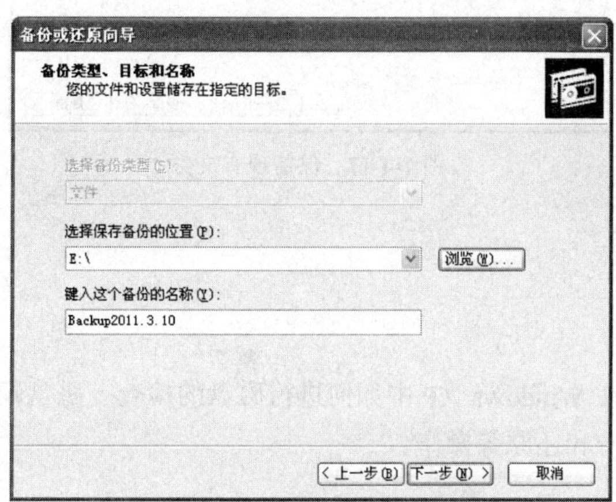

图 1-4-13　选择备份文件存储的位置

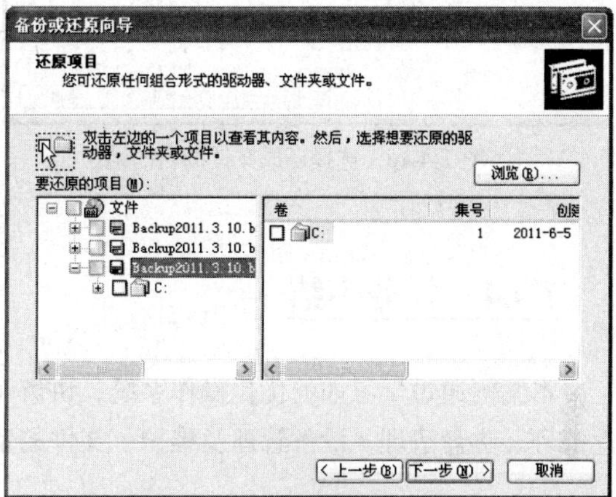

图 1-4-14　选择【还原文件和设置】选项

（9）在如图 1-4-15 所示的对话框中，单击【高级…】按钮，打开如图 1-4-16 所示对话框，单击【浏览】按钮，选择【D：】磁盘，单击【下一步】按钮。

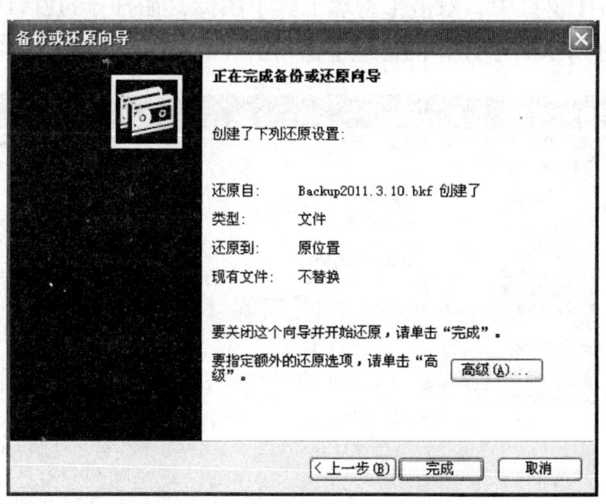

图 1-4-15　单击【高级】按钮

（10）选中【保留现有文件（推荐）】单选项，如图 1-4-17 所示，单击【下一步】按钮。

（11）按照向导提示，直到单击【完成】按钮，完成文件的还原。

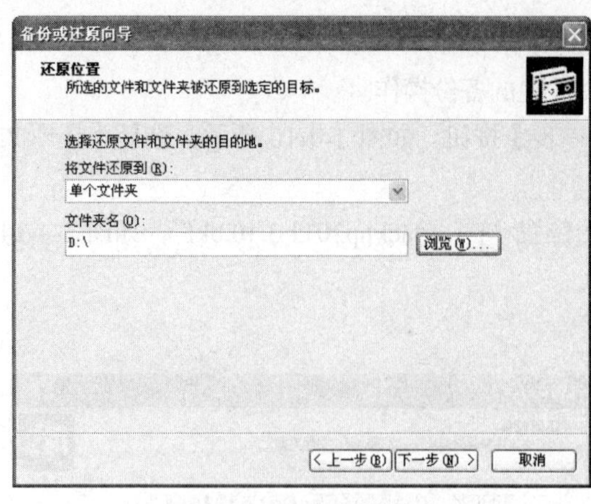

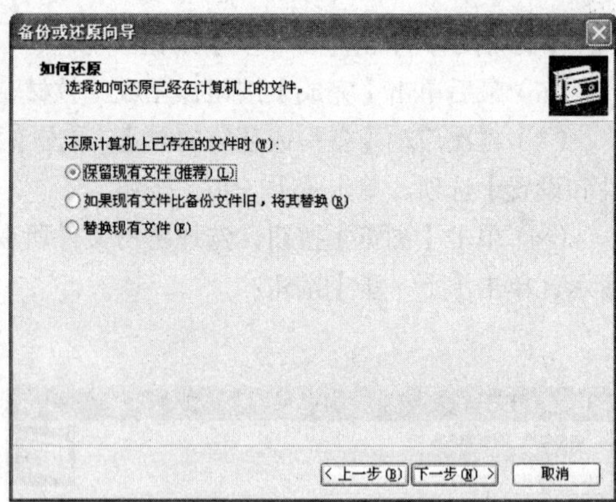

图 1-4-16　选择还原文件的目的地

图 1-4-17　保留现有文件

1.4.4　任务小结

本案例通过学习如何优化操作系统，讲解了在 Windows XP 中如何进行磁盘的检查、磁盘碎片整理、磁盘清理、设备管理及维护、文件的备份和还原等操作。

1.4.5　拓展训练

利用本案例所掌握的知识及技巧，可以拓展其他的操作。

1．磁盘分区

Windows XP 提供了【磁盘管理】工具来管理磁盘分区，包括创建、删除磁盘分区等。

（1）在【控制面板】窗口中，双击【管理工具】图标，在打开的窗口中单击【计算机管理】按钮，打开如图 1-4-18 所示的【计算机管理】窗口。

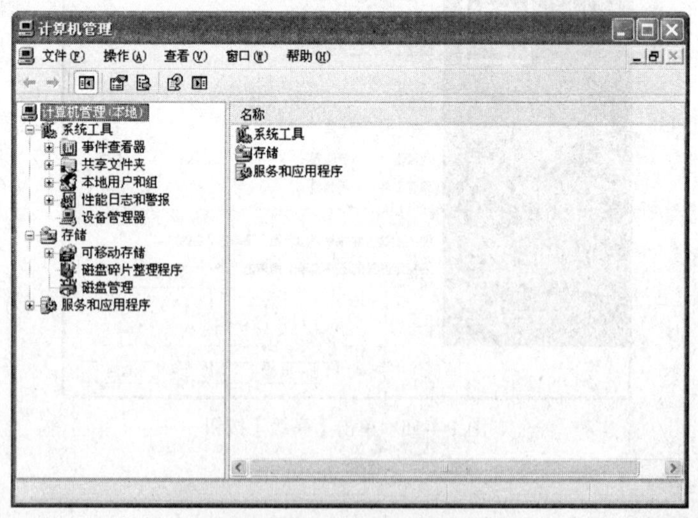

图 1-4-18 【计算机管理】窗口

（2）在打开的窗口中，单击【存储】卷展栏中的【磁盘管理】选项，如图 1-4-19 所示，在该窗口中可查看磁盘情况，如果有未分配的空间，就可以利用部分或所有空间创建一个新的分区，同时，也可以选择磁盘后删除分区。

2. 格式化磁盘

（1）在【我的电脑】窗口中，选取需进行格式化的磁盘。

（2）用鼠标右键单击磁盘驱动器图标，从弹出的快捷菜单中选择【格式化】命令，打开如图 1-4-20 所示对话框。

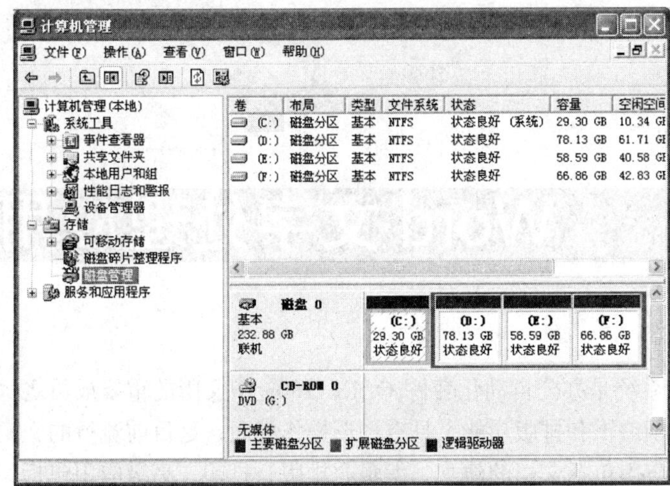

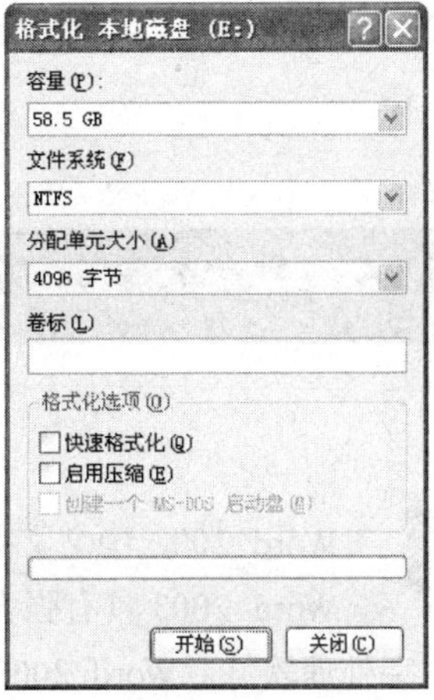

图 1-4-19　磁盘管理

图 1-4-20　磁盘格式化

（3）在【卷标】文本框中输入卷标，单击【开始】按钮。

（4）通常会弹出一个对话框，询问用户是否确认要进行格式化，如果确定需要格式化，则单击【是】按钮。

进行磁盘格式化之前一定要注意，因为一旦进行了格式化操作，磁盘上所有的存储文件都将清除，如果不是需要清空磁盘或软盘上的内容，则不要进行格式操作。

1.4.6 课后练习

1. 查看各个驱动器的内容

（1）分别在【资源管理器】和【我的电脑】中查看各个驱动器的内容，并说出 C 盘的总大小及可用空间。

（2）对 D 盘进行磁盘检查操作。

2. 磁盘碎片整理

（1）对 C 盘进行碎片整理操作。

（2）对 D 盘进行碎片整理操作。

3. 分别对各个驱动器进行磁盘清理

4. 备份还原文件

（1）对【我的文档】进行备份。

（2）还原【我的文档】备份文件到原位置。

第2章 Word 文字处理应用

Word 2003 中文文字处理系统是办公自动化套件 Office 2003 中文版的重要成员之一。Word 2003 具有强大的文档编辑和排版功能，具有图形操作界面，是目前流行的文字处理软件。Word 2003 基本应用包括文档的建立、编辑、排版、打印，高级应用包括文档格式设置，图、文、表混排功能，添加艺术字及文档页面设置等。

Word 2003 具有直观的操作界面：Word 软件界面友好，提供了丰富多彩的工具，利用鼠标就可以完成选择、排版等操作。

Word 2003 能实现多媒体混排：用 Word 软件可以编辑文字图形、图像、声音、动画，还可以插入其他软件制作的信息，也可以用 Word 软件提供的绘图工具进行图形制作，编辑艺术字、数学公式，能够满足用户的各种文档处理要求。

Word 2003 具有强大的制表功能：Word 2003 不仅可以自动制表，也可以手动制表。Word 的表格线自动保护，表格中的数据可以自动计算，表格还可以进行各种修饰。在 Word 软件中，还可以直接插入电子表格。用 Word 软件制作表格，既轻松又美观，既快捷又方便。

学习目标

- ✧ 熟悉 Word 2003 文档创建、输入、编辑及保存的操作方法。
- ✧ 掌握文字与段落格式设置。
- ✧ 灵活运用查找与替换功能。
- ✧ 掌握表格处理与图片处理功能。
- ✧ 熟悉样式与模板应用。
- ✧ 掌握页面设置与打印方法。

2.1 Word 2003 文字编辑——轻松制作个人求职简历

2.1.1　创建情景

骆珊是海南经贸职业技术学院旅游管理专业的一名大三学生，即将面临毕业，找工作成了她和同学间谈论最多的话题。

来海南读书是向往海南得天独厚的热带旅游资源，而选择旅游管理专业又是骆珊立志于旅游行业发展的宣言。当下海南《建设国际旅游岛》规划获批，这样的旅游大环境，对骆珊及她的同学来说是多么令人兴奋!

骆珊已将求职简历投递到多家旅游企业，也接到面试通知。今天约她面试的单位是海南椰海旅行社有限公司。骆珊早早就带着相关资料来到椰海旅行社有限公司，等待应聘办公室文员职位的应聘者不止她一个，看来竞争还是相当激烈的。但骆珊充满信心。

约定的面试时间到，经理蓝逸召集所有应聘者到会议室，指着一排已打开的电脑，三言两语说明面试的题目：规定 30 分钟内，应聘者现场在电脑上制作一份自己的个人求职简历，公司将在完成的作品中择优录取。

于是，大家各就各位，开始了紧张的制作任务。骆珊在学校办公软件课程学得非常好，她很快就胸有成竹，简历的基本构思及框架已经在她的脑海中形成，她迅速地打开文字处理软件 Word 2003，制作起来……

骆珊的构思是分两个环节来完成这项工作。

文本的录入编辑：先把相关的简历文字信息录入到 Word 文档中。

格式化处理：对录入的简历文字信息进行格式化，包括字体格式化、段落格式化、页面格式化等。

2.1.2　任务剖析

1. 相关的知识点

（1）创建 Word 的空白文档。Word 是 Office 中的文字处理应用软件，具有文字编辑、图片及图形编辑、图片和文字混合排版、表格制作等功能。在进行以上操作之前，要创建空白文档。每次启动 Word 都会自动创建一个空白文档。Word 文档的扩展名为“.doc”，默认的 Word 文档文件名为：“文档 1.doc”。

（2）保存文档。新建文档之后，都应该保存文档，以给文档命名并指定文档的保存位置，方便以后的查找及修改操作。可选择菜单栏中的【文件】→【保存】(或【另存为】) 命令完成。

（3）文本输入。文本输入前，先在文档窗口页面单击鼠标，定位文本的输入点。输入文本时，总是在光标所在处进行。输入的文本包括：文字、特殊符号、图形等内容。有些符号可直接由键盘输入，有些符号键盘上没有，要通过菜单栏的【插入】→【符号】命令，打开【符号】对话框来完成。输入文字时，要选择相应的输入法输入。

（4）文本的编辑修改。在输入文本时会出现一些错误，对输入错误的文本可以修改。一般修改文本的操作包括以下几种操作类别。

① 选取文本。

② 移动、复制、删除文字。

③ 在文档中插入文本。

（5）查找和替换。在录入文本时，如出现错误的用词或字，而且错误的词或字在文档中出现的频率又较高，人工查找和修改非常不方便，可用 Word 2003 提供的【查找和替换】功能来完成。【查找】就是让系统帮助查找错误的词或字；【替换】则是让系统用正确的词或字替换掉错误的词或字，在文本编辑中非常实用，可以用来批量修改文档中出现频率较高的一段文本、一个词或一个字。也可以用来修改原文本的格式，让文本更加醒目。

（6）撤销和恢复。【撤销】用于操作失误时，将操作恢复至原来的状态；【恢复】则相反，应用于发生了【撤销】操作之后，需要保留【撤销】操作时，可使用【恢复】功能。

（7）格式设置。文档的格式设置，是指不改变文档的内容，而设置文档的外观效果。文档的格式设置包括：字符格式设置、段落格式设置、页面格式设置。

① 字符格式：字体、字形、字号、颜色、下划线、着重号以及特殊效果等格式设置。

② 段落格式：段落的缩进、段间距、行间距、段落对齐方式、首行缩进等格式设置。

③ 页面格式：页边距、纸张、页眉和页脚的设置。

（8）分栏。分栏设置可增加文本的可读性，增强文本的版面效果。

（9）项目符号和编号。【项目符号】一般在表述并列条目的情况下使用，使文档结构更加清晰，便于阅读；而编号则是在叙述某个操作步骤，或在列举条目的情况下使用，可以使文档形式更加丰富。

（10）边框和底纹。【边框和底纹】包括字符及段落的边框和底纹。添加边框和底纹的目的是为了使内容更加醒目和突出。

（11）格式刷。【格式刷】在 Word 文档窗口的常用工具栏上，使用它可以很方便地将已经设置好的格式集体应用到其他位置的字符和段落上，在文档编辑过程中非常实用。

2. 操作方案

个人简历制作。重在表述自己的个人信息，在版面上要力求条目清晰，可读性强，太过花俏反而不太适合，因此骆珊胸有成竹，制作时体现以下几个要点。

（1）规划个人简历的版面结构。

（2）设定较正式的主题基调。

（3）采用 Word 2003 提供的排版功能。

（4）保证版面结构的清晰。

2.1.3 任务实现

（1）选择任务栏左下角【开始】菜单→【程序】→【Microsoft Office】→【Microsoft Office Word 2003】应用程序，启动 Word 2003 应用软件。

（2）启动 Word 2003 应用程序的同时，系统会自动创建一个空白的 Word 文档，默认文件名为【文档 1】。

（3）保存文档为【个人简历】。选择菜单栏中的【文件】→【保存】（或【另存为】）命令，打开【另存为】对话框，在【保存位置】下拉列表框中，选择【本地磁盘（D:）】选项，单击工具栏中的【新建文件夹】工具按钮，如图 2-1-1 所示。

（4）弹出【新文件夹】对话框，在【名称】文本框里输入文件夹名。“骆珊个人简历”，单击【确定】按钮，完成文件夹的创建，如图 2-1-2 所示。

（5）回到【另存为】对话框，单击【确定】按钮，完成“个人简历”文件的保存，如图 2-1-3 所示。

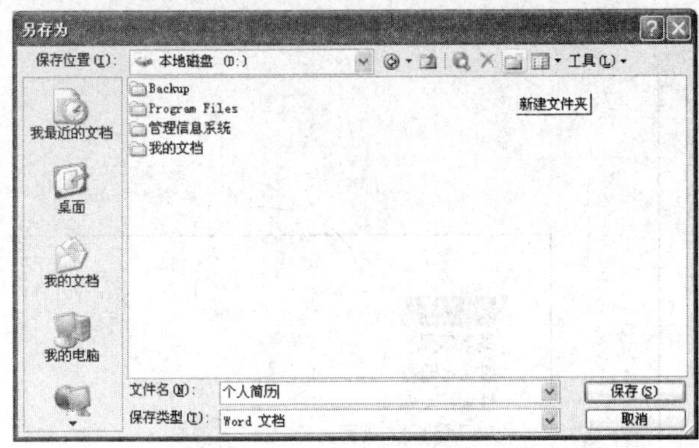

图 2-1-1　另存为对话框

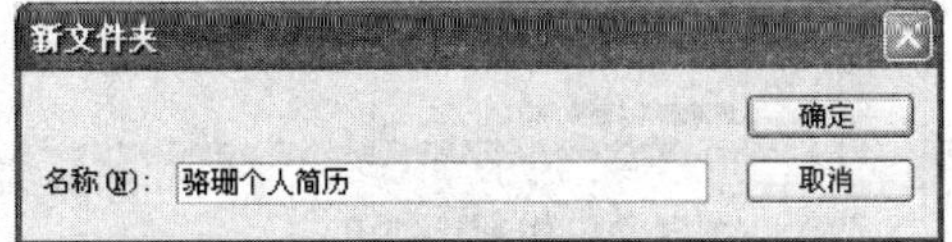

图 2-1-2　新建文件夹

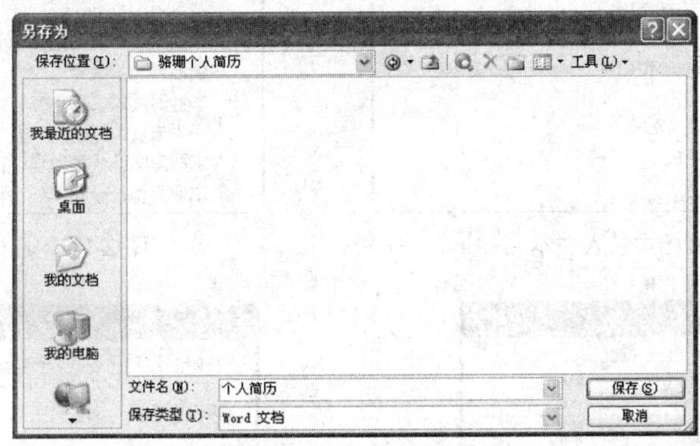

图 2-1-3　保存文件

保存文件时【保存】和【另存为】是有区别的。保存未命名的新文件，选择【保存】和【另存为】命令一样，都会弹出【另存为】对话框；保存已命名的文件，选择【保存】命令，结果会在原位置以原文件名保存新的操作结果，原文件内容被覆盖，一般用于同名保存文件；选择【另存为】命令，会弹出【另存为】对话框，可以重新设置保存位置和文件名，一般用于异名保存文件。

（6）在【个人简历】文档窗口，录入个人信息，如图 2-1-4 所示。

（7）格式化标题：移动鼠标到标题文本"个人简历"左侧，确定操作点。按下鼠标左键不放，拖曳鼠标选中标题文本"个人简历"。此时标题文本"个人简历"，呈黑色覆盖状态，如图 2-1-5 所示。

（8）选择【格式】→【字体】命令，打开【字体】对话框，在【字体】选项卡上，设置【中文字体】为【华文新魏】、【字形】为【加粗】、【字号】为【一号】、【字体颜色】为白色、【效果】为【空心】，如图 2-1-6 所示。

（9）在【字体间距】选项卡上，设置【间距】为【加宽】、【磅值】为【10 磅】，如图 2-1-7 所示。

（10）连续单击【确定】按钮，完成标题文本的字体格式设置。

在录入文本及编辑过程中，会经常有些误操作，【撤销】按钮用于操作失误时，将操作恢复致原来的状态；【恢复】按钮则相反，应用于发生了【撤销】操作之后，需保留【撤销】操作时使用。单击工具栏上的【撤销】工具按钮，可撤销上一步操作，连续单击可撤销连续多步操作。当发生了撤销操作之后，可单击工具栏上的【恢复】工具按钮，恢复撤销的操作。

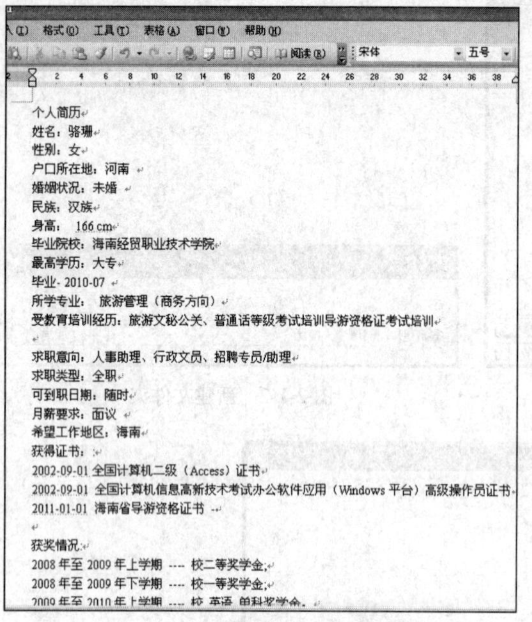
个人简历
姓名：骆珊
性别：女
户口所在地：河南
婚姻状况：未婚
民族：汉族
身高： 166 cm
毕业院校：海南经贸职业技术学院
最高学历：大专
毕业- 2010-07
所学专业： 旅游管理（商务方向）
受教育培训经历：旅游文秘公关、普通话等级考试培训导游资格证考试培训
求职意向：人事助理、行政文员、招聘专员/助理
求职类型：全职
可到职日期：随时
月薪要求：面议
希望工作地区：海南
获得证书：
2002-09-01 全国计算机二级（Access）证书
2002-09-01 全国计算机信息高新技术考试办公软件应用（Windows 平台）高级操作员证书
2011-01-01 海南省导游资格证书
获奖情况：
2008 年至 2009 年上学期 ---- 校二等奖学金
2008 年至 2009 年下学期 ---- 校一等奖学金

图 2-1-4 在文档中录入文本

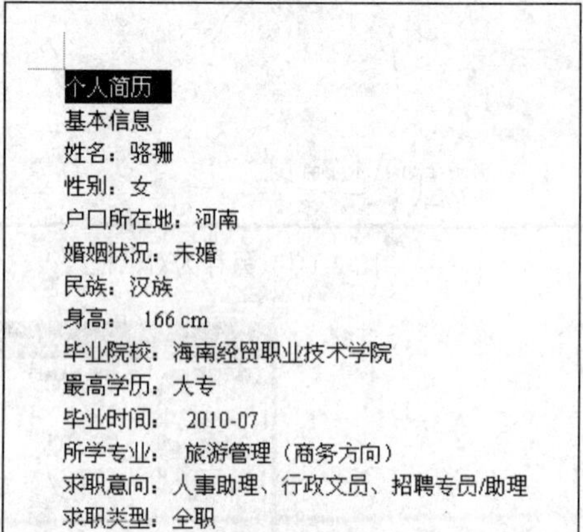
个人简历
基本信息
姓名：骆珊
性别：女
户口所在地：河南
婚姻状况：未婚
民族：汉族
身高： 166 cm
毕业院校：海南经贸职业技术学院
最高学历：大专
毕业时间： 2010-07
所学专业： 旅游管理（商务方向）
求职意向：人事助理、行政文员、招聘专员/助理
求职类型：全职

图 2-1-5 选中标题文本

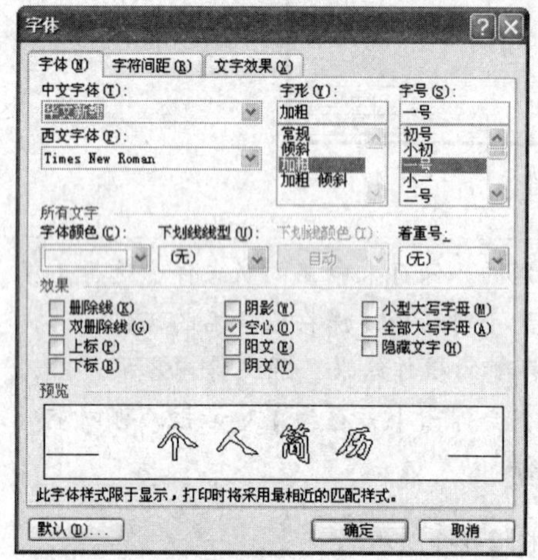

图 2-1-6 设置标题文本字体格式

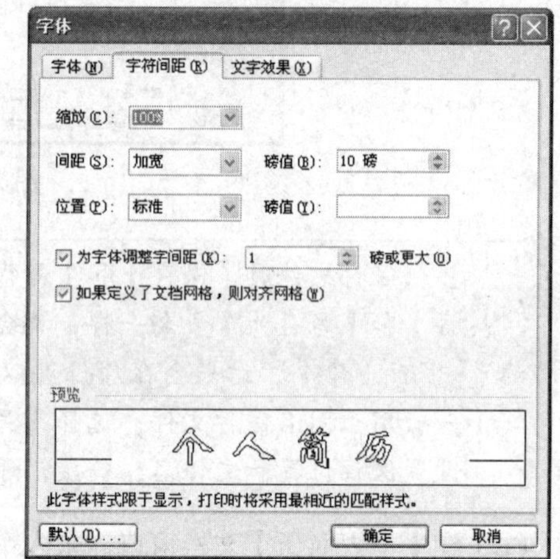

图 2-1-7 设置标题文本字符间距

（11）设置标题文本的对齐方式。保持标题文本被选中状态，选择【格式】→【段落】命令，打开【段落】对话框，在【缩进和间距】选项卡上，设置【常规】项目中的【对齐方式】为【居中】,【段前】、【段后】间距均为【0 行】,【行距】为【单倍行距】如图 2-1-8 所示。

（12）单击【确定】按钮，完成标题文本的对齐方式设置。

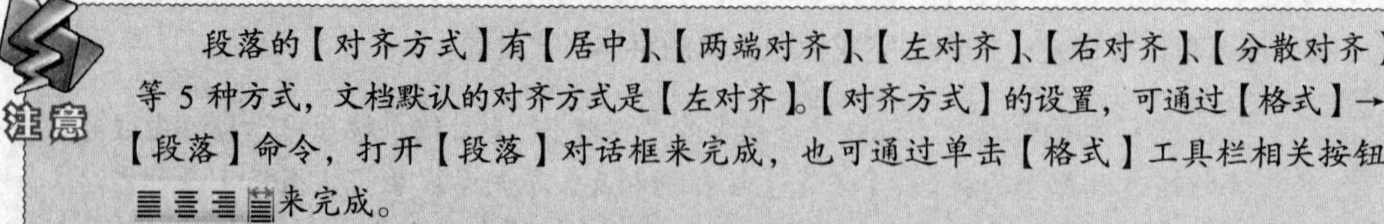
注意

段落的【对齐方式】有【居中】、【两端对齐】、【左对齐】、【右对齐】、【分散对齐】等 5 种方式，文档默认的对齐方式是【左对齐】。【对齐方式】的设置，可通过【格式】→【段落】命令，打开【段落】对话框来完成，也可通过单击【格式】工具栏相关按钮来完成。

（13）设置标题文本的底纹。保持标题文本被选中状态，选择【格式】→【边框和底纹】命令，打开【边框和底纹】对话框，在【底纹】选项卡上，设置【底纹】为【浅橙色】的填

充效果，在对话框的预览区，设置【应用于】为【文字】，可看到添加底纹后的预览效果，如图 2-1-9 所示。

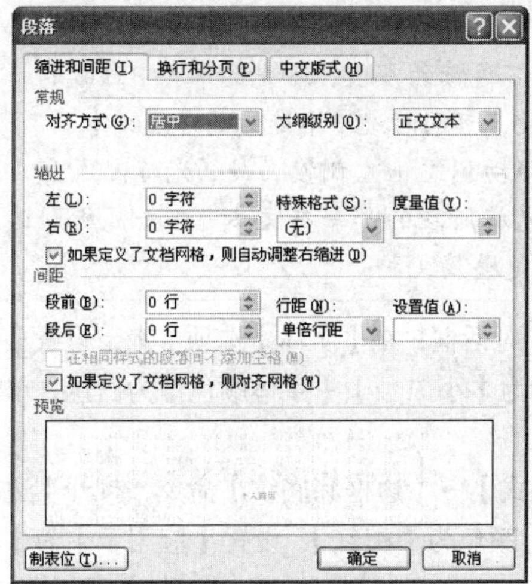

图 2-1-8　设置段落格式

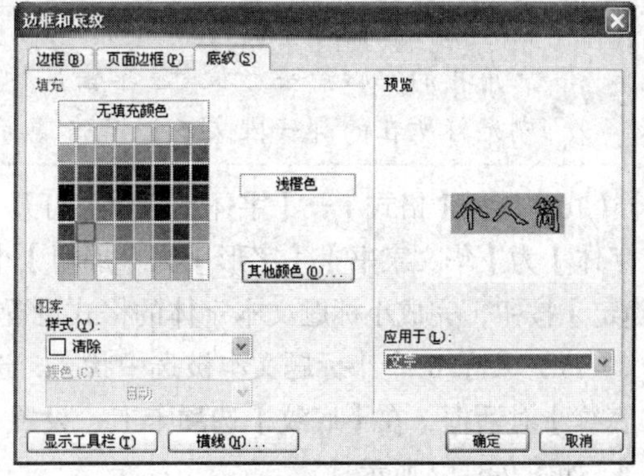

图 2-1-9　底纹设置

（14）单击【确定】按钮，完成标题文本底纹的添加设置，效果如图 2-1-10 所示。

文档【底纹】的设置，其【应用于】有【段落】和【文字】两种选项。二者区别在于应用于【段落】对象时，底纹将填充满段落所在的区域范围；而应用于【文字】对象时，底纹只填充段落中有文字的区域范围，没有文字的空白区域将没有底纹填充。

（15）设置简历内容小标题的格式。移动鼠标到文档左侧空白处，对准小标题【基本信息】，当光标变成向右上角指的形状时单击鼠标，便选中了小标题，按下【Ctrl】键不放，用同样的方法分别单击选中其他 6 个小标题，如图 2-1-11 所示：

基本信息
姓名：骆珊
性别：女
户口所在地：河南
婚姻状况：未婚
民族：汉族
身高：166 cm
毕业院校：海南经贸职业技术学院
最高学历：大专
毕业时间：2010-07
所学专业：旅游管理（商务方向）
求职意向：人事助理、行政文员、招聘专员/助理
求职类型：全职
可到职日期：随时
月薪要求：面议
希望工作地区：海南
获得证书：:
2002-09-01 全国计算机二级（Access）证书

图 2-1-10　标题效果

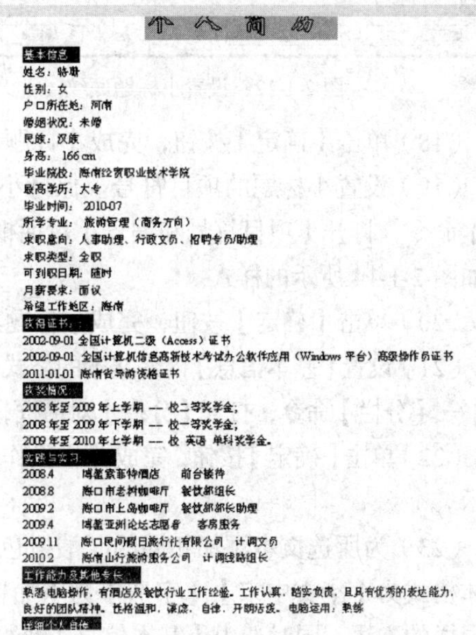

个 人 简 历

基本信息
姓名：骆珊
性别：女
户口所在地：河南
婚姻状况：未婚
民族：汉族
身高：166 cm
毕业院校：海南经贸职业技术学院
最高学历：大专
毕业时间：2010-07
所学专业：旅游管理（商务方向）
求职意向：人事助理、行政文员、招聘专员/助理
求职类型：全职
可到职日期：随时
月薪要求：面议
希望工作地区：海南
获得证书：:
2002-09-01 全国计算机二级（Access）证书
2002-09-01 全国计算机信息高新技术考试办公软件应用（Windows 平台）高级操作员证书
2011-01-01 海南省导游资格证书
获奖情况
2008 年至 2009 年上学期 —— 校二等奖学金；
2008 年至 2009 年下学期 —— 校一等奖学金；
2009 年至 2010 年上学期 —— 校 英语 单科奖学金。
实践与实习
2008.4　博鳌索菲特酒店　前台接待
2008.8　海口市老树咖啡厅　餐饮部组长
2009.2　海口市上岛咖啡厅　餐饮部部长助理
2009.4　博鳌亚洲论坛志愿者　客房服务
2009.11　海口民间假日旅行社有限公司　计调文员
2010.2　海南山行旅游服务公司　计调线路组长
工作能力及其他专长
熟悉电脑操作，有酒店及餐饮行业工作经验。工作认真，踏实负责，且具有优秀的表达能力，良好的团队精神。性格温和，谦虚，自律，开朗活泼。电脑运用：熟练
详细个人自传

图 2-1-11　同时选中多个小标题

选取文本时，常用鼠标拖曳的方法进行，鼠标拖曳只能选取连续的小段文本对象；当需选取的对象是连续的长段文本时，可应用鼠标拖曳方法先选取文本开始的部分，按下【Shift】键不放，再拖曳选取文本结束的部分，这样包括开始和结束以及中间所有连续的文本都将被选中。如果选取的文本是不连续的多段，可先选中其中连续的一段，按下【Ctrl】键不放，再选取其他的文本段，可同时选中不连续的多段文本。

选取文本还可使用快捷的方法：将鼠标移动到文档左侧空白处，光标变成向右上角指的空心箭头形状时，单击鼠标便选中光标所在的那一行文本；双击鼠标则选中光标所在的那一段文本；三击鼠标选中的是整篇文档。

（16）选择【格式】→【字体】命令，打开【字体】对话框，在【字体】选项卡上，设置【中文字体】为【华文隶书】、【字形】为【加粗】、【字号】为【小二号】、【字体颜色】为白色，单击【确定】按钮，完成小标题文本字体的格式设置。

（17）保持 6 个小标题文本被选中状态，选择【格式】→【边框和底纹】命令，打开【边框和底纹】对话框，在【底纹】选项卡上，设置【填充】颜色为【梅红】、设置【应用于】为【段落】，如图 2-1-12 所示。

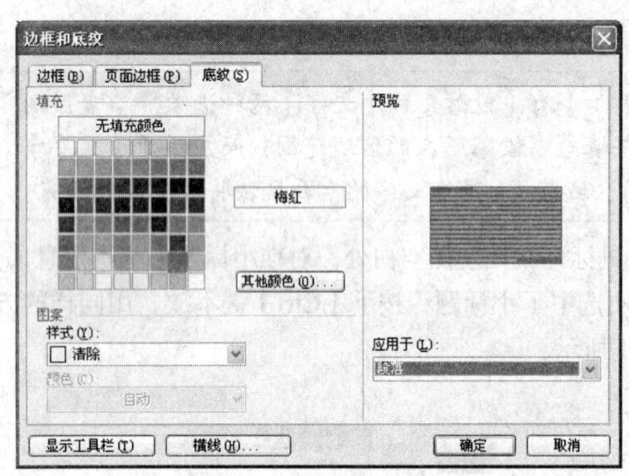

图 2-1-12　设置小标题底纹

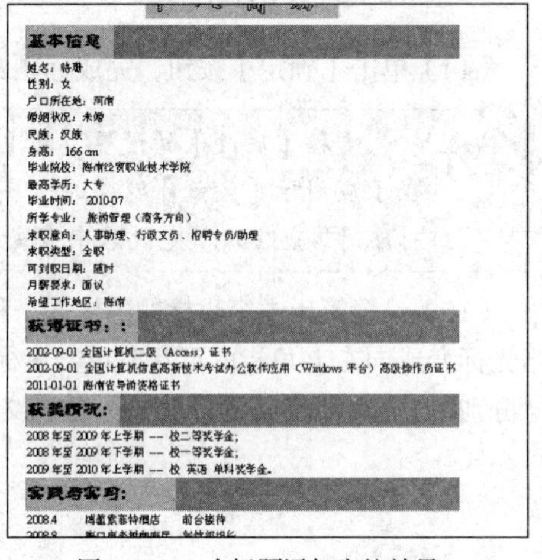

图 2-1-13　小标题添加底纹效果

（18）单击【确定】按钮，完成小标题底纹的添加，效果如图 2-1-13 所示。

（19）设置小标题的项目符号。保持小标题均被选中状态，选择【格式】→【项目符号和编号】命令，打开【项目符号和编号】对话框，在【编号】选项卡上，设置 7 个“小标题”的编号为如图 2-1-14 所示的样式。

（20）单击【确定】按钮，完成小标题项目符号的设置，效果如图 2-1-15 所示。

（21）设置【基本信息】内容文本的格式。选中【基本信息】小标题下的所有文本内容，选择【格式】→【分栏】命令，打开【分栏】对话框，设置【预设】为【两栏】的效果，如图 2-1-16 所示。

（22）单击【确定】按钮，完成分栏操作。按住【Ctrl】键不放，分别各行选中文本，如图 2-1-17 所示。

（23）为所选文本添加相同的“酸橙色”底纹，设置【应用于】为【段落】的效果，并设置字体格式为【华文中宋】、【字形】为【加粗】、【字号】为【五号】、【字体颜色】为【白色】；应用同样的方法，同时选中【基本信息】小标题下的其他文本行，添加相同的黄色底纹，设置【应用于】为【段落】的效果，并设置字体格式为【华文中宋】、【字形】为【加粗】、【字号】为【五

号】、【字体颜色】为【梅红】；完成设置后，效果如图 2-1-18 所示。

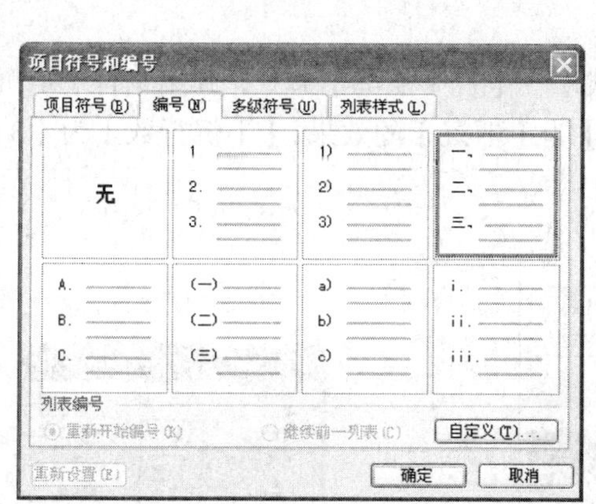

图 2-1-14　小标题添加编号

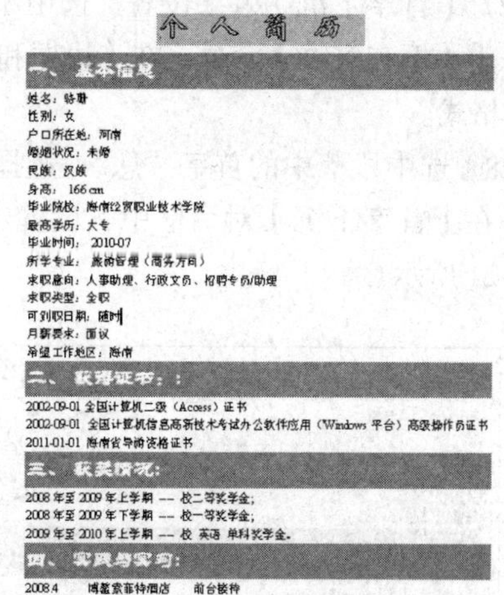

图 2-1-15　小标题效果

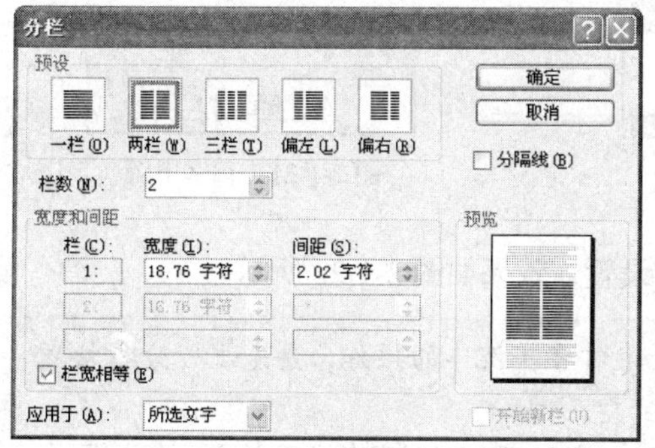

图 2-1-16　分栏设置

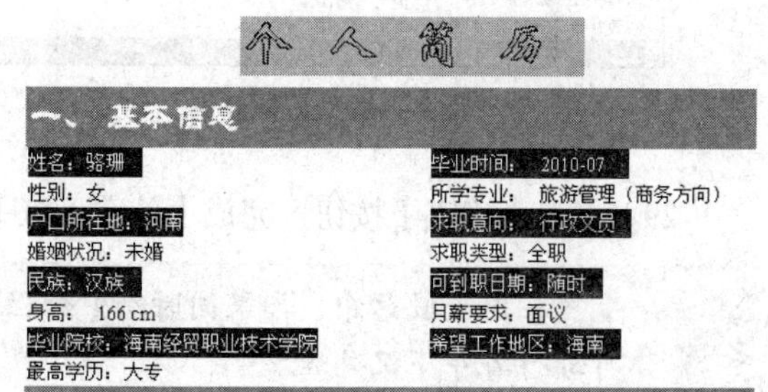

图 2-1-17　同时选中多段文本

（24）其他小标题下文本内容字体的格式设置和底纹添加可采用相同的方法来完成。

（25）设置段落边框。选中小标题【二、获得证书】下的文本内容，选择【格式】→【边框和底纹】命令，弹出【边框和底纹】对话框，选择【边框】选项卡，设置【线型】为【双波浪形】、【颜色】为【绿色】的边框线效果，并在预览区分别单击去除预览图左右两侧的边框线，只保留上下的边框线，如图 2-1-19 所示。

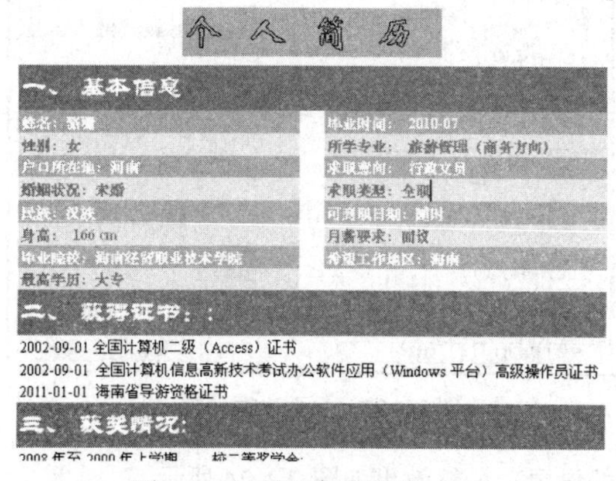

图 2-1-18　设置完成效果

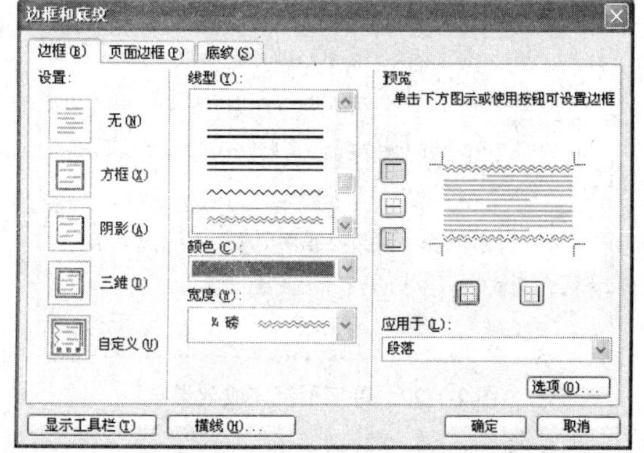

图 2-1-19　设置段落边框

（26）单击【确定】按钮，完成边框线的添加，效果如图 2-1-20 所示。

（27）【首字下沉】效果设置。选中小标题【六、详细个人自传】下的文本内容，选择【格式】→【边框和底纹】命令，在【边框和底纹】对话框中，分别设置【边框】和【底纹】，并设置字体格式。

（28）选中段落中的首字“您”，选择【格式】→【首字下沉】命令，弹出【首字下沉】对话框，在【首字下沉】对话框中，设置【位置】为【下沉】的效果，【下沉行数】为【3】，如图 2-1-21 所示。

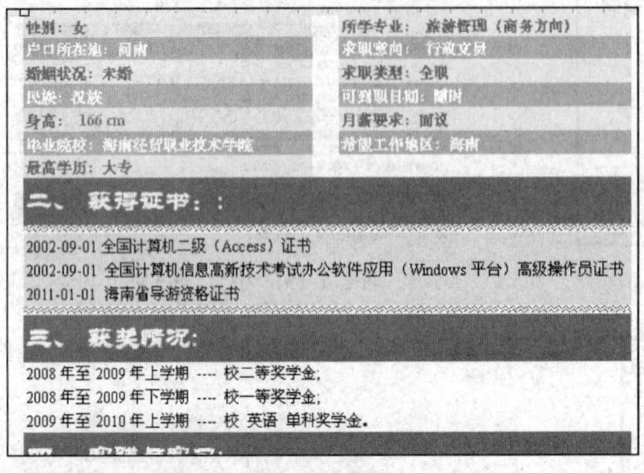

图 2-1-20　边框效果

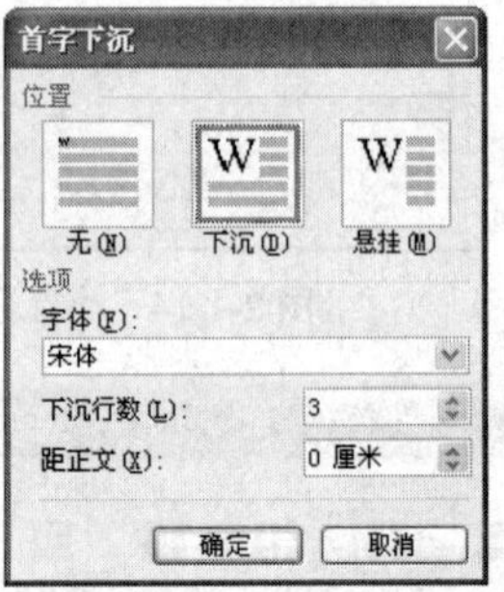

图 2-1-21　首字下沉

（29）单击【确定】按钮，完成【首字下沉】的设置，效果如图 2-1-22 所示。

在同一段落中，如果同时有【分栏】和【首字下沉】的操作，要先进行分栏处理，再进行首字下沉处理。

（30）设置页面边框。选择【格式】→【边框和底纹】命令，弹出【边框和底纹】对话框中，在【页面边框】选项卡，设置【艺术型】的边框效果，【宽度】为【20 磅】，【应用于】为【整篇文档】，如图 2-1-23 所示。

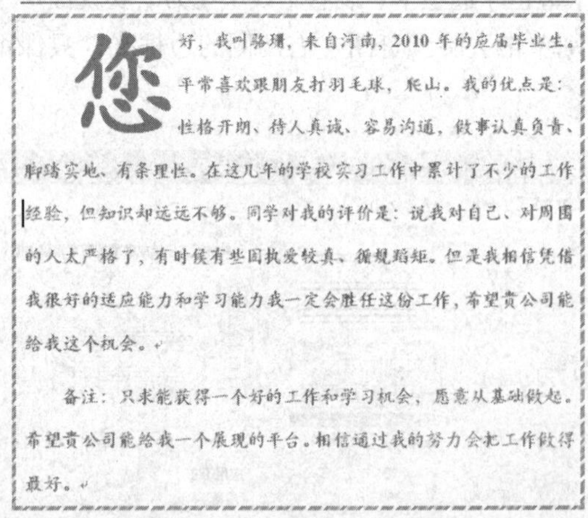

图 2-1-22　首字下沉完成效果

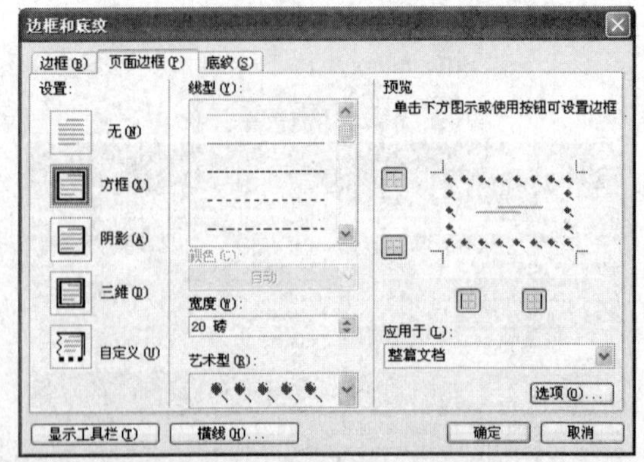

图 2-1-23　页面边框设置

（31）单击【确定】按钮，完成【页面边框】的设置，最终效果如图 2-1-24 所示。

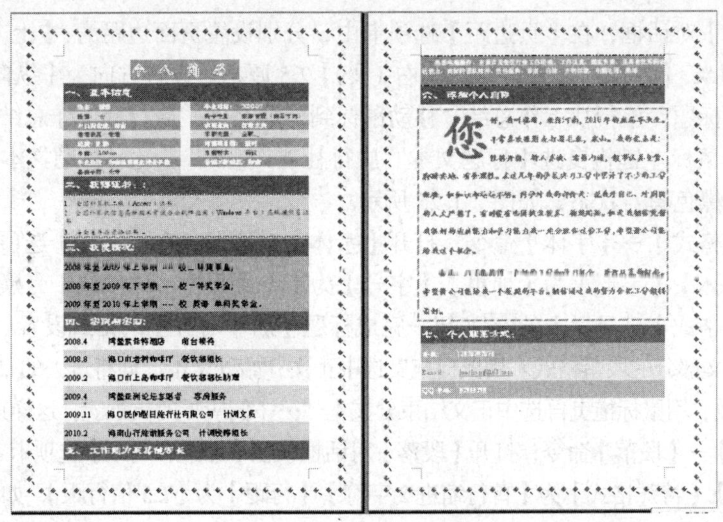

图 2-1-24　最终效果图

2.1.4　任务小结

骆珊在规定的时间内完成了个人简历的制作，由于是临时的任务，骆珊没有准备相应的图片，又不能使纯文本的简历过于单调，骆珊使用的是添加不同颜色底纹、添加编号、添加边框等设置方法，使纯文本简历具有层次感，增强了简历的可读性。骆珊对自己设计出的简历效果还是比较满意的。

于是，她对这次的任务做了一下小结。

（1）纯文本的编辑除了要做到版面整齐，排版时要充分考虑版面的层次感，增强文档的可读性。

（2）另外风格上要尽量做到明快、生动。

2.1.5　拓展训练

蓝经理在应聘者紧张的制作过程中，也在细心地观察比较，通过应聘者的电脑屏幕的显示制作内容，基本上可以了解各位应聘者的 Office 办公软件掌握程度及应用水平，他的心里已经有了人选。骆珊最后被蓝经理带到办公室，指着他的电脑对骆珊说："这是我的一份工作报告，需要在下午上交给总经理，但我还没修改好，包括格式也需要设置一下，能否麻烦你帮帮我？"

骆珊一听，知道这是一道进一步面试的题目，马上说："没问题！请说出您的修改要求。"蓝经理也不客气："格式的设置，你自己根据理解来确定，修改嘛，报告里有一个重要的名称'椰海旅社'用错了，你需要把它改为'海南椰海旅行社'，并且要让其具有与众不同的显示格式，文件就放在桌面，开始吧。"

编辑月工作报告

工作报告是一种例行公文，其格式应该是统一不变的，不同的是工作报告的内容，在报告中一些重要的数据及实例，需要以醒目的格式设置，以引起关注。

Word 具有批量修改的功能：查找和替换，可以应用到这类的文档编辑。

操作步骤如下所述。

（1）用鼠标双击打开桌面的 Word 文档"旅行社工作总结.doc"。

（2）在文档"旅行社工作总结.doc"的窗口，选择菜单栏中的【文件】→【页面设置】命令，打开【页面设置】对话框，在【页边距】选项卡中，分别设置页面边距为：【上（T）】2.5 厘米，【下（B）】2.5 厘米，【左（L）】2.5 厘米，【右（R）】2.5 厘米。设置方向为【纵向】。

（3）格式化标题：旅行社工作总结。移动鼠标到标题文本“旅行社工作总结”左侧单击，确定操作点。按下鼠标左键拖曳选中标题文本“旅行社工作总结”。此时标题文本“旅行社工作总结”被选中，呈黑色覆盖状态，如图 2-1-25 所示。

（4）选择【格式】→【字体】命令，打开【字体】对话框，在【字体】选项卡上，设置【中文字体】为【宋体】、【字形】为【加粗】、【字号】为【一号】、【字体颜色】为黑色。

（5）单击【格式】工具栏上的▤按钮，完成标题【居中对齐】的格式设置。

（6）设置正文部分的段落格式。用鼠标拖曳选中正文开始处文本“即将过去的 2009 年……”，按下【Shift】键不放，用鼠标拖曳再选中正文结束处文本“……们应尽的贡献。”，这样正文部分被全部选中，选择【格式】→【段落】命令，打开【段落】对话框，在【缩进和间距】选项卡上，设置【对齐方式】为【左对齐】；【特殊格式】为【首行缩进 2 字符】；【行距】为【1.5 倍行距】；如图 2-1-26 所示

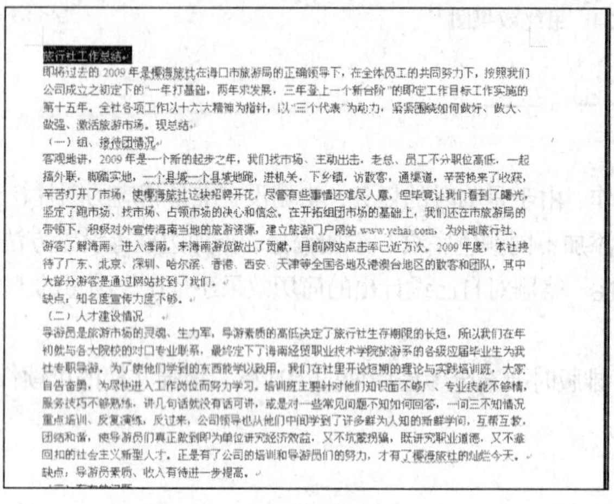

旅行社工作总结

即将过去的 2009 年是椰海旅社在海口市旅游局的正确领导下，在全体员工的共同努力下，按照我们公司成立之初定下的“一年打基础，两年求发展，三年登上一个新台阶”的即定工作目标工作实施的第十五年。全社各项工作以十六大精神为指针，以“三个代表”为动力，紧紧围绕如何做好、做大、做强、激活旅游市场。现总结：

（一）组、接待团情况

客观地讲，2009 年是一个新的起步之年，我们找市场、主动出击，老总、员工不分职位高低，一起搞外联，脚踏实地，一个县城一个县城地跑，进机关，下乡镇，访散客，通渠道，辛苦换来了收获，辛苦打开了市场，使椰海旅社这块招牌开花，尽管有些事情还难尽人意，但毕竟让我们看到了曙光，坚定了跑市场、找市场、占领市场的决心和信念，在开拓组团市场的基础上，我们还在市旅游局的带领下，积极对外宣传海南当地的旅游资源，建立旅游门户网站 www.yehai.com，为外地旅行社、游客了解海南，进入海南，来海南游览做出了贡献，目前网站点击率已近万次。2009 年度，本社接待了广东、北京、深圳、哈尔滨、香港、西安、天津等全国各地及港澳台地区的散客和团队，其中大部分游客是通过网站找到了我们。

缺点：知名度宣传力度不够。

（二）人才建设情况

导游员是旅游市场的灵魂、生力军，导游素质的高低决定了旅行社生存期限的长短，所以我们在年初就与各大院校的对口专业联系，最终定下了海南经贸职业技术学院旅游系的各级应届毕业生为我社专职导游，为了使他们学到的东西能学以致用，我们在社里开设短期的理论与实践培训班，大家自告奋勇，为尽快进入工作岗位而努力学习。培训班主要针对他们知识面不够广、专业技能不够精，服务技巧不够熟练，讲几句话就没有话可讲，或是对一些常见问题不知如何回答，一问三不知情况重点培训、反复演练，反过来，公司领导也从他们中间学到了许多鲜为人知的新鲜学问，互帮互教，团结和谐，使导游员们真正做到即为单位讲究经济效益，又不坑蒙拐骗，既讲究职业道德，又不乏回扣的社会主义新型人才。正是有了公司的培训和导游员们的努力，才有了椰海旅社的灿烂今天。

缺点：导游员素质、收入有待进一步提高。

图 2-1-25　选中标题文本

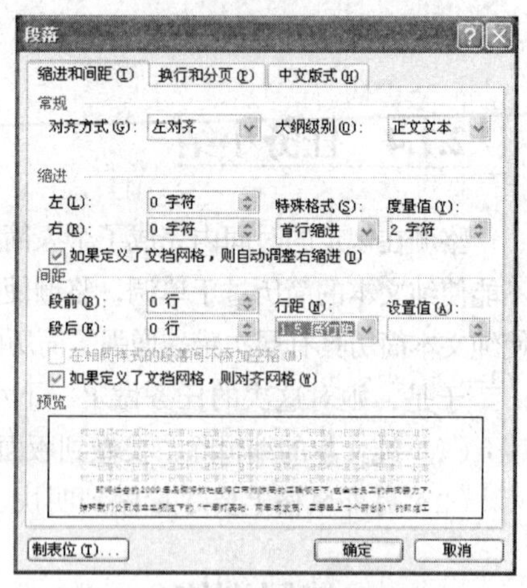

图 2-1-26　设置段落格式

（7）单击【确定】按钮，完成正文段落的格式设置。

在【缩进和间距】选项卡上设置的内容，设置值的单位可以根据需要进行变换：【字符】可以变换为【厘米】；【行】可以变换为【磅】，并且【单位】和【设置值】之间要保留一个空格。

（8）选中落款部分的两行文本，选择【格式】→【段落】命令，打开【段落】对话框，在【缩进和间距】选项卡上，设置【对齐方式】为【右对齐】；【特殊格式】为【无】；【行距】为【最小值 12 磅】。

（9）单击【确定】按钮，完成落款文本对齐方式的设置。

（10）选中文本“报告人：蓝逸”，选择【格式】→【段落】命令，打开【段落】对话框，在【缩进和间距】选项卡上，设置“间距”【段前】为【5 行】；以调整正文与落款之间的距离。

正文与落款的距离也可以通过插入空行的方法来完成。鼠标定位在文档正文的末尾，连续按【Enter】键插入多行空行。

（11）批量修改文档中用错的词语。在文档的页面视图窗口，选择【编辑】→【查找】命令，打开【查找和替换】对话框，在【查找】选项卡上，设置【查找内容】为【椰海旅社】；切换到【替换】选项卡上，设置【替换为】为【海南椰海旅行社】，如图 2-1-27 所示。

（12）设置替换后文本的格式。单击【高级】按钮，展开对话框的高级选项内容，选中【替换为】文本内容“海南椰海旅行社”，选择【格式】→【字体】命令，打开【字体】对话框，设置文本“海南椰海旅行社”的格式，【字体】为【加粗】；【字体颜色】为蓝色，在【替换为】文本“海南椰海旅行社”的下方会查看到字体格式的内容，如图 2-1-28 所示。

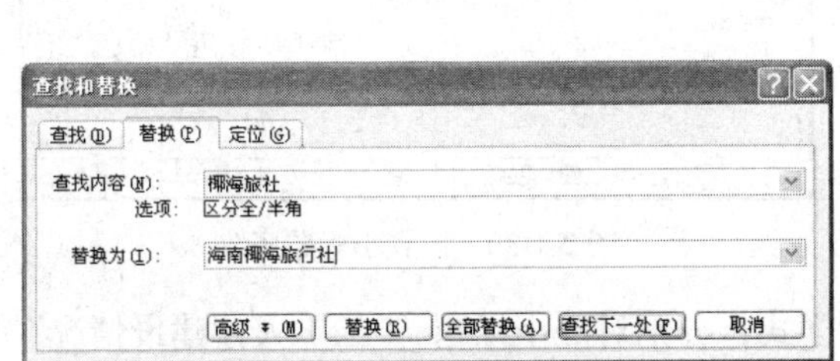

图 2-1-27　设置查找和替换内容

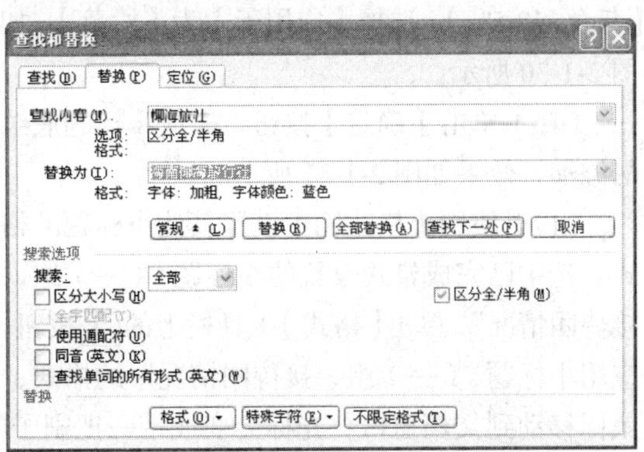

图 2-1-28　设置【替换为】文本的格式

在设置【替换为】文本格式时，一定要正确地选取设置的对象，如果误把【查找内容】文本选中，设置格式后，会在【查找内容】文本的下方查看到字体格式的内容，导致操作无法完成。解决的方法是：再次选取【查找内容】文本，单击对话框下方的【不限定格式】按钮，删除【查找内容】文本格式的设置，重新选取【替换为】文本设置格式。

（13）设置搜索范围为“全部”，完成之后，单击对话框的【全部替换】按钮，完成文档批量修改及设置操作，效果如图 2-1-29 所示。

旅行社工作总结

即将过去的 2009 年是**海南椰海旅行社**在海口市旅游局的正确领导下，在全体员工的共同努力下，按照我们公司成立之初定下的“一年打基础，两年求发展，三年登上一个新台阶”的即定工作目标工作实施的第十五年。全社各项工作以十六大精神为指针，以“三个代表”为动力，紧紧围绕如何做好、做大、做强、激活旅游市场。现总结：

（一）组、接待团情况

客观地讲，2009 年是一个新的起步之年，我们找市场、主动出击，老总、员工不分职位高低，一起搞外联，脚踏实地，一个县城一个县城地跑，进机关，下乡镇，访散客，通渠道，辛苦换来了收获，辛苦打开了市场，使**海南椰海旅行社**这块招牌开花，尽管有些事情还难尽人意，但毕竟让我们看到了曙光，坚定了跑市场、找市场、占领市场的决心和信念。在开拓组团市场的基础上，我们还在市旅游局的带领下，积极对外宣传海南当地的旅游资源，建立旅游门户网站 www.yehai.com，为外地旅行社、游客了解海南，进入海南，来海南游览做出了贡献，目前网站点击率已近万次。2009 年度，本社接待了广东、北京、深圳、哈尔滨、香港、西安、天津等全国各地及港澳台地区的散客和团队，其中大部分游客是通过网站找到了我们。

缺点：知名度宣传力度不够。

（二）人才建设情况

导游员是旅游市场的灵魂，生力军，导游素质的高低决定了旅行社生存期限的长短，所以我们在年初就与各大院校的对口专业联系，最终定下了海南经贸职业技术学院旅游系的各级应届毕业生为我社专职导游。为了使他们学到的东西能学以致用，我们在社里开设短期的理论与实践培训班，

图 2-1-29　完成批量修改和设置

搜索范围有【全部】、【向上】、【向下】3 个选项，可结合鼠标在文档中所处的位置（即输入点）及具体情况进行选择。

（14）设置小标题格式。选中小标题“（一）组、接待团情况”，选择【格式】→【字体】命令，打开【字体】对话框，在【字体】选项卡上，设置【字号】为【四号】、【字形】为【加粗】，

单击【确定】按钮，完成小标题文本字体的格式设置。

（15）保持小标题被选中状态选择【格式】→【边框和底纹】命令，打开【边框和底纹】对话框，在【底纹】选项卡上，设置【填充】颜色为【灰色-12.5%】、选择【应用于】为【段落】，如图 2-1-30 所示。

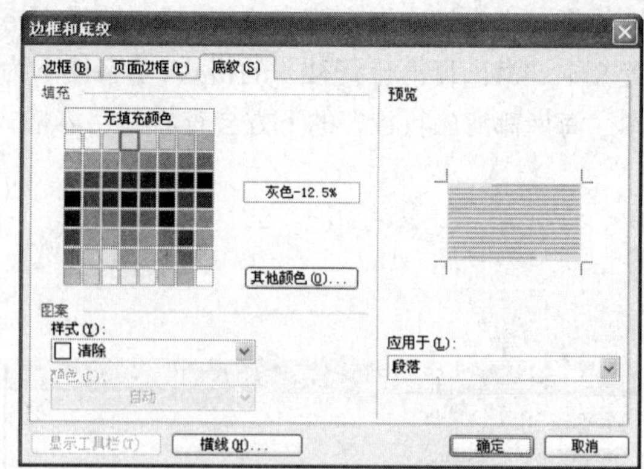

图 2-1-30　设置小标题底纹

（16）单击【确定】按钮，完成小标题底纹的添加，效果如图 2-1-31 所示。

（17）使用【格式刷】设置其他小标题的格式。选中已完成格式设置的小标题“（一）组、接待团情况”，单击【格式】工具栏上的按钮，应用小标题“（一）组、接待团情况”的格式，鼠标移动到文档窗口，光标会变成带一把刷子的样式，分别对准小标题“（二）人才建设情况”和“（三）存在的问题”单击拖曳，完成其格式的设置。如图 2-1-32 所示。

旅行社工作总结

即将过去的 2009 年是**海南椰海旅行社**在海口市旅游局的正确领导下，在全体员工的共同努力下，按照我们公司成立之初定下的“一年打基础，两年求发展，三年登上一个新台阶”的既定工作目标工作实施的第十五年，全社各项工作以十六大精神为指针，以“三个代表”为动力，紧紧围绕如何做好、做大、做强、激活旅游市场，现总结。

（一）组、接待团情况

客观地讲，2009 年是一个新的起步之年，我们找市场、主动出击，老总、员工不分职位高低，一起搞外联，脚踏实地，一个县城一个县城地跑，进机关，下乡镇，访散客，通渠道，辛苦换来了收获，辛苦打开了市场，使**海南椰海旅行社**这块招牌开花，尽管有些事情还难尽人意，但毕竟让我们看到了曙光，坚定了跑市场、找市场、占领市场的决心和信念。在开拓组团市场的基础上，我们还在市旅游局的带领下，积极对外宣传海南当地的旅游资源，建立旅游门户网站 www.yehai.com，为外地旅行社、游客了解海南，进入海南，来海南游览做出了贡献，目前网站点击率已近万次。2009

图 2-1-31　为小标题添加底纹效果

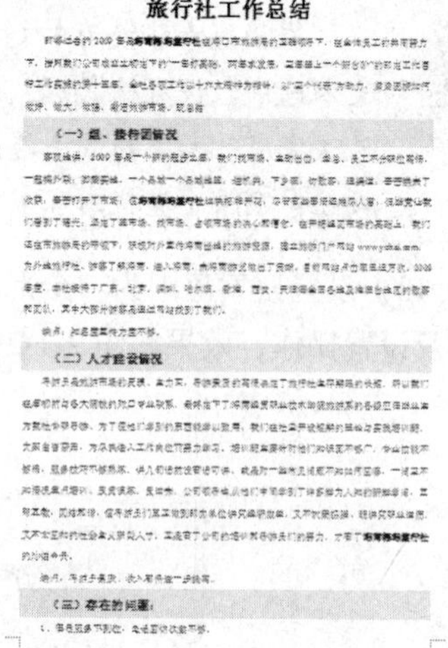

图 2-1-32　小标题添加编号

使用【格式刷】时，在选中要应用格式的对象之后，单击【格式】工具栏上的按钮，则该格式只能应用一次；如果文档中多个不同位置都需要应用该格式，可以通过双击，便可把该格式反复应用到不同的位置。要取消该格式的应用时，只要再次单击【格式】工具栏上的按钮即可。

（18）在报告中有缺点的总结，为了使这部分内容引起关注，增强其重要程度，可以为其添加着重号。同时选中文本“缺点：知名度宣传力度不够”和“缺点：导游员素质、收入有待进一步提高。”，选择【格式】→【字体】命令，打开【字体】对话框，在【字体】选项卡上，设置【着重号】为【。】，【字形】为【加粗】。如图 2-1-33 所示。

（19）单击【确定】按钮，完成格式设置，效果如图 2-1-34 所示。

（20）设置段落缩进。选中“（三）存在的问题：”中罗列的 5 条项目，选择【格式】→【段落】命令，打开【段落】对话框，在【缩进和间距】选项卡上，设置【缩进 左】为【2 字符】，以调整段落相对于正文的距离，如图 2-1-35 所示。

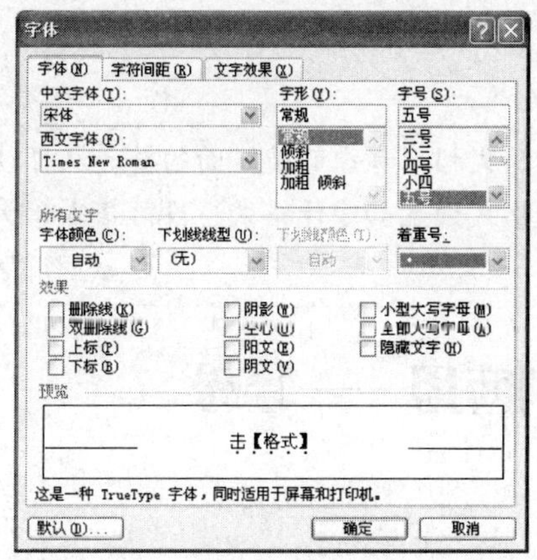

图 2-1-33　添加着重号

为外地旅行社、游客了解海南，进入海南，来海南游览做出了贡献，目前网站点击率已达万次。2009年度，本社接待了广东、北京、深圳、哈尔滨、香港、西安、天津等全国各地及港澳台地区的散客和团队，其中大部分游客是通过网站找到了我们。

缺点：知名度宣传力度不够。

（二）人才建设情况

导游员是旅游市场的灵魂、生力军，导游素质的高低决定了旅行社生存期限的长短，所以我们在年初就与各大院校的对口专业联系，最终定下了海南经贸职业技术学院旅游系的各级应届毕业生为我社专职导游。为了使他们学到的东西能学以致用，我们在社里开设短期的理论与实践培训班，大家自告奋勇，为尽快进入工作岗位而努力学习。培训班主要针对他们知识面不够广、专业技能不够精，服务技巧不够熟练，讲几句话就没有话可讲，或是对一些常见问题不知如何回答，一问三不知情况重点培训、反复演练，反过来，公司领导也从他们中间学到了许多鲜为人知的新鲜学问，互帮互教，团结和谐，使导游员们真正做到即为单位讲究经济效益，又不坑蒙拐骗，既讲究职业道德，又不奎回扣的社会主义新型人才。正是有了公司的培训和导游员们的努力，才有了**海南椰海旅行社**的灿烂今天。

缺点：导游员素质、收入有待进一步提高。

（三）存在的问题：

图 2-1-34　完成格式设置

（21）单击【确定】按钮，完成格式设置，如图 2-1-36 所示。

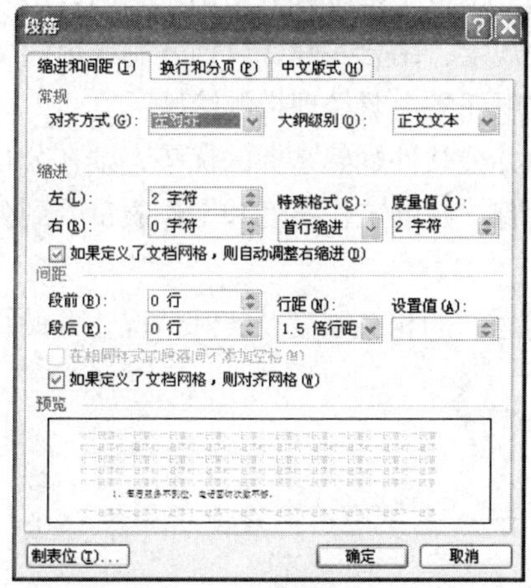

图 2-1-35　设置段落缩进

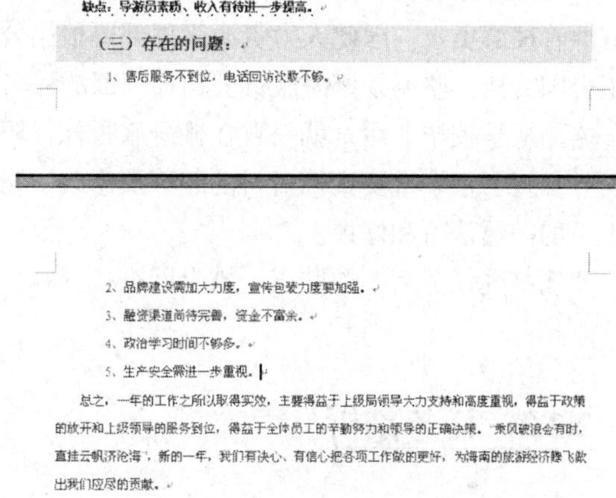

缺点：导游员素质、收入有待进一步提高。

（三）存在的问题：

1、售后服务不到位，电话回访次数不够。

2、品牌建设需加大力度，宣传包装力度要加强。

3、融资渠道尚待完善，资金不富余。

4、政治学习时间不够多。

5、生产安全需进一步重视。

总之，一年的工作之所以取得实效，主要得益于上级局领导大力支持和高度重视，得益于政策的放开和上级领导的服务到位，得益于全体员工的辛勤努力和领导的正确决策。"乘风破浪会有时，直挂云帆济沧海"，新的一年，我们有决心、有信心把各项工作做的更好，为海南的旅游经济腾飞做出我们应尽的贡献。

图 2-1-36　设置完成效果

（22）工作报告最终的效果如图 2-1-37 所示。

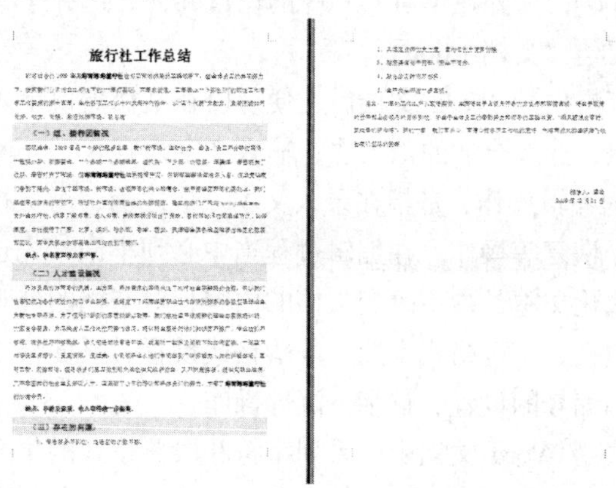

旅行社工作总结

图 2-1-37　最终效果

2.1.6　课后练习

1. 制作实习报告。

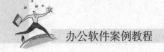

2. 制作求职信。

3. 制作促销方案。

提示

利用文字处理软件 Word 2003 制作正式类型的文档，考虑的是版面的整齐及可读性，在设计时，一般采用 Word 2003 提供的基本格式设置如字体格式、段落格式、页面格式、底纹、边框设置等的方法来完成。

2.2 Word 2003 样式及格式刷应用——轻松制作公司劳动合同

2.2.1 创建情景

海南椰海旅行社有限公司为了规范用工制度，需要与每一位员工都签订劳动用工合同，由人力资源管理部负责。因此人力资源管理部要根据公司的有关规定，结合实际，设计并制作出劳动用工合同文档。骆珊是椰海旅行公司计划部的一名文员，这项任务由蓝经理指派给她。

骆珊从学校毕业后，就一直在椰海旅行社任职，凭借对办公软件娴熟掌握的优势，她在公司参与并负责了很多重要文档资料的起草及修改、制作的全过程。她的工作态度和工作质量受到公司上下的一致认可和好评。

骆珊接受任务后不敢耽误，她上网查找资料，参考公司之前的相关制度及实际情况，开始设计并制作。

2.2.2 任务剖析

1. 相关知识点

（1）空白文档的创建：在启动 Word 2003 的同时，系统会自动创建一个空白的 Word 文档，默认的文件名为【文档 1.doc】；另外在 Word 2003 的窗口界面，选择【文件】→【新建】菜单命令，也可创建出一个空白文档“文档 1.doc”。

（2）录入文本：创建好空白的 Word 文档后，便可以在文档窗口录入文字信息，录入文字信息时在文档中定位好输入点，选择合适的输入法，输入文字内容。

（3）编辑文本：文档的编辑操作，是指在录入文本完成之后，对文档内容进行的修改，包括移动、复制、删除、撤销、恢复等操作。在编辑过程当中必须牢记“先选取，后操作”的原则。

（4）格式化文本：格式化文本是指不改变文档的内容，对文档的外观进行的格式设置，增加文档的层次感及可读性，包括：字符格式设置、段落格式设置、页面格式设置、边框和底纹的添加、分栏设置、项目符号和编号的设置、首字下沉等操作。

（5）样式的应用：样式是 Word 文档中一系列字符和段落格式的集合，应用样式可以方便地将设置好的一组字符或段落样式应用到不同的文本和段落中。样式分为两种类型：一是字符样式，字符样式保存了字符的格式，如文本的字体、字号、字形、颜色、字符间距、缩放等格式，可整体应用于选取的文本；段落样式不仅保存了段落的格式，还保存了字符的格式，可应用于当前段落或选取的段落，也可仅将其中的字符格式应用于所选的文本。

样式的应用包括样式的建立、样式的修改、样式的删除及样式的应用。

（6）格式刷的应用：格式刷类似于样式，用来复制一段已设置好的格式，直接将其应用到其他字符和段落中。先选中作为样本的文字，然后点击工具栏上的【格式刷】图标，当鼠标指针变成【格式刷】后，表明你已选中格式刷。然后在目标文字上按住鼠标左键拖曳。如果想多次使用，需要在点击工具栏上的【格式刷】图标时，连续快击两次，这样，所选中的格式刷就可以反复使用了。如果想取消连续使用功能，只需再次点击工具栏上的【格式刷】图标。

2. 操作方案

劳动用工合同是劳动者和用工单位之间签订的书面合同，是人力资源管理部门常用的正式文档，利用 Word 2003 的创建空文档、录入和编辑文本、文本格式化处理等基本操作，同时利用样式、格式刷高级功能对文档进行修饰处理，可以完成劳动用工合同制作。

2.2.3 任务实现

（1）启动 Word 2003，新建一个空白文档。选择菜单栏上的【文件】→【保存】命令，打开【另存为】对话框，保存文档为“劳动合同书”。

（2）录入劳动用工合同的文本内容，如图 2-2-1 所示。

（3）新建样式。选择菜单栏上的【格式】→【样式和格式】命令，在文档右侧打开【样式和格式】任务窗格，如图 2-2-2 所示。

（4）单击【新样式】按钮，打开【新建样式】对话框，在对话框中，设置新建样式的属性：【名称】为【基本样式】，【样式类型】为【段落】，【样式基于】为【正文】。

（5）设置样式的内容。在【新建样式】对话框，单击【格式】按钮，选择【段落】选项，打开【段落】对话框，设置段落格式：【对齐方式】为【左对齐】、【间距】为【段前 0.5 行】、【段后 0.5 行】、【行距】为【2 倍行距】。

（6）单击“确定”按钮，切换回【新建样式】对话框，这时可以在【新建样式】对话框的【预览】框的下方查看到样式的内容，如图 2-2-3 所示。

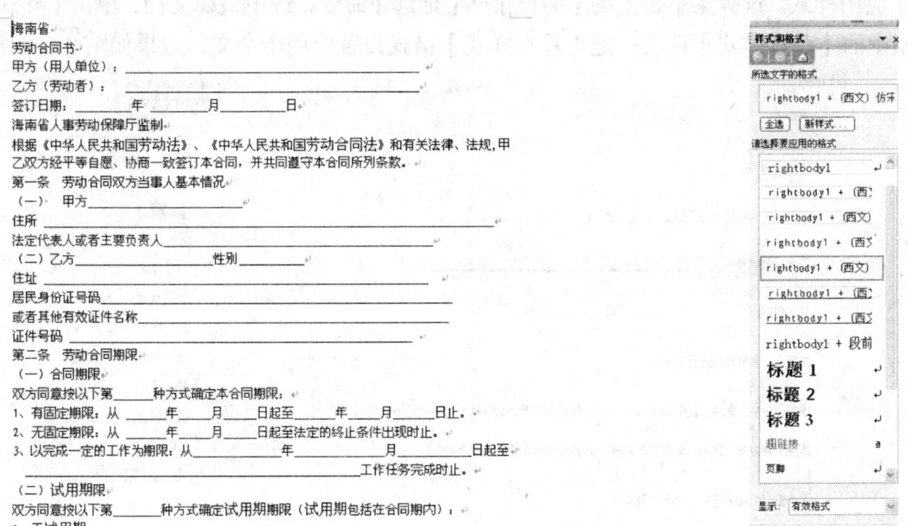

海南省
劳动合同书
甲方（用人单位）：________________
乙方（劳动者）：________________
签订日期：______年______月______日
海南省人事劳动保障厅监制
根据《中华人民共和国劳动法》、《中华人民共和国劳动合同法》和有关法律、法规，甲乙双方经平等自愿、协商一致签订本合同，并共同遵守本合同所列条款。
第一条　劳动合同双方当事人基本情况
（一）　甲方____________
住所________________________
法定代表人或者主要负责人________________
（二）乙方____________性别______
住址________________________
居民身份证号码________________________
或者其他有效证件名称________________________
证件号码________________________
第二条　劳动合同期限
（一）合同期限
双方同意按以下第______种方式确定本合同期限：
1、有固定期限：从______年______月______日起至______年______月______日止。
2、无固定期限：从______年______月______日起至法定的终止条件出现时止。
3、以完成一定的工作为期限：从__________年__________月__________日起至
________________________工作任务完成时止。
（二）试用期限
双方同意按以下第______种方式确定试用期期限（试用期包括在合同期内）：

图 2-2-1　录入合同内容　　　　图 2-2-2　【样式和格式】任务窗格

（7）单击【确定】按钮，完成【新建样式】的操作，回到文档的页面窗口，可以看到右侧任务窗格的样式列表中，有新建的【基本样式】的列表，如图 2-2-4 所示。

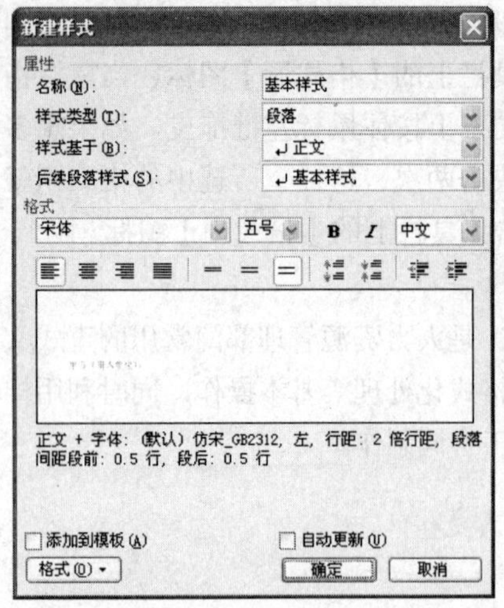

图 2-2-3　新建样式

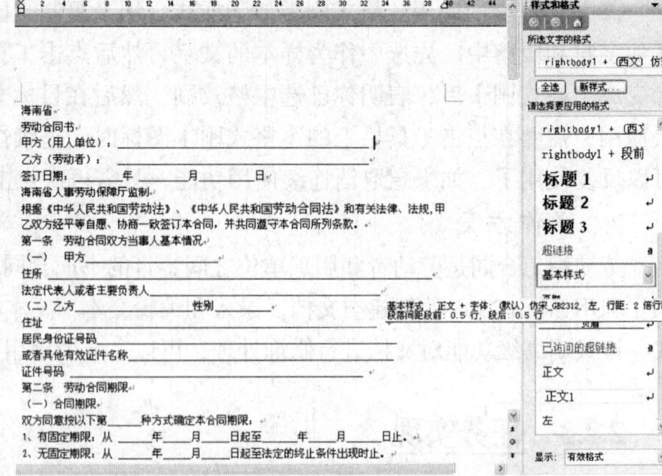

图 2-2-4　在【样式和格式】任务窗格中查看样式

在【格式和样式】的任务窗格，有系统提供的样式列表，当需要查看其中某个样式的格式内容时，可移动鼠标到要查看的样式上方，停留 1 至 2 秒，样式的内容便会显示在鼠标下方。

当需要修改某个样式的格式内容时，可用鼠标单击样式列表中样式名称右侧的下三角按钮，展开下拉菜单，选择【修改样式】选项，打开【修改样式】对话框，在对话框内可以重新设置样式内容，再单击【确定】按钮，便可修改样式。

如果某样式已被文档中的文本或段落应用，当修改该样式时，应用了该样式格式的文本或段落会自动更改为修改后的格式。

样式可以修改，也可以删除。删除样式的方法与修改样式类似，在下拉菜单中选择【删除】选项即可。

（8）应用样式。选择菜单栏上的【编辑】→【全选】命令，选中整篇文档，单击【样式和格式】任务窗格中的【基本样式】选项，把【基本样式】格式设置应用于全文，效果如图 2-2-5 所示。

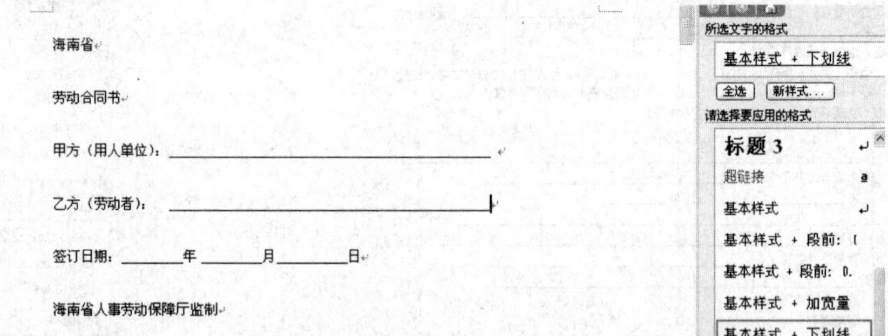

图 2-2-5　应用样式效果

（9）移动鼠标定位于劳动合同正文开头文本“根据《中华人民共和国劳动法》……”处，选择菜单栏上的【插入】→【分隔符】→【分页符】命令，执行人工分页，把正文《中华人民共和国劳动法》……”以下文本强制分到第二页显示。

在编辑 Word 文档的时候，当录入的文本满一页时，系统会自动分页致下一页继续录入。但有时候根据需要，在文本还未满页时也需要分页，可以应用系统提供的【人工分页】功能来完成。

【人工分页】的方法有两种：① 鼠标定位于需分页的位置，连续按【Enter】键，插入多个空行，直到鼠标定位于下一页；② 鼠标定位于需分页的位置，选择菜单栏上的【插入】→【分隔符】→【分页符】命令，进行人工分页。

（10）设置劳动合同第一页格式。选取文字“海南省”，选择菜单栏上的【格式】→【字体】命令，打开【字体】对话框，在【字体】选项卡中设置其格式：【中文字体】为【宋体】、【字形】为【加粗】、【字号】为【初号】、【字体颜色】为【黑色】，如图 2-2-6 所示。

（11）切换至【字符间距】选项卡，设置【字符间距】为【加宽 12 磅】；单击【确定】按钮，完成字体格式设置，如图 2-2-7 所示。

图 2-2-6　设置字体格式

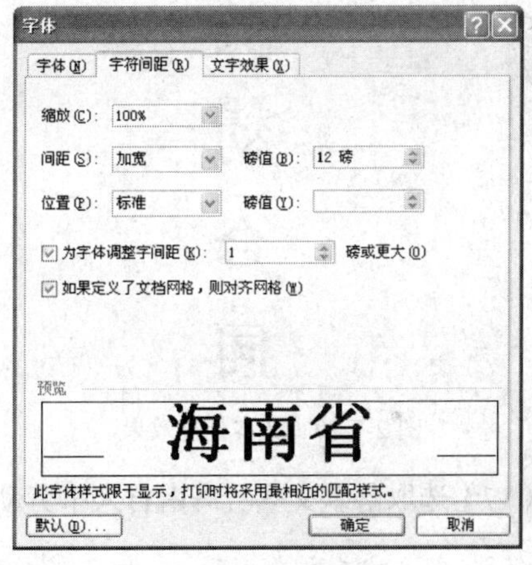

图 2-2-7　设置字符间距

（12）单击工具栏上的【居中】按钮，设置其段落【对齐方式】为【居中】对齐，单击【确定】按钮，完成格式设置操作，效果如图 2-2-8 所示。

（13）选取文本“劳动合同”，选择菜单栏上的【格式】→【字体】命令，打开【字体】对话框，在【字体】选项卡，设置其字体格式：【中文字体】为【宋体】、【字形】为【加粗】、【字号】为【小初号】、【字体颜色】为【黑色】，如图 2-2-9 所示。

（14）单击工具栏上的【居中】按钮，设置其段落【对齐方式】为【居中】对齐，单击【确定】按钮，完成格式设置。

（15）移动鼠标定位于字与字之间，按【Enter】键，使每个字换行显示，成竖向排列的效果，如图 2-2-10 所示。

（16）选取段落文本“甲方（用人单位）……签订日期：　年　月　日”，选择菜单栏上的【格式】→【字体】命令，打开【字体】对话框，在“字体”选项卡设置其字体格式为：【宋体】、【加粗】、【小四号】、【黑色】；选择菜单栏上的【格式】→【段落】命令，打开【段落】对话框，在【缩进与间距】选项卡设置其【缩进】为【左 6 字符】，如图 2-2-11 所示。

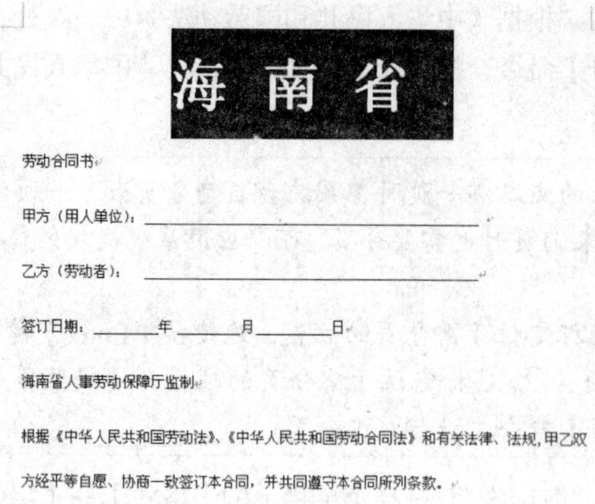

海 南 省

劳动合同书

甲方（用人单位）：

乙方（劳动者）：

签订日期：____年____月____日

海南省人事劳动保障厅监制

根据《中华人民共和国劳动法》、《中华人民共和国劳动合同法》和有关法律、法规，甲乙双方经平等自愿、协商一致签订本合同，并共同遵守本合同所列条款。

图 2-2-8　完成字符格式设置

图 2-2-9　设置字符格式

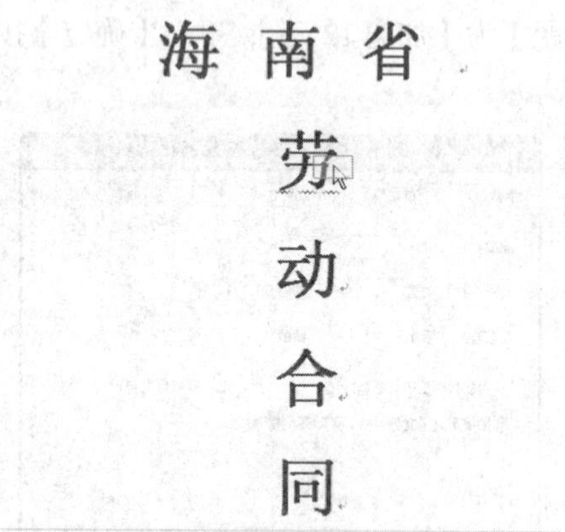

海 南 省

劳

动

合

同

图 2-2-10　文本竖排效果

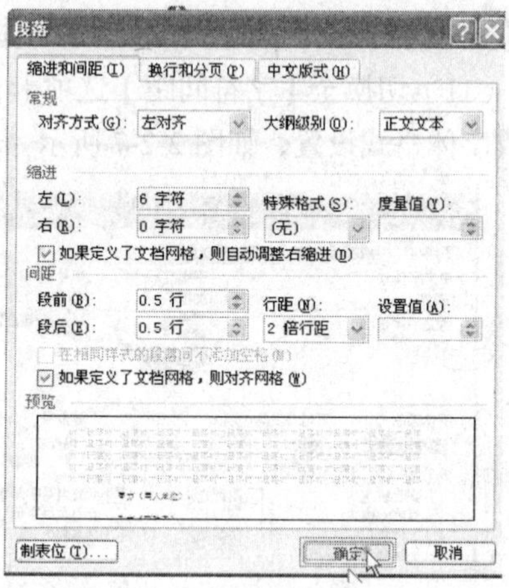

图 2-2-11　段落格式设置

（17）选取落款文本“海南省人事劳动保障厅监制”，单击工具栏上的【居中】按钮，使其居中对齐。

（18）移动鼠标定位于文字“劳动合同书”下方，按【Enter】键，调整页面的排列位置。

（19）合同第一页内容格式设置完成的效果如图 2-2-12 所示。

（20）选取合同正文第一段文本“根据《中华人民共和国劳动法》……并共同遵守本合同所列条款。”选择菜单栏上的【格式】→【段落】命令，打开【段落】对话框，在【缩进和间距】选项卡上，设置其【特殊格式】为【首行缩进 2 字符】。单击【确定】按钮，完成合同正文第一段文本的格式设置。

（21）选取合同正文标题文本“第一条 劳动合同双方当事人基本情况”，选择菜单栏上的【格式】→【字体】命令，打开【字体】对话框，在【字体】选项卡上，设置其【字体格式】为:【宋体】、【加粗】、【四号】、【黑色】。

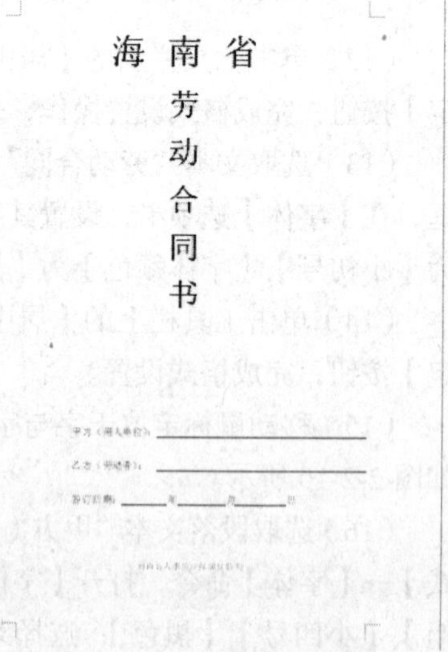

图 2-2-12　合同首页效果图

（22）保持正文标题文本“第一条 劳动合同双方当事人基本情况”被选中状态，双击工具栏上的【格式刷】按钮，选择其格式，分别移动鼠标至合同正文的其他九条标题文本开始处，当光标变成刷子的形状，按下鼠标左键拖曳，应用其格式。

（23）单击工具栏上的【格式刷】按钮，取消格式选择。

（24）用同样的方法，选取段落“甲方（用人单位）……签订日期：　年　月　日”，单击工具栏上的【格式刷】按钮，选择其格式，移动鼠标至合同正文末尾的段落文本“甲方（公 章）：……乙方（签字或盖章）：……签订日期：　年　月　日”处，当光标变成刷子的形状，按下鼠标左键拖曳，应用其格式，效果如图 2-2-13 所示。

（25）单击工具栏上的【打印预览】按钮，预览完成后的“劳动用工合同”效果，如图 2-2-14 所示。

甲方（公 章）：

法定代表人（主要负责人）

或委托代理人（签字或盖章）：

乙方（签字或盖章）：

签订日期：　年　月　日

图 2-2-13　应用格式刷效果

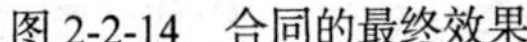
图 2-2-14　合同的最终效果

作为办公人员，经常需要编排 Word 文档。编排完成准备打印前，要养成习惯通过 Word 的打印预览功能查看文档的整体编排，满意后才将其打印。预览的效果就是通过纸张从打印机打印出来的效果。

不过在 Word 打印预览模式下并不能修改文档，当发现了小错误得返回编辑状态调整，或者编辑某处的图片或文字。

2.2.4　任务小结

制作“劳动用工合同”，是典型的公文式正式文档的编辑。公文式正式文格式要求严谨，风格大气，制作的过程主要应用的是 Word 2003 编辑文本、设置文本字体和段落格式、新建样式、应用样式、格式刷的使用等基本操作来完成。

骆珊想到，不久前她自己写的一份转正申请书，格式设置与劳动合同的格式设置其实很相似，她于是做了一个归类。

2.2.5 拓展训练

员工转正申请，这是领导对职场人员的考验，也是职场人员试用期工作的总结，对今后工作去向举足轻重，一定要认真对待。可以分 3 部分来写。第一部分，写试用期期间的工作业绩、工作经验、思想认识和成长过程。第二部分，写对转正以后自己工作的打算和设想，以及针对自己所负责的工作提出一些改革措施和方法。第三部分写自己的决心，一定不辜负领导期望之类的话，结束全文。这 3 部分在格式上要求是统一的。

制作转正申请书

（1）启动 Word 2003，新建一个空白文档。选择菜单栏上的【文件】→【保存】命令，打开【另存为】对话框，保存文档为【转正申请书】。

（2）录入“转正申请书”的文本内容，如图 2-2-15 所示。

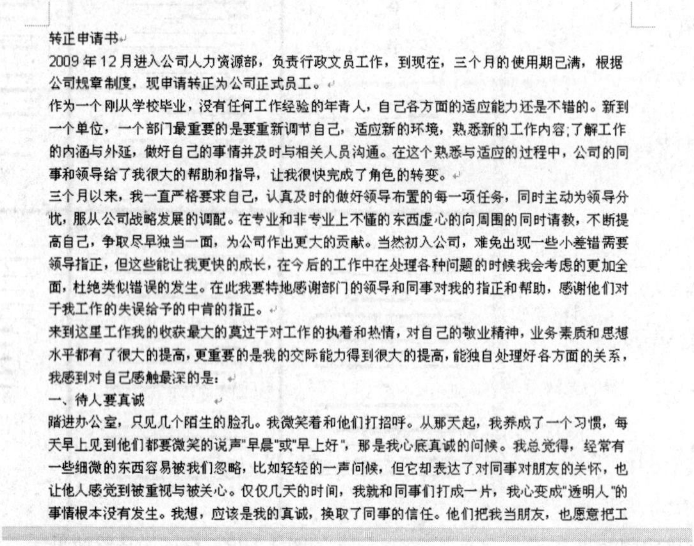

转正申请书

2009 年 12 月进入公司人力资源部，负责行政文员工作，到现在，三个月的使用期已满，根据公司规章制度，现申请转正为公司正式员工。

作为一个刚从学校毕业，没有任何工作经验的年青人，自己各方面的适应能力还是不错的。新到一个单位，一个部门最重要的是要重新调节自己，适应新的环境，熟悉新的工作内容;了解工作的内涵与外延，做好自己的事情并及时与相关人员沟通。在这个熟悉与适应的过程中，公司的同事和领导给了我很大的帮助和指导，让我很快完成了角色的转变。

三个月以来，我一直严格要求自己，认真及时的做好领导布置的每一项任务，同时主动为领导分忧，服从公司战略发展的调配。在专业和非专业上不懂的东西虚心的向周围的同时请教，不断提高自己，争取尽早独当一面，为公司作出更大的贡献。当然初入公司，难免出现一些小差错需要领导指正，但这些能让我更快的成长，在今后的工作中在处理各种问题的时候我会考虑的更加全面，杜绝类似错误的发生。在此我要特地感谢部门的领导和同事对我的指正和帮助，感谢他们对于我工作的失误给予的中肯的指正。

来到这里工作我的收获最大的莫过于对工作的执着和热情，对自己的敬业精神，业务素质和思想水平都有了很大的提高，更重要的是我的交际能力得到很大的提高，能独自处理好各方面的关系，我感到对自己感触最深的是：

一、待人要真诚

踏进办公室，只见几个陌生的脸孔。我微笑着和他们打招呼。从那天起，我养成了一个习惯，每天早上见到他们都要微笑的说声"早晨"或"早上好"，那是我心底真诚的问候。我总觉得，经常有一些细微的东西容易被我们忽略，比如轻轻的一声问候，但它却表达了对同事对朋友的关怀，也让他人感觉到被重视与被关心。仅仅几天的时间，我就和同事们打成一片，我心变成"透明人"的事情根本没有发生。我想，应该是我的真诚，换取了同事的信任。他们把我当朋友，也愿意把工

图 2-2-15 录入申请书内容

（3）选择标题文本“转正申请书”。选择菜单栏上的【格式】→【字体】命令，打开【字体】对话框，设置字体格式如图 2-2-16 所示，单击【确定】按钮，完成操作。

（4）选择【格式】→【段落】菜单命令，打开【段落】对话框，设置段落格式如图 2-2-17 所示，单击【确定】按钮，完成操作。

（5）选中正文内容“2009 年 12 月进入公司人力资源部，……为公司创造价值，为自己展开美好的未来。”选择【格式】→【段落】菜单命令，打开【段落】对话框，设置段落格式：【对齐方式】为【左对齐】、【间距】为【段前 0.5 行】、【段后 0.5 行】、【行距】为【1.5 倍行距】，【特殊格式】为【首行缩进 2 字符】。单击【确定】按钮，完成操作。效果如图 2-2-18 所示。

（6）选择文本“此致 敬礼”，选择【格式】→【段落】菜单命令，打开【段落】对话框，设置段落格式：【对齐方式】为【左对齐】、【缩进 左】为【2 字符】，【缩进 右】为【2 字符】，【间距】为【段前 0.5 行】、【段后 0.5 行】、【行距】为【1.5 倍行距】。单击【确定】按钮，完成操作。效果如图 2-2-19 所示。

（7）选择落款文本“申请人……2010 年 2 月 5 日”，选择【格式】→【段落】菜单命令，打

开【段落】对话框，设置段落格式：【对齐方式】为【右对齐】，【间距】为【段前 0.5 行】、【段后 0.5 行】、【行距】为【1.5 倍行距】。单击【确定】按钮，完成操作。效果如图 2-2-20 所示。

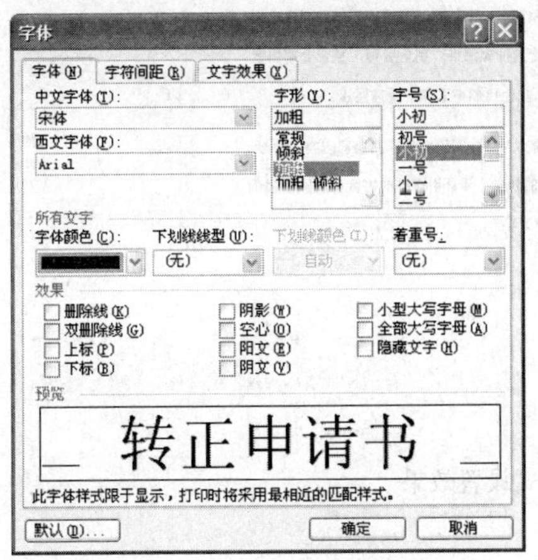

图 2-2-16　设置标题字体格式

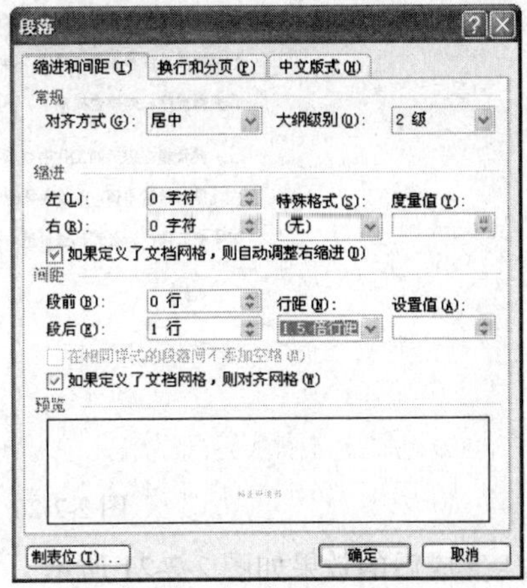

图 2-2-17　设置标题段落格式

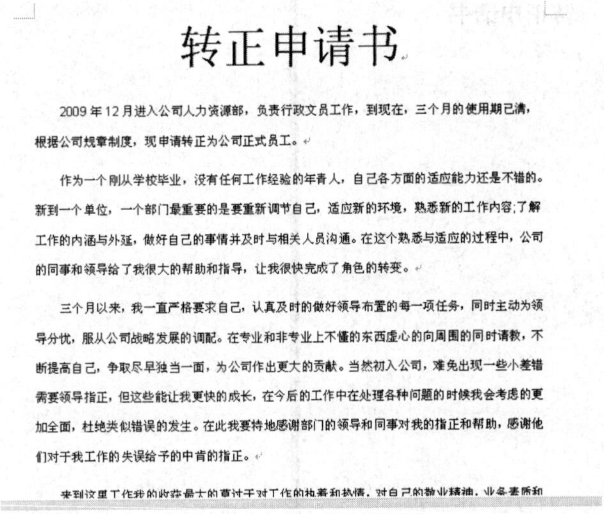

转正申请书

2009 年 12 月进入公司人力资源部，负责行政文员工作，到现在，三个月的使用期已满，根据公司规章制度，现申请转正为公司正式员工。

作为一个刚从学校毕业，没有任何工作经验的年青人，自己各方面的适应能力还是不错的。新到一个单位，一个部门最重要的是要重新调节自己，适应新的环境，熟悉新的工作内容;了解工作的内涵与外延，做好自己的事情并及时与相关人员沟通。在这个熟悉与适应的过程中，公司的同事和领导给了我很大的帮助和指导，让我很快完成了角色的转变。

三个月以来，我一直严格要求自己，认真及时的做好领导布置的每一项任务，同时主动为领导分忧，服从公司战略发展的调配。在专业和非专业上不懂的东西虚心的向周围的同时请教，不断提高自己，争取尽早独当一面，为公司作出更大的贡献。当然初入公司，难免出现一些小差错需要领导指正，但这些能让我更快的成长，在今后的工作中在处理各种问题的时候我会考虑的更加全面，杜绝类似错误的发生。在此我要特地感谢部门的领导和同事对我的指正和帮助，感谢他们对于我工作的失误给予的中肯的指正。

来到这里工作我的收获最大的莫过于对工作的执着和热情，对自己的敬业精神，业务素质和

图 2-2-18　设置段落格式效果

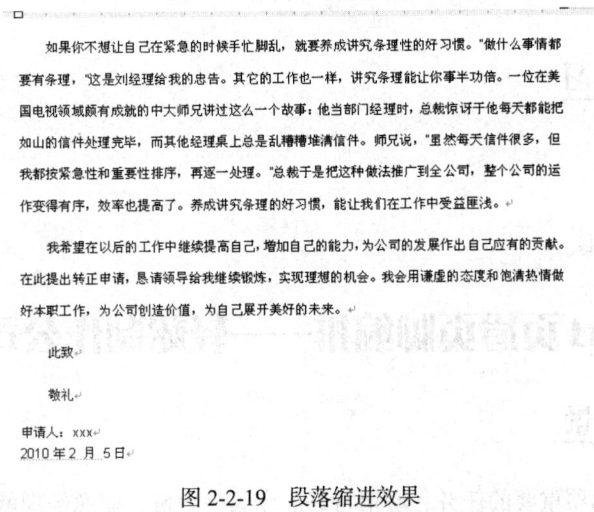

如果你不想让自己在紧急的时候手忙脚乱，就要养成讲究条理性的好习惯。"做什么事情都要有条理，"这是刘经理给我的忠告。其它的工作也一样，讲究条理能让你事半功倍。一位在美国电视领域颇有成就的中大师兄讲过这么一个故事：他当部门经理时，总裁惊讶于他每天都能把如山的信件处理完毕，而其他经理桌上总是乱糟糟堆满信件。师兄说，"虽然每天信件很多，但我都按紧急性和重要性排序，再逐一处理。"总裁于是把这种做法推广到全公司，整个公司的运作变得有序，效率也提高了。养成讲究条理的好习惯，能让我们在工作中受益匪浅。

我希望在以后的工作中继续提高自己，增加自己的能力，为公司的发展作出自己应有的贡献。在此提出转正申请，恳请领导给我继续锻炼，实现理想的机会。我会用谦虚的态度和饱满热情做好本职工作，为公司创造价值，为自己展开美好的未来。

此致

敬礼

申请人：xxx
2010 年 2 月 5 日

图 2-2-19　段落缩进效果

如果你不想让自己在紧急的时候手忙脚乱，就要养成讲究条理性的好习惯。"做什么事情都要有条理，"这是刘经理给我的忠告。其它的工作也一样，讲究条理能让你事半功倍。一位在美国电视领域颇有成就的中大师兄讲过这么一个故事：他当部门经理时，总裁惊讶于他每天都能把如山的信件处理完毕，而其他经理桌上总是乱糟糟堆满信件。师兄说，"虽然每天信件很多，但我都按紧急性和重要性排序，再逐一处理。"总裁于是把这种做法推广到全公司，整个公司的运作变得有序，效率也提高了。养成讲究条理的好习惯，能让我们在工作中受益匪浅。

我希望在以后的工作中继续提高自己，增加自己的能力，为公司的发展作出自己应有的贡献。在此提出转正申请，恳请领导给我继续锻炼，实现理想的机会。我会用谦虚的态度和饱满热情做好本职工作，为公司创造价值，为自己展开美好的未来。

此致

敬礼

申请人：xxx

2010年2月5日

图 2-2-20　段落对齐方式设置效果

（8）完成后的效果如图 2-2-21 所示。

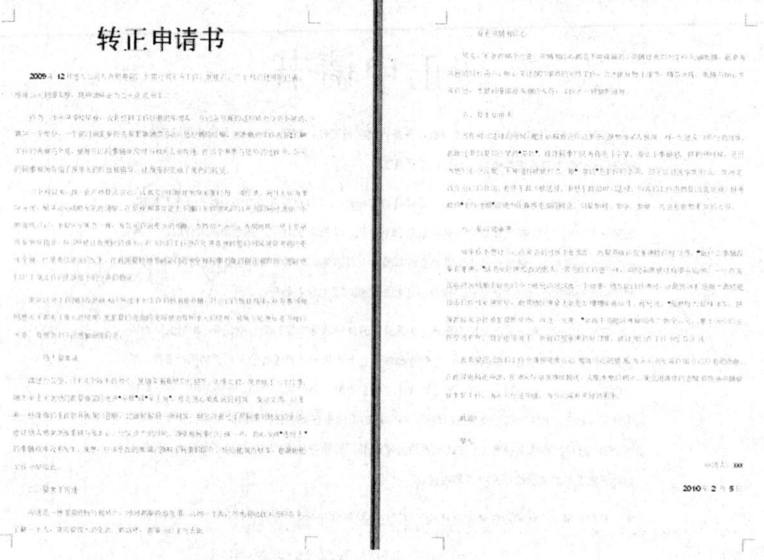

转正申请书

图 2-2-21　申请书效果图

2.2.6　课后练习

1. 制作培训合约。
2. 制作担保书。
3. 制作岗位责任书。

2.3　Word 页眉页脚编排——轻松制作公司信笺模板

2.3.1　任务情景

骆珊接连完成了几项重要的任务，心情特好。今天一上班，蓝逸经理就来电话，把她叫到经

理办公室。

蓝经理告诉骆珊，围绕“建设海南国际旅游岛”的大环境，公司目前许多工作需要更新，鉴于之前的工作都得到公司的充分肯定，思路与公司的定位非常吻合，因此他希望骆珊继续努力，重新设计制作公司的信笺模板。说完便把信笺制作需要的公司徽标发送到骆珊的电子邮箱。

蓝经理的工作作风一贯是雷厉风行，骆珊一点都不敢怠慢，接受了蓝经理安排的任务，之前的公司信笺模板已使用多年，确实有些陈旧，与“建设海南国际旅游岛”的旅游大环境不太协调。

骆珊回到办公室就坐到电脑前，熟练地调出原来的公司信笺模板，准备进行修改，换掉公司徽标就可以了。但继而一想，还是重新设计制作比较好，让小小的信笺也以全新的面貌迎接“海南建设国际旅游岛”，让美丽的海南在腾飞中蜕变。

这也是蓝经理对骆珊的工作向来满意的原因，觉得她很能领会公司的精神，也善于思考，最近的几项重要任务她都完成得非常出色，是蓝经理的得力助手。

公司信笺是机关或企事业单位行政部门统一的公文用纸，代表着公司的形象与内涵，在繁忙的公务及商务往来中，起着非常重要的作用。因此，小小的信笺应该包含有公司的基本信息，如：公司标志、公司中英文名称、公司地址、联系电话、传真电话、公司网址、电子邮件地址等。总之信笺最能表现公司文化和公司的特色。信笺作为公司固定的公务及商务往来用纸，使用量大，制作完成之后需要保存为文档模板类型。

一般来讲，公司信笺的页面编排都有统一固定的格式：页面顶端编辑公司名称、公司标志等重要信息；底端编辑公司地址、电话、传真、电子邮件地址等通信信息。

因此在制作时应用 Word 的页眉页脚功能，通过编辑及格式设置、页面设置、图片的插入、样式的使用和修改等操作完成文档页眉页脚的设置即可，保存 Word 文档时，选择保存类型为【模板】。

骆珊胸有成竹，顺着思路决定将整个操作按 3 个步骤完成。

（1）页眉编辑：在页面顶端——页眉位置编辑公司名称、公司标志等重要信息。

（2）页脚编辑：在页面底端——页脚位置编辑公司地址、电话、传真、电子邮件地址等通信信息。

（3）模版制作：制作完成之后，保存文档时，选择【保存类型】为【文档模板】。

2.3.2　任务剖析

1. 相关的知识点

（1）页眉页脚视图切换。在 word 文档的编辑窗口，一般默认为正文的编辑状态，如果要编辑文档的页眉页脚，则需要切换到页眉页脚的编辑状态。方法是选择【视图】→【页眉和页脚】菜单命令，也可直接移动鼠标到文档顶端或底端页眉及页脚的位置，快速双击鼠标，同时打开【页眉和页脚】工具栏，此时文档内容处于不可编辑的灰色显示状态，而页眉页脚处于可编辑的黑色显示状态，只要在相应的地方输入内容即可。退出页眉页脚的编辑状态，可单击【页眉和页脚】工具栏上的【关闭】按钮，或者移动鼠标离开页眉及页脚位置到文档内容，快速双击鼠标。

（2）编辑文档页眉页脚。许多文稿，特别是比较正式的文稿都需要设置页眉和页脚。得体的页眉和页脚，会使文稿显得更加规范，也会给阅读带来方便。Microsoft Word 提供了强大的文档页眉页脚设置功能，完全可以制作出内容丰富、个性十足的页眉和页脚。

（3）同一篇文档设置不同的页眉页脚。一般情况下，文档首页都不需要显示页眉和页脚，尤其是页眉；较长的文稿，各个部分可能需要设置不同的页眉或页脚；一些书稿可能需要设置奇偶页不同的页眉；有的文稿，也许对页眉、页脚的格式和内容有着特殊的要求。

（4）页码的设置。文档的页码一般放置在页面的底端——页脚位置，页码的添加，可通过【页眉和页脚】工具栏来完成。设置页码相对于文档的对齐方式与设置段落的对齐方式相同。

（5）文档模板。模板是应用于整个文档的一组排版格式和文本形式，样式为不同的段落设置相同的格式提供了方便，而模板为决定文档的基本结构、文档设置及文档框架，为创建新文档提供了方便。

在 Word 中，默认情况下选择创建的“空白文档”使用的是 Normal.doc 模板，它规定了正文为五号、宋体，文档内容为空白。

Word 2003 提供的模板包括以下几大类：信函与传真、备忘录、简历、新闻稿、议事日程、Web 主页等，它们以“.dot”的扩展名存放在“Template”文件夹下。

制作一些具有固定基本结构、设置及框架的文档，可将该文档创建为模板。创建模板时，先打开或创建文档，保存文档时，在【另存为】对话框，选择【保存类型】为【文档模板】。

（6）文本框。在 Word 2003 中，可以以图形对象方式使用文本框，这就是说，作为存放文本的容器，可放置在页面上并调整其大小。文本框提供了更好、更令人入迷的方法来处理文本，并能更好地利用新的图形效果。

可用新的【绘图】工具栏上的选项对文本框进行格式设置。如可设置三维效果、阴影、边框类型和颜色、填充颜色和背景等。可在更广泛的范围内选择环绕文字选项。可旋转和翻转文本框。可用【格式】菜单中的【文字方向】命令改变文本框中的文字方向。可将文本框分组并按组改变它们的分布和对齐方式。插入的文本框，可以像处理图形对象一样来处理，比如可以与别的图形组合叠放等。

可以在文档中插入文本框，并可以在文本框中像处理一个新页面一样来处理文本框中的文字。文本框有两种，一种是横排文本框，一种是竖排文本框，它们没有什么本质上的区别，只是文本方向不一样而已。

2. 操作方案

公司信笺的设计制作，重在体现公司的形象，表达公司的信息，风格上要与公司的服务及定位一致，另外要求色彩的搭配要协调。骆珊在学校时，老师也介绍过这类文档的制作方法，她觉得能把所学的知识应用到工作中，非常有成就感，她先列出制作时要注意的几个要点。

（1）规划公司信笺的版面结构。

（2）设定公司信笺的主体风格。

（3）采用 Word 2003 提供的页眉页脚排版功能。

（4）保证版面结构的清晰。

2.3.3 任务实现

（1）在屏幕左下角选择【开始】→【程序】→【Microsoft Office】→【Microsoft Office Word 2003】应用程序命令。启动 Word 2003 应用程序的同时，系统会自动创建一个 Word 的空白文档【文档 1】。

（2）编辑设置信笺页眉内容。用鼠标对准文档【公司徽标.doc】双击，打开文档。用鼠标右键单击文档中的公司徽标图形，在弹出菜单中选择【复制】命令，复制公司徽标。

（3）回到【文档 1】窗口页面，移动鼠标选择【视图】→【页眉和页脚】命令，切换至文档的页眉和页脚编辑状态，在页眉的合适位置，用鼠标右键单击，执行【粘贴】命令，在【页眉和页脚】编辑区粘贴公司徽标。

文档的默认编辑状态为正文编辑状态，要编辑文档的页眉和页脚，需切换至页眉和页脚编辑状态。

正文编辑状态与页眉页脚编辑状态之间的切换有两种方法：①选择【视图】→【页眉和页脚】命令，进入页眉和页脚编辑状态；单击【页眉和页脚】工具栏上的【关闭】按钮，退出页眉和页脚的编辑状态。②移动鼠标到正文编辑区或页眉和页脚编辑区，快速双击，使相应地切换至正文编辑或页眉和页脚编辑状态。

当操作处在页眉和页脚的编辑状态时，页眉和页脚区的内容呈黑色显示，而文档区内容呈灰色显示；反之，操作处在文档正文编辑状态时，文档区内容呈黑色显示，而页眉和页脚区的内容呈灰色显示。

要退出页眉和页脚的编辑状态，可单击【页眉和页脚】工具栏上的【关闭】按钮；或者移动鼠标到页面中间位置文档的编辑区，快速双击，也可以退出页眉和页脚的编辑状态。

（4）单击选中公司徽标，通过公司徽标四周出现的空心小圆圈——调节控制点，调整公司徽标的大小，并拖放其到页眉区的合适位置，如图 2-3-1 所示。

（5）点击绘图工具栏上的【横排文本框】按钮，在文档的页眉区拖动鼠标绘制一个横排文本框。选中文本框，单击鼠标右键，在弹出菜单中选择【设置文本框格式】命令：在【颜色和线条】选项卡中，将其【填充】颜色设为【无填充颜】，【线条】颜色设为【无线条颜色】。

（6）编辑设置公司名称。在文本框中输入公司名称“海南椰海旅行社有限公司”。单击选中公司名称，执行【格式】→【字体】菜单命令，设置其【字体】为【华文行楷】、【字形】为【加粗倾斜】、【字号】为【小初】、【字体颜色】为【海绿色】，效果如图 2-3-2 所示。

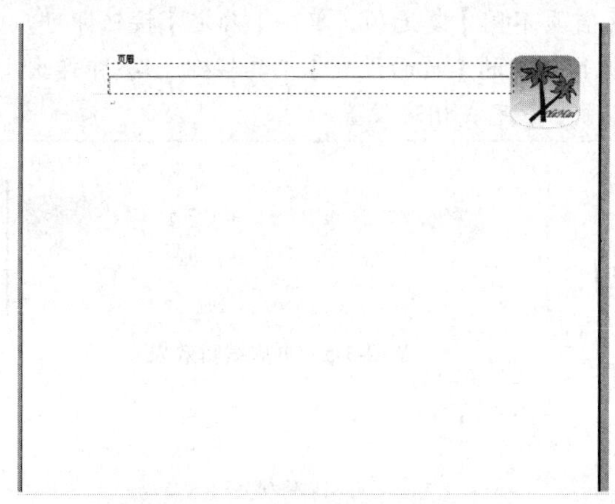

图 2-3-1 在页眉编辑公司徽标

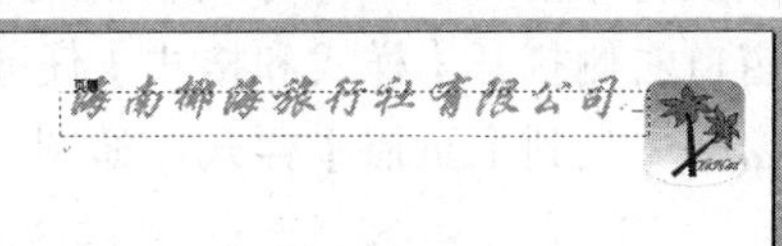

图 2-3-2 在页眉编辑公司名称

（7）编辑设置公司英文名称。在编辑设置公司名称的下方，输入公司的英文名称“HAINAN YEHAI TRVEL AGENCY CO，LTD”，单击选中公司英文名称，执行【格式】→【字体】菜单命令，设置其【字体】为【Courier New】、【字形】为【加粗倾斜】、【字号】为【小二】、【字体颜色】为【海绿色】。

（8）单击【绘图】工具栏的【直线】绘图工具按钮，在页眉区拖曳鼠标画出一条直线。用鼠标单击选中直线，对准直线用鼠标右键单击，在弹出菜单中选择【设置自选图形格式】选项，打开【设置自选图形格式】对话框，设置其【线条颜色】为【酸橙色】、【粗细】为【5 磅】，并移动直线到页眉区的合适位置，效果如图 2-3-3 所示。

（9）设置信笺的页面格式。单击【页眉和页脚】工具栏上的【关闭】按钮，退出页眉和页脚的编辑状态，执行【文件】→【页面设置】菜单命令，打开【页面设置】对话框，在【版式】选项卡上，设置【距边界 页眉】为【2.5 厘米】,【距边界 页脚】为【0.5 厘米】，如图 2-3-4 所示：

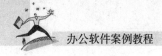

图 2-3-3 在页眉编辑公司英文名称

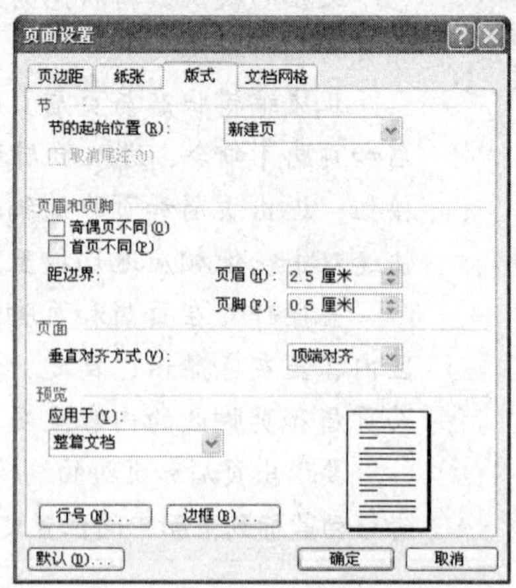

图 2-3-4 页面设置

在专业出版的书籍中，常常会看到书籍奇偶页的页眉显示不同的内容，以方便用户在书籍中快速查找资料。Word 2003 提供书籍奇偶页的页眉显示不同内容的设置。

设置时选择【文件】→【页面设置】菜单命令，打开【页面设置】对话框，在【版式】选项卡上，勾选【页眉和页脚】选区的【奇偶页不同】复选项，单击【确定】按钮即可。

有些时候文档首页不需要显示页眉和页脚，尤其是页眉，设置文档首页不显示页眉，选择【文件】→【页面设置】菜单命令，打开【页面设置】对话框，在【版式】选项卡上，勾选【页眉和页脚】选区的【首页不同】复选项，单击【确定】按钮即可。

以上设置也可点击【页眉和页脚】工具栏中的【页面设置】工具按钮，即弹出【页面设置】对话框，然后在【版式】选项卡中完成相应设置。

（10）单击【确定】按钮，完成信笺的页面格式设置，效果如图 2-3-5 所示。

图 2-3-5 页眉编辑效果

（11）修改页眉样式——删除页眉中的下划线。执行【格式】→【样式和格式】菜单命令，在窗口右侧打开【样式和格式】任务窗格，在任务窗格中找到【页眉】样式，如图 2-3-6 所示。

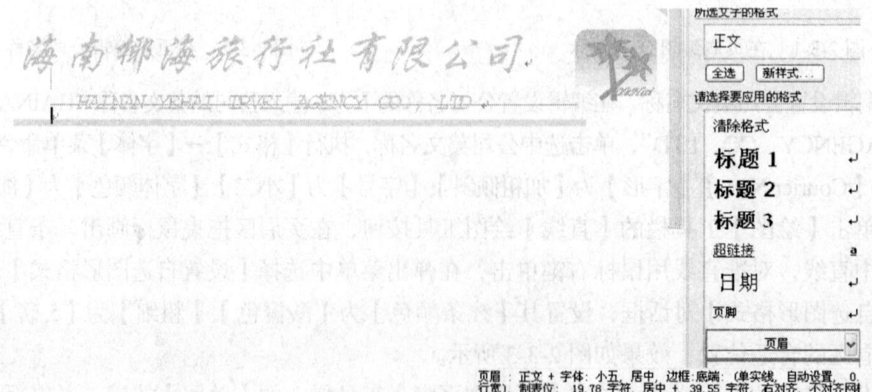

图 2-3-6 查看页眉样式

（12）单击【页眉】样式右边的下三角按钮，在弹出的菜单中单击选择【修改】选项，打开【修改样式】对话框，单击展开对话框左下角的【格式】列表框，选择【边框】选项，打开【边框和底纹】对话框，如图 2-3-7 所示。

（13）在该对话框中把【边框】设置为【无】，单击【确定】按钮退出，完成删除页眉中的下划线的修改操作，效果如图 2-3-8 所示。

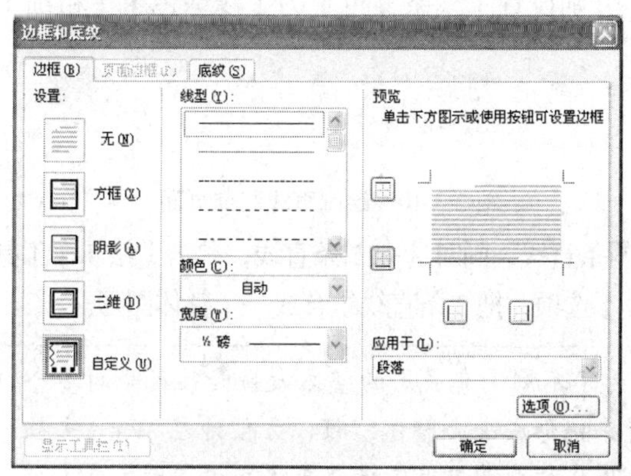

图 2-3-7 【边框和底纹】对话框

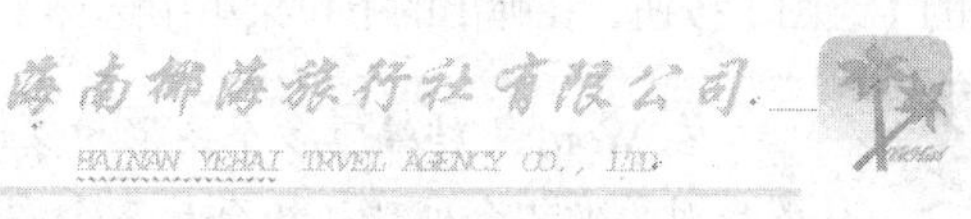

图 2-3-8　页眉修改效果

删除页眉中的下划线的设置也可通过以下方法进行：全选页眉（注意，一定要将段落标记也选入，也可以连续单击三次鼠标左键），选择【格式】→【边框和底纹】命令，打开【边框和底纹】对话框，在对话框中把【边框】设置为【无】，注意对话框右下角的【应用范围】应该是【段落】，再点击【确定】按钮即可删除下划线。

（14）编辑设置信笺的页脚内容。在【页眉和页脚】编辑状态，移动鼠标到文档底部页脚区，打开【绘图】工具栏，单击【绘图】工具栏中的【直线】工具按钮，拖曳鼠标画出一条直线，鼠标对准直线右键单击选中直线，在弹出菜单中选择【设置自选图形格式】选项，打开【设置自选图形格式】对话框，设置【线条颜色】为【酸橙色】、【粗细】为【3 磅】，并移动直线到页脚区的合适位置。

（15）在直线下方第 1 行位置输入公司地址信息“海口市海秀东路星海大厦 8 楼 B 座　邮编：570001”；第 2 行位置输入电话信息“0898—66668888　13988888888　089866669988　0898 — 66668899”；第 3 行位置输入网址和电子邮箱地址信息“www.hiyehai.cn　E-mail：yehai@hiyehai.cn”，并分别设置字体格式。效果如图 2-3-9 所示。

图 2-3-9　编辑设置页脚

（16）信笺的美化、修饰。在页眉和页脚编辑状态，打开【绘图】工具栏，单击【绘图】工具栏中的【直线】工具按钮，在页眉区拖曳鼠标画出一条直线，鼠标对准直线右键单击选中直线，在弹出菜单中选择【设置自选图形格式】选项，打开【设置自选图形格式】对话框，设置【线条颜色】为【酸橙色】、【粗细】为【8 磅】，并移动直线到页眉区左上角位置，呈 45° 角排列在页眉左上角。

【绘图】工具栏的显示和隐藏。在 Word 文档窗口，【绘图】工具栏具有显示及隐藏两种状态，当【绘图】工具栏在显示状态时，其显示位置在文档底端；当【绘图】工具栏处于隐藏状态时，则需要选择菜单栏上的【视图】命令，再选择【工具栏】→【绘图】命令，便可打开【绘图】工具栏，使其由隐藏状态转化为显示状态。

（17）使用同样的方法再画出另外两条直线，分别设置【线条颜色】为【浅绿色】、【粗细】为【6 磅】和【浅黄色】、【4 磅】。调整直线长度，移动到页眉区左上角位置，与第一条直线排列成整体。如图 2-3-10 所示。

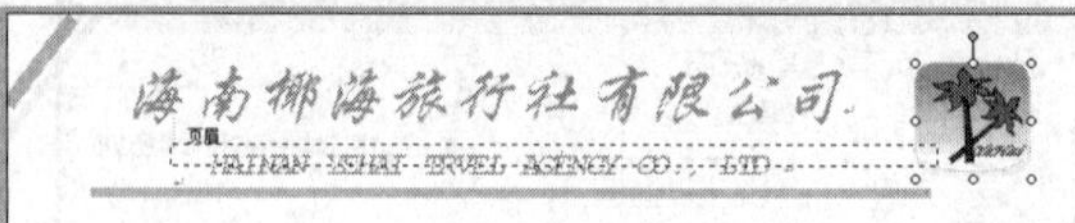

图 2-3-10　绘制直线装饰页面

（18）组合图形。鼠标对准一条直线，单击选中该条直线，按下【Ctrl】键不放，分别单击另外两条直线，同时选中 3 条直线，单击【绘图】工具栏的【绘图】按钮，在弹出的下拉菜单中选择【组合】选项，把 3 条直线组合成一个整体图形。

在 Word 文档编辑多个图形对象时，为了不影响完成后的整体效果，往往会对多个图形对象做组合处理，组合后多个图形对象就形成一个整体，可以方便地在 Word 文档中移动位置或调整大小，但如果对其中的某个对象需要重新调整或格式设置时，在【组合】状态下将无法完成，须取消图形组合，使其还原为单个图形对象后，方可进行重新调整和格式设置。【取消组合】与【组合】方法相似：对准组合后的图形对象单击鼠标选中，单击【绘图】工具栏左侧的【绘图】按钮，在弹出的下拉菜单中选择【取消组合】选项即可。重新调整和格式设置完成后，单击【绘图】工具栏左侧的【绘图】按钮，在弹出的下拉菜单中选择【重新组合】选项，便恢复多个图形对象组合成整体的效果。

（19）调整图形的大小，并移动图形到文档页面的合适位置。

（20）复制图形。用鼠标对准图形右键单击，在弹出菜单中选择【复制】选项，连续粘贴出 3 个相同的图形对象，分别移动图形对象，使其分布于页面的右上角、左下角、右下角。最终效果如图 2-3-11 所示。

（21）保存文档为模板。选择【文件】→【另存为】菜单命令，打开【另存为】对话框。

（22）在该对话框中，选择文档的保存位置，设置文档的文件名为“公司信笺”，选择【保存类型】为“文档模板（*.dot）”，如图 2-3-12 所示。

图 2-3-11　信笺效果图

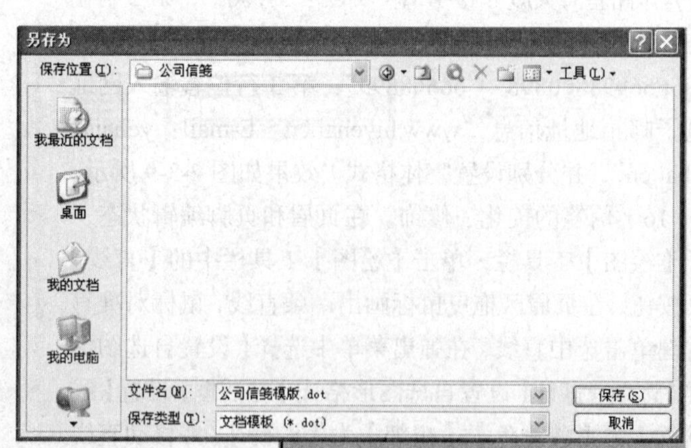

图 2-3-12　创建文档模板

（23）点击【确定】按钮完成公司信笺的制作。

2.3.4　任务小结

骆珊很快就完成了公司信笺的制作，她把整个操作过程又重新梳理一遍，做了以下小结。

（1）制作公司信笺，要求版面设计上要避免落入俗套，又不能太张扬或花俏，以整齐美观的风格体现公司蓬勃向上的精神，并且蕴含公司的文化。

（2）基于以上的定位，在制作上的要求是非常严格的。好在 Word 的排版功能非常实用，能恰到好处地把设计者的构思通过各种工具体现出来。

Word 2003 又一次帮了骆珊的大忙。

2.3.5　拓展训练

骆珊总结了这次任务中所用到的知识点：页眉页脚的编辑与排版；自绘图形、设置图形格式；组合图形；文档模版的制作等。

骆珊想起了她入职时蓝经理交接给她的一些工作项目及资料，其中有一份 Word 文档《海南椰海旅行社有限公司的员工手册》，文档的内容相当丰富，但格式设置还很简单，骆珊有了一个想法：利用 Word 2003 的页眉和页脚功能重新编辑《员工手册》，在《员工手册》里添加公司的标志、名称等信息。

说干就干，骆珊兴奋地找出【员工手册】文档，双击打开“员工手册”……

制作员工手册

（1）鼠标对准“员工手册”文档，双击打开“员工手册”版面，如图 2-3-13 所示。

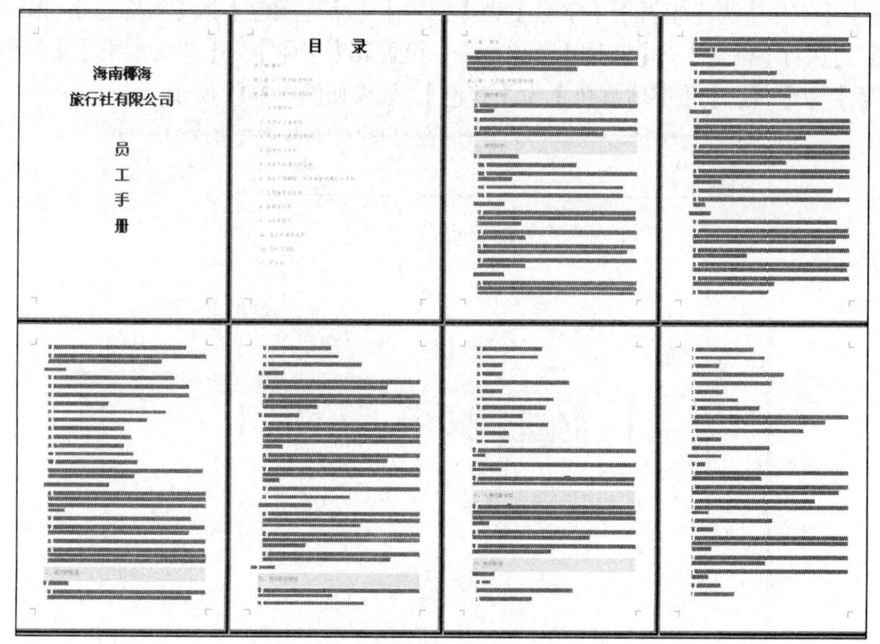

图 2-3-13　员工手册

（2）编辑设置“员工手册”页眉内容。用鼠标对准文档“公司徽标.doc”双击，打开文档。用鼠标右键单击文档中的公司徽标图形，在弹出菜单中选择【复制】命令，复制公司徽标。

（3）回到“员工手册”版面，移动鼠标选择【视图】→【页眉和页脚】命令，切换至文档的页眉和页脚编辑状态，在页眉的合适位置，用鼠标右键单击，执行【粘贴】命令，在页眉编辑区粘贴公司徽标。

（4）单击选中公司徽标，通过公司徽标四周出现的空心小圆圈——调节控制点，调整公司徽标的大小，并拖放其到页眉区的合适位置，如图 2-3-14 所示。

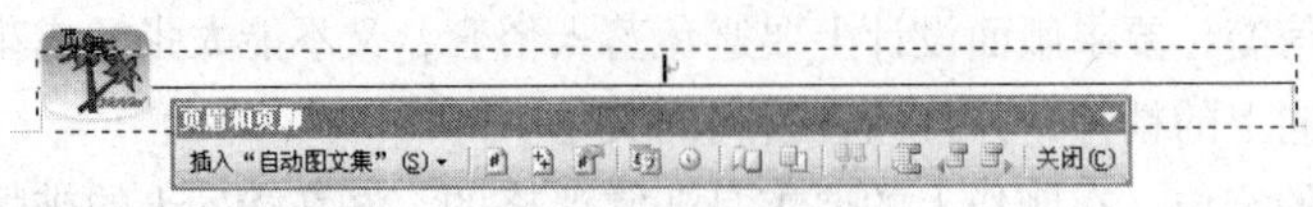

海南椰海

旅行社有限公司

员

图 2-3-14　添加公司徽标

（5）编辑设置公司名称。在页眉位置左侧输入公司名称“海南椰海旅行社有限公司”，右侧输入“员工手册”，单击选中公司名称，执行【格式】→【字体】菜单命令，设置其【字体】为【华文新魏】、【字形】为【倾斜】、【字号】为【四号】、【字体颜色】为【海绿色】；单击选中文本“员工手册”，执行【格式】→【字体】菜单命令，设置其【字体】为【华文隶书】、【字形】为【加粗】、【字号】为【四号】、【字体颜色】为【蓝色】，效果如图 2-3-15 所示。

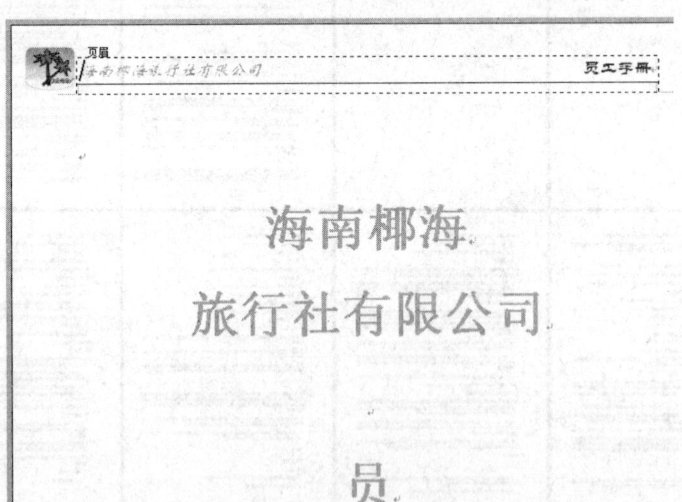

图 2-3-15　编辑页眉内容

（6）页码的编辑设置。移动鼠标到文档底部页脚位置，单击鼠标，确定输入点，单击【页眉和页脚】工具栏上的【插入“自动图文集”】工具按钮右侧的下三角按钮，选择【第 *X* 页，共 *Y*

页】选项，如图 2-3-16 所示。

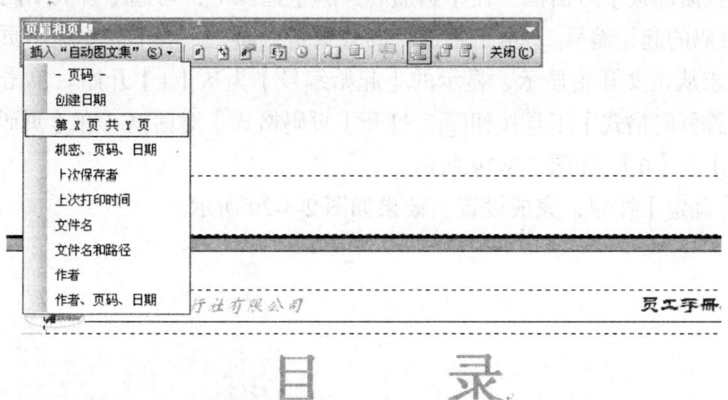

图 2-3-16　添加页码

（7）在文档的页脚位置插入页码，如图 2-3-17 所示。

图 2-3-17　页码添加效果

（8）设置页脚的对齐方式。选中页脚文本，选择【格式】→【段落】菜单命令，设置其【对齐方式】为【右对齐】，页码靠右显示在文档底端。

（9）设置页脚的字体格式。选中页脚文本，选择【格式】→【字体】菜单命令，设置页码的字体格式，效果如图 2-3-18 所示。

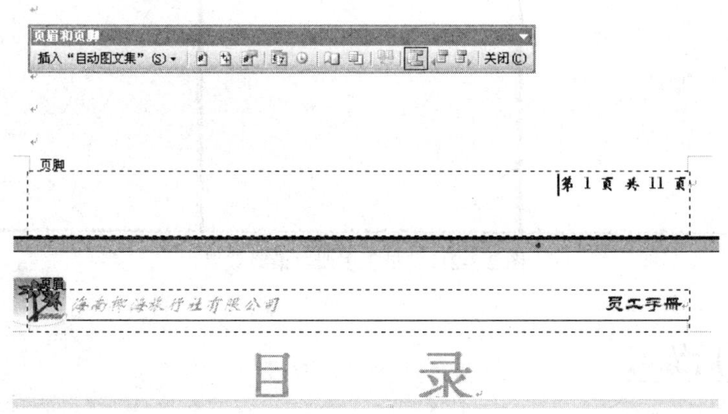

图 2-3-18　设置页码格式

（10）设置页码封面不显示。"员工手册"的首页是封面，一般不需要显示页眉和页脚及页码等信息，可以设置【首页不同】的显示效果。单击【页眉和页脚】工具栏上的【页面设置】工具按钮，打开【页面设置】对话框，在【页眉和页脚】选区中，勾选【首页不同】复选项。

（11）设置页码的起始编号。“员工手册”的首页是封面，一般不需要显示页眉和页脚及页码等信息，页码要求从正文开始显示，显示的【起始编号】为从【1】开始。单击【页眉和页脚】工具栏上的【设置页码格式】工具按钮，打开【页码格式】对话框，在【页码编排】选区中，设置【起始页码】为【0】，如图 2-3-19 所示。

（12）单击【确定】按钮，完成设置，效果如图 2-3-20 所示。

图 2-3-19　设置【起始页码】

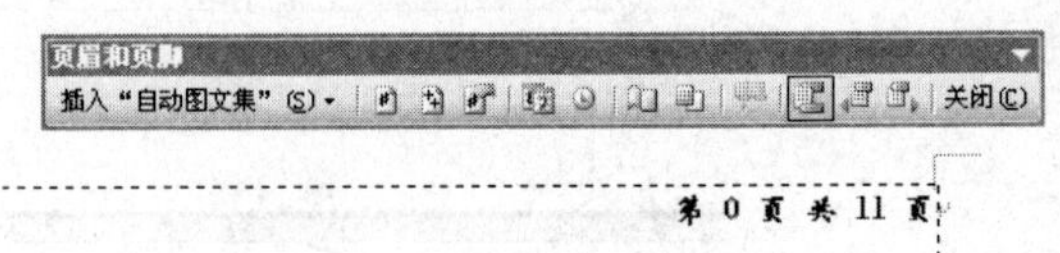

图 2-3-20　完成页码设置效果

（13）“员工手册”格式设置完成后的最终效果，如图 2-3-21 所示。

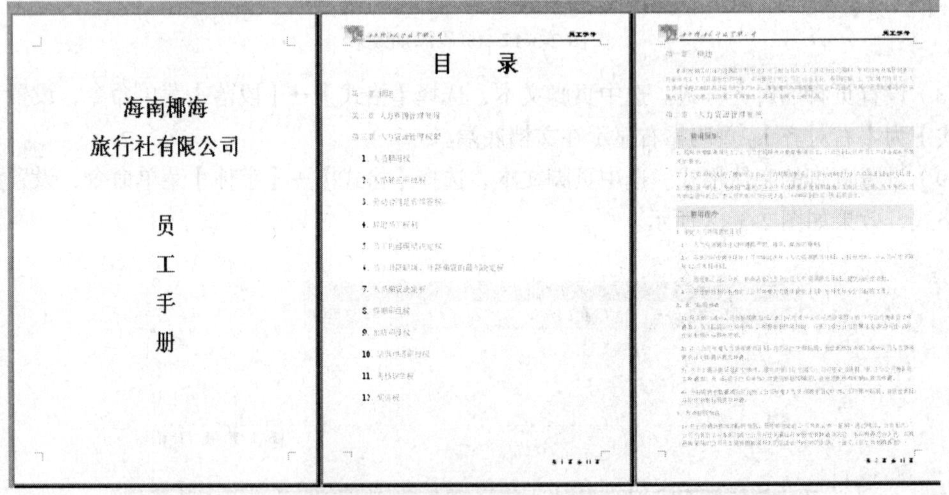

图 2-3-21　“员工手册”最终效果

2.3.6　课后练习

1. 制作培训讲义。
2. 制作景区宣传手册。

2.4　Word 应用——轻松制作公司合同专用章

2.4.1　任务情景

骆珊在椰海旅行社任人事部行政文员已将近半年时间，她对自己半年来的工作还是较满意的，而且她非常喜欢“椰海”这个团队，觉得“椰海”不仅给了她无尽的工作热情，更多的是在“椰海”这个环境中，随时能激发她的创意。

今天是周一，一个很好的日子，骆珊上班刚到办公室，蓝经理满面笑容地走进来，对她说：“公司需要刻一枚合同专用章，你能用 Office 制作出一枚公司的合同专用章样本吗？”

骆珊的创作热情又来了，兴奋地坐到电脑前，投入工作。她在学校时曾和同学一起用 Word 为餐厅制作“点菜章”，做法应该区别不大。但是，合同专用章的尺寸应该是多大呢？她赶紧坐到电脑前，上网搜索相关资料。

合同专用印章是单位、集体、企业用于签合同盖章的专用章，属于必备用章之一。公司合同专用章的法律意义为：对合同当事人而言，合同上加盖合同专用章，表明双方当事人对订立合同的要约、承诺阶段的完成和对双方权利、义务的最终确认，从而确定了合同经当事人双方协商而成立，并对当事人双方发生了法律效力，当事人应当基于合同的约定行使权利、履行义务。对此，《中华人民共和国合同法》第 32 条明确规定：当事人采用合同书形式订立合同的，自双方当事人签字或者盖章时成立。

合同专用印章尺寸为 3.8cm × 3.8cm，印迹样式为圆形，外资企业用章印迹样式为椭圆，4.5×3.0cm。有些公司因业务需要，要制作多个合同专用印章，这些印章要用数字区分。合同专用印章字体要使用简化的宋体。

合同专用章不能代替公章来使用，当然，公章在一定情况下也不能代替合同专用章来使用。一家公司的成立，都必须刻公章，公章与合同专用章使用的效力都会有所区别，一般公司的公章是使用在公司的文档或者公司的文件上，而公司的合同专用章是在签订合同时使用的。

2.4.2　任务剖析

1. 相关知识点

（1）Word 文档中插入艺术字。使用 Word 的艺术字工具能创造出各种各样的文字效果，令人赏心悦目，增强文档的可读效果。艺术字作为文档的对象，在文档中可调整大小，移动位置，非常灵活。

（2）Word 文档中自绘图形。在 Word 文档中编辑文字时，有时为了增强阅读效果，需要有图形图像的点缀，可通过插入图像文件来丰富文档，更灵活的一种方式是使用绘图工具在 Word 文档中自由绘制各种图形，完成个性化的文档设置。

（3）Word 文档编辑和修饰。艺术字、图像、自绘图形作为 Word 文档的对象，其格式、大小等要经过调整、编辑及修饰。

（4）图形组合操作。在 Word 文档中各个对象是独立的，完成单个对象的格式设置后，要把所有图形组合在一起，使它们成为一个整体，不然只要移动或做其他的操作，很容易使他们分散开，影响文档的整体效果。

（5）Word 文档的保存及加密处理。如果 Word 文档不希望别人查看，可以通过添加打开密码

来实现。为 Word 文档添加密码，可以通过下列两种方法来实现。

方法一：启动 Word 2003，打开需要加密的文档，执行【工具】→【选项】菜单命令，打开【选项】对话框，切换到【安全性】选项卡下，在“打开文件时的密码”右侧的方框中输入密码，单击【确定】按钮，再确认输入一次密码，【确定】退出，然后保存一下当前文档即可。

注意 经过加密设置后，以后需要打开该文档时，需要输入正确的密码，否则文档不能打开。

方法二：在对新建文档进行【保存】或对原有文档进行【另存为】操作时，打开【另存为】对话框。

单击工具栏上的【工具】按钮，在随后弹出的下拉列表中，选择【安全选项】，打开【安全选项】对话框，在【打开文件时的密码】右侧的方框中输入密码，【确定】按钮，再确认输入一次密码，【确定】退出，然后保存当前文档即可。

2. 操作方案

利用绘图工具完成专用章制作，公司合同专用章应包括如下内容。

（1）合同专用章的圆形轮廓线。

（2）公司名称。

（3）职能部门落款。

2.4.3 任务实现

（1）打开绘图工具栏。启动 Word 2003，新建一个空白文档【文档 1】，选择【视图】→【工具栏】→【绘图】菜单命令，绘图工具栏出现在文档窗口底端。

（2）绘制椭圆形。单击绘图工具栏上的【自选图形】按钮，在弹出菜单中选择【基本图形】→【椭圆形】命令，移动鼠标到文档空白位置，这时鼠标变为十字形状，按下左键拖动，绘制一个椭圆形，如图 2-4-1 所示。

（3）设置椭圆形格式。将鼠标移到椭圆形处，当光标变成指向 4 个方向的四向箭头形状时，单击鼠标右键，在弹出菜单中选择【设置自选图形格式】命令，打开【设置自选图形格式】对话框，在【颜色和线条】选项卡中，将其【填充颜色】设为【无填充颜色】,【线条颜色】设为【红色】,【粗细】设为【0.1 厘米】；在【大小】选项卡中，设置【高度】和【宽度】均为【3.8 厘米】。如图 2-4-2 所示。

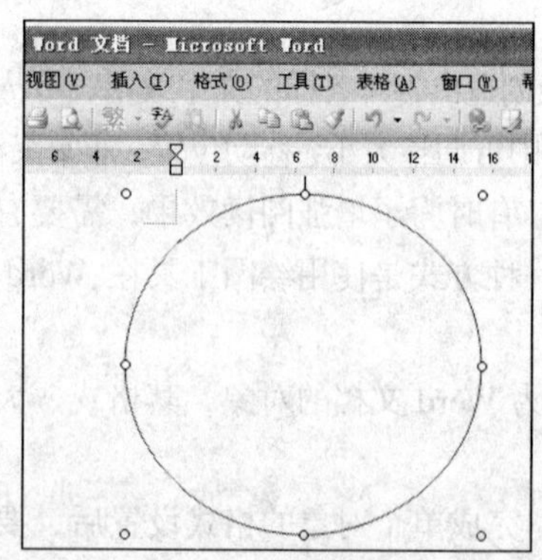

图 2-4-1 绘制椭圆

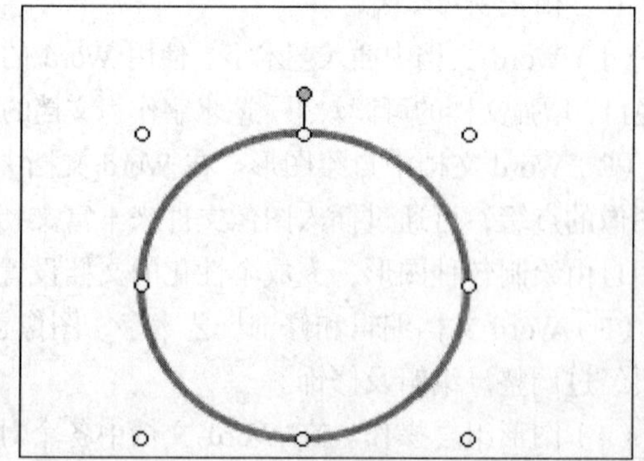

图 2-4-2 设置椭圆格式

（4）绘制公司名称。在 Word 文档窗口选择【插入】→【图片】→【艺术字】菜单命令，打开【艺术字库】对话框，选择第一行第三个艺术字样式，打开【编辑艺术字文字】对话框，在【文

字】栏中输入公司名称“海南椰海旅行社有限公司”，设置其格式为:【宋体】、【36 号】、【加粗】效果，单击【确定】按钮，则为文档插入了一行艺术字，如图 2-4-3 所示。

（5）设置艺术字格式。将鼠标移到艺术字处，单击鼠标左键，选中艺术字，同时会弹出【艺术字】工具栏，如图 2-4-4 所示。

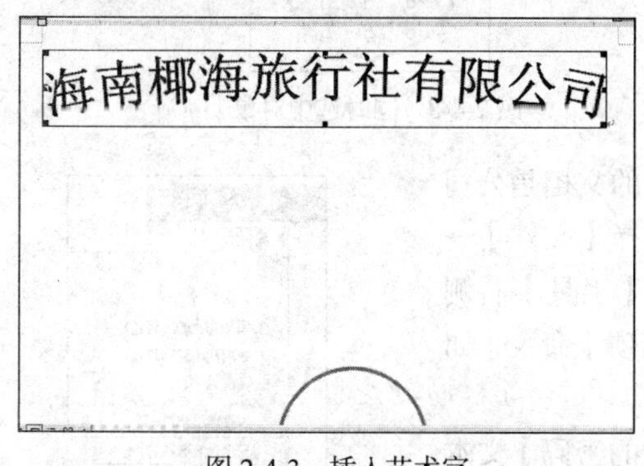

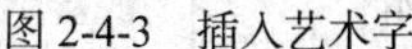
图 2-4-3　插入艺术字

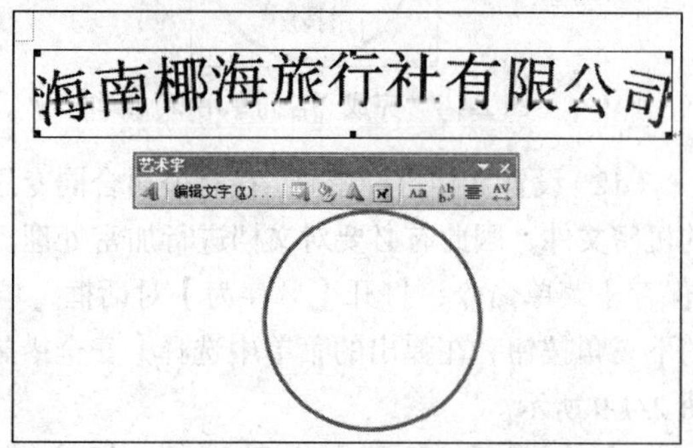

图 2-4-4　【艺术字】工具栏

（6）单击【设置艺术字格式】按钮，打开【设置艺术字格式】对话框，在【大小】选项卡中，将其【高度】和【宽度】均设置为【3.0 厘米】；在【颜色和线条】选项卡中，将其【填充】和【线条】颜色均设为【红色】；在【版式】选项卡中，将其【环绕方式】设为【四周型】；单击【确定】按钮，艺术字形状已弯成一个半圆弧形，且变成了红色。单击【艺术字】工具栏上的【艺术字字符间距】按钮，在弹出的菜单中单击【稀疏】命令，使所选艺术字稀疏排列。如图 2-4-5 所示。

（7）调整艺术字的位置。选中该艺术字，将鼠标移至其上方，当光标变成指向四周的四向箭头形状时，按住鼠标左键，拖动艺术字，使其嵌入椭圆形内，用鼠标向下拖动其开始处的黄色菱形，增加艺术字的弧度。

（8）调整图形相对位置。用鼠标对准单击椭圆形，选中椭圆形，按住【Shift】键不放，再单击艺术字对象，同时选中两个对象，单击【绘图】工具栏上的【绘图】工具按钮，在弹出的菜单中选择【对齐或分布】→【水平居中】、【对齐或分布】→【垂直居中】命令，使艺术字居于圆环正中，如图 2-4-6 所示。

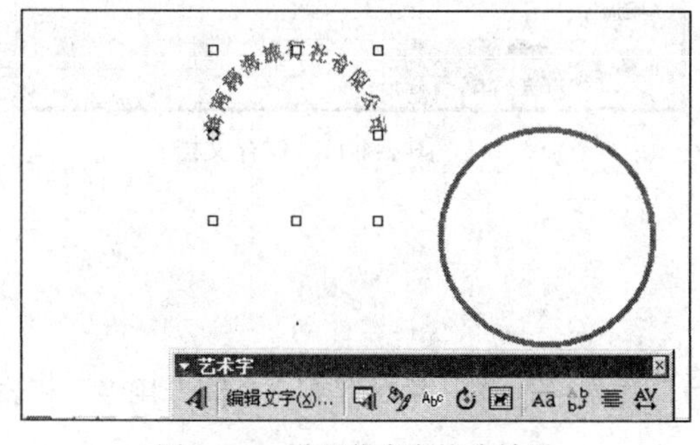

图 2-4-5　设置艺术字格式效果

图 2-4-6　调整艺术字位置

（9）利用同样的方法，再插入艺术字“合同专用章”。在【艺术字库】中，选择第一行第一个式样，输入艺术字“合同专用章”，设置艺术字格式，【填充】和【线条】颜色均设为【红色】；使其居于小圆内，并调整其位置，放置于弧形中文艺术字的下方，如图 2-4-7 所示。

（10）组合图形。选中椭圆形，按住【Shift】键不放，再分别单击艺术字“海南椰海旅行社有限公司”和“合同专用章”对象，同时选中 3 个对象，如图 2-4-8 所示。

（11）单击【绘图】工具栏上的【绘图】工具按钮，在弹出的菜单中选择【组合】命令，将 3

个图形对象组合成一个整体，完成了公司合同专用章的制作。

图 2-4-7　完成“合同专用章”编辑

图 2-4-8　同时选中对象

（12）设置文档打开密码。存有公司合同专用章的文档是公司的机密文件，因此有必要对文档进行加密处理。选择【文件】→【保存】菜单命令，打开【另存为】对话框，单击【工具】右侧的下三角按钮，在弹出的菜单中选择【安全措施选项】命令，如图 2-4-9 所示。

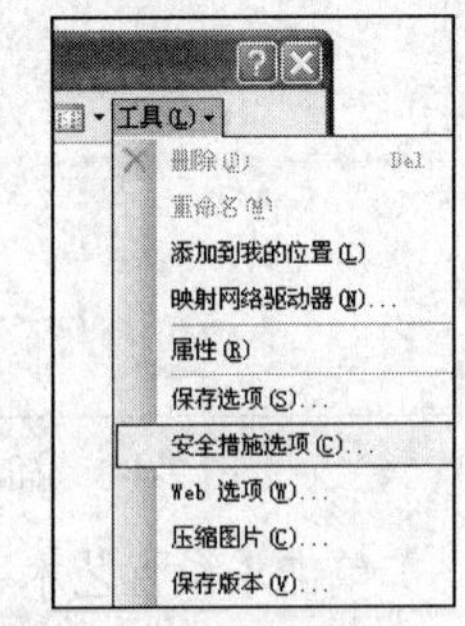

图 2-4-9 【安全措施选项】命令

（13）弹出【安全性】对话框，在【打开文件时的密码】文本框中输入最长 15 位、区分大小写的密码，在【修改文件时的密码】文本框中再次输入一遍密码，如图 2-4-10 所示。

（14）单击【确定】按钮，完成设定返回【另存为】对话框，在【文件名】文本框中输入文件名“合同专用章”，单击【保存】按钮，完成文件保存操作，如图 2-4-11 所示。

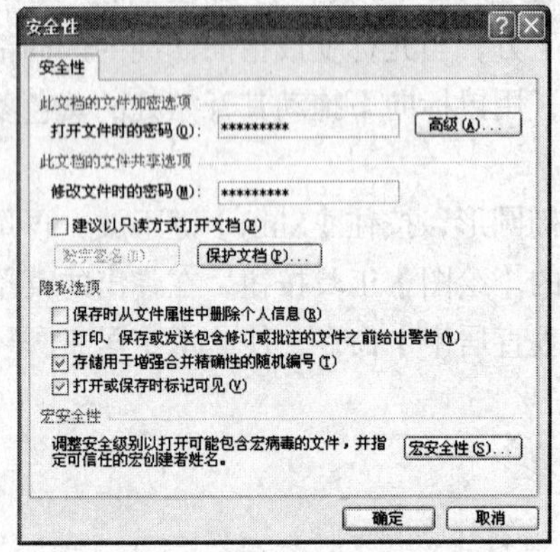

图 2-4-10　设置文档保护密码

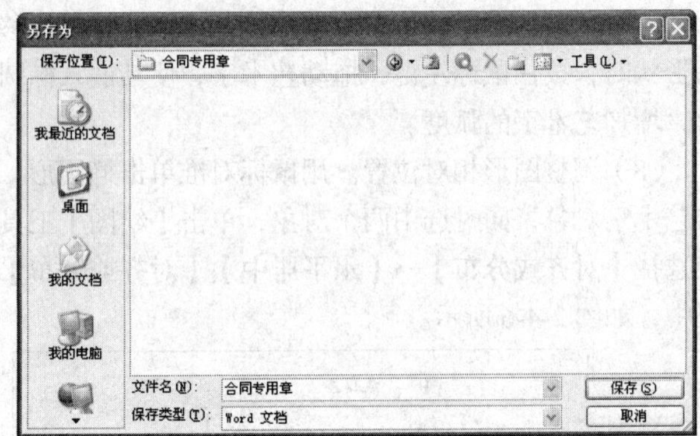

图 2-4-11　保存文档

2.4.4　任务小结

骆珊轻松地就完成了公司“合同专用章”样本的制作，并对存有“合同专用章”样本的文件，进行加密处理。

骆珊还是依照习惯，思考着制作“合同专用章”的知识，可以扩展到哪些作品的制作……骆珊脑海中突然出现了之前在学校时，同学之间的一些恶搞：用笔画出一些类似公章的图形，还像模像样地填上落款，制作出某某单位、某某组织的来函；有绘画天赋的同学还画出交友印章、婚庆印章、旅游纪念章，等等。

骆珊想：像公章、交友印章、婚庆印章、旅游纪念章不都可以应用 Word 的绘制自选图形功能来制作吗？

骆珊又跃跃欲试了……

2.4.5　拓展训练

本案例的知识及技巧，可以拓展到类似案例的设计和制作。

制作个性印章

（1）启动 Word 2003，新建 Word 文档【文档 1】，单击常用工具栏上的【绘图】工具按钮，弹出绘图工具栏，单击其中的【插入艺术字】按钮，在【艺术字库】对话框中任选择一种艺术字样式，单击【确定】按钮，进入【编辑“艺术字”文字】对话框，在【文字】文本编辑框中分两行输入文本“椰海旅游”，并设置格式：【字体】为【汉鼎繁印篆】、【字号】为【36】、【加粗】、【倾斜】，如图 2-4-12 所示。

（2）单击【确定】按钮，完成艺术字的插入，效果如图 2-4-13 所示。

图 2-4-12　编辑艺术字

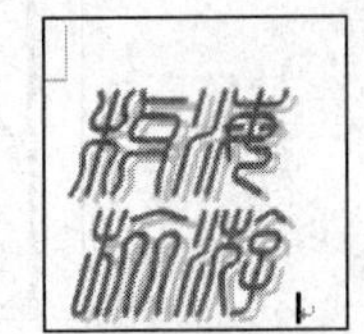

图 2-4-13　艺术字效果

（3）单击选中印章文字，打开【艺术字】工具栏，单击【设置艺术字格式】按钮，打开【设置艺术字格式】对话框，在【颜色与线条】选项卡上，设置【填充 颜色】为【红色】,【线条 颜色】为【红色】，如图 2-4-14 所示。

（4）在【版式】选项卡上，设置印章文字【环绕方式】为【四周型】，单击【确定】按钮，完成艺术字格式设置，如图 2-4-15 所示。

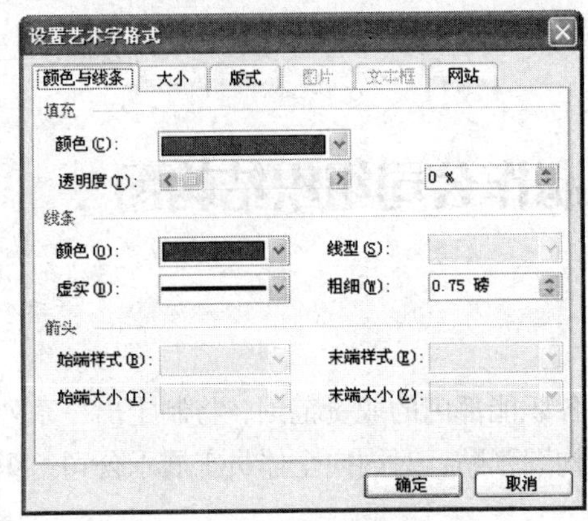

图 2-4-14　设置艺术字格式

图 2-4-15　设置艺术字格式效果

（5）绘制印章外边框。单击【绘图】工具栏上的【矩形】工具按钮，按住【Shift】键的同时拖曳鼠标，在【文档 1】窗口中画一个矩形，矩形的大小根据印章文字的大小来定，如图 2-4-16 所示。

（6）设置矩形图形格式。选中矩形图形，用鼠标右键单击，在弹出的快捷菜单中选择【设置自选图形格式】命令，打开【设置自选图形格式】对话框，在【颜色与线条】选项卡上，设置【填充 颜色】为【无颜色】;【线条 颜色】为【红色】、【粗细】为【3 磅】; 在【版式】选项卡上，设置矩形的【环绕方式】为【衬于文字下方】; 单击【确定】按钮，完成矩形图形的格式设置。如图 2-4-17 所示。

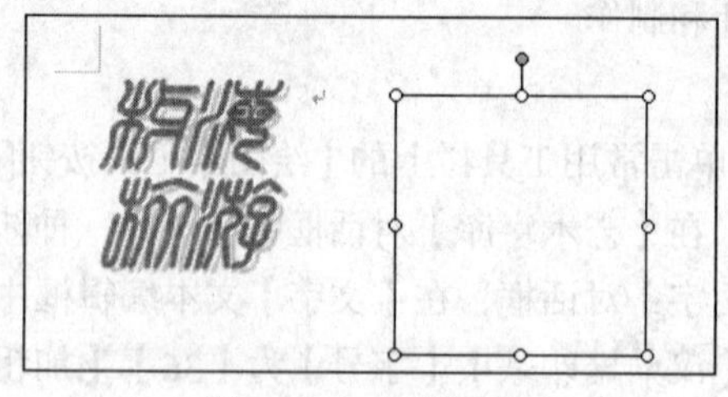
图 2-4-16 绘制矩形

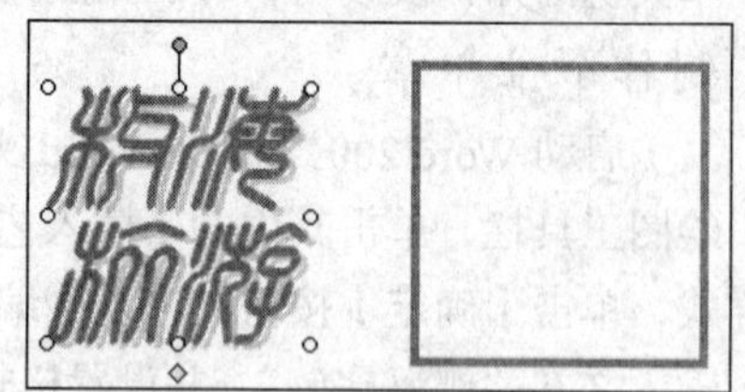
图 2-4-17 设置矩形格式效果

（7）移动艺术字到矩形图形内。选中艺术字，将艺术字移动放置于矩形图形内，调整两个对象的大小，使其相互间的位置和大小完全满意，将两个图形同时选中，如图 2-4-18 所示。

（8）单击【绘图】工具栏上的【绘图】工具按钮，在弹出的菜单中选择【组合】命令，将两个图形对象组合成一个整体，完成了个性印章的制作，最终效果如图 2-4-19 所示。

图 2-4-18 同时选中对象

图 2-4-19 个性印章最终效果

（9）保存文件。选择【文件】→【保存】菜单命令，将【文档 1】保存为【个性印章】文件。

2.4.6 课后练习

1. 制作公司验货章。
2. 制作校徽。
3. 制作婚庆图章。

2.5 Word 自绘图形——轻松制作公司组织结构图

2.5.1 任务情景

海南椰海旅行社有限公司为了规范管理，明确公司各职能部门的职责范围，将制定出一系列的管理制度，并将反映公司组织人员结构关系的组织结构图张贴，对内向全体员工展示公司组织人员结构关系；对外则起到宣传及监督的作用。

制作公司组织结构图的任务自然落到了人力资源管理部。蓝经理找来骆珊和刚入职不久的小莹，简单传达了公司的精神，三言两语，骆珊就能心领神会，蓝经理对骆珊的办事能力及效率都非常放心，他相信骆珊会交出他满意的成果。

在工作过程中，经常需要绘制一些不同状态的组织结构图，Word 2003向用户提供了绘制图形功能，只需通过简单的操作即可绘制任意形状、结构的组织结构图，效果非常好，从根本上解决了在文档中插入组织结构图的问题。

2.5.2　任务剖析

1. 相关知识点

组织结构图是一种展示单位组织管理结构，表现各种上、下级之间管理、监督、协调关系的专用图形，它被广泛运用于各种报告、分析之类的公文中，是用来表示一个机构、企业或组织中人员结构关系的图表，由一系列图框和连线组成由上而下的树状结构。

2. 操作方案

（1）在Word文档中插入组织结构图。

（2）组织结构图的格式设置。

（3）编辑组织结构图文本内容。

（4）设置文本字体格式。

2.5.3　任务实现

（1）启动Word 2003，新建一个空白文档【文档1】。选择【文件】→【页面设置】菜单命令，打开【页面设置】对话框，在【页边距】选项卡上，设置【文档1】的页面格式：【方向】为【横向】。

（2）在【文档1】页面输入组织结构图标题“海南椰海旅行社有限公司组织结构图”，设置标题的字体及段落格式。

（3）选择菜单栏上的【插入】→【图片】→【组织结构图】命令，在文档中插入“组织结构图”，如图2-5-1所示。

（4）选中组织结构图最高级（第一个）文本框，同时弹出【组织结构图】工具栏，如图2-5-2所示。

海南椰海旅行社有限公司组织结构图

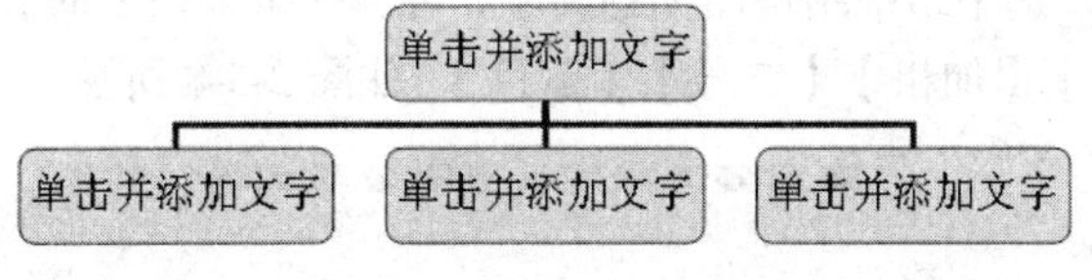

图2-5-1　插入组织结构图

图2-5-2　【组织结构图】工具栏

【组织结构图】工具栏是编辑、设置组织结构图的工具集，对组织结构图进行格式设置，可以通过【组织结构图】工具栏相应的工具按钮来完成。

（5）单击【组织结构图】工具栏上的【插入形状】按钮右边的下三角按钮，打开【插入形状】下拉菜单，如图2-5-3所示。

（6）选择【助手】选项，便可为为最高级文本框添加一个【助手】文本框，如图2-5-4所示。

（7）选中组织结构图第二级中的一个文本框，单击【组织结构图】工具栏上的【插入形状】按钮右边的下三角按钮，打开【插入形状】下拉菜单，单击“同事”选项，为第二级文本框添加

【同事】文本框。

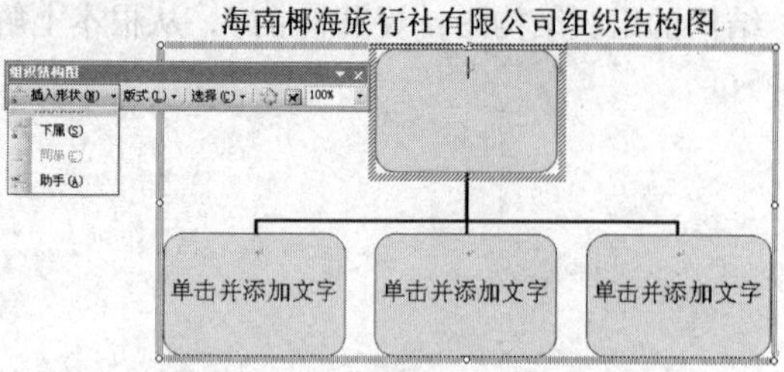

图 2-5-3 【插入形状】下拉菜单

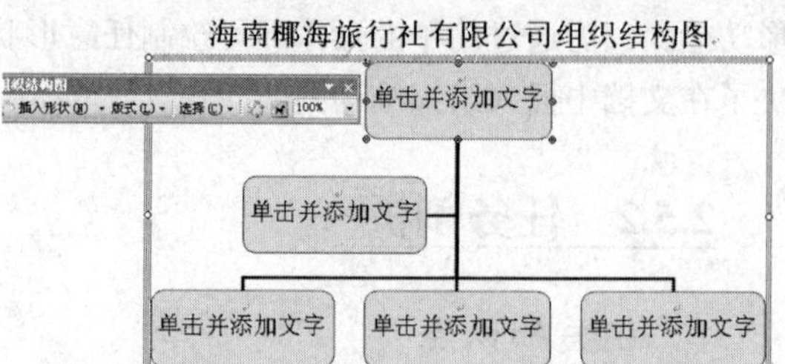

图 2-5-4 添加【助手】文本框

（8）选中组织结构图第二级中的一个文本框，单击【组织结构图】工具栏上的【插入形状】工具按钮右边的下三角按钮，打开【插入形状】下拉菜单，选择【下属】选项，为第二级文本框添加【下属】文本框；如此重复，为组织结构图添加不同级别的结构框架，如图 2-5-5 所示。

（9）选中组织结构图，单击【组织结构图】工具栏上的【自动套用格式】工具按钮，打开【组织结构图样式库】对话框，在【样式】列表中选择【斜面渐变】样式，完成文本框的样式设置，如图 2-5-6 所示。

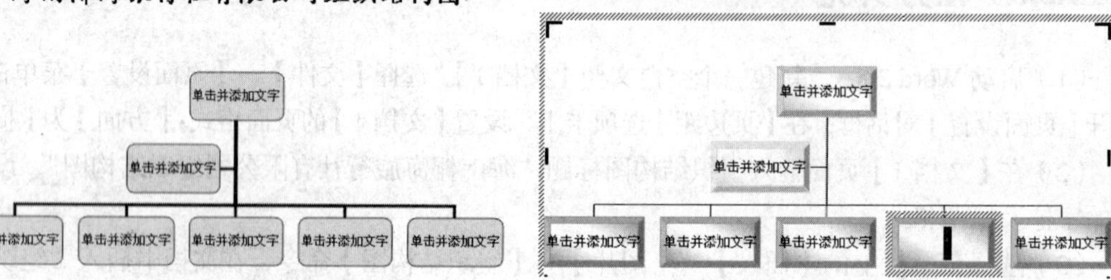

图 2-5-5 添加【下属】文本框　　　图 2-5-6 自动套用【斜面渐变】样式

（10）编辑组织结构图。单击选中组织结构图中的最高级（第一个）文本框，输入文本内容“总经理”；使用鼠标拖曳选中文本框中的文字，设置字体格式；用同样的方法，依次为每一级文本框添加文本。如图 2-5-7 所示。

（11）设置组织结构图标题文本字体格式。选中组织结构图标题文字，再选择菜单栏上的【格式】→【字体】命令，设置字体格式：【隶书】、【加粗】、【二号】、【蓝色】，如图 2-5-8 所示。

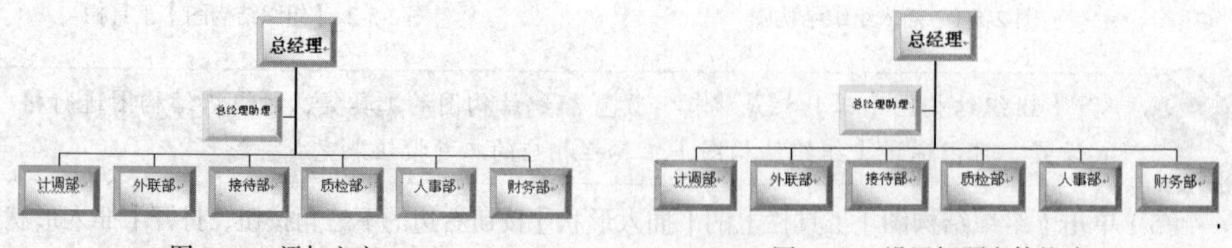

图 2-5-7 添加文字　　　图 2-5-8 设置标题字体格式

（12）设置组织结构图连线的格式。选中组织结构图，单击【组织结构图】工具栏上的【选择】工具按钮右边的下三角按钮，打开【选择】下拉菜单，选择【所有连线】选项，选中组织结构图中所有的连线，鼠标对准连线右键单击，在弹出的快捷菜单中选择【设置自选图形格式】选项，如图 2-5-9 所示。

（13）打开【设置自选图形格式】对话框，在【颜色和线条】选项卡中，将其【线条】颜色设为【蓝色】，【粗细】设为【2.5 磅】，完成组织结构图的制作。最终效果如图 2-5-10 所示。

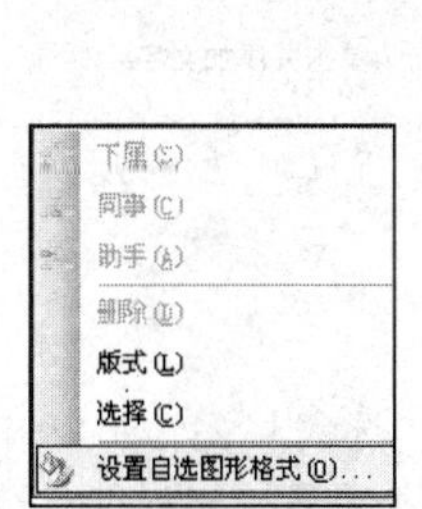

图 2-5-9　设置连线格式

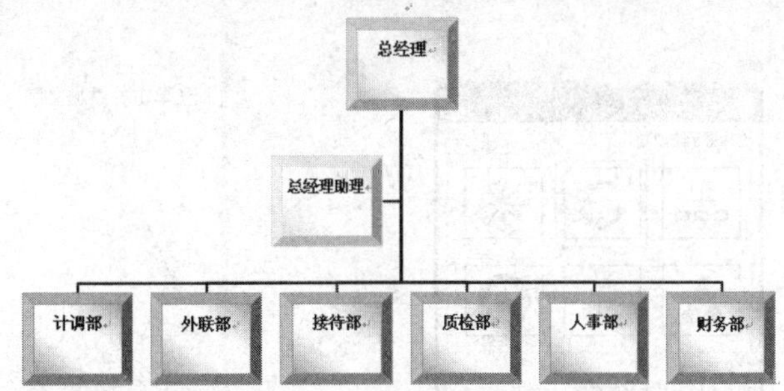

图 2-5-10　设置连线格式效果

2.5.4　任务小结

骆珊利用 Word 提供的图片或图示工具在 Word 文档中轻松地插入了组织结构图、编辑组织结构图，并修饰组织结构图格式。

骆珊认为，在组织结构图的制作过程中，【组织结构图】工具栏非常重要，熟悉【组织结构图】工具栏工具按钮的使用，是制作组织结构图的关键。

在文档中插入此类展示一个机构和组织的结构关系、实现目标的步骤、元素之间关系的图表或图示，比纯粹的文字说明更有说服力，也能使文档更加生动。

2.5.5　拓展训练

掌握了在 Word 文档中制作组织结构图的知识及技巧，可以拓展到其他类似案例的设计和制作。

制作“销售循环图”

在制作一些文件的时候，常常需要使用一些图形进行辅助说明，循环图就是用来显示循环的图表，可以编辑具有循环关系的对象。Word 提供了制作循环图、为循环图设置格式等功能，使制作的图形更加美观。

（1）启动 Word 2003，新建 Word 文档【文档 1】，选择【插入】→【图示】菜单命令，打开【图示库】对话框，在对话框中选择【循环图】选项，如图 2-5-11 所示。

（2）单击【确定】按钮，在【文档 1】中插入循环图，如图 2-5-12 所示。

（3）单击【循环图】工具栏上的【插入形状】工具按钮，为循环图添加图示箭头，如图 2-5-13 所示。

（4）单击占位符【单击并添加文字】，编辑循环图的文字信息，如图 2-5-14 所示。

（5）设置循环图的文字格式。分别选取占位符中的文字，设置字体格式，如图 2-5-15 所示。

（6）设置图示箭头图形格式。单击选中其中一个图示箭头图形，按住【Shift】键不放，再分别单击其他的图示箭头图形，同时选取所有的图示箭头图形，鼠标对准图形右键单击，在弹出的快捷菜单中选择【设置自选图形格式】选项，打开【设置自选图形格式】对话框，在【颜色与线条】选项卡上，设置【填充 颜色】为【粉红色】，【线条 颜色】为【黄色】，【粗细】为【2 磅】，完成图形的格式设置，如图 2-5-16 所示。

图 2-5-11 “图示库”对话框

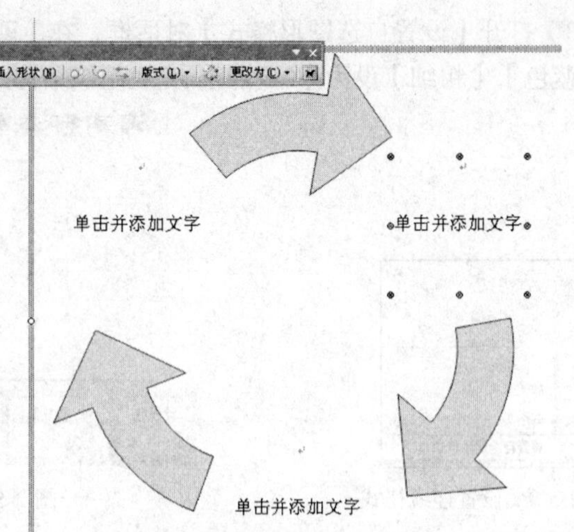

图 2-5-12 插入循环图

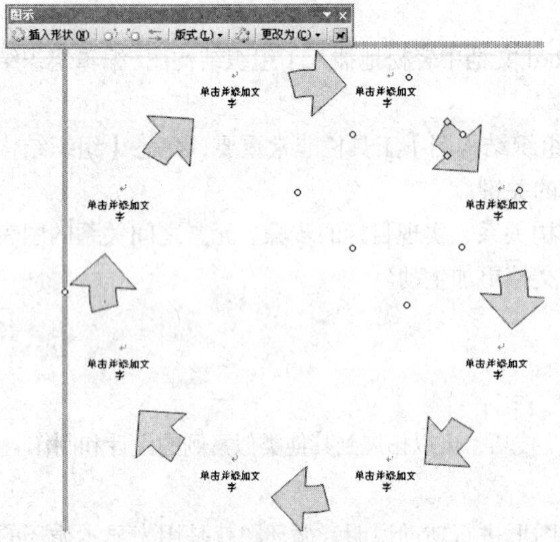

图 2-5-13 添加图示箭头

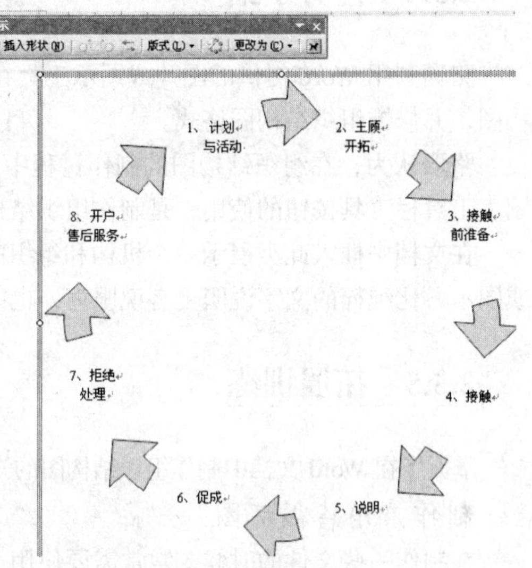

图 2-5-14 添加文字

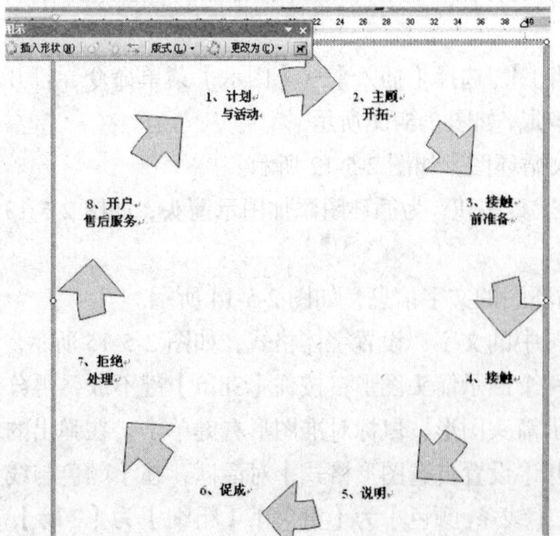

图 2-5-15 设置字体格式

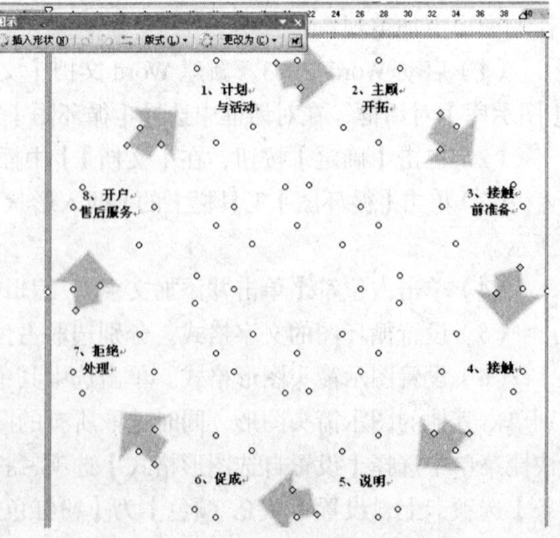

图 2-5-16 设置图示箭头格式效果

（7）单击【绘图】工具栏上的【椭圆形】工具按钮，在【文档 1】窗口画出一个椭圆形，设置椭圆形的格式:【填充颜色】为【无填充颜色】,【线条颜色】为【玫瑰红色】,【环绕方式】为【四周型】。移动椭圆形到循环图内，放置于合适的位置。

（8）鼠标对准椭圆形右键单击，在弹出的快捷菜单中选择【添加文字】选项，在椭圆形内添加文字“销售循环图”，并设置字体格式。

（9）完成后的销售循环图，效果如图 2-5-17 所示。

（10）保存文件。选择【文件】→【保存】命令，将【文档 1】保存为【销售循环图】文件。

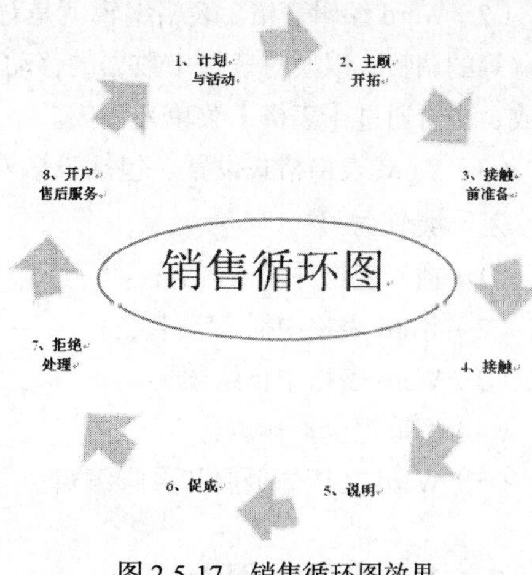

图 2-5-17 销售循环图效果

2.5.6 课后练习

1. 制作“维恩图”。
2. 制作“棱锥图”。

2.6 Word 表格应用——轻松制作公司产品报价表

2.6.1 任务情景

椰海旅行社有限公司近期新推出一系列旅游产品组合套餐，希望在“五一”期间全面运营，总经理室下达任务给计调部和外联部，要求两部门联合制定出产品报价表，及时提供给外联部，开展业务。

计调部和外联部接受任务之后，小文和小敏具体负责制定。他们认真分析之后得出结论：这份报价要做得精美，而且不落俗套，一定要达到出彩的效果。

他们对这项任务非常慎重。小文对小敏说：“Word 制表功能平常用得较少，许多基本的操作已经不太清楚了，我们先来个热身，怎们样？”

小敏很感兴趣：“怎么个热身法？”

“就是先制作一个较简单的表格，通过简单表格的制作，复习复习啊!”

小敏非常赞同，于是他们决定先做一个在学校时最熟悉的课程表，以此重温一下 Word 制表的基本操作。

2.6.2 任务剖析

1. 相关知识

（1）Word 制表。Word 文档中表格的作用是使得文本的表达更简明、更直观。表格由行与列构成，每个单元格相当于一个小文档，可以输入字符、图形，甚至可以插入另一个表格。在单元格中可以进行各种编辑操作，在对单元格进行操作时，必须按照“先选取操作对象，后进行操作”的原则进行。表格的操作对象包括单元格、行、列或整个表格。

（2）Word 编辑表格。表格编辑就是对表格对象的插入、删除、合并、拆分、属性设置行高和列宽等的调整，以及对表格中数据的移动、复制、删除等。编辑时可使用【表格和边框】工具栏完成，也可通过【表格】菜单来完成。

（3）Word 表格格式设置。包括表格外观的格式化和表格内容的格式化。

2. 操作方案

（1）插入表格并输入内容。

（2）Word 表格中插入艺术字。

（3）Word 表格中自绘图形。

（4）图形组合操作。

（5）Word 文档的页眉和页脚编辑。

2.6.3 任务实现

操作步骤如下所述。

（1）启动 Word 2003，新建一个空白文档【文档 1】，输入表格标题“课程表”，设置标题的字体和段落格式。

（2）插入表格。选择菜单栏上的【表格】→【插入】→【表格】命令，打开【插入表格】对话框，在【表格尺寸】选区中，设置【列数】为【5】，【行数】为【5】，如图图 2-6-1 所示。

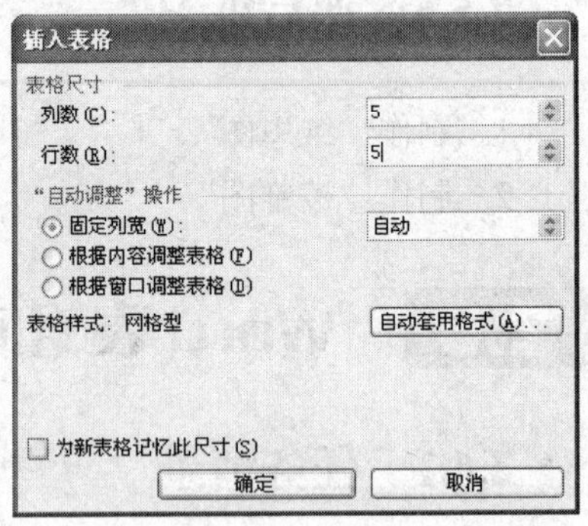

图 2-6-1 【插入表格】对话框

（3）单击【确定】按钮，便在【文档 1】页面插入一个 5 列、5 行的表格，如图 2-6-2 所示。

（4）表格底纹设置。移动鼠标至表格第一行左边框外侧，当鼠标变成右上角方向指针形状时，单击选中第一行，选择【格式】→【边框和底纹】菜单命令，打开【边框和底纹】对话框，在【底纹】选项卡中，设置【底纹】的【填充颜色】为【黄色】，如图 2-6-3 所示。

图 2-6-2 插入表格

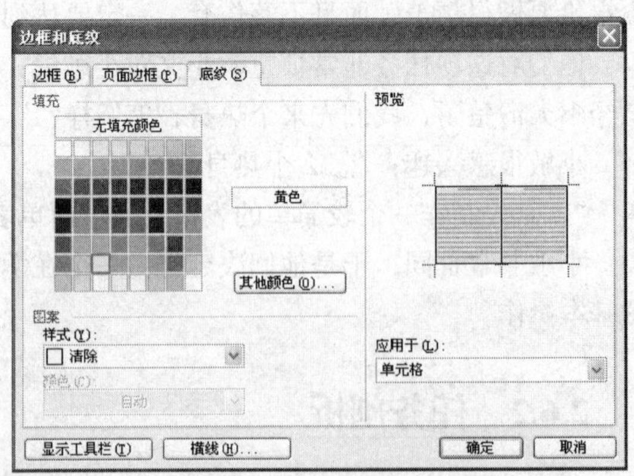

图 2-6-3 单元格底纹设置

注意

表格的选取。选取表格时由于选取对象不同，操作方法也不同。

① 全选：选取整张表格，在表格的左上角，有一个【全选】按钮，单击即可；② 选取一个单元格：鼠标指向单元格左侧边界的单元格选择区域，当鼠标变成右上

角方向指针形状时，单击即可；③ 选取连续多个单元格：鼠标单击要选取的区域的左上角的单元格，按住鼠标左键，拖动到要选取的区域的右下角单元格；④ 整行：鼠标指向表格左边界的行选择区域，当鼠标变成右上角方向指针形状时，单击左键即可；⑤ 整列：鼠标指向表格上边界的列选择区域，当鼠标变成向下方向指针形状时，单击左键即可；⑥ 多个单元格、多行、多列：先选取一个单元格、一行或者一列，按住【Ctrl】键不放，再分别选取其他的单元格、行及列。

（5）表格边框格式设置。单击表格左上角的【全选】按钮⊞，选中整张表格。选择【格式】→【边框和底纹】菜单命令，打开【边框和底纹】对话框，在【边框】选项卡中，选择【设置】为【自定义】,【边框　线型】为【双实线】、【颜色】为【红色】，并在右侧预览图中为表格添加外边框；选择【设置】为【自定义】,【边框　线型】为【单实线】、【颜色】为【蓝色】，并在右侧预览图中为表格添加内边框，如图 2-6-4 所示。

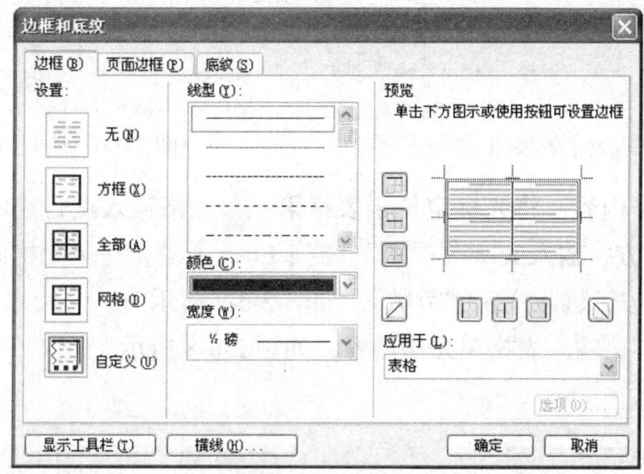

图 2-6-4　表格边框设置

表格边框的格式设置，当选择合适的线型、颜色之后，预览图中预览状态还是设置前的效果，需要在预览图中通过相应的边框线按钮为表格添加设置后的边框效果。这一步尤为重要。

表格边框也可隐藏。选中整个表格，选择【表格】→【表格属性】命令，在【表格】选项卡中单击【边框和底纹】按钮，在【边框】中选【无】即可。

（6）为表格插入行和列。选中表格中任意行，选择【表格】→【插入】→【行】命令，可以插入新行到所选行上方或下方，用同样的方法，为表格插入列。

（7）调整表格大小。将光标停留在表格内部，直到表格尺寸控点（一个小“口”）出现在表格右下角，将鼠标移至表格尺寸控点上，待向左倾斜的双向箭头出现，沿需要的方向拖动即可整体缩放表格。

（8）调整表格的行高及列宽。将光标移动到表格的横向表线上，光标变成向上下指的箭头时，按下鼠标左键不放，向上下方向拖曳鼠标，可调整表格的行高；将光标移动到表格的纵向表线上，光标变成向左右指的箭头时，按下鼠标左键不放，向左右方向拖曳鼠标，可调整表格的列宽。

在调整表格时，可以在按住鼠标左键的同时按住键盘上的【Alt】键实现微调。

调整表格的行高及列宽，还可以通过选择【表格】→【表格属性】命令，打开【表格属性】对话框，在【行】或【列】选项卡上，调整表格的【行高】或【列宽】到具体的数值。

单击【表格】→【自动调整】菜单项，可调整表格【行高】或【列宽】致均匀分布。

（9）合并单元格。选取表格第四行，选择【表格】→【合并单元格】命令，把第四行合并为一个单元格，并设置其底纹为【淡紫色】；用同样的方法设置表格的最后一行，效果如图 2-6-5 所示。

（10）绘制斜线表头。选择【表格】→【绘制表格】命令，打开【表格和边框】工具栏，选择【表格和边框】工具栏上的【绘制表格】工具按钮，光标变成一支笔的形状，移动光标到表格第一个单元格，按下鼠标左键从单元格的左上角拖曳鼠标到右下角，松开鼠标便可画出一条斜线，如图 2-6-6 所示。

图 2-6-5 【课程表】效果图

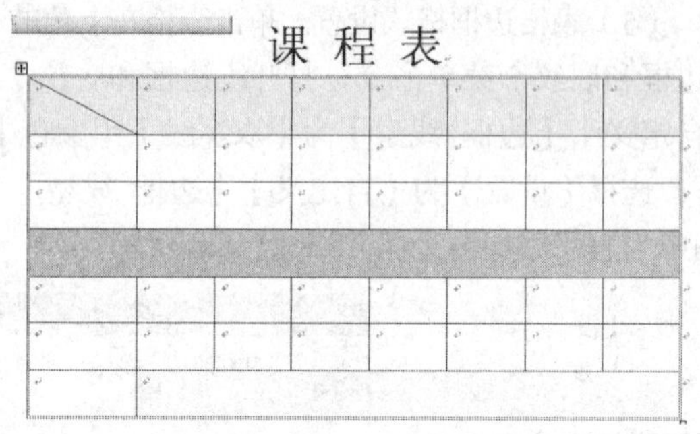

图 2-6-6 绘制斜线表头效果

（11）编辑斜线表格内容。将光标定位于表格第一单元格输入点，连续按下空格键，移动输入点至单元格的斜线上方，输入文字“星期”，按【Enter】键，在单元格内插入空行，使输入点定位于单元格的斜线下方，输入文字“节数”，如图 2-6-7 所示。

（12）编辑表格内容。输入表格单元格内容，如图 2-6-8 所示。

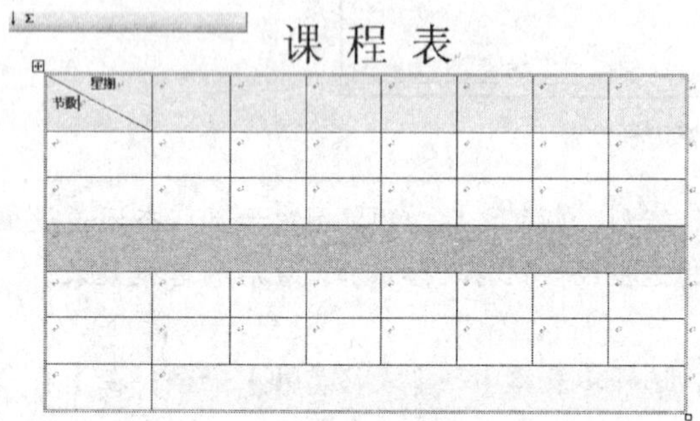

图 2-6-7 斜线表头编辑

课 程 表

星期/节数	一	二	三	四	五	六	日
1、2	计算机	数学	语文	地理	时事政治		
3、4	英语	历史	数学	计算机	英语		
午休							
5、6	数学	语文	语文	地理	劳动		
7、8	时事政治		历史				
备注							

图 2-6-8 编辑表格

（13）设置表格格式。选取表格的第 2 行至第 7 行，单击【表格和边框】工具栏上的【对齐方式设置】工具按钮右侧的下三角按钮，展开表格的 9 种对齐方式选项，选择【中部居中】对齐方式，设置表格内容相对于单元格【中部居中】；选取第 1 行中第 2 至第 8 单元格，同样设置为【中部居中】，最终效果如图 2-6-9 所示。

课 程 表

星期/节数	一	二	三	四	五	六	日
1、2	计算机	数学	语文	地理	时事政治		
3、4	英语	历史	数学	计算机	英语		
午 休							
5、6	数学	语文	语文	地理	劳动		
7、8	时事政治		历史				
备注							

图 2-6-9 表格格式化效果

（14）为单元格添加批注。选取【劳动】单元格，选择【插入】→【批注】菜单命令，给单元格添加批注，在批注编辑框编辑批注的内容“每周一次”。

（15）完成课程表的制作，最终效果如图 2-6-10 所示。

课 程 表

星期 节数	一	二	三	四	五	六	日
1、2	计算机	数学	语文	地理	时事政治		
3、4	英语	历史	数学	计算机	英语		
午			休				
5、6	数学	语文	语文	地理	劳动		
7、8	时事政治		历史				
备注							

图 2-6-10　添加批注效果

注意

批注可以添加，也可以删除。鼠标对准批注编辑框右键单击，在弹出的快捷菜单中选择【删除批注】选项，便可删除批注。

2.6.4　任务小结

小文和小敏完成了课程表的制作，已经胸有成竹了。他们的方案是：用表格把价格表做出图文并茂的效果。在 Word 2003 编辑制作表格，可以结合图文功能，制作公司的“产品报价表”，让报表具有生动活泼的效果。

应用 Word 提供的表格功能编辑报价表，形式上可以较整齐和直观。Word 具有制作表格、图文混排的功能；在 Word 中可以创建表格、设置表格的格式，包括边框和底纹的设置；同时在 Word 中可以插入图片、艺术字等对象，并设置对象格式，让文档图文并茂，引人入胜。

2.6.5　拓展训练

制作产品报价表

（1）启动 Word 2003，新建一个空白文档【文档 1】。

（2）插入表格。选择菜单栏上的【表格】→【插入】→【表格】命令，插入一个 7 列、9 行的表格。

（3）编辑表格单元格的内容，如图 2-6-11 所示。

纯净椰子之旅 绝对纯玩	三亚海洋 任我游 三亚精品海景 任我游	缤纷 蜈支洲岛	尊贵 欢乐之旅	蓝色 魅力之旅	完美 三亚之旅	金太阳长者之旅
●热带野生动植物园（海口往返） ●博鳌玉带滩 ●康乐园高尔夫练习场 （30 球/人潇洒挥杆） ●蜈支洲岛 ●亚龙湾沙滩 ●呀诺达热带雨林文化旅游区 ●南山文化旅游区 ●天涯海角游览区	●蜈支洲岛 ●天涯海角 ●亚龙湾 ●蝴蝶谷 ●中心广场 ●贝壳馆 ●大东海 ●两天随团旅行 两天自由发挥	●热带飞禽世界 ●博鳌论坛永久会址景区 ●天涯雨林博物馆 ●天涯海角游览区 ●中国马尔代夫、蜈支洲岛 ●兴隆温泉鱼疗 ●海边拉网捕鱼 ●文笔峰道教文化旅游区 ●亚龙湾系列： 蝴蝶谷、贝壳馆、中心广场、亚龙湾沙滩、双体帆船出海游	●博鳌论坛永久会址景区 ●万泉河竹筏漂流 ●天涯雨林博物馆 ●天涯海角游览区 ●分界洲岛游览区 ●南山文化旅游区 ●兴隆温泉鱼疗 （海口） ●文笔峰道教文化旅游区 （海口） ●亚龙湾系列： （三亚往返） 蝴蝶谷、贝壳馆、中心广场、亚龙湾沙滩	●蜈支洲岛 ●南山文化旅游区 ●天涯海角游览区 ●兴隆热带植物园 ●亚龙湾沙滩 ●博鳌论坛永久会址景区 ●大东海旅游中心 ●万泉河竹筏漂流 ●赠送： 兴隆温泉鱼疗	●大东海旅游中心 ●“椰晖号”游艇观光 ●天涯海角游览区 ●蜈支洲岛 ●兴隆热带植物园 ●兴隆温泉鱼疗 ●万泉河竹筏漂流观光 ●博鳌论坛永久会址景区 ●亚龙湾系列： 蝴蝶谷、贝壳馆、中心广场 亚龙湾沙滩、双体帆船出海游	●红色娘子军纪念园 ●博鳌东屿岛永久会址景区 ●热带药用植物园 ●兴隆温泉鱼疗 ●黎村苗寨 ●大东海旅游中心 ●南山文化旅游区 ●天涯海角游览区 ●亚龙湾国家旅游度假区
逢周 1、3、5 收客	收全国散拼	天天接	天天接	天天收	天天接	逢周三、六收
海口往返	三亚往返	海口往返	海口（三亚）往返	三亚往返	三亚往返	海口往返
高端品质用餐	高端品质用餐					

图 2-6-11　编辑产品报价表

（4）表格格式设置。单击表格左上角的【全选】按钮⊞，选中整张表格。选择【格式】→【边

框和底纹】菜单命令，打开【边框和底纹】对话框，在“边框”选项卡中，设置【自定义】边框、【线型】为【单线】、【颜色】为【蓝色】，并在右侧预览图中为表格添加外边框及内边框，如图 2-6-12 所示。

（5）设置表格单元格格式。选中表格第一行前 3 个单元格，单击【表格和边框】工具栏上的【合并单元格】工具按钮，合并成为 1 个单元格；使用同样的方法合并表格第一行后 4 个单元格为 1 个单元格。

【表格和边框】工具栏是设置表格格式的一个重要工具集。【表格和边框】工具栏的显示与隐藏：选择【表格】→【绘制表格】命令即可显示；单击【表格和边框】右上角的【关闭】按钮，便可隐藏。

表格中的多个单元格可合并成为一个单元格，同样，一个单元格也可拆分成多个单元格。在制表过程中可根据需要选择相应的操作。

（6）设置表格单元格底纹。选中表格第一行，选择【格式】→【边框和底纹】菜单命令，打开【边框和底纹】对话框，在【底纹】选项卡中，选择【淡蓝色】为【填充颜色】，【应用于】为【单元格】，如图 2-6-13 所示。

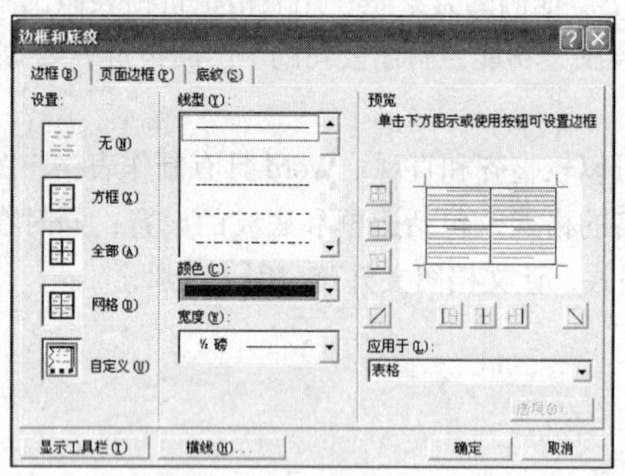

图 2-6-12 【边框和底纹】选项卡

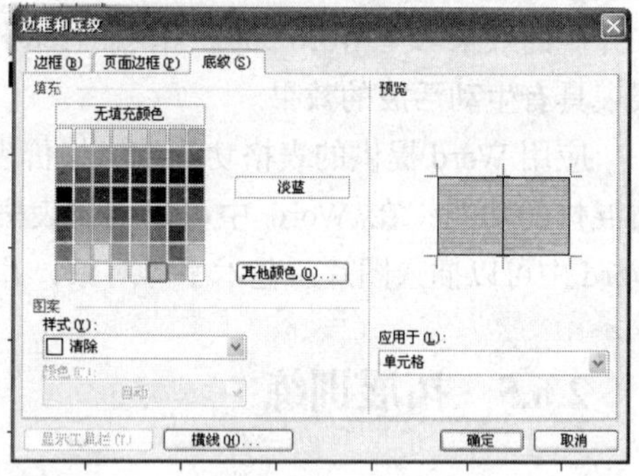

图 2-6-13 【边框和底纹】选项卡

（7）单击【确定】按钮，为表格单元格添加底纹，效果如图 2-6-14 所示。

（8）使用同样的方法，分别设置表格中其他单元格的底纹颜色，完成效果如图 2-6-15 所示。

纯净椰子之旅 绝对纯玩	三亚海洋 任我游 三亚精品海景 任我游	缤纷 蜈支洲岛	尊贵 欢乐之旅	蓝色 魅力之旅	完美 三亚之旅	金太阳长者之旅
●热带野生动植物园（海口往返）●博鳌玉带滩 ●康乐园高尔夫练习场（30 球/人潇洒挥杆）●蜈支洲岛 ●亚龙湾沙滩 ●呀诺达热带雨林文化旅游区 ●南山文化旅游区 ●天涯海角游览区	●蜈支洲岛 ●天涯海角 ●亚龙湾 ●蝴蝶谷 ●中心广场 ●贝壳馆 ●大东海 ●两天随团旅行 两天自由发挥	●热带飞禽世界 ●博鳌论坛永久会址景区 ●天涯雨林博物馆 ●天涯海角游览区 ●中国马尔代夫、蜈支洲岛 ●兴隆温泉鱼疗 ●海边拉网捕鱼 ●文笔峰道教文化旅游区 ●亚龙湾系列：蝴蝶谷、贝壳馆、中心广场、亚龙湾沙滩、双体帆船出海游	●博鳌论坛永久会址景区 ●万泉河竹筏漂流 ●天涯雨林博物馆 ●天涯海角游览区 ●分界洲岛游览区 ●南山文化旅游区 ●兴隆温泉鱼疗（海口）●文笔峰道教文化旅游区（海口）●亚龙湾系列：（三亚往返）蝴蝶谷、贝壳馆、中心广场、亚龙湾沙滩	●蜈支洲岛 ●南山文化旅游区 ●天涯海角游览区 ●兴隆热带植物园 ●亚龙湾沙滩 ●博鳌论坛永久会址景区 ●大东海旅游中心 ●万泉河竹筏漂流 ●赠送：兴隆温泉鱼疗	●大东海旅游中心 ●“椰晖号”游艇观光 ●天涯海角游览区 ●蜈支洲岛 ●兴隆热带植物园 ●兴隆温泉鱼疗 ●万泉河竹筏漂流观光 ●博鳌论坛永久会址景区 ●亚龙湾系列：蝴蝶谷、贝壳馆、中心广场、亚龙湾沙滩、双体帆船出海游	●红色娘子军纪念园 ●博鳌东屿岛永久会址景区 ●热带药用植物园 ●兴隆温泉鱼疗 ●黎村苗寨 ●大东海旅游中心 ●南山文化旅游区 ●天涯海角游览区 ●亚龙湾国家旅游度假区
逢周 1、3、5 收客	收全国散拼	天天揸	天天揸	天天收	天天揸	逢周三、六收

图 2-6-14 底纹完成效果

图 2-6-15 边框底纹完成效果

（9）设置表格单元格字体格式。选中表格第 2 行第一个单元格，选择菜单栏上的【格式】→【字体】命令，打开【字体】对话框，设置单元格的格式：【加粗】、【绿色】，如图 2-6-16 所示。

（10）使用同样的方法，分别设置表格中其他单元格的字体格式，完成效果如图 2-6-17 所示。

纯净椰子之旅 绝对纯玩	三亚海洋 任我游 三亚精品海景 任我游	缤纷 蜈支洲岛
●热带野生动植物园（海口往返） ●博鳌玉带滩 ●康乐园高尔夫练习场 （30 球/人潇洒挥	●蜈支洲岛 ●天涯海角 ●亚龙湾 ●蝴蝶谷 ●中心广场 ●贝壳馆	●热带飞禽世界 ●博鳌论坛永久会址景区 ●天涯雨林博物馆 ●天涯海角游览区

图 2-6-16　字体格式设置

纯净椰子之旅 绝对纯玩	三亚海洋 任我游 三亚精品海景 任我游	缤纷 蜈支洲岛	尊贵 欢乐之旅	蓝色 魅力之旅	完美 三亚之旅	金太阳长者之旅
[illegible]	[illegible]	[illegible]	[illegible]	[illegible]	[illegible]	[illegible]
逢周 1、3、5 收客	收全国散拼	天天接	天天接	天天收	天天接	逢周三、六收
海口往返	三亚往返	海口往返	海口(三亚)往返	三亚往返	三亚往返	海口往返
[illegible]	[illegible]	[illegible]	[illegible]	[illegible]	[illegible]	[illegible]
[illegible]	[illegible]	[illegible]	[illegible]	[illegible]	[illegible]	[illegible]
[illegible]	[illegible]	[illegible]	[illegible]	[illegible]	[illegible]	[illegible]

图 2-6-17　字体格式设置完成效果

（11）在单元格中插入图片。把输入点定位于表格第一个单元格中，选择菜单栏上的【插入】→【图片】→【来自文件】命令，打开【插入图片】对话框，选取图片【海洋系列】，单击【插入】按钮，把图片【海洋系列】插入到单元格中。使用同样的方法，在第二个单元格中插入图片【欢乐系列】。效果如图 2-6-18 所示。

（12）设置页眉。选择菜单栏上的【视图】→【页眉和页脚】命令，打开【页眉和页脚】对话框，在页眉位置插入图片【公司标志】，设置图片格式为【四周型】，移动图片，放置于页眉位置的左上角。

（13）设置页脚。移动鼠标到页脚位置，编辑页脚内容，效果如图 2-6-19 所示。

海洋系列			欢乐系列			
纯净椰子之旅 绝对纯玩	三亚海洋 任我游 三亚精品海景 任我游	缤纷 蜈支洲岛	尊贵 欢乐之旅	蓝色 魅力之旅	完美 三亚之旅	金太阳长者之旅
●热带野生动植物园（海口往返） ●博鳌玉带滩 ●康乐园高尔夫练习场 （30 球/人潇洒挥杆） ●蜈支洲岛 ●亚龙湾沙滩 ●呀诺达热带雨林文化旅游区 ●南山文化旅游区 ●天涯海角游览区	●蜈支洲岛 ●天涯海角 ●亚龙湾 ●蝴蝶谷 ●中心广场 ●贝壳馆 ●大东海 ●两天随团旅行 两天自由发挥	[illegible]	●博鳌论坛永久会址景区 ●万泉河竹筏漂流 ●天涯雨林博物馆 ●天涯海角游览区 ●分界洲岛游览区 ●南山文化旅游区 ●兴隆温泉鱼疗（海口） ●文笔峰道教文化旅游区（海口） ●亚龙湾系列：（三亚往返） 蝴蝶谷、贝壳馆、中心广场、亚龙湾沙滩	●蜈支洲岛 ●南山文化旅游区 ●天涯海角游览区 ●兴隆热带植物园 ●亚龙湾沙滩 ●博鳌论坛永久会址景区 ●大东海旅游中心 ●万泉河竹筏漂流 ●赠送： 兴隆温泉鱼疗	[illegible]	[illegible]
逢周 1、3、5 收客	收全国散拼	天天接	天天接	天天收	天天接	逢周三、六收
海口往返	三亚往返	海口往返	海口(三亚)往返	三亚往返	三亚往返	海口往返
高端品质用餐 20 元/人/正 （10 菜 1 汤） 椰子宴、南山素斋	高端品质用餐 20 元/人/正 （10 菜 1 汤） 酒店自助早餐	品质团队餐 十菜一汤	品质团队餐 十菜一汤 南山素斋	品质团队餐 十菜一汤 南山素斋	品质团队餐 十菜一汤	品质团队餐 十菜一汤

图 2-6-18　单元格添加图片效果

图 2-6-19　编辑页眉页脚

（14）设置表格标题。单击绘图工具栏上的【自选图形】按钮，在弹出菜单中选择【星和旗帜】→【横卷形】工具按钮，移动鼠标到文档的页眉位置，这时鼠标变为十字形状，按下左键拖动，绘制一个横卷形。

（15）设置横卷形格式。将光标移到椭圆形处，鼠标变成四向箭头形状时，单击鼠标右键，在弹出菜单中选择【设置自选图形格式】命令，打开【设置自选图形格式】对话框，在【颜色和线条】选项卡中，选择其【填充】颜色为【填充效果】，打开【填充效果】对话框，切换至【图片】选项卡，通过【选择图片】选择用于填充的图片，单击“确定”按钮，返回【填充效果】对话框，调整图片的透明度；设置【线条颜色】为【绿色】。完成效果如图 2-6-20 所示。

（16）添加表格标题。选择【插入】→【图片】→【艺术字】菜单命令，打开【艺术字库】对话框，选择第三行第一个艺术字式样，打开【编辑艺术字文字】对话框，在【文字】栏中输入公司名称“椰海旅行产品报价表”，设置其格式:【华文隶书】、【36 号】、【加粗】效果，单击【确定】按钮，为表格添加了艺术字标题。

（17）设置艺术字格式。将光标移到艺术字处，单击鼠标右键，选中艺术字，同时会弹出【艺术字】工具栏，单击【设置艺术字格式】按钮，打开【设置艺术字格式】对话框，在【版式】选项卡中，将其【环绕方式】设置为【浮于文字上方】。

（18）移动艺术字到横卷形上方，适当调整艺术字和横卷形的大小，完成效果如图 2-6-21 所示。

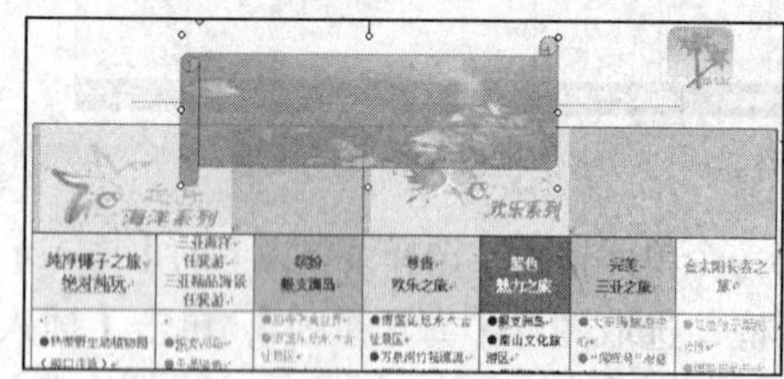

图 2-6-20　表格中绘制图形

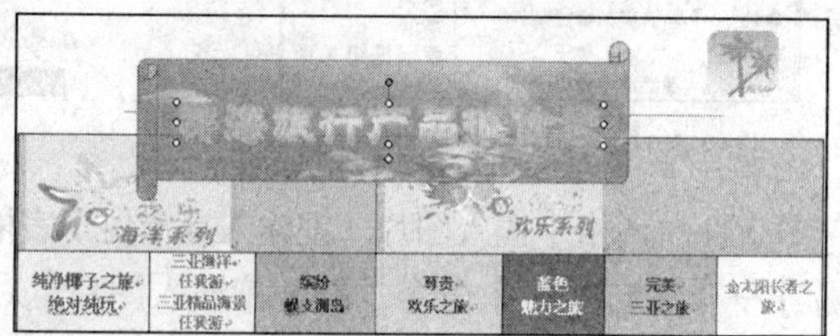

图 2-6-21　表格中插入艺术字

（19）添加横卷形阴影。选中横卷形，单击绘图工具栏上的【阴影】按钮，在弹出的【阴影】列表中，选取合适的阴影样式；选择【阴影设置】选项，设置阴影颜色。如图 2-6-22 所示。

（20）按住【Shift】键，分别单击艺术字和横卷形，同时选中两个对象，单击【绘图】工具栏上的【绘图】按钮，在弹出的菜单中选择【组合】命令，把艺术字和横卷形组合成一个图形对象。移动至文档的合适位置。最终效果如图 2-6-23 所示。

图 2-6-22　表格标题效果

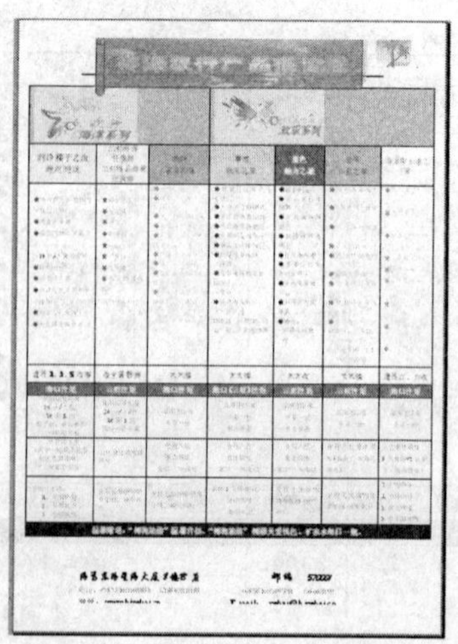

图 2-6-23　产品报价表最终效果

2.6.6　课后练习

1. 制作个人简历表格。
2. 制作会议议程表。
3. 制作计划表。
4. 制作报名表。

2.7　Word 图文混排——轻松制作产品宣传海报

2.7.1　创建情景

近些日子以来，骆珊和公司的其他同仁一样，感到非常的振奋，海南国际旅游岛的建设，像是给她们旅游人打了一针强心剂，浑身有使不完的劲。

在经理蓝逸的带领下，计划部同仁连续加班，绞尽脑汁，希望尽自己最大的智慧整合海南的旅游资源、挖掘海南的旅游潜力，让海南借此契机带着它的美丽腾飞。

骆珊知道自己应该努力地工作，好好为海南的未来尽一份力。她也是以这种心情开始每一天的。今天她刚到办公室，打开电脑，经理蓝逸就走进来了，一脸的疲惫，但心情蛮好："我们新开发的红色之旅精品线路：海口—文昌—琼海—定安—五指山已获批了，相关材料及图片已发电子档到你邮箱，你尽快做出可行的主打景点简介宣传海报，我们要尽早投入线路运营。时间紧迫，但要注意细节。"简单交待完，蓝逸又匆匆地走了。

骆珊在学校办公软件应用课程学得非常好，她知道使用 Word 2003 来对文字及图片资料进行编辑、排版、美化处理，可以制做出图文并茂的宣传海报效果。这样一想，她心中有数了……

骆珊于是开始着手宣传海报的制作，她决定分 3 个环节来完成这项工作。

（1）版面的编排：海报的功能是景点的宣传，凸显的就应该是景点，既要做到图文并茂，文字说明和图片有效结合，又不落花俏的俗套，这得下一番功夫。她分析了一下，Word 的图文混排功能可以帮她的大忙。

（2）美化、修饰：海报的主体完成之后，需要制进一步美化、修饰版面，以达到柔和、协调的效果。这可使用绘图工具栏在 Word 文档内绘制自选图形来完成。

（3）蓝经理交代这是红色之旅精品线路红色景点的宣传海报，她觉得最后还得把海报的风格确定一下，设想是庄严的基调，这要通过设置 Word 文档的背景来实现。

2.7.2　任务剖析

1. 相关的知识点

（1）创建 Word 的空白文档。Word 是 Office 中的文字处理应用软件，具有文字编辑、图片及图形编辑、图片和文字混合排版、表格制作等功能。在进行以上操作之前，要创建空白文档，每次启动 Word 都会自动创建一个空白的文档，Word 文档的扩展名为".doc"，默认的 Word 文档文件名为"文档 1.doc"。

（2）插入图片。图形处理是文字处理软件 Word 的主要功能之一，在 Word 文档中插入图片之前，首先将光标定位于插入的位置，可通过【插入】→【图片】→【来自文件】菜单命令，或者通过【插入】→【图片】→【剪贴画】菜单命令来完成图片的插入操作。

一般在 Word 文档中使用的图片有以下几种类型。

① 剪辑库中包含的剪贴画。

② 图文符号库中的各类图符。

③ 通过【绘图】工具栏中提供各种自选图形工具绘制的图形。

④ 通过【艺术字】工具栏建立的特殊视觉效果的艺术字。

⑤ 截取的屏幕图像或界面图表。

⑥ 各种图形文件，包括拓展名为：.bmp，.wmf，.pic，.jpg 等文件。

（3）设置图片格式。在 Word 文档中插入图片之后，还需要对图片做必要的格式设置，以使图片更加生动、美观。可通过【设置图片格式】对话框和【图片】工具栏来完成，对图片可调整大小，旋转角度及移动位置。

（4）插入艺术字。艺术字是区别于一般文本的特殊文字效果，在 Word 文档中插入艺术字，可产生一种不寻常的视觉效果。可通过【插入】→【图片】→【艺术字】菜单命令来完成艺术字的插入操作。

（5）设置艺术字格式。艺术字是 Word 文档中图形对象的一种，因此可以用编辑图形的方式来编辑艺术字，如：加边框、底纹、纹理、填充颜色、加阴影、加三维效果等。艺术字的格式设置可通过【设置艺术字格式】对话框和【艺术字】工具栏来完成，对艺术字还可以调整大小、旋转角度及移动位置。

（6）绘制自选图形。Word 文档中除了可以插入图片对象外，还可以自行绘制一些自选图形。绘制自选图形可通过文档底端显示的【绘图】工具栏来完成，灵活选择【绘图】工具栏提供的【自选图形】工具按钮，在 Word 文档中就可以绘制出不同的图形图像，以丰富 Word 文档的内容。

（7）设置自选图形格式。自选图形格式设置包括：重新调整大小、旋转、翻转、添加填充效果、添加线条颜色等。可通过【设置自选图形格式】对话框来完成。

（8）组合图形对象。在 Word 文档中编辑了多个图形对象，所有的图形对象都是独立的个体，影响页面的整体效果，可以用“组合图形”的方法来解决这个问题。组合图形的前提是，同时选取需组合的多个图形对象，通过文档底端显示的【绘图】工具栏左侧的【绘图】按钮来完成。

（9）图形对象“叠放次序”。当 Word 文档中编辑的多个图形对象叠放在一起时，会出现相互遮挡的问题，影响页面的整体效果，可以应用设置图形对象的“叠放次序”来解决。选取需设置的图形对象，单击鼠标右键，选择【设置***格式】→【叠放次序】菜单选项来完成。可以设置“叠放次序”的图形对象，包括：图片、剪贴画、艺术字、自选图形、文本框等。

（10）为自选图形添加文字。在 Word 文档中通过【绘图】工具栏添加的自选图形，当需要再其上方编辑文字时，可以选取需添加文字的自选图形对象，单击鼠标右键，选择【设置自选图形格式】→【添加文字】菜单选项来完成。添加文字后，可以设置文字的格式。

2. 操作方案

宣传海报最大的特点是图文并茂，色调协调，风格明快，能最大限度满足阅读者的视觉需求，起到宣传的效果。因此，根据要求，骆珊在制作前就定出了具体的制作方案，主要有以下几个要点。

（1）规划宣传海报的版面结构。

（2）设定宣传海报的主题基调。

（3）采用图文混排的制作方法。

（4）设置图形对象格式。

（5）海报内容的合理编排。

2.7.3　任务实现

（1）选择任务栏左下角【开始】菜单→【程序】→【Microsoft Office】→【Microsoft Office Word 2003】应用程序命令，启动 Word 2003 应用程序。

（2）启动 Word 2003 应用程序的同时，系统会自动创建一个空白的 Word 文档，默认文件名为【文档 1】。

（3）保存文档为【海报】。选择菜单栏中的【文件】→【保存】（或【另存为】）命令，打开【另存为】对话框，在【保存位置】下拉列表框中选择【景点简介海报】文件夹，在【文件名】文本框中输入“海报”文件名，在【保存类型】下拉列表框中选择【Word 文档（*.doc）】选项，单击【确定】按钮，保存好文档。如图 2-7-1 所示。

（4）编辑设置海报标题文本：编辑标题文本“红色之旅经典游”为艺术字的效果，将其放置于一面旗帜上，具有革命精神飘扬不休的意境。

（5）在文档【海报】窗口，选择菜单栏上的【视图】→【工具栏】→【绘图】命令，单击便可打开【绘图】工具栏。

（6）单击【绘图】工具栏中的【自选图形】工具按钮，弹出下拉菜单，选择【星与旗帜】→【波形】图形工具，如图 2-7-2 所示。

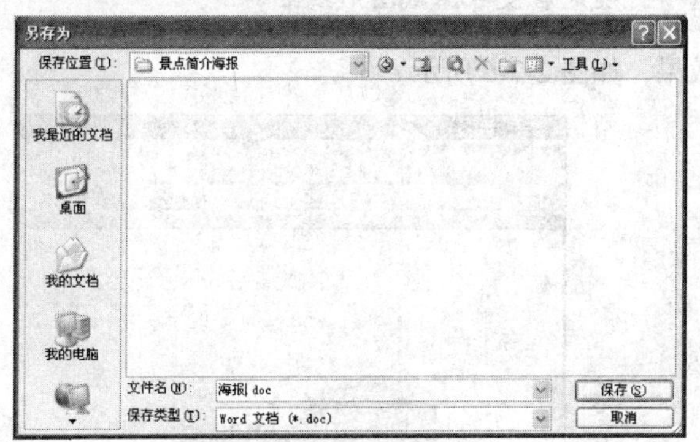

图 2-7-1　保存文档设置

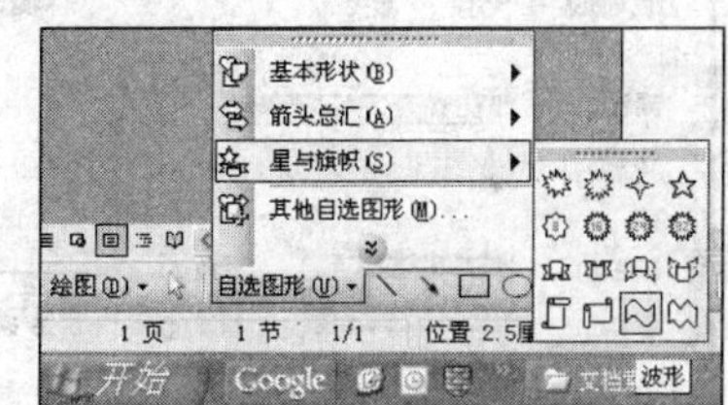

图 2-7-2　绘制“波形”工具

（7）鼠标移动到文档【海报】页面的合适位置，单击下鼠标左键并拖曳，便可在页面上绘制出一个波形自选图形，如图 2-7-3 所示。

（8）用鼠标对准波形图单击，选中所绘制的波形图并单击鼠标右键，在弹出的快捷菜单中，选择【设置自选图形格式】选项，弹出【设置自选图形格式】对话框，在【颜色与线条】选项卡上，设置【填充】/【颜色】为【填充效果】，在【填充效果】对话框，选择【渐变】选项卡，选择【颜色】为【红色、金色】的双色渐变填充效果，方向为【水平】，单击【确定】按钮完成设置，如图 2-7-4 所示。

在【颜色与线条】选项卡上，设置图形的【填充】/【颜色】时，有单纯的【颜色】填充及【填充效果】两种效果。而当选择后者【填充效果】时，又分别有【渐变】的【填充效果】、【纹理】的【填充效果】、【图案】的【填充效果】和【图片】的【填充效果】等 4 种，在实际应用中，要根据实际需要选择合适的图形填充效果。而当图形不需要任何填充效果时，可以单击【颜色与线条】选项卡上【填充】/【颜色】设置框右侧的下拉按钮，在弹出的【色卡框】内，选择【色卡框】上方的【无颜色填充】选项即可完成。

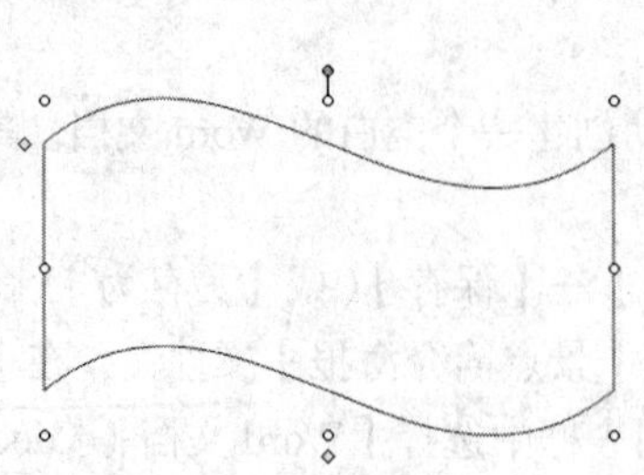

图 2-7-3　绘制波形图

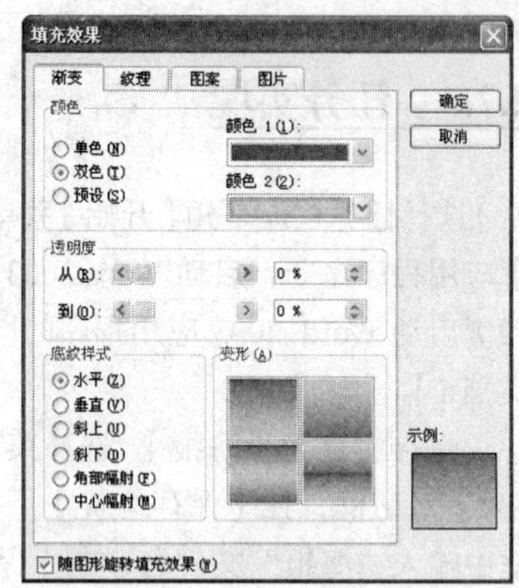

图 2-7-4　设置图形填充效果

（9）在【颜色与线条】选项卡上，设置【线条】/【颜色】为金色，单击【确定】按钮完成设置，如图 2-7-5 所示。

在【颜色与线条】选项卡上，设置图形的【线条】时，可以设置线条的【颜色】、线条的【虚实】、线条的【线型】及线条的【粗细】；而当图形不需要线条时，还可隐藏线条：单击线条的【颜色】设置框右侧的下拉按钮，在弹出的【色卡框】内，选择【色卡框】上方的【无颜色填充】选项，确定后便可隐藏图形线条。

（10）完成自选图形格式设置的波形图效果，如图 2-7-6 所示。

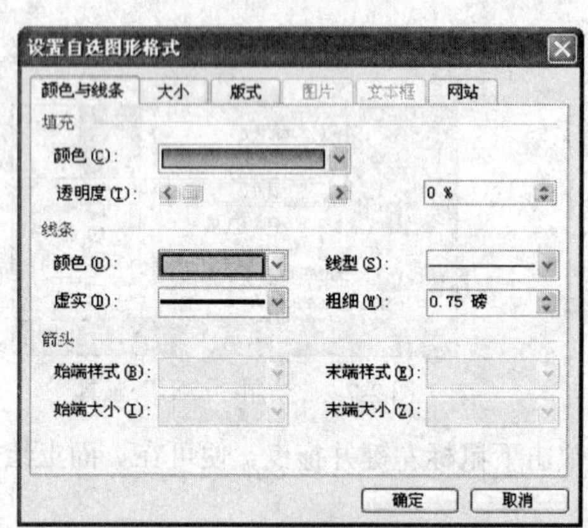

图 2-7-5　设置图形线条颜色

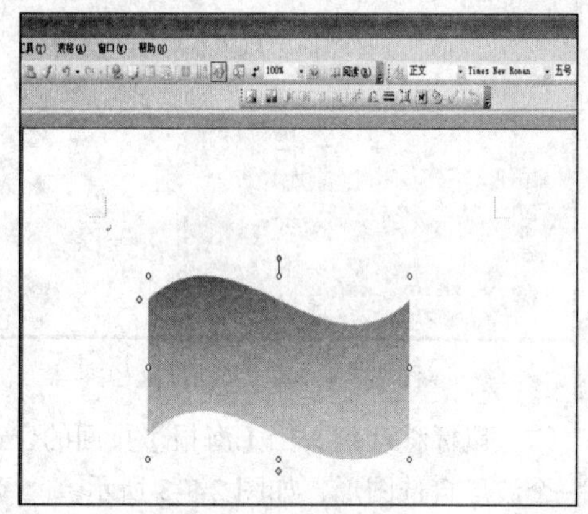

图 2-7-6　波形图效果

（11）调整波形图的大小。移动光标到波形图四周出现的空心小圆圈——调节控制点上，按下鼠标左键并拖曳，就可调整波形图的大小。

（12）移动波形图到文档页面的合适位置。移动鼠标到波形图上，当光标变成指向四个方向的四向箭头时，按下鼠标左键并拖曳，便可以移动图形到页面的合适位置。

（13）设置标题文本“红色之旅经典游”为艺术字效果。在菜单栏中选择【插入】→【图片】→【艺术字】命令，打开【艺术字库】对话框，如图 2-7-7 所示。

（14）在【艺术字库】对话框选择第 3 行第 5 列艺术字样式，单击【确定】按钮，打开【编辑“艺术字”文字】对话框，在对话框的编辑区，输入艺术字文本内容“红色之旅经典游”，分别设置其字体、字型、字号的格式，如图 2-7-8 所示，单击【确定】按钮，完成插入艺术字操作。

（15）选中艺术字，对准其单击鼠标右键，在弹出的菜单中，选择【设置艺术字格式】选项，

弹出【设置艺术字格式】对话框，选择【颜色与线条】选项卡，设置艺术字【填充】/【颜色】为【填充效果】，打开【填充效果】对话框，选择【渐变】选项卡，选择【颜色】为【白色、金色】的双色填充效果，【方向】为【水平】；设置【线条】/【颜色】为【金色】。

图 2-7-7　【艺术字库】对话框

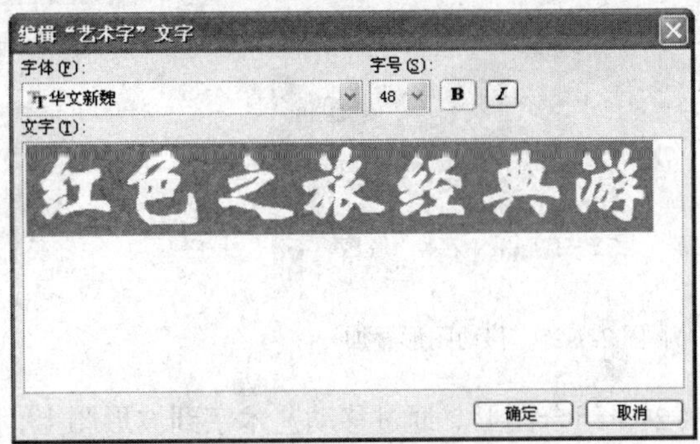

图 2-7-8　编辑艺术字

（16）选择【版式】选项卡，设置艺术字【环绕方式】为【浮于文字上方】，如图 2-7-9 所示。

注意

在 Word 文档中绘制图形及插入图片、插入艺术字时，为了让这些对象更好地和文字融合，使版面协调，需要设置图形及图片、艺术字的【环绕方式】。在【版式】选项卡，图形及图片、艺术字有 5 种不同的环绕方式：【嵌入型】、【四周型】、【紧密型】、【衬于文字下方】、【浮于文字上方】，具体设置时应根据实际需要来选择合适的环绕方式进行设置。如：【嵌入型】为默认的环绕方式；【四周型】及【紧密型】环绕方式为对象被文字包围的效果；应用【浮于文字上方】的环绕方式，Word 文档中的文字将被图形及图片、艺术字对象覆盖；应用【衬于文字下方】的环绕方式，Word 文档中的文字将覆盖图形及图片、艺术字对象，适用于设置文档中的文字背景。

（17）单击【确定】按钮，完成【设置艺术字格式】的操作，效果如图 2-7-10 所示。

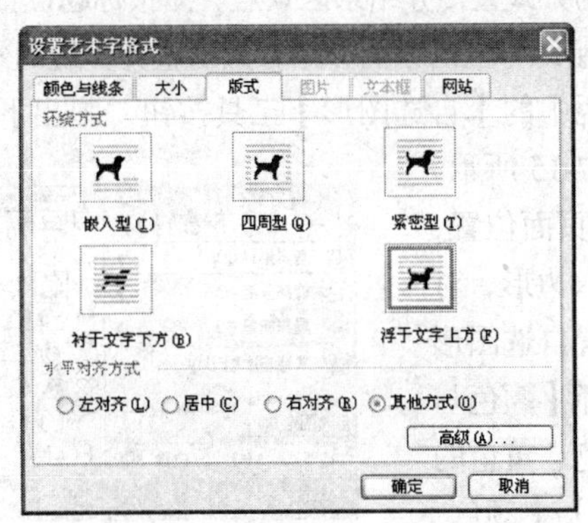

图 2-7-9　设置艺术字环绕方式

图 2-7-10　艺术字效果

（18）移动鼠标到艺术字上方，当鼠标光标变成四向箭头时，按下左键并拖曳，移动艺术字到波形图上，使两对象叠加在一起，如图 2-7-11 所示。

（19）调整艺术字的大小。移动光标到艺术字四周的空心小圆圈——控制点上，按下左键并拖曳，就可调整艺术字的大小。

（20）调整艺术字的角度和弧度。移动光标到艺术字上方的绿色小圆圈——旋转控制点上，按下左键并旋转拖曳，就可调整艺术字的角度；移动光标到艺术字上方的黄色小菱形——调整控制点上，按下

左键并旋转拖曳，就可调整艺术字的波形弧度，直到与波形图的弧度相一致。效果如图 2-7-12 所示。

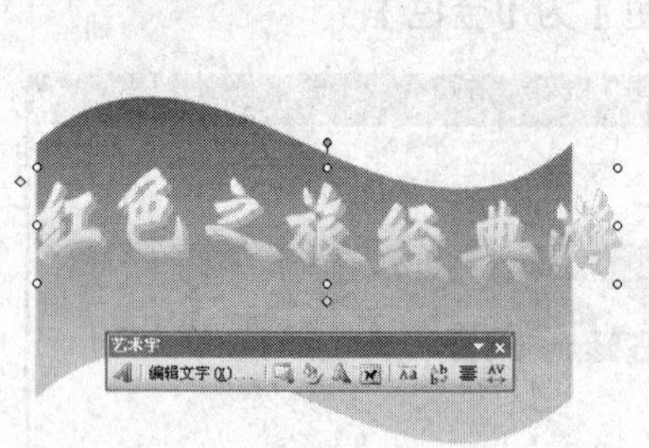

图 2-7-11　移动图形叠加

图 2-7-12　图形叠加效果

（21）组合图形。通过移动艺术字到波形图上，使其叠加在一起，它们以单个图形对象的形式显示在 Word 文档窗口，如要做成整体的标题对象效果，需要组合两个图形对象。把鼠标移动到波形图上，单击鼠标选中波形图，按住【Ctrl】键不放，再移动鼠标到艺术字上，单击鼠标选中艺术字，松开【Ctrl】键，这时艺术字和波形图为被同时选中状态。如图 2-7-13 所示。

（22）单击【绘图】工具栏左侧的【绘图】按钮，在弹出的菜单中选择【组合】选项，把艺术字和波形图组合成一个整体，最终的效果如图 2-7-14 所示。

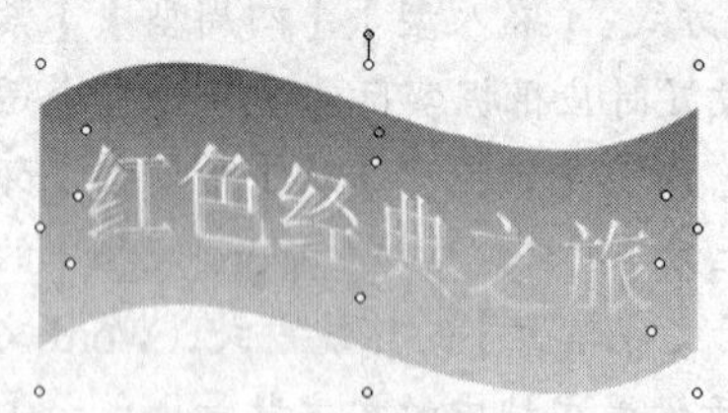

图 2-7-13　同时选中对象

图 2-7-14　组合图形效果

（23）编辑设置海报的内容。以文字和图片相结合的方式宣传介绍景区景点。海报标题设置完成之后，接着编辑的是海报的内容。应用绘制自选图形来组织零散的景点介绍，做出整齐美观的效果。

（24）打开【绘图】工具栏，单击【绘图】工具栏中的【自选图形】工具按钮，弹出下拉菜单，选择【基本形状】→【六边形】图形工具，如图 2-7-15 所示。

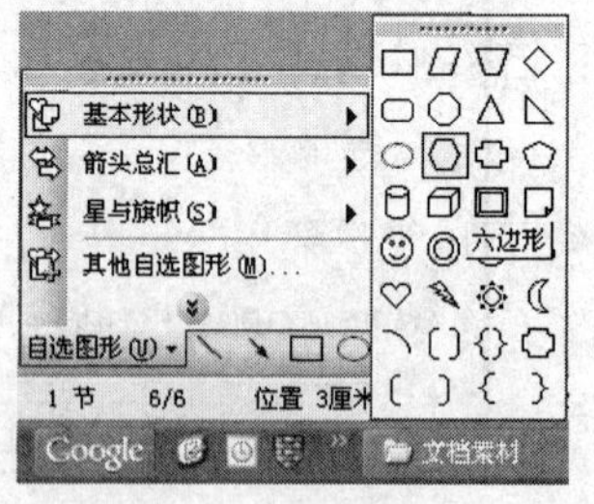

图 2-7-15　绘制六边形工具

（25）将鼠标移动到文档【海报】窗口的标题下方页面位置，按下左键并拖曳，绘制出一个六边形，选中所绘制的六边形，对准六边形单击鼠标右键，在弹出的菜单中，选择【设置自选图形格式】选项，弹出【设置自选图形格式】对话框，选择【颜色与线条】选项卡，设置图形的【填充】/【颜色】为酸橙色、黄色的双色填充效果，【方向】为【水平】；设置图形的【线条】/【颜色】为黄色。单击【确定】按钮，完成设置，效果如图 2-7-16 所示。

（26）移动光标到六边形四周出现的小圆圈——调节控制点上，按下鼠标左键并拖曳，便可调整六边形的大小；移动鼠标到六边形上方，当光标变成指向 4 个方向的四向箭头时，按下鼠标左键并拖曳，便可移动六边形，把六边形移动到文档页面的合适位置。如图 2-7-17 所示。

（27）单击【绘图】工具栏中的【文本框】工具按钮，将鼠标移动到文档【海报】窗口页面位置的合适位置，按下鼠标左键并拖曳，绘制出一个横排文本框，移动横排文本框到六边形的中心位置，调整其大小，效果如图 2-7-18 所示。

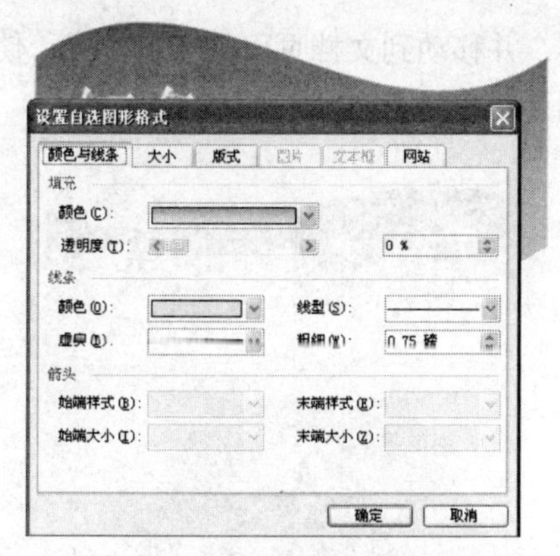

图 2-7-16　设置六边形格式

图 2-7-17　选中六边形并移动

（28）将鼠标对准横排文本框边框处，单击选中文本框并单击鼠标右键，在弹出的快捷菜单中，选择【设置文本框格式】选项，弹出【设置文本框格式】对话框，选择【颜色与线条】选项卡，设置文本框的【填充】/【颜色】为【填充效果】，在【填充效果】对话框，进入【图片】选项卡，单击图片预览框下方的【选择图片】按钮，查找并使用素材图片来填充文本框；设置文本框的【线条】/【颜色】为酸橙色。设置过程如图 2-7-19 所示，单击【确定】按钮完成设置操作。

图 2-7-18　添加文本款

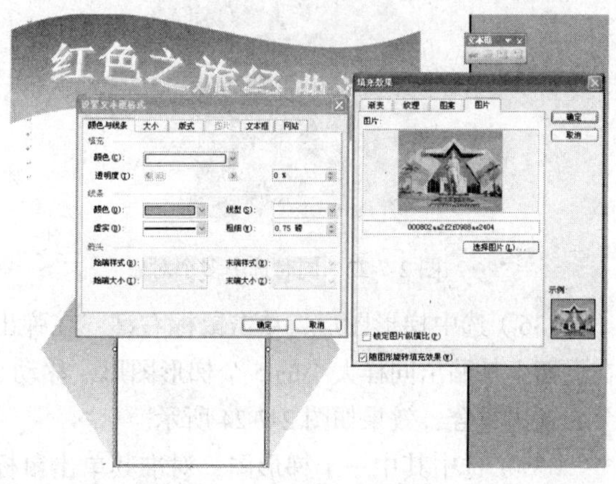

图 2-7-19　设置文本框格式

（29）在文本框内录入并编辑景点介绍的文本内容，选中内容文字，选择【格式】→【字体】菜单命令，弹出【字体】对话框，在【字体】选项卡，分别设置其【字体】、【字型】、【字号】、【字体颜色】的格式，如图 2-7-20 所示。

（30）单击【确定】按钮，完成后的效果如图 2-7-21 所示。

（31）组合图形。将鼠标移动到六边形上，单击鼠标选中六边形，按住【Ctrl】键不放，再移动鼠标到文本框上单击，便可同时选中六边形和文本框两个图形对象，如图 2-7-22 所示。

（32）单击【绘图】工具栏的【绘图】按钮，在弹出的菜单中选择【组合】选项，把六边形和文本框组合成一个整体。

（33）打开【绘图】工具栏，单击【绘图】工具栏中的【自选图形】工具按钮，在弹出的菜单中选择【基本形状】选项下的【梯形】图形工具。

（34）移动鼠标到文档页面的合适位置，按下左键并拖曳，在页面绘制出一个梯形图形。

（35）选中梯形图形，移动光标到梯形图形四周出现的空心小圆圈——控制点上，按下鼠标左键并拖曳，便可调整梯形图形的大小；移动鼠标到梯形图形上方，当光标变成指向 4 个方向的

四向箭头时，按下鼠标左键并拖曳，便可移动梯形图形，并移动到文档页面的合适位置，使其下底边长与六边形一边的边长相等并重合。如图 2-7-23 所示。

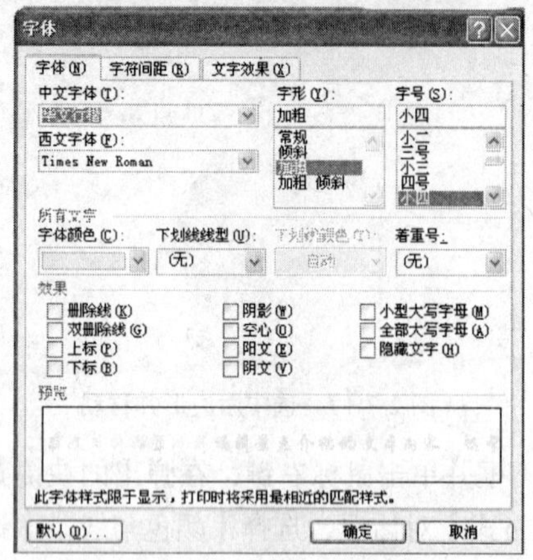

图 2-7-20　设置字体格式

图 2-7-21　文本框效果

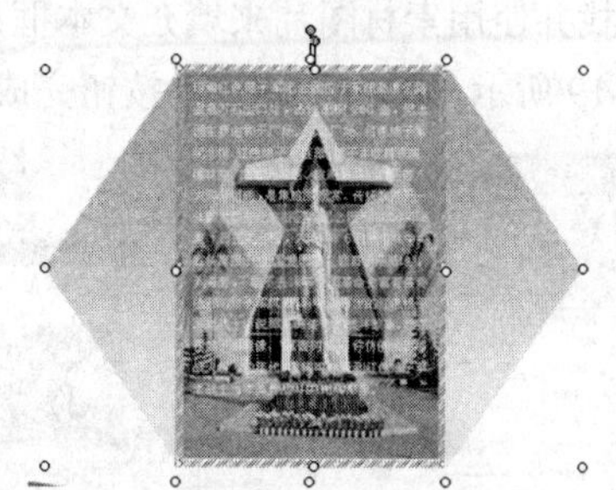

图 2-7-22　同时选中多个对象

图 2-7-23　绘制梯形并移动放置

（36）选中梯形图形，单击鼠标右键，在弹出的菜单中选择【复制】命令，复制梯形图形，在页面上粘贴出同样大小的 5 个梯形图形，移动、旋转 5 个梯形，使其下底边分别与六边形的其余 5 条边重合，效果如图 2-7-24 所示。

（37）选中其中一个梯形图，对准其单击鼠标右键，在弹出的菜单中，选择【设置自选图形格式】选项，弹出【设置自选图形格式】对话框，选择【颜色与线条】选项卡，设置梯形的【填充】/【颜色】为【填充效果】，打开【填充效果】对话框，选择【图片】选项卡，单击【选择图片】按钮，查找图片设置梯形的填充效果，效果如图 2-7-25 所示。

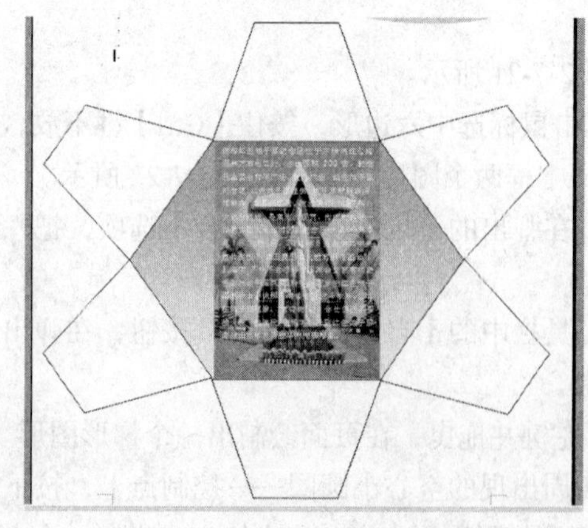

图 2-7-24　复制多个梯形并移动放置

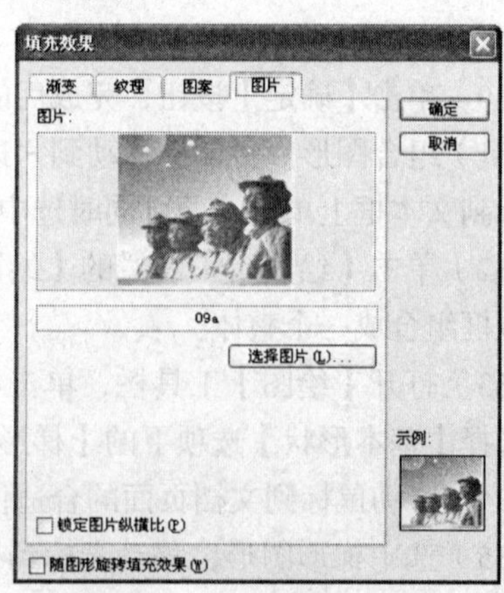

图 2-7-25　用图片填充梯形

在【图片】选项卡中，选择图片后，为了让图片在页面中的显示方向保持与文档的文本方向一致，不能勾选【图片】选项卡下方的【随图形旋转填充效果】复选项。

（38）在【颜色与线条】选项卡，设置【线条】/【颜色】为【无颜色填充】，隐藏梯形图形线条，单击【确定】按钮，效果如图 2-7-26 所示。

（39）用同样的方法设置其余 5 个梯形的格式。

（40）按下【Ctrl】键不放，分别单击 6 个梯形和六边形，同时选取这 7 个图形对象，单击【绘图】工具栏的【绘图】按钮，在弹出的菜单中选择【组合】选项，把 6 个梯形和六边形进行组合，效果如图 2-7-27 所示。

图 2-7-26　填充图片后的梯形效果

图 2-7-27　完成所有梯形的设置

（41）添加景点名称“琼海红色娘子军纪念园”。把景点名称分成两段文本——“琼海”和“红色娘子军纪念园”，把两段文本做成艺术字的效果，分别添加到文本框的左右两侧。

（42）和标题艺术字的添加方法相同，在文档页面插入艺术字“红色娘子军纪念园”，然后选中艺术字，单击艺术字工具栏上的【艺术字竖排文字】按钮，使艺术字呈竖向排列，如图 2-7-28 所示。

（43）设置艺术字格式：【环绕方式】为【浮于文字上方】，移动艺术字到文本框的左边，调整艺术字的大小至合适。应用同样的方法在文本框右边插入艺术字“琼海”。

（44）组合图形。按住【Ctrl】键不放，分别单击艺术字“红色娘子军纪念园”和“琼海”以及图 2-2-27 完成的效果图，同时选取 3 个图形对象，单击【绘图】工具栏的【绘图】按钮，在弹出的菜单中选择【组合】选项，组合图形成一个整体，最终效果如图 2-7-29 所示。

图 2-7-28　插入艺术字

图 2-7-29　完成艺术字插入后效果

（45）在文档【海报】窗口，打开【绘图】工具栏，单击【绘图】工具栏中的【自选图形】工具按钮，弹出下拉菜单，选择【星与旗帜】选项下的五角星和十字星图形工具。

（46）在【海报】页面的合适位置，按下鼠标左键并拖曳，绘制出五角星和十字星图形，并分别复制出多个五角星和十字星图形，设置五角星和十字星图形的【填充】/【颜色】为【渐变】的填充效果，选择不同颜色填充出五颜六色的图形效果。

（47）调整图形的大小，并把这些图形移动到页面的不同位置，使其随意错落排满页面，点缀整个页面，效果如图 2-7-30 所示。

（48）选择【插入】→【图片】→【剪贴画】菜单命令，在文档右侧打开【剪贴画】的任务窗格，在任务窗格中的【剪贴画】列表框，选择【音乐音符】图片，在文档中插入，效果如图 2-7-31 所示。

图 2-7-30　添加小图形点缀效果

图 2-7-31　插入剪贴画【音乐音符】

（49）在文档页面选中设置音乐音符图片，复制出多个，调整大小不等的效果，并设置【音乐音符】图片的【填充】/【颜色】为【渐变】的填充效果，选择不同颜色填充出五颜六色的【音乐音符】图片效果。

（50）移动【音乐音符】图片到页面的底端，排成一排，效果如图 2-7-32 所示。

（51）设置海报背景选择【插入】→【图片】命令，在文档中插入相应的图片。

（52）选中图片，对准图片单击鼠标右键，选择弹出菜单中的【设置图片格式】选项，打开【设置图片格式】对话框，在【图片】选项卡，设置【图像控制】的【颜色】为【冲蚀】，把图片做成水印的效果，如图 2-7-33 所示，单击【确定】按钮，完成设置。

图 2-7-32　剪贴画复制排列效果

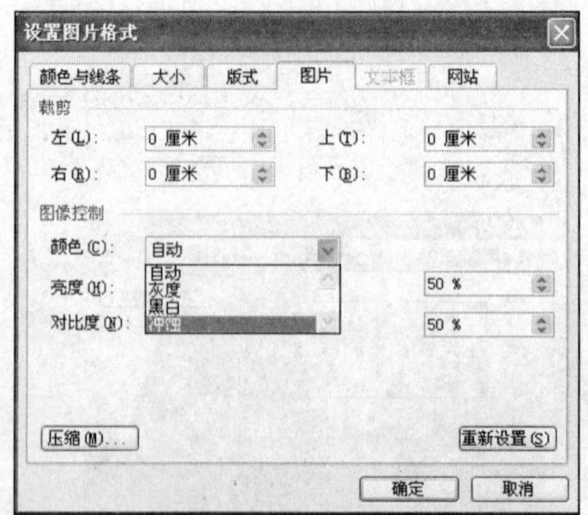

图 2-7-33　设置图片为【冲蚀】的水印效果

（53）在【版式】选项卡，设置图片的环绕方式为【衬于文字下方】，把图片做成页面的背景效果，如图 2-7-34 所示。

（54）调整图片的大小，使其铺满整个页面，完成文档背景的设置，效果如图 2-7-35 所示。

图 2-7-34　设置图片成背景

图 2-7-35　调整图片大小

2.7.4　任务小结

骆珊完成了蓝经理安排的任务，觉得身心放松，自己在办公软件的应用上，又上了一级台阶。于是，她对这次任务做了一下小结。

（1）制作图文并茂的宣传海报，要求版面要整齐美观，排版时要充分考虑版面的整体线，通过绘制自选图形、设置自选图形格式的方法，添加宣传海报的版块内容，能使版面在设计上整齐美观。

（2）宣传海报的版面除了设计上要求整齐美观外，还需体现出生动、明快的风格，这就要求文本说明与图片要有效结合，起到相辅相成的作用。应用 Word 图文混排功能，能很好的做到这一点。

2.7.5　拓展训练

骆珊最后还不忘在学校上操作实践课时老师的要求：每个实践训练完成之后，老师都会引导学生思考，根据实训过程当中所掌握的知识，可以拓展应用到哪些案例中。

她觉得 Word 图文混排太实用了，不仅可以做产品宣传海报，还可以在以下的方面进行应用。

1．制作公司周年庆小报

公司周年庆，都会有一些相关的宣传及庆典活动，企业举行一次气氛热烈、隆重大方的庆典活动，就是一次向社会公众展示自身良好形象的机会。在现代社会中，许多社会组织都善于利用庆典活动，借助喜庆和热烈的气氛，渲染社会组织的形象，以便给公众留下深刻的印象，获得公众认同。周年庆小报，无疑是最有效的宣传途径及载体。

制作一份图文并茂的公司周年庆小报，以独特的视觉效果，让阅读者有视觉上的满足感，实现宣传的目的。

操作步骤如下所述。

（1）选择任务栏左下角【开始】→【程序】→【Microsoft Office】→【Microsoft Office Word 2003】应用程序命令，启动 Word 2003 应用软件。

（2）启动 Word 2003 应用程序的同时，系统会自动创建一个空白的 Word 文档，默认文件名为【文档 1】。

（3）保存文档为【周年庆小报】。选择菜单栏中的【文件】→【保存】（或【另存为】）命令，打开【另存为】对话框，在【保存位置】文本框中选择保存【周年庆小报】的文件夹，在【文件名】文本框中输入“周年庆小报”，在【保存类型】下拉列表框中选择【Word 文档（*.doc）】。

（4）文档页面设置。在【周年庆小报】的窗口界面，选择菜单栏中的【文件】→【页面设置】命令，打开【页面设置】对话框，在【页边距】选项卡中，分别设置页面边距为：【上（T）】2 厘米，【下（B）】2 厘米，【左（L）】2 厘米，【右（R）】2 厘米；设置【方向】为【横向】。效果如图 2-7-36 所示。

（5）设置小报的背景。选择菜单栏中的【格式】→【背景】命令，打开背景设置颜色卡，选择浅黄色，把小报的页面背景设置成浅黄色，如图 2-7-37 所示。

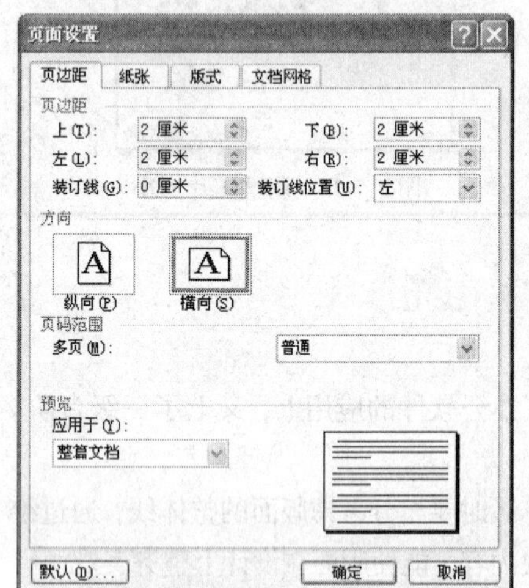

图 2-7-36　页面设置

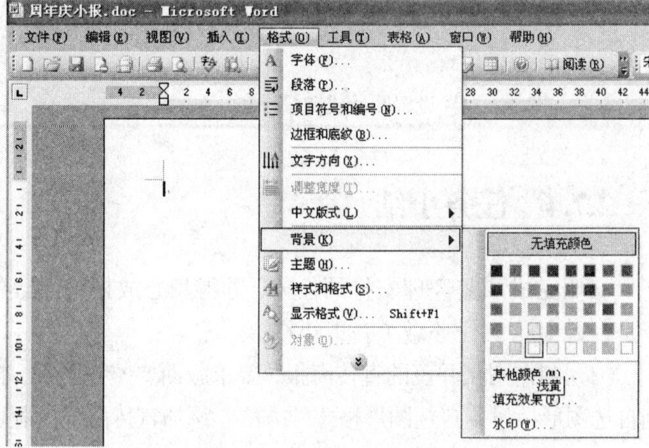

图 2-7-37　页面背景设置

（6）单击【绘图】工具栏的【自选图形】工具按钮，弹出下拉菜单，选择【基本形状】选项下的【新月形】图形工具，在【周年庆小报】的页面按下鼠标左键不放，拖曳画出一个新月形图形。

（7）选中新月形，新月形四周会出现 8 个空心小圆圈——调节控制点、一个绿色小圆圈——翻转控制点、黄色菱形——调整控制点，移动鼠标到空心小圆圈上，按下鼠标左键并拖曳，调节新月形的大小；移动鼠标到绿色小圆圈，按下鼠标左键并拖曳，翻转调整新月形的角度；移动鼠标到黄色菱形上，按下鼠标左键并拖曳，调整新月形的月牙弧度。

（8）选中新月形，对准其单击鼠标右键，在弹出的菜单中，选择【设置自选图形格式】选项，弹出【设置自选图形格式】对话框，选择【颜色与线条】选项卡，设置艺术字【填充】/【颜色】为【填充效果】，打开【填充效果】对话框，选择【渐变】选项卡，选择【颜色】为【黄色、鲜绿色】的双色填充效果，【方向】为【垂直】；设置【线条】/【颜色】为【红色】，效果如图 2-7-38 所示。

（9）编辑小报的标题文本“椰海庆周年”为艺术字效果。在菜单栏中选择【插入】→【图片】→【艺术字】选项，打开【艺术字库】对话框，在【艺术字库】对话框选择【艺术字样式】，单击【确定】按钮，打开【编辑“艺术字”文字】对话框，在窗口的编辑区，输入艺术字文本内容“椰海庆周年”，分别设置其字体、字型、字号的格式，完成插入艺术字操作，如图 2-7-39 所示。

（10）设置艺术字格式。选中艺术字，对准其单击鼠标右键，在弹出的菜单中，选择【设置艺术字格式】选项，弹出【设置艺术字格式】对话框，在【颜色与线条】选项卡，设置艺术字【填

充】及【线条】。

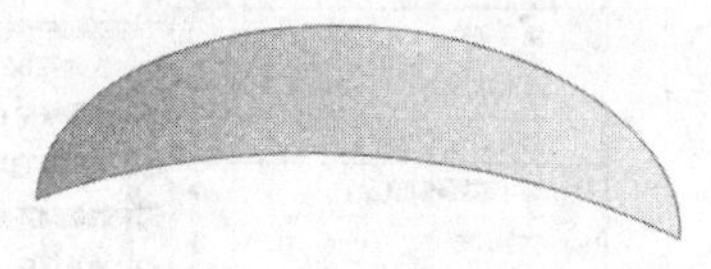

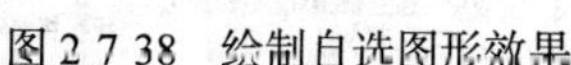

图 2-7-38　绘制自选图形效果

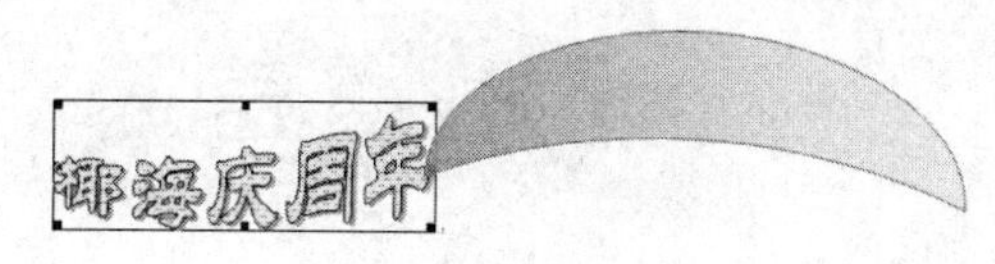

图 2-7-39　插入标题艺术字

（11）选择【版式】选项卡，设置艺术字【环绕方式】为【浮于文字上方】，单击【确定】按钮，完成艺术字格式设置。

（12）移动艺术字到新月形上方，使两个图形对象叠加。

（13）调整艺术字的形状。选中艺术字，在弹出的【艺术字】工具栏中，单击【艺术字形状】按钮，展开所有艺术字形状列表，在列表中选取与新月形弧度一致的【细上弯弧】形状，如图 2-7-40 所示。

（14）组合图形。同时选中两个图形对像，单击【绘图】工具栏左侧的【绘图】按钮，在弹出的下拉菜单中选择【组合】选项，把艺术字和新月形组合成一个整体，作为小报的标题，最终的效果如图 2-7-41 所示。

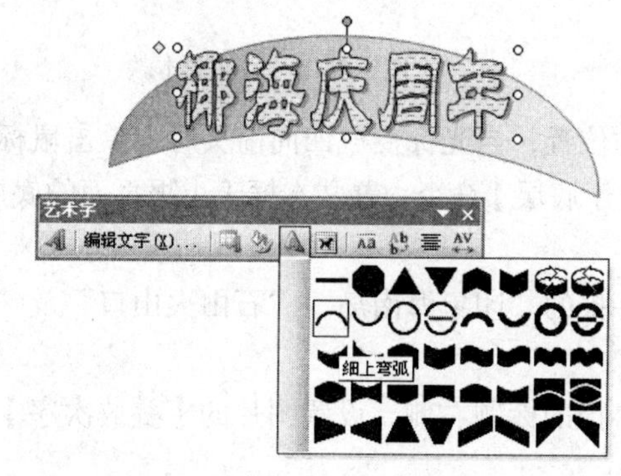

图 2-7-40　设置艺术字形状

图 2-7-41　调整移动艺术字

（15）单击【绘图】工具栏的【自选图形】工具按钮，弹出下拉菜单，在菜单中选择【星与旗帜】选项下的【十字星】图形工具，在【周年庆小报】的页面按下鼠标左键不放，拖曳画出一个十字星图形。

（16）设置十字星图形的格式，调整大小，并复制粘贴出 5 个相同的十字星图形。移动 6 个十字星图形的位置，使其成一排排列在标题下方，效果如图 2-7-42 所示。

（17）设置十字星图形的【对齐或分布】。同时选中 6 个十字星图形，单击【绘图】工具栏的【绘图】工具按钮，弹出下拉菜单，选择【对齐或分布】→【横向分布】命令，以调整图形在水平方向上排列的间隔均等；选择【对齐或分布】→【顶端对齐】命令，以调整图形在页面排列成一条直线，如图 2-7-43 所示。

（18）调整后的效果如图 2-7-44 所示。

（19）在小报页面添加文本框，编辑小报“企业文化”版块的内容。设置字体格式：【宋体】、【白色】、标题文本【三号】、内容文本【四号】；设置文本框格式：图片的填充效果，【线条】为【无颜色填充】，效果如图 2-7-45 所示。

（20）设置图形对象的叠放次序。移动文本框到标题对象下方，两个图形对象叠加时，文本框有遮挡标题对象的效果，为了让标题不被文本框遮挡，可设置文本框的【叠放次序】为【置于

底层】的放置效果。

图 2-7-42 绘制十字星排列

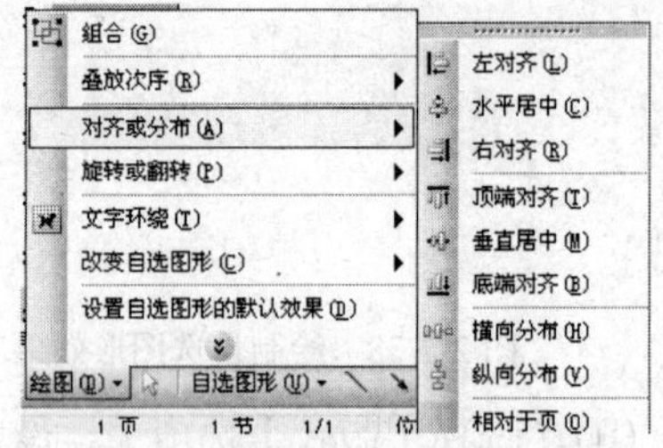

图 2-7-43 设置图形的【对齐或分布】

图 2-7-44 【对齐或分布】后效果

图 2-7-45 添加文本款

（21）选中文本框，用鼠标对准文本框边框线的位置，当光标变成四向箭头时，单击鼠标右键，在弹出的快捷菜单中，选择【叠放次序】→【置于底层】命令，置文本框于小报页面的底层，如图 2-7-46 所示。

（22）应用同样的方法，分别插入文本框编辑小报的“印象海南岛”、“石山火山口”及“公司简介”版块内容，并设置字体及文本框格式。

（23）插入图片，调整图片大小，移动图片到小报的标题右侧，设置图片的【叠放次序】为【置于底层】放置效果。

（24）单击【绘图】工具栏的【自选图形】工具按钮，弹出下拉菜单，选择【星与旗帜】选项下的【竖卷形】图形工具，在【周年庆小报】的页面按下鼠标左键不放，拖曳画出一个竖卷形图形。设置竖卷形图形为【纹理】/【水滴】的填充效果，【线条】、【颜色】为【绿色】。

（25）选中竖卷形图形，用鼠标对准竖卷形，当光标变成四向箭头时，单击鼠标右键，在弹出的快捷菜单中，选择【添加文字】命令，如图 2-7-47 所示。

图 2-7-46 设置文本框的【叠放次序】

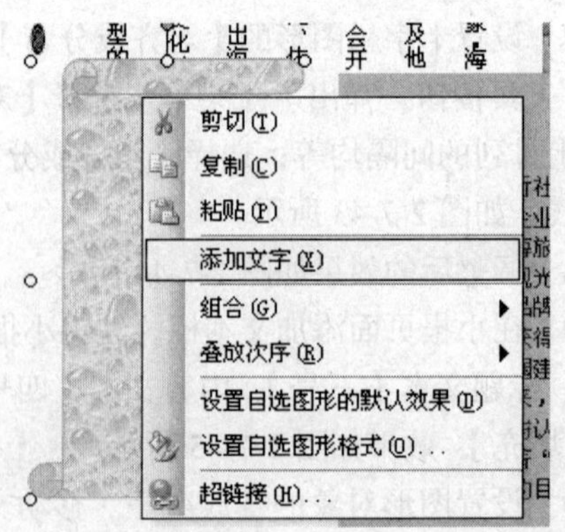

图 2-7-47 自选图形添加文字

（26）在竖卷形图形上编辑“海南岛美食推荐”文本内容，并设置字体格式。

（27）单击【绘图】工具栏的【自选图形】工具按钮，弹出下拉菜单，选择【箭头总汇】选项下的【上箭头标注】图形工具，在【周年庆小报】的页面按住鼠标左键不放，拖曳画出一个上箭头标形图形。设置上箭头标图形为【无颜色填充】的填充效果，【线条】、【颜色】为【绿色】。

（28）在小报页面插入 5 张图片，分别设置图片的【环绕方式】为【置于文字上方】，并移动图片到上箭头标形图形上，使其成一排排列，作为展示“椰海人”风采的宣传版块。

（29）添加艺术字“椰海人”，作为图片展示版块的标题。

（30）插入剪贴画，点缀页面。插入【花边】剪贴画，调整大小后，复制出一张，并做【翻转】调整，分别移动到页面的左上角放置，做成花边的点缀效果。

（31）插入【驾车】和【挥杆】的剪贴画，设置其【环绕方式】为【置于文字上方】，并分别移动到上竖卷形图形和右下角文本框内，点缀页面。

（32）完成后的效果如图 2-7-48 所示。

图 2-7-48　完成小报排版效果

（33）选择菜单栏中的【视图】→【工具栏】→【绘图】命令，打开【绘图】工具栏，选择【矩形】工具按钮，在【周年庆小报】的页面按住鼠标左键不放，拖曳画出一个矩形图形。

（34）调整矩形的大小，使其略小于小报页面。选中矩形，鼠标对准矩形单击鼠标右键，在弹出菜单中选择【设置自选图形格式】命令，打开【设置自选图形格式】对话框，在【颜色与线条】选项卡上，设置【填充】/【颜色】为【浅青绿色】；设置【线条】/【颜色】为【金色】，效果如图 2-7-49 所示。

（35）设置其【叠放次序】为【置于底层】，最终的效果如图 2-7-50 所示。

图 2-7-49　绘制矩形效果

图 2-7-50　矩形【置于底层】后效果

2. 制作公司徽标

骆珊连续完成了两次重要的任务，均受到蓝经理的肯定，心里特有成就感。但骆珊并没有满足，她给自己的工作做了一次总结，把平常处理过的一些项目做了汇总，很明显，最近的两次制作都是应用 Word 2003 的图文混排功能，制作出图文并茂的文档效果。

骆珊记得在刚进公司的时候，她和蓝经理一起设计的公司徽标，公司徽标的制作也是应用 Word 2003 的图文混排功能来完成的，当时骆珊只是参与者，方案及制作的构思都是蓝经理提供的，骆珊只是一个执行者。他们制作出来的徽标，同样受到公司的肯定并采用。

骆珊回忆起来……

公司的形象体现在它的方方面面，尤其体现在小小的公司徽标——标志上。

一个设计完美的公司标志，包含有丰富的企业文化。它的内涵是多层次的。一般来讲，公司标志应包含如下内容。

（1）公司名称的文本信息。

（2）有特殊涵义的线条与图形。

（3）有鲜明个性的色彩。

（4）所有以上信息对象的组合就是公司标志。

应用 Word 强大的编辑和图文并茂的排版功能，很容易设计出一个包括上述内容的公司标志。设计时的设想是利用 Word 绘图工具栏的各种图形工具选项，绘制分别代表公司不同信息的图形，利用文本框编辑文字信息或把公司的文字信息作为艺术字添加到版面上，然后组合所有对象成整体的图形，完成公司标志的设计制作，保存并打印文档。

当时由于有蓝经理指导，骆珊的制作思路非常清晰，整个操作过程得心应手。具体操作步骤如下所述。

（1）选择在屏幕左下角【开始】→【程序】→【Microsoft Office】→【Microsoft Office Word 2003】应用程序命令，单击启动应用软件。

（2）启动 Word 2003 应用程序的同时，系统会自动创建一个 Word 的空白文档【文档 1】。

（3）保存文档为【公司徽标】。选择菜单栏中的【文件】→【保存】（或【另存为】）命令，打开【另存为】对话框，在【保存位置】列表框中选择【公司徽标】文件夹，在【文件名】文本框中输入"公司徽标"文件名，在【保存类型】列表框中选择【Word 文档（*.doc）】，如图 2-7-51 所示。

（4）绘制"椰树"主题信息图形。骆珊明白蓝经理的要求，"公司的徽标"在设计上要把"椰海"两大主题信息充分体现出来，同时在体现的形式上要独特。她决定绘制"椰树"和"海洋"两个代表海南的图形对象来体现，这两个图形要做成相互依托的效果，放置于一块背景之上，具有整体的效果。

图 2-7-51　保存文件

（5）在文档【公司徽标】窗口，打开【绘图】工具栏，单击【绘图】工具栏中的【自选图形】工具按钮，弹出下拉菜单，选择【其他自选图形】选项，在文档窗口右边打开【剪贴画】任务窗格，向下移动垂直滚动条，选择【剪贴画】列表中的【植物】自选图形，如图 2-7-52 所示。

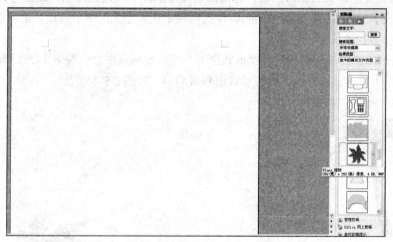

图 2-7-52　"剪贴画"任务窗格

（6）用鼠标移动到文档"公司徽标"页面的合适位置，单击鼠标左键，在页面绘制出植物形状图形，如图 2-7-53 所示。

（7）调整植物形状图形的大小，并移动到文档页面的合适位置。选中所绘制的植物形状图形，移动鼠标到图形四周出现的空心小圆圈——调节控制点上，按下鼠标左键向相应的方向拖曳，调整植物形状图的大小，做成枝叶的效果。

（8）单击【绘图】工具栏中的【自选图形】工具按钮，弹出下拉菜单，选择【基本形状】的【弧形】图工具按钮。

（9）移动鼠标到文档【公司徽标】的植物形状图下方页面位置，按下左键并拖曳，绘制出一个弧形图，选中所绘制的弧形图，对准其单击鼠标右键，在弹出的菜单中，选择【设置自选图形格式】选项，弹出【设置自选图形格式】对话框，选择【颜色与线条】选项卡，设置图形的【填充】/【颜色】为【深红色】，【线条】为【黑色】。

（10）单击【确定】按钮，完成弧形图的格式设置，做成树干的效果。

（11）移动植物形状图到弧形图上方放置，让枝叶部分的植物形状图作为椰树的树叶，与作为树干的弧形图排列在一起，制作成为椰树的形状效果。

（12）调整植物形状图和弧形图叠放次序。用鼠标对准植物形状图选中并单击鼠标右键，在弹出的菜单中，选择【叠放次序】→【置于顶层】命令，把植物形状图放置在弧形图的上层，做成树叶遮挡树干的效果，如图 2-7-54 所示。

图 2-7-53　绘制植物形状图形

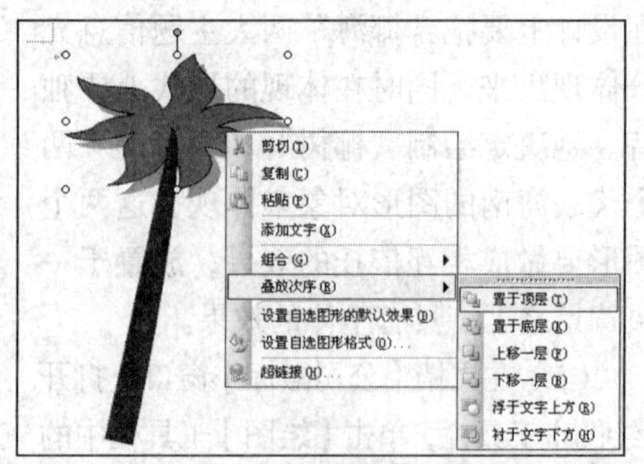

图 2-7-54　设置图形叠放次序

（13）调整植物形状图的阴影。用鼠标对准植物形状图，单击选中它，单击【绘图】工具栏上的【阴影样式】工具按钮，在弹出的阴影样式列表中选择【无阴影】选项，把植物形状图中的阴影去掉，如图 2-7-55 所示。

（14）组合图形。将鼠标移动到植物形状图上，单击鼠标选中它，按下【Ctrl】键不放，再移动鼠标到弧形图上单击，同时选中植物形状图和弧形图。如图 2-7-56 所示。

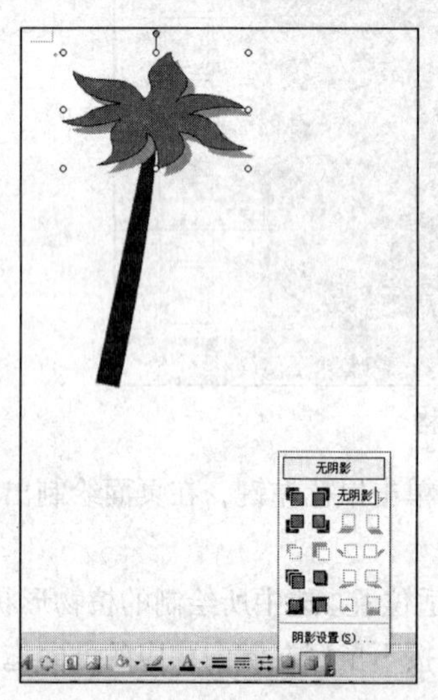

图 2-7-55　设置图形阴影

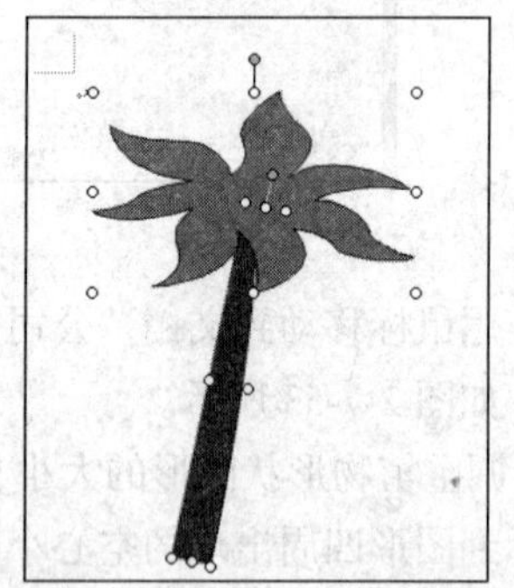

图 2-7-56　选取多个对象效果

（15）单击【绘图】工具栏的【绘图】工具按钮，在弹出的下拉菜单中选择【组合】选项，把植物形状图和弧形图组合成整体，成为一棵椰树，如图 2-7-57 所示。

（16）单击鼠标选中椰树对象，单击鼠标右键，在弹出菜单中选择【复制】选项，复制椰树对象，在页面【粘贴】，制作出第二棵椰树。

（17）调整两棵椰树的大小。移动鼠标到椰树图上单击并选中，椰树四周会出现空心小圆圈——调节控制点，移动鼠标到调节控制点上，按下左键向相应的方向拖曳，就可调整椰树的大小。

（18）调整两棵椰树的角度。移动鼠标到椰树图上单击并选中，椰树上方会出现一个绿色小圆圈——旋转控制点，移动鼠标到旋转控制点上，按下左键向相应的方向拖曳，就可调整椰树倾斜的角度。

（19）移动调整椰树的排列位置，在按下【Ctrl】键的同时，分别对准两棵椰树单击鼠标，同时选取它们，单击【绘图】工具栏的【绘图】按钮，在弹出的下拉菜单中选择【组合】选项，把两棵椰树组合成一个整体，效果如图 2-7-58 所示。

图 2-7-57　图形组合

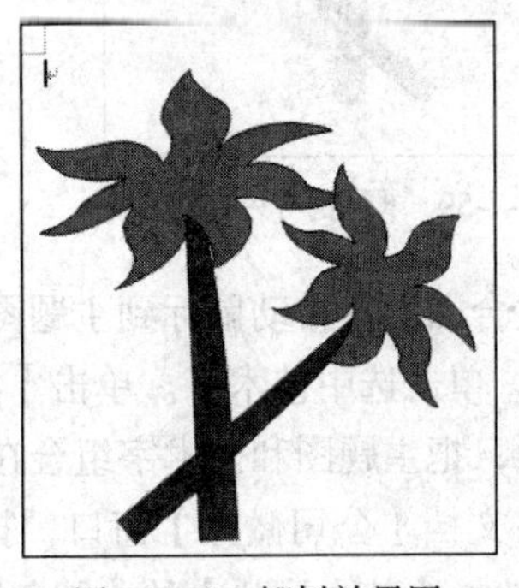

图 2-7-58　椰树效果图

（20）绘制海洋。打开【绘图】工具栏，单击【绘图】工具栏中【椭圆】工具按钮，将鼠标移动到文档【公司徽标】的椰树图下方页面位置，按下鼠标左键不放并拖曳，绘制出一个椭圆。

（21）设置图形格式。选中所绘制的椭圆，对准其单击鼠标右键，在弹出的菜单中，选择【设置自选图形格式】选项，弹出【设置自选图形格式】对话框，选择【颜色与线条】选项卡，设置图形【填充】颜色为【淡蓝色】、【白色】的双色填充效果，【线条】为【淡蓝色】，【方向】为【水平】。单击【确定】按钮，完成图形的格式设置。

（22）调整图形大小。移动鼠标到椭圆四周出现的空心小圆圈——调节控制点上，按下鼠标左键并拖曳，可调整椭圆的大小。

（23）将鼠标移动到选中的椭圆上，当光标变成指向 4 个方向的四向箭头时，按下鼠标左键不放并拖曳，可移动椭圆到文档页面的任意位置。

（24）拖曳椭圆与椰树，调整它们的排列位置直至合适，做成椰树与沙滩的效果，如图 2-7-59 所示。

（25）调整椭圆和椰树的叠放次序。用鼠标对准椭圆右键单击，在弹出的快捷菜单中，选择【叠放次序】→【置于底层】选项，把椭圆放置于椰树的下层，做成椰树长在白色沙滩上的效果。

（26）组合图形。移动鼠标到椭圆上，单击选中椭圆，按下【Ctrl】键不放，移动鼠标到椰树上，单击选中椭圆和椰树。再单击【绘图】工具栏的【绘图】按钮，在弹出的菜单中选择【组合】选项，把椭圆和椰树组合在一起，完成徽标的“主题图”绘制。

（27）编辑公司名称的文本信息。在文档【公司徽标】窗口，执行【插入】→【图片】→【艺术字】菜单命令，打开【艺术字库】对话框，选择第 3 行第 3 列艺术字样式，单击【确定】按钮。

（28）编辑艺术字文字格式。在【编辑“艺术字”文字】对话框，输入文字“YeHai”，分别设置其【字体】、【字型】、【字号】为【华文隶书】、【加粗倾斜】、【80】，完成后的效果如图 2-7-60 所示。

（29）移动鼠标到艺术字上单击右键，选中艺术字，在弹出菜单中选择【设置艺术字格式】选项，打开【设置艺术字格式】对话框，在【版式】选项卡上，设置艺术字的【环绕方式】为【浮于文字上方】，单击【确定】按钮。

（30）移动艺术字到椭圆的上方，调整艺术字的大小至合适。

（31）单击【绘图】工具栏中的【阴影样式】工具按钮，打开“阴影样式”菜单，选择【无阴影】选项，效果如图 2-7-61 所示。

图 2-7-59　椰树、沙滩效果图

图 2-7-60　添加文字信息后

（32）组合图形。移动鼠标到主题图上，单击选中主题图，按住【Ctrl】键不放，再移动鼠标到艺术字上，单击选中艺术字。单击【绘图】工具栏的【绘图】按钮，在弹出的下拉菜单中选择【组合】选项，把主题图和艺术字组合在一起，完成徽标主体图的绘制。

（33）在文档【公司徽标】窗口，打开【绘图】工具栏，单击【自选图形】工具按钮，弹出下拉菜单，选择【基本形状】的【圆角矩形】选项。

（34）在【公司徽标】页面的合适位置，按下鼠标左键并拖曳，绘制出圆角矩形。

（35）设置圆角矩形的【填充】颜色为【海绿】和【浅绿】双色渐变的填充效果。

（36）调整圆角矩形的大小，移动它到徽标主体图的上方，放置于合适位置，并设置其【叠放次序】为【置于底层】，做成徽标主体图的背景效果。

（37）调整图形大小。分别调整徽标主体图和圆角矩形的大小至合适，完成的公司徽标的制作。

（38）组合图形。将移动鼠标到主体图上，单击选中它，按下【Ctrl】键不放，再移动鼠标到圆角矩形上，单击选中圆角矩形。单击【绘图】工具栏的【绘图】按钮，在弹出的下拉菜单中选择【组合】选项，把主体图和圆角矩形组合在一起，完成公司徽标的绘制。最终效果如图 2-7-62 所示。

图 2-7-61　添加文字信息后的效果

图 2-7-62　添加圆角矩形背景后的最终效果

2.7.6　课后练习

1. 制作手抄报。
2. 制作菜谱。
3. 制作贺卡。

提示　利用文字处理软件 Word 2003 制作具有宣传作用的文档，考虑的是版面的整齐及美观，在设计时，一般采用图文混排的方法来完成。Word 2003 提供的图文混排功能相当强大，做出来的效果能满足阅读者的视觉审美需求。

第3章 Excel 电子表格应用

Microsoft Office Excel 2003 是 Microsoft Office 2003 应用程序套件的组成部分，是由 Microsoft 为 Windows 和 Apple Macintosh 操作系统的电脑而编写和运行的一款试算表软件。Excel 2003 可以进行各种数据的处理、统计分析和辅助决策操作。它广泛地应用于管理、统计财经、金融等众多领域。

学习目标

- ✧ 理解工作簿、工作表和单元格的基本概念。
- ✧ 掌握 Excel 2003 中编辑工作表、编辑单元格内容、合并单元格、设置单元格格式等基本操作。
- ✧ 理解 Excel 2003 中对单元格引用的规则和格式，熟练掌握常用函数和公式的使用方法。
- ✧ 熟练掌握对工作表中数据的管理方法，如排序、筛选、分类汇总和制作数据透视表等操作。
- ✧ 掌握根据 Excel 2003 中数据创建图表的方法，并且根据需要来修改图表的显示方式。
- ✧ 掌握 Excel 2003 的页面设置，掌握对工作表和工作簿的打印参数设置。
- ✧ 了解 Excel 2003 的网络功能。

3.1 Excel格式设置及工作簿发布应用——轻松制作公司员工通讯录

3.1.1 创建情景

海南椰海旅行社有限公司为了方便员工之间的沟通，需要制定公司员工通讯录发布到公司网站中。要求该通讯录内容包括姓名、部门、移动电话、家庭电话和 E-mail 地址，并

且要具有自动筛选和冻结功能，以便于信息的查询。

受领导委托，王莹经过认真考虑，开始了通讯录的制作。

3.1.2 任务剖析

1. 相关的知识点

(1)工作簿。Excel 用来保存数据信息的文件称为工作簿。每次启动 Excel 都会自动创建一个空白的工作簿，工作簿文件的扩展名为.xls，也就是 Excel 文档。每个工作簿由若干个工作表组成，默认状态下为 3 个，最多可容纳 255 个工作表。因此，可以认为工作簿就像是一个活页夹，而工作表是活页夹中的一张张活页纸。

(2)工作表。工作表是 Excel 存储和处理数据的最重要的部分，称为电子表格。每个工作表都有一个名字，显示在工作簿底部的标签上，点击工作表名称，即可激活该工作表进行数据处理。工作表由多个单元格组成。使用工作表可以进行数据的输入和编辑汇总，并且根据数据分析生成图表。

(3)单元格。单元格是 Excel 的最小单位。每个单元格是通过在 Excel 中的位置进行标识的，即根据单元格所在的行号和列号，也称为“引用地址”。Excel 中的行号用阿拉伯数字表示，从 1 开始递增至 65536，列号使用英文字母来表示，如 A、B 等，最多有 256 列。

一般情况下，Excel 都是使用相对地址，通过行号+列号来指定单元格的相对坐标。单元格在表示时，列号在前行号在后，如单元格 E4 表示该单元格处在第 4 行 E 列，每个单元格的名称是唯一的。

在公式中经常需要引用单元格，此时必须使用单元格的引用地址。如果是在不同的工作表中引用单元格，则需要在单元格地址前加上该单元格所属的工作表名称。如“Sheet1！D3”表示的是在工作表 Sheet1 中的单元格 D3。而如果是引用不同工作簿的单元格，则还需要添加该单元格所属的工作簿和工作表名称，如“[BOOK1] Sheet1！D3”表示在工作簿 BOOK1 中的工作表 Sheet1 的单元格 D3。

使用相对地址时，如果把一个含有单元格地址的公式使用数据填充到一个新的位置时，公式中的单元格地址会跟着改变。如果不想改变该地址，则应该使用绝对地址，绝对地址的坐标只需在行、列号前加上“$”，如“$B$2”等。如果只在行号前面加上“$”，则在复制公式时，行号不变列号改变；同理，如果只在列号前面加上“$”，则在复制公式时，列号不变行号改变。

(4)批注。批注也就是对单元格的注释。批注附加在单元格中，但是显示的内容与单元格内容分开。使用批注可以注释某些复杂的公式或是提供一些信息给用户。

(5)自动筛选。当工作表中的数据量很多时，为了能够查找出符合某些条件的数据，如查找 3 月份的业务清单，则可以使用筛选的方式从数据清单中寻找符合条件的数据，筛选后的数据只显示包含某个值或是符合某组条件的数据行，而不符合条件的数据将被隐藏。

(6)窗口冻结。有时候工作表中的数据表很长很宽，在拖动水平滚动条或是垂直滚动条时会看不到标题行，以至于不知道当前单元格数据的意义。因此，进行窗口的冻结变得非常必要。

窗口冻结有如下 3 种方式。

① 冻结行。当单击某一行的行号如第 2 行，选择菜单栏上的【窗口】→【冻结窗格】命令，则该行以上的区域将被冻结，此时拖动垂直滚动条将不会影响到第 2 行以上的区域，即第 1 行的数据始终保持不动。这通常用于冻结行标题。

② 冻结列。与冻结行类似，单击某一列如 D 列，选择菜单栏上的【窗口】→【冻结窗格】命令，则 D 列以前的区域将被冻结，此时拖动水平滚动条将不会影响到 A 至 C 列。

③ 冻结单元格。而如果希望使用了冻结后，不管向下拉垂直滚动条还是向右拉水平滚动条，窗口都能显示左侧和上面的标题，这就需要用冻结单元格的形式了。如单击单元格 C2，选择菜单栏上的【窗口】→【冻结窗格】命令，则下拉垂直滚动条时，第 1 行保持不动，右拉水平滚动条时，A 列和 B 列保持不动。

如果要解冻窗口，选择菜单栏上的【窗口】→【取消冻结窗格】命令即可。

（7）发布工作簿到网络上。要在网络上看到工作簿中的内容，则需要将工作簿保存为网页文件，即.htm 文件。这样用户即可在网上查看与修改工作簿内容而无需使用 Excel。

2. 操作方案

通讯录最大的特点是简单明了，便于查询。因此，根据要求，王莹定出了具体的制作方案。主要有以下几个要点。

（1）规划通讯录的结构。

（2）设定单元格格式，包括各行的底纹和字体颜色等。

（3）设置自动筛选功能。

（4）设置行标题冻结功能。

（5）给单元格添加批注，增强表格的可读性。

（6）将通讯录另存为网页文件，以便发布到网站上。

3.1.3 任务实现

1. 创建工作表

启动 Excel 2003，新建一个空白文档。选择菜单栏上的【文件】→【保存】命令，打开【另存为】对话框，在【另存为】对话框中的【文件名】文本框中输入新的文件名称“通讯录”，选择【保存类型】为【Microsoft Office Excel 工作簿】。

在工作表“Sheet1”中选中单元格 A1，录入文本内容“编号”，按回车键结束。然后依次在单元格 A2:F2 中录入以下字段：编号、联系人、部门、移动电话、家庭电话、E-mail 地址，如图 3-1-1 所示。

	A	B	C	D	E	F
1	编号	联系人	职务	移动电话	家庭电话	E-mail地址

图 3-1-1 输入单元格内容

在输入 E-mail 地址后，Excel 将自动给该地址添加链接，E-mail 地址字体显示为蓝色，并在文字下面添加了下划线。如果用户单击 E-mail 地址单元格，则系统自动启动 Outlook，并自动填写收件人地址为该 E-mail 地址。

用鼠标右键单击 E-mail 地址如“qinglong@tom.com”，在弹出的菜单中选择【取消超链接】菜单命令，即可取消该 E-mail 地址的超链接格式。

2. 插入标题

单击第一行，选择菜单栏上的【插入】→【行】命令，即可在前面新增一行。选择新增行的 A1 单元格，录入标题内容“员工通讯录”。选择标题文本内容，即可单击工具栏中的 华文楷体 24 B ，设置其文本格式。设置字体为【华文行楷】，字号为【24】，单击【B】按钮设定文本为【加粗】格式，单击按钮使得文本居中对齐。

也可选择菜单栏上的【格式】→【单元格】菜单命令，打开【单元格格式】对话框，在【单元格格式】对话框中的【文本】选项卡中设置文本格式。

3. 单元格合并

为了使得标题的显示效果更加美观，需要对标题所在的单元格进行跨列合并居中。选择 A1:F1 单元格，选择菜单栏上的【格式】→【单元格】命令，打开【单元格格式】对话框。进入【对齐】选项卡，设置【文本控制】选项为【合并单元格】，文本对齐方式均为【居中】，单击【确定】按钮，即可按以上要求准确设置标题格式，如图 3-1-2 所示。

对多个单元格进行合并还有如下两种方法。

① 选中需要合并的单元格 A1:F1，单击鼠标右键，即可在弹出的快捷菜单中选择【设置单元格格式】命令，弹出【单元格格式】对话框，即可按照以上步骤进行设置。

② 选择需要合并的单元格 A1:F1，单击工具栏中【格式】命令下的【合并及居中】按钮，就可以同时合并多个单元格，并且使得里面的文本内容居中显示。

如果工具栏中未出现【格式】菜单，则单击工具栏最右边的下三角按钮显示工具栏选项，在弹出内容中选择命令【分两行显示】，如图 3-1-3 所示。

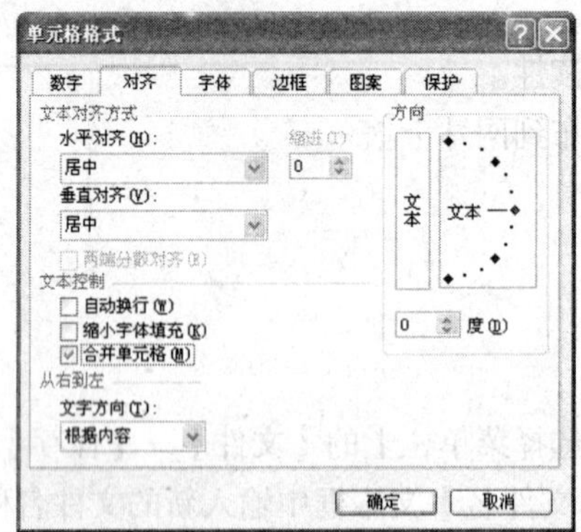

图 3-1-2 合并居中单元格

图 3-1-3 显示命令按钮

如果如此操作仍然未看到【格式】工具栏，则应查看是否已设置显示【格式】菜单。选择【视图】→【工具栏】菜单命令，可查看【格式】命令是否已经勾选。如果未能勾选，则单击勾选【格式】菜单命令，即可在工具栏中显示【格式】工具栏。

如果默认状态下未能在工具栏中找到所需的命令按钮，则可按照以下方法在工具栏中添加。

选择【工具】→【自定义】菜单命令，弹出【自定义】对话框。在【自定义】对话框中选择【命令】选项卡，在“类别”栏中单击选择【格式】选项，在【命令】栏中找到属于【格式】的某个命令按钮，按住该命令按钮不放，将该命令按钮从对话框拖放至工具栏后释放鼠标，即可在工具栏中添加该命令按钮。

4. 设置文本格式

一般情况下，在单元格输入的数字，Excel 默认按照常规方式将其内容识别为数字，并且省略掉前面的数字“0”，或者如果输入的手机号所在的单元格宽度不足，则 Excel 默认将该手机号按照科学计数法显示，如图 3-1-4 所示。

因此，为了能够正确显示通讯录中的“移动电话”、“家庭电话”列里面的内容，需要将其设定为【文本】格式。具体方法如下：拖曳鼠标选择 D:E 列，选择菜单栏上的【格式】→【单元格】

命令，打开【单元格格式】对话框。在打开【单元格格式】对话框中，设置【数字】选项卡中的分类为【文本】，单击【确定】按钮，如图 3-1-5 所示。

移动电话
1.352E+10
1.352E+10

图 3-1-4　科学计数法显示数字

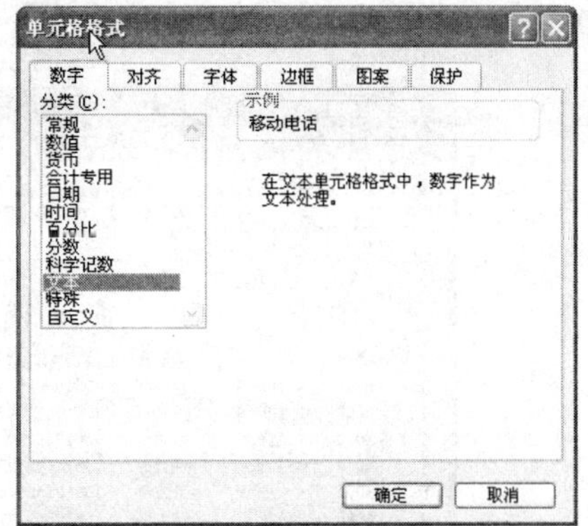

图 3-1-5　设置文本格式

也可以在单元格的文本内容前面添加字符“’”，则该单元格自动转化为文本格式，文本格式的单元格将在左上角显示绿色的小三角图标。

5. 填充“编号”列

数据的填充有以下两种情况。

（1）填充相同内容。如多个连续联系人都属于同一职务“导游”，则可使用【复制】、【粘贴】命令进行复制。但是，还有一种更简便的方法，就是使用单元格的数据填充柄进行数据复制填充。具体做法如下：选择需要复制的单元格，将鼠标放置在单元格右下角显示为十字，此时按住鼠标左键向下拖动，即可复制该单元格的文本内容至其他单元格。

（2）填充序列。需要在“编号”列中填充编号依次增加的文本内容，使用单元格的数据填充柄进行序列填充即可轻松完成。

单击选择单元格 A3，输入编号内容“A001”，按回车键完成输入。单击选择单元格 A3，鼠标移动至单元格右下角显示为十字，按住鼠标左键向下拖动，单击下三角按钮，选择第二种填充方式【以序列方式填充】，则员工编号自动按序列添加，如图 3-1-6 所示。

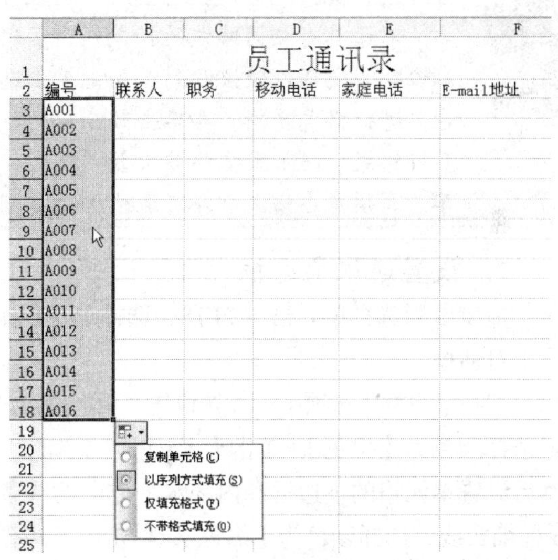

图 3-1-6　数据填充

在向下拖动鼠标左键进行数据填充之前，应该确保此时鼠标放在单元格的右下角，而且鼠标形状变为十字，此时再拖动鼠标下拉进行数据填充。

6. 填入数据

在工作表中录入通讯录文本内容。为了使得通讯录的表头和内容等项目更加醒目，可以依据需要设定字体和字号。单击工具栏 黑体 12 设定第一行表头格式：【字号】为【12】、【黑体】，单击工具按钮≡设定文本居中对齐。单击【填充颜色】下三角按钮，在颜色框中选择茶色。同理，可设定通讯录中除表头外的奇数行格式：【10】、【居中对齐】、填充【淡黄色】；偶数行格式：【10号】、【居中对齐】、填充【淡紫色】，如图3-1-7所示。

员工通讯录

编号	联系人	部门	移动电话	家庭电话	E-mail地址
A001	林树文	销售部	13519662342	0898-65910001	sunxei@163.com
A002	钟兴源	后勤部	13519662343	0898-65910002	yuyuyuu@qq.com
A003	赵庭锋	销售部	13519662344	0898-65910003	cieichssg_fig@to.com
A004	刘普尧	销售部	13519662345	0898-65910004	xinxixi@sohu.com
A005	许素尹	开发部	13519662346	0898-65910005	fusng_123@tom.com
A006	马琪	企划部	13519662347	0898-65910006	hfhuv@sina.com
A007	张俊	人事部	13519662348	0898-65910007	wanghua_bit@sohu.com
A008	周建兰	企划部	13519662349	0898-65910008	qinglong@tom.com
A009	殷洪涛	营业部	13519662350	0898-65910009	xingong.com@ng.cn
A010	符瑞华	营业部	13519662351	0898-65910010	fusng_123@tom.com
A011	卢献宏	企划部	13519662352	0898-65910011	hfhuv@sina.com
A012	刘海芳	后勤部	13519662353	0898-65910012	wanghua_bit@sohu.com
A013	叶文霞	开发部	13519662354	0898-65910013	fusng_123@tom.com
A014	湛世阳	销售部	13519662355	0898-65910014	hfhuv@sina.com
A015	叶健翔	人事部	13519662356	0898-65910015	wanghua_bit@sohu.com
A016	吴多亮	开发部	13519662357	0898-65910016	su@126.com

图3-1-7 员工通讯录

对于具有相同格式的行或列，多次重复设置格式既费时又费力，而巧妙使用格式刷命令就可以轻松做到。如先单击选择第3行，单击工具栏中的【格式刷】命令按钮进行格式复制，再单击第5行的行号，即可将第5行中的所有数据格式设定成第3行格式。而如果需要多次复制格式，则双击格式刷即可进行多次格式复制，操作完毕后再次单击格式刷即可取消格式复制操作。

7. 设置通讯录边框

拖曳鼠标选择单元格A2:F18，选择菜单栏上的【格式】→【单元格】命令，弹出【单元格格式】对话框。

选择【边框】选项卡，首先设置单元格的上边框格式，设置线条样式为右边列第6种粗实线，再选择颜色为【黑色】，单击【上边框】按钮，这样就准确添加了单元格的上边框为黑色粗实线。然后设置单元格的下边框和内部水平方向的线条，在【边框】选项卡中设置线条样式为左边列第6种细实线，选择颜色为【黑色】，单击【下边框】按钮，再单击【内部水平线条】按钮，即可设置单元格的下边框和内部水平线条为黑色细实线。如图3-1-8所示。

进行边框设定，只能够通过【单元格】对话框中的【边框】选项卡进行设定。边框的设定分为3部分：线条样式设定、线条颜色设定、边框设定。为了操作过程中不容易出错，一般要按照【样式】、【颜色】、【边框】的顺序依次设置。如果添加的线条样式不正确，需要修改，则在预览框中单击该线条删除，再重新添加。

8. 设置自动筛选功能

为了能够根据自己的需要查找相关人员的信息，可以使用Excel中的筛选功能进行信息的查

找。选择单元格区域 A2:F2，选择菜单栏上的【数据】→【筛选】→【自动筛选】命令。

此时每个字段都有一个下三角按钮，单击它，即可寻找所需信息，如单击【职务】字段的三角按钮▼，选择【导游】选项，即可筛选出所有职务为导游的人员信息。经过筛选后的字段，其三角按钮都会变成蓝色显示，如图 3-1-9 所示。

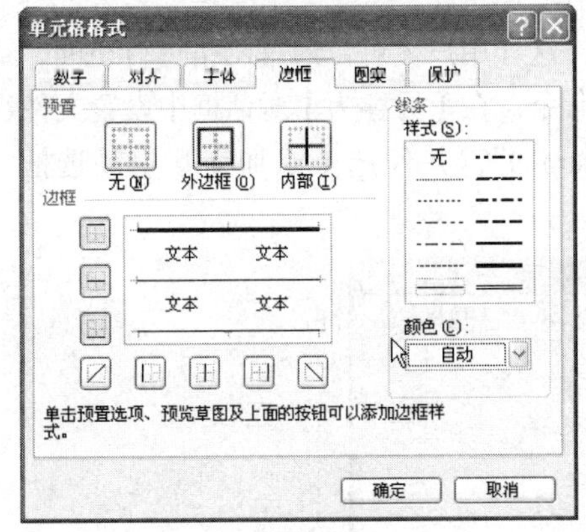

图 3-1-8 设定边框

	A	B	C	D	E	F
	员工通讯录					
	编号	联系人	职务	移动电话	家庭电话	E-mail地址
	A003	赵庭锋	导游	1.352E+10	0898-65910003	cieichssg_fig@to.com
	A004	刘管尧	导游	1.352E+10	0898-65910004	xinxixi@sohu.com
	A005	许素尹	导游	1.352E+10	0898-65910005	fusng_123@tom.com
	A014	湛世阳	导游	1.352E+10	0898-65910014	hfhuv@sina.com

图 3-1- 9 筛选后的记录

提示

Excel 支持多条件的筛选，因此可在第一次筛选结果上再次设置筛选条件，这样多条件筛选出来的数据更加符合要求。

9. 设置窗体冻结

在 Excel 中，可设定工作表中某些区域不受水平滚动条和垂直滚动条的影响而保持静止不动，这项功能经常用于冻结表头，如冻结标题行以使得标题行始终保持在可视区域，便于查看数据项为哪个字段。

选择第 3 行，选择菜单栏上的【窗口】→【冻结窗体】命令。此时即可滚动查看联系人信息，而在滚动过程中，第 3 行以上的区域保持静止不动，以便联系人数据的查看，如表 3-1-10 所示。

注意

除了冻结行以外，还可以冻结列。单击某列，并选择菜单栏上的【窗口】→【冻结窗体】命令，则该列往左的区域将被冻结。而如果单击某单元格如 D3，则第 3 行以上及 D 列往左的区域将被冻结。

10. 增添批注

批注是对单元格内容的解释与介绍，用户可以通过给单元格添加批注来更好地理解单元格中的内容。

选择单元格 B3，再选择菜单栏上的【插入】→【批注】命令，即可在窗口中添加批注。添加批注后的单元格右上角显示红色小三角形，如图 3-1-11 所示。

1	员工通讯录					
2	编号	联系人	职务	移动电话	家庭电话	E-mail地址
15	A013	叶文霞	领队	1.352E+10	0898-65910013	fusng_123@tom.com
16	A014	湛世阳	导游	1.352E+10	0898-65910014	hfhuv@sina.com
17	A015	叶健翔	人事部	1.352E+10	0898-65910015	wanghua_bit@sohu.com
18	A016	吴多亮	领队	1.352E+10	0898-65910016	su@126.com

图 3-1-10 冻结标题

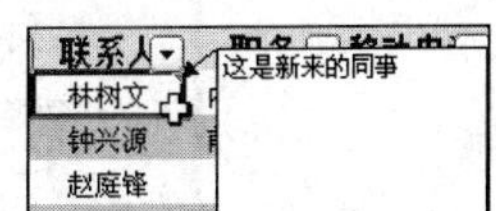

图 3-1-11 添加批注

如果要修改批注或删除批注，只要用鼠标右键单击单元格，在弹出的菜单中选择【编辑批注】

或是【删除批注】命令即可。

> **提示** 选择单元格后，也可以使用右键菜单中的【批注】或是组合键【Shift】+【F2】来添加批注。

11. 发布工作簿到网络上

要发布通讯录前，应先把工作簿保存成网页文件格式，这样用户才可以通过网络进行访问，实现信息的共享。选择菜单栏上的【文件】→【另存为】命令，在【另存为】对话框中设置文件名为“通讯录.htm”，设置保存类型为“网页（*.htm;*.html）”，并勾选【添加交互】复选框 添加交互(A)，如图 3-1-12 所示。

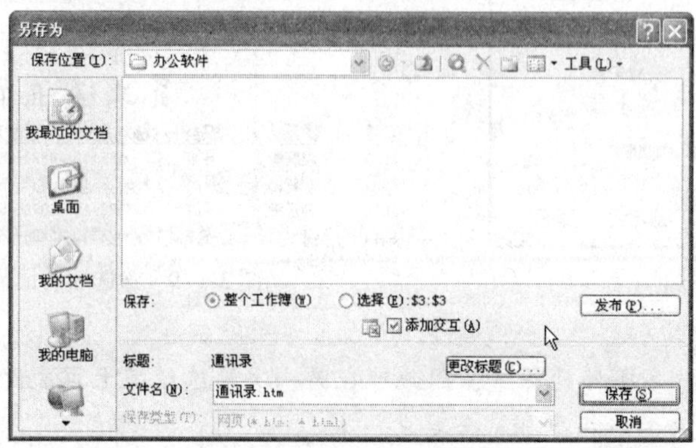

图 3-1-12　保存为网页文件

> **注意** 如果在图 3-1-12 中勾选“添加交互”复选框，则应确定浏览该网页的浏览器已安装相应的组件，才可以正确显示该网页文件。如果有些配置低的浏览器不支持该功能，则需要到微软官方网上下载安装相应的组件。

12. 浏览网页

双击刚刚保存的文件“通讯录.htm”，即可在浏览器中浏览工作簿，并可以进行自动筛选查看，如表 3-1-13 所示。

表 3-1-13　通讯录最终效果图

3.1.4 任务小结

本案例通过制作“员工通讯录”，讲解了在 Excel 中设置单元格格式、设置文本字体和格式、数据填充、窗体冻结、自动筛选、发布工作簿等操作。

对单元格进行格式的设置可以使得数据清单更加醒目；使用数据填充可以方便快捷地输入序列；使用窗体冻结可以按照用户需要来冻结工作表中的某部分内容，以使得数据的查看更加方便；使用筛选功能可以将更加重要和满足条件的数据显示出来；为了能够在网络上看到与编辑 Excel 文件而无需打开 Excel 软件，需要将工作簿保存为.htm 文件。

3.1.5 拓展训练

利用本案例所掌握的知识及技巧，可以拓展到其他类似案例的设计和制作。如下所述。

制作“接团记录单”

两张“接团记录单”如图 3-1-14 和图 3-1-15 所示。

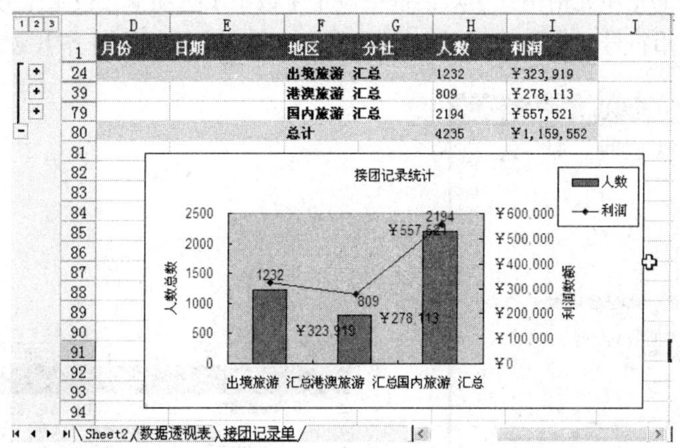

	月份	日期	地区	分社	人数	利润
24			出境旅游 汇总		1232	￥323,919
39			港澳旅游 汇总		809	￥278,113
79			国内旅游 汇总		2194	￥557,521
80			总计		4235	￥1,159,552

图 3-1-14 接团记录单 1

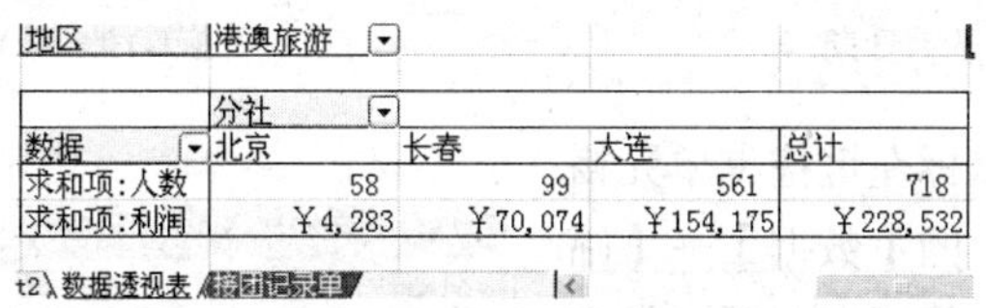

地区	港澳旅游			
	分社			
数据	北京	长春	大连	总计
求和项:人数	58	99	561	718
求和项:利润	￥4,283	￥70,074	￥154,175	￥228,532

图 3-1-15 接团记录单 2

（1）输入表头。在第一行中分别输入字段：月份、日期、地区、分社、人数、利润，按住鼠标左键拖动选择以上 6 个字段的单元格，单击工具栏中的对应命令按钮，设定单元格的文本格式为：【宋体】、【11 号】、字体颜色【白色】，同时选择菜单栏上的【格式】→【单元格】命令，在弹出的【单元格格式】对话框中设定【图案】选项卡，设置底纹颜色为【深蓝色】，如图 3-1-16 所示。

（2）设置日期格式。在【日期】列中输入例如“1996-9-19”格式的数据，使用【复制】、【粘贴】命令将该列数据复制至【月份】列。

选择【日期】列，选择菜单栏上的【格式】→【单元格】命令，在弹出的【单元格格式】对话框中选择【数字】选项卡，设定【分类】中的【日期】对应的类型，如图 3-1-17 所示。

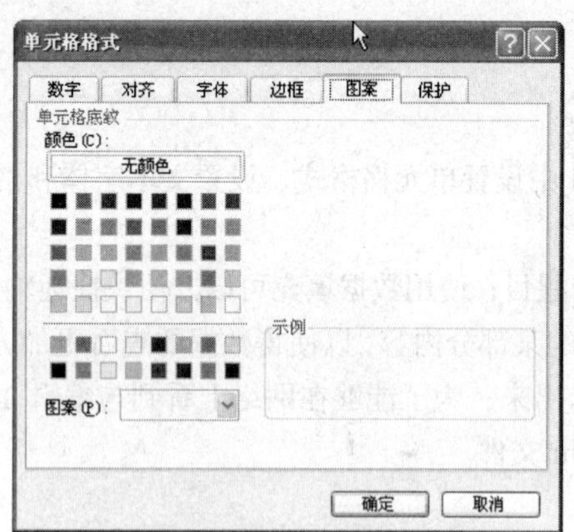

图 3-1-16 设置【单元格底纹】颜色

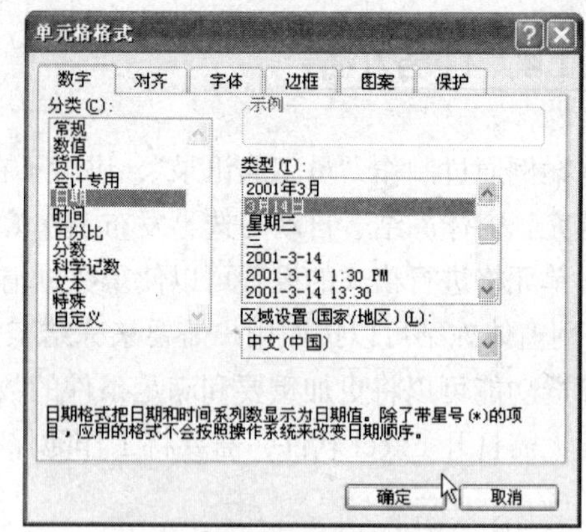

图 3-1-17 设置日期格式

选择【月份】列，再选择菜单栏上的【格式】→【单元格】命令，在弹出的【单元格格式】对话框中设定【数字】选项卡，设置数据的显示类型为【M】(月份)，如图 3-1-18 所示。

(3) 设置货币格式。输入【利润】列数据。选择【利润】列，再选择菜单栏上的【格式】→【单元格】命令，在弹出的【单元格格式】对话框中设定【数字】选项卡，设定【分类】中的【货币】对应的类型，添加货币符号“￥”。选取所有的数据区，设定为【居中对齐】。如图 3-1-19 所示。

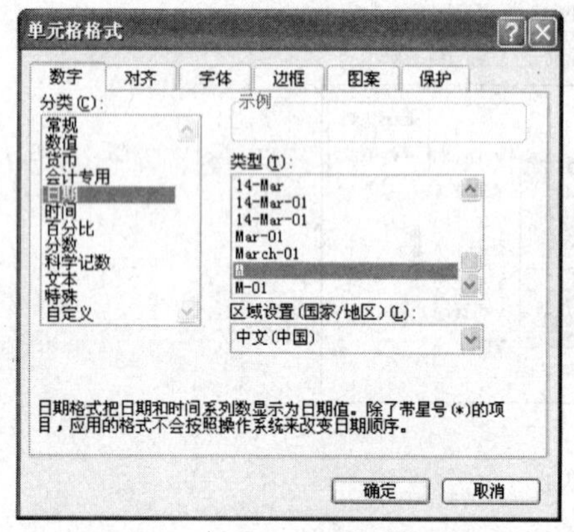

图 3-1-18 以月份方式显示日期

D	E	F	G	H	I
月份	日期	地区	分社	人数	利润
S	9月19日	出境旅游	北京	96	￥18,254
O	10月1日	出境旅游	北京	96	￥21,198
F	2月26日	出境旅游	长春	77	￥16,718
M	3月4日	出境旅游	长春	103	￥14,384
M	3月26日	出境旅游	长春	32	￥18,952

图 3-1-19 设置为货币格式

(4) 数据筛选。按住鼠标左键拖曳单元格区域 A1:F1，选择菜单栏上的【数据】→【筛选】→【自动筛选】命令，就可以对不同的字段进行筛选。

(5) 设置密码。为了保证工作簿中的信息不被泄露出去或被修改，用户可以设置工作簿的【打开权限密码】和【修改权限密码】。因此选择菜单栏上的【工具】→【选项】命令，在弹出的【选项】对话框中选择【安全性】选项卡，即可以设置整个工作簿的【打开权限密码】和【修改权限密码】。如图 3-1-20 所示。

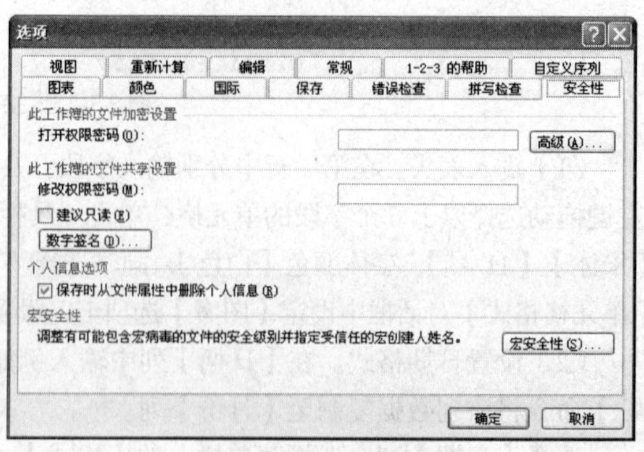

图 3-1-20 设置密码

3.1.6 课后练习

制作班级课程表

班级课程表样式如表 3-1-21 所示。

班级课程表

课表名称：07五年网络　　　　2010-2011学年2学期

节次		星期一	星期二	星期三	星期四	星期五	星期六	星期日
上午	第1 2节		网站建设实训 2节/周(02-17)	路由器交换技术 2节/周(02-12)	客户关系 2节/周(02-17)	网络安全 2节/周(02-17)		
	第3 4节	应用文写作 2节/周(02-17)	网络安全 2节/周(02-17)	客户关系 2节/周(02-17)				
下午	第5 6节				毛中概论 2节/周(02-17)			
	第7 8节	路由器交换技术 2节/周(02-12)			选修课	路由器交换技术 2节/周(02-12)		
晚上	第9 10节			选修课				
	第11 12节							

图 3-1-21　班级课程表

（1）在单元格 B1 中输入标题内容“班级课程表”，合并居中单元格区域 B1:J1。选择文本“班级课程表”，在【单元格格式】对话框中选择【字体】选项卡，设定“班级课程表”文本格式为【楷体】、【18 号】、【加粗】。

（2）在单元格 B2 中输入内容“课表名称：07 五年网络”，在单元格 H2 中输入内容“ 2010-2011 学年 2 学期”，打开【单元格格式】对话框，在【对齐】选项卡中合并居中单元格区域 B2:E2 和 H2:J2，或是单击工具栏中的【合并居中单元格】按钮也可完成操作。

（3）在单元格区域 B3:J3 输入表头“节次”、“星期一”等字段，按住鼠标左键拖动选择 B3:J3 单元格区域，在【单元格格式】对话框中设定文本格式为【25%灰色底纹】、【宋体】、【12 号】。

（4）在单元格 B4、B6、B8 中依次输入文本：“上午”、“下午”、“晚上”，合并居中单元格区域 B4:B5、B6:B7、B7:B8，并设定单元格填充颜色为【黄色】。

（5）在 B4:B9 中输入文本内容，文字为纵向排列，设定单元格填充颜色为【蓝色】。

（6）在单元格区域 D4:H8 中录入课表内容，并设定文本内容在单元格内水平方向和垂直方向居中对齐。

（7）选择单元格区域 B3:J9，再选择菜单栏【格式】→【单元格】命令，在【单元格格式】对话框中选择【边框】选项卡，设置外边框为黑色粗实线，内边框为黑色细实线。

3.2 Excel 视图及函数应用——管理工资表

3.2.1 创建情景

最近，财务部来了一个新同事陈立辉。陈立辉刚刚从大学毕业，学习专业为财务会计，陈立

辉原以为科班出身的自己会对这份新工作得心应手，没想到上班第一天就遇到了麻烦。陈立辉每天的工作除去不断地报表报账不说，光是每个月例行的工资报账和统计，就让他疲于奔命，苦不堪言。

后来，经过其他同事的一番指导，陈立辉恶补 Excel 知识，终于能够对工资单实现自动化管理，工作效率也得到了很大的提高。

3.2.2 任务剖析

1. 相关知识点

（1）视图管理器。在实际工作中，可能需要以不同方式显示或打印同一个工作表，甚至是整个工作簿。但是对于一个工作表，如果每次显示或者打印都需要进行设置，那是非常麻烦的。【视图管理器】就可以解决这个问题。

【视图管理器】可以管理工作簿、工作表、对象以及窗口的显示和打印方式。当需要对同一部件（包括工作簿、工作表以及窗口）定义一系列特殊的显示方式和打印设置，可将其分别保存为视图。当需要以不同方式显示或打印工作簿或工作表时，打开【视图管理器】就可以切换到任意所需的视图显示。

（2）高级筛选。Excel 还提供了【高级筛选】模式，可以帮助用户更加灵活地查看信息，使用【高级筛选】模式可以任意组合条件进行查询。

但是特别需要注意的是：第一，输入的筛选条件单元格区域必须和原始的数据区距离一行或一列以上的距离。第二，条件区域中的字段名称应该和数据区域中的字段名称一模一样，不得有任何偏差，如多一个空格，否则将得不到正确的筛选结果。

进行高级筛选时可使用多条件筛选，分为以下两种情况。

①“与”关系多条件进行筛选。将筛选条件输入在同一行中，筛选时系统会自动查找同时满足所有指定条件的记录，并将其筛选出来。

如果想查找所有字段值都是非空的记录，则应根据类型进行判断。如果指定的筛选条件为文本类型，则使用“*”，如果为数值型，则使用“<>”，并将这些筛选条件输入在同一行中。

②“或”关系多条件进行筛选。要是筛选满足多条件之一的记录，则将筛选条件输入在不同的行中。需要注意的是，这种筛选模式可能筛选出重复的记录，如果想使筛选结果不重复，只需勾选【高级筛选】对话框中的【选择不重复的记录】复选框，再进行相应的筛选操作即可。

（3）SUM 函数。SUM 函数用于求和，它的语法形式如下。

SUM（number1，number2，...）

Number1，number2，...：1 到 30 个需要求和的参数，参数可以是数字、逻辑值及数字的文本表达式。如果参数是逻辑值，则“True”被转换为数字“1”，“False”被转换为“0”。参数也可以是数组或引用，如 A1:A3。

注意当 SUM 函数中的参数为数组或引用时，单元格中的数字才会被计算，而文本和逻辑值被忽略。

（4）AVERAGE 平均函数。AVERAGE 平均函数的语法形式如下。

AVERAGE（number1，number2，...）

Number1，number2，...：需要计算平均值的 1 到 30 个参数。

参数可以是数字，或者是包含数字的名称、数组或引用。

如果数组或引用参数包含文本、逻辑值或空白单元格，则这些值将被忽略；但包含零值的单元格将计算在内。

（5）COUNTIF 函数。COUNTIF 函数用于统计满足某个条件的单元格的个数，它的语法形式如下。

COUNTIF（range，criteria）

Range：需要计算其中满足条件的单元格数目的单元格区域。

Criteria：确定哪些单元格将被计算在内的条件，其形式可以为数字、表达式或文本。例如，条件可以表示为“导游”或是“>32”。

2. 操作方案

工资表每个月都要进行结算工作，因此需要对各项费用进行计算。并且，为了方便各个部门人员的查阅，需要建立不同的视图。经过一番考虑和摸索，陈立辉对工资表进行了如下一番改动。

（1）使用 SUM、COUNTIF 等简单函数进行工资的结算和归类。

（2）使用【高级筛选】模式，以查找符合多条件的记录。

（3）使用【视图管理器】，以查看不同部门的工资发放情况。

3.2.3　任务实现

1. 打开工资表

启动 Excel 2003，选择菜单栏上的【文件】→【打开】命令，在【打开文件】对话框中选择“工资表.xls”，单击【确定】按钮打开，如图 3-2-1 所示。

Microsoft Excel - 工资单.xls

文件(F)　编辑(E)　视图(V)　插入(I)　格式(O)　工具(T)　数据(D)　窗口(W)　帮助(H)

J18

	A	B	C	D	E	F	G	H	I	J
1	职务	姓名	岗位工资	薪级工资	特区津补贴	个人缴住房公积金	个人缴医疗保险费	个人缴养老保险费	扣发项合计	实发工资
2	内部计调	林树文	1040	583	1470	640	61.86	247.44		
3	前台招待	钟兴源	930	417	1330	515	53.54	214.16		
4	导游	赵庭锋	680	391	1080	282	43.02	172.08		
5	导游	刘普尧	590	317	980	348	37.74	150.96		
6	导游	许素尹	620	391	1060	276	41.42	165.68		
7	人事部	马琪	1180	834	1810	729	76.48	305.92		
8	内部计调	张俊	590	215	840	221	32.90	131.60		
9	领队	周建兰	680	233	980	360	37.86	151.44		
10	财务部	殷洪涛	680	317	1080	417	41.54	166.16		
11	财务部	符瑞华	590	215	840	367	32.90	131.60		
12	前台招待	卢献宏	590	215	910	337	34.30	137.20		
13	前台招待	刘海芳	680	295	980	260	39.10	156.40		
14	领队	叶文霞	680	341	1080	312	42.02	168.08		
15	导游	湛世阳	680	233	980	252	37.86	151.44		
16	人事部	叶健翔	1040	735	1630	630	68.10	272.40		
17	领队	吴多亮	590	165	840	323	31.90	127.60		
18										

Sheet1 / Sheet2 / Sheet3

就绪　　数字

图 3-2-1　工资表

2. 计算“扣发项合计”

工资表中，每个人员的“扣发项合计”是根据个人缴纳的住房公积金、医疗保险费和养老保险费进行计算的，用公式表示也就是“扣发项合计=个人缴住房公积金 + 个人缴医疗保险费 + 个人缴养老保险费”。使用手工计算是不实际的，可以采取以下两种方式。

（1）使用编辑栏进行公式计算，单击单元格 I2，将光标定位在编辑栏 fx ，在编辑栏中输入 “= F2+G2+H2”，按回车键，如图 3-2-2 所示。

I4 ▾ fx =F4+G4+H4

A	B	C	D	E	F	G	H	I
职务	姓名	岗位工资	薪级工资	特区津补贴	个人缴住房公积金	个人缴医疗保险费	个人缴养老保险费	扣发项合计
内部计调	林树文	1040	583	1470	640	61.86	247.44	949.30
前台招待	钟兴源	930	417	1330	515	53.54	214.16	782.70
导游	赵庭锋	680	391	1080	282	43.02	172.08	497.10
导游	刘普尧	590	317	980	348	37.74	150.96	536.70

图 3-2-2 计算“扣发项合计”

（2）使用 SUM 函数自动运算。选择菜单栏上的【插入】→【函数】命令，在列表中选择【SUM 函数】，单击【确定】按钮，弹出【函数参数】对话框。在【函数参数】对话框中设定【Number1】文本框的内容为【F2:H2】，单击【确定】按钮，如图 3-2-3 所示。

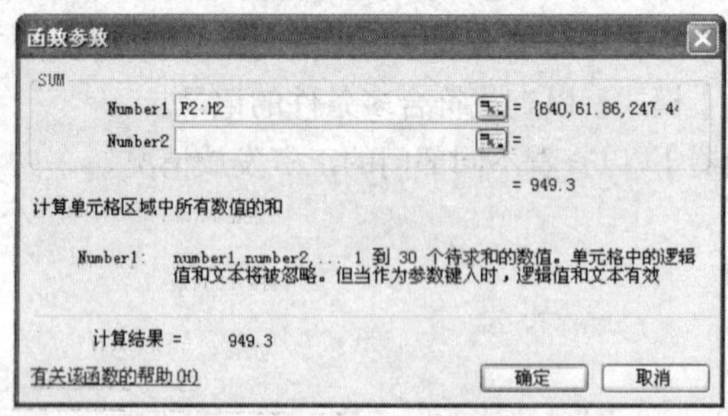

图 3-2-3 设置 SUM 函数参数

设置单元格区域还可以使用鼠标选定的方式。将光标定位在【Number】文本框中，使用鼠标拖动选择【Sheet1】工作表中的 F2:H2 单元格区域，则可自动在【Number1】文本框中录入区域引用的表示方式。

3. 数据填充

将鼠标移动至已计算结果的 I2 单元格的右下角，鼠标呈现十字时，拖曳鼠标左键下拉进行向下填充，即可以计算其他人员的“扣发项合计”，如图 3-2-4 所示。

职务	姓名	岗位工资	薪级工资	特区津补贴	个人缴住房公积金	个人缴医疗保险费	个人缴养老保险费	扣发项合计	实发
内部计调	林树文	1040	583	1470	640	61.86	247.44	949.30	2,
前台招待	钟兴源	930	417	1330	515	53.54	214.16	782.70	1,
导游	赵庭锋	680	391	1080	282	43.02	172.08	497.10	1,
导游	刘普尧	590	317	980	348	37.74	150.96	536.70	1,
导游	许素尹	620	391	1060	276	41.42	165.68	483.10	1,
人事部	马琪	1180	834	1810	729	76.48	305.92	1,111.40	2,
内部计调	张俊	590	215	840	221	32.90	131.60	385.50	1,
领队	周建兰	680	233	980	360	37.86	151.44	549.30	1,
财务部	殷洪涛	680	317	1080	417	41.54	166.16	624.70	1,
财务部	符瑞华	590	215	840	367	32.90	131.60	531.50	1,
前台招待	卢献宏	590	215	910	337	34.30	137.20	508.50	1,
前台招待	刘海芳	680	295	980	260	39.10	156.40	455.50	1,
领队	叶文霞	680	341	1080	312	42.02	168.08	522.10	1,
导游	湛世阳	680	233	980	252	37.86	151.44	441.30	1,
人事部	叶健翔	1040	735	1630	630	68.10	272.40	970.50	2,
领队	吴多亮	590	165	840	323	31.90	127.60	482.50	1,

图 3-2-4 数据填充计算扣发项合计

4. 计算实发工资

选择单元格 J2，在编辑栏 输入“=SUM（C2:E2）-I2”，即“实发工资=岗位工资+薪级工资-扣发项合计”，按回车键，下拉单元格 J2 填充，即可计算各人员的实发工资，如图 3-2-5 所示。

Microsoft Excel - 3月工资条.xls

J2　=SUM(C2:E2)-I2

	B	C	D	E	F	G	H	I	J	K
1	姓名	岗位工资	薪级工资	特区津补贴	个人缴住房公积金	个人缴医疗保险费	个人缴养老保险费	扣发项合计	实发工资	
2	林树文	1040	583	1470	640	61.86	247.44	94[illegible]0	2,143.70	
3	钟兴源	930	417	1330	515	53.54	214.16	782.70	1,894.30	
4	赵庭锋	680	391	1080	282	43.02	172.08	497.10	1,653.90	
5	刘普尧	590	317	980	348	37.74	150.96	536.70	1,350.30	
6	许素尹	620	391	1060	276	41.42	165.68	483.10	1,587.90	
7	马琪	1180	834	1810	729	76.48	305.92	1,111.40	2,712.60	
8	张俊	590	215	840	221	32.90	131.60	385.50	1,259.50	
9	周建兰	680	233	980	360	37.86	151.44	549.30	1,343.70	
10	殷洪涛	680	317	1080	417	41.54	166.16	624.70	1,452.30	
11	符瑞华	590	215	840	367	32.90	131.60	531.50	1,113.50	
12	卢献宏	590	215	910	337	34.30	137.20	508.50	1,206.50	
13	刘海芳	680	295	980	260	39.10	156.40	455.50	1,499.50	
14	叶文霞	680	341	1080	312	42.02	168.08	522.10	1,578.90	
15	湛世阳	680	233	980	252	37.86	151.44	441.30	1,451.70	
16	叶健翔	1040	735	1630	630	68.10	272.40	970.50	2,434.50	
17	吴多亮	590	165	840	323	31.90	127.60	482.50	1,112.50	
18										

Sheet1 / Sheet2 / Sheet3

就绪　　求和=25,795.30

图 3-2-5　计算实发工资

5. 计算平均工资与低于平均工资的人数

计算平均工资需要用到平均函数 AVERAGE，选择单元格 E19，将光标定位在编辑栏，在编辑栏中输入“=AVERAGE（J2:J17）”，按回车键，则可以在单元格 E19 中计算出全部人员的平均工资。

根据一定条件进行计数可使用 COUNTIF 函数。

选择单元格 E20，将光标定位在编辑栏，输入“= COUNTIF（J2:J17，"<"&E19）”，即表示计算单元格区域 J2:J17 中的数值，求出小于单元格 E22 中数值的单元格个数，按回车键，即可得低于平均工资的人员总数，如图 3-2-6 所示。

E19　=AVERAGE(J2:J17)

A	B	C	D	E	F	G	H	I	J
职务	姓名	岗位工资	薪级工资	特区津补贴	个人缴住房公积金	个人缴医疗保险费	个人缴养老保险费	扣发项合计	实发工资
内部计调	林树文	1040	583	1470	640	61.86	247.44	949.30	2,143.70
前台招待	钟兴源	930	417	1330	515	53.54	214.16	782.70	1,894.30
导游	赵庭锋	680	391	1080	282	43.02	172.08	497.10	1,653.90
导游	刘普尧	590	317	980	348	37.74	150.96	536.70	1,350.30
导游	许素尹	620	391	1060	276	41.42	165.68	483.10	1,587.90
人事部	马琪	1180	834	1810	729	76.48	305.92	1,111.40	2,712.60
内部计调	张俊	590	215	840	221	32.90	131.60	385.50	1,259.50
领队	周建兰	680	233	980	360	37.86	151.44	549.30	1,343.70
财务部	殷洪涛	680	317	1080	417	41.54	166.16	624.70	1,452.30
财务部	符瑞华	590	215	840	367	32.90	131.60	531.50	1,113.50
前台招待	卢献宏	590	215	910	337	34.30	137.20	508.50	1,206.50
前台招待	刘海芳	680	295	980	260	39.10	156.40	455.50	1,499.50
领队	叶文霞	680	341	1080	312	42.02	168.08	522.10	1,578.90
导游	湛世阳	680	233	980	252	37.86	151.44	441.30	1,451.70
人事部	叶健翔	1040	735	1630	630	68.10	272.40	970.50	2,434.50
领队	吴多亮	590	165	840	323	31.90	127.60	482.50	1,112.50
			平均工资:	1,612.21					
			低于平均工资人数:	11					

图 3-2-6　计算低于平均工资的人数

COUNTIF（J2:J17，"<"&E22）中的“&E22”不在双引号范围内，与表示“<1500”的方式不同。

6. 多条件筛选

（1）多条件自动筛选。选择第一行标题行，选择菜单栏上的【数据】→【筛选】→【自动筛选】命令，在【职务】下拉列表框中选择【导游】选项，这样筛选出所有职务为【导游】的人员。

在【实发工资】下拉列表框中选择【自定义】选项，打开【自定义自动筛选方式】对话框，设定条件为【小于】，数值为【2000】，如图 3-2-7 所示。

单击【确定】按钮，即可筛选出所有实发工资小于 2000 的导游，如图 3-2-8 所示。

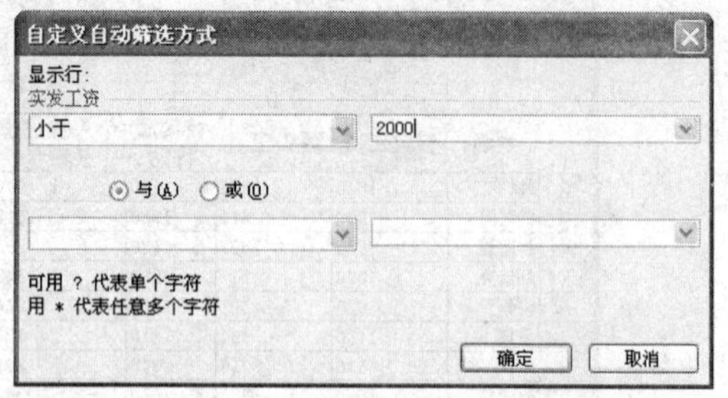

图 3-2-7　筛选实发工资小于 2000 的导游

	A	B	C	D	E	F	G	H	I	J
	职务	姓名	岗位工资	薪级工资	特区津补贴	个人缴住房公积金	个人缴医疗保险费	个人缴养老保险费	扣发项合计	实发工资
	导游	赵庭锋	680	391	1080	282	43.02	172.08	497.10	1,653.90
	导游	刘普尧	590	317	980	348	37.74	150.96	536.70	1,350.30
	导游	许素尹	620	391	1060	276	41.42	165.68	483.10	1,587.90
	导游	湛世阳	680	233	980	252	37.86	151.44	441.30	1,451.70

图 3-2-8　多条件自动筛选

（2）高级筛选。在 Excel 工作表中的单元格区域 D19：E20 中输入需要筛选的条件，其中第一行为需要进行筛选的字段名称，第二行为筛选条件表达式，用户可根据自己的需要同时设定多个条件。如图 3-2-9 所示，设定了两个条件，即职务为【导游】和实发工资小于 2000，两个条件为【与】的关系。

选择菜单栏上【数据】→【筛选】→【高级筛选】命令，弹出【高级筛选】对话框。Excel 将自动识别数据区域填写列表区域，将光标定位到条件区域的文本框，单击鼠标左键拖曳选择【Sheet1】工作表中的单元格区域 D19：E20，单击【确定】按钮，则将在原有区域显示筛选结果，如图 3-2-10 所示。

13	前台招待	刘海芳	680	295	980
14	领队	叶文霞	680	341	1080
15	导游	湛世阳	680	233	980
16	人事部	叶健翔	1040	735	1630
17	领队	吴多亮	590	165	840
18					
19				职务	实发工资
20				导游	<2000

图 3-2-9　设置条件区域

图 3-2-10　【高级筛选】对话框

在原位置显示【高级筛选】结果时，如果需要恢复原有的记录，与显示被隐藏的行不同，此时需要选择菜单栏上的【数据】→【筛选】→【全部显示】命令显示原有记录。

如果选择方式为【将筛选结果复制到其他位置】，则【复制到】文本框被激活，可以使用鼠

标选择工作簿中的任意工作表中的任意单元格区域，Excel将自动填写单元格内容。

【将筛选结果复制到其他位置】这种筛选方式有两种情况。第1种为将筛选结果复制到本工作表中，此时只需要将光标定位到【复制到】文本框，然后用鼠标单击本工作表中的任意一个空白单元格，则筛选结果复制以该单元格为起点的区域。第2种为将筛选结果复制到其他工作表如【Sheet2】中，此时需要先单击工作表【Sheet2】，选择其中任意一个单元格，再选择菜单栏上的【数据】→【筛选】→【高级筛选】命令，弹出【高级筛选】对话框，然后设置【高级筛选】对话框中的所有参数即可。

使用【高级筛选】后，该工作表将自动取消原来自动筛选的设置。如果还需要进行自动筛选的操作，需再次执行【自动筛选】命令。

7. 使用视图管理器

选择菜单栏上的【视图】→【视图管理器】命令，打开【视图管理器】对话框，如图3-2-11所示。

在【视图管理器】对话框中单击【添加】按钮，输入视图名称【工资小于2000的导游】，单击【确定】按钮，如图3-2-12所示。

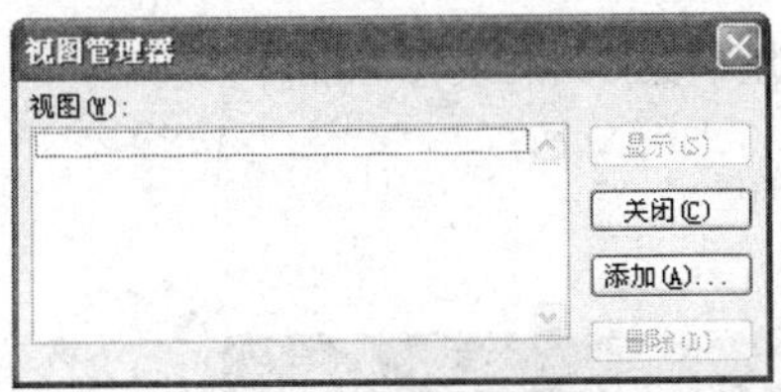

图3-2-11　视图管理器

图3-2-12　添加视图

添加视图时可对该视图中的各个选项进行设置。

（1）如果选中【打印设置】复选框，则在所创建的工作表视图中包含当前工作表中选择的打印设置。

（2）如果选中【隐藏行、列及筛选设置】复选框，则所创建的工作表视图中包含相应的选项设置；反之，如果不选中【隐藏行、列及筛选设置】复选框，则所创建的工作表视图将不隐藏行、列及筛选。

8. 筛选出职务为【领队】的人员工资清单

同理筛选出职务为【领队】的人员工资清单，选择菜单栏中的【视图】→【视图管理器】命令，打开【视图管理器】对话框，新增视图【领队工资】加入到视图管理器，如图3-2-13所示。则不同用户在操作该工作表时，可以根据自己的需要显示不同的视图。

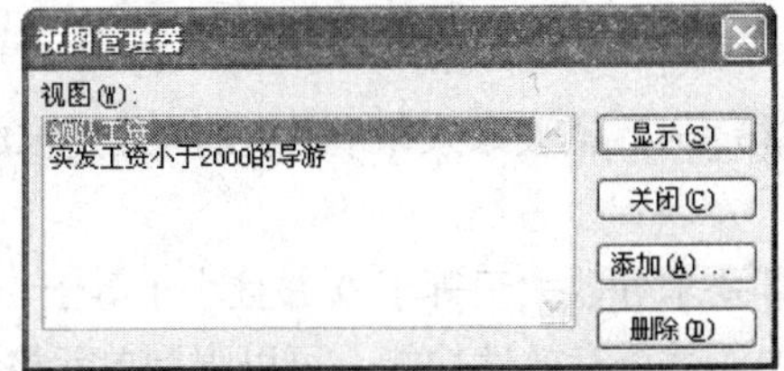

图3-2-13　管理已创建的视图

3.2.4 任务小结

本案例通过日常管理工资表的操作过程，讲解了在 Excel 中增加视图管理、SUM 函数等函数的操作。

在实际应用中，使用一些便利的函数可以节省很多的精力，并且避免在数据的处理过程中出现错误。SUM 函数和 AVERAGE 平均函数是使用最多的函数之一。在使用的过程中，要弄清楚公式的各个参数要求，不能出现语法错误；在进行数据查找时，Excel 提供的高级筛选功能可以很好地对数据进行多条件的设置，既可以满足“与”关系的多条件，也可以满足“或”关系的多条件。在进行高级筛选后，筛选的结果可以复制至工作簿的其他地方进行存放，甚至是存放至其他工作簿；使用视图管理器可以更好地保存所需要查看的数据，更多的应用在于保存需要的打印设置，这样不同的用户可以根据自己的需要来显示和使用不同的视图。

3.2.5 拓展训练

利用本案例所掌握的知识及技巧，可以拓展到其他类似案例的设计和制作。

1. 管理班级成绩表

班级成绩统计表如图 3-2-14 所示。

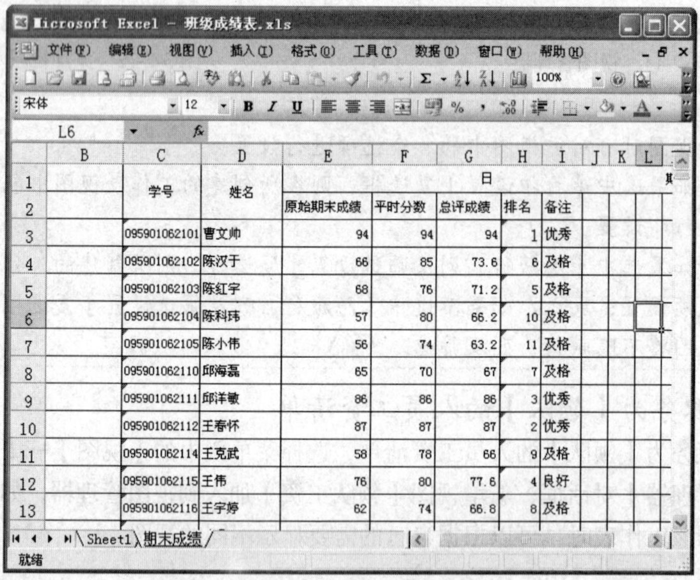

学号	姓名	原始期末成绩	平时分数	总评成绩	排名	备注
095901062101	曹文帅	94	94	94	1	优秀
095901062102	陈汉于	66	85	73.6	6	及格
095901062103	陈红宇	68	76	71.2	5	及格
095901062104	陈科玮	57	80	66.2	10	及格
095901062105	陈小伟	56	74	63.2	11	及格
095901062110	邱海磊	65	70	67	7	及格
095901062111	邱洋敏	86	86	86	3	优秀
095901062112	王春怀	87	87	87	2	优秀
095901062114	王克武	58	78	66	9	及格
095901062115	王伟	76	80	77.6	4	良好
095901062116	王宇婷	62	74	66.8	8	及格

图 3-2-14 班级成绩表统计

（1）设置数据有效性。在成绩表中，需要录入每个学生的原始期末成绩和平时分数，如图 3-2-15 所示。

这些数据都是有范围的，即要求分数大于等于 0 并且小于等于 100。为了防止用户在手工输入时出现误录，而使用 Excel 中的数据有效性功能，可以限制单元格中的数值在某个范围之内。如果单元格中输入的数值超出该范围，则输入失败，并且弹出【出错警告】对话框。

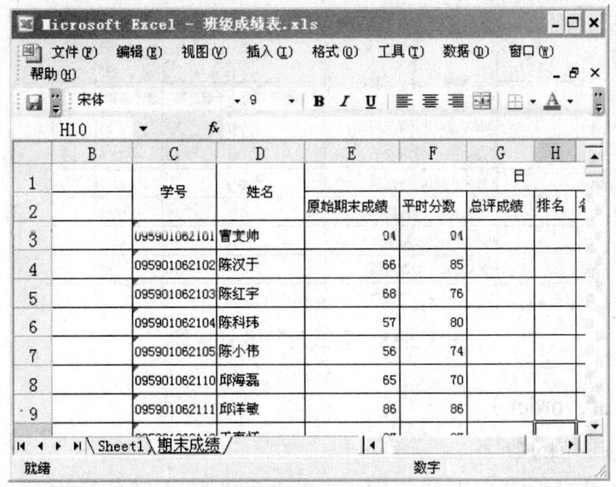

图 3-2-15　班级成绩表

单击鼠标选择 E 列至 F 列，选择菜单栏上的【数据】→【有效性】命令，弹出【数据有效性】对话框，在【数据有效性】对话框中设置有效性条件，在【允许】下拉列表框中选择【小数】选项，在【数据】下拉列表框中选择【介于】选项，以下就是设置数值范围的上限和下限。即在【最小值】文本框中输入“0”，在【最大值】文本框中输入“100”，以防输入无效数据，如图 3-2-16 所示。

在“出错警告”对话框中，勾选“输入无效数据时显示出错警告”复选框，在“样式”下拉列表框中选择【停止】选项，在【标题】文本框中输入“数据范围无效”，填写【错误信息】文本框内容为“输入的分数范围必须介于 0 与 100 之间!”，单击【确定】按钮，如图 3-2-17 所示。

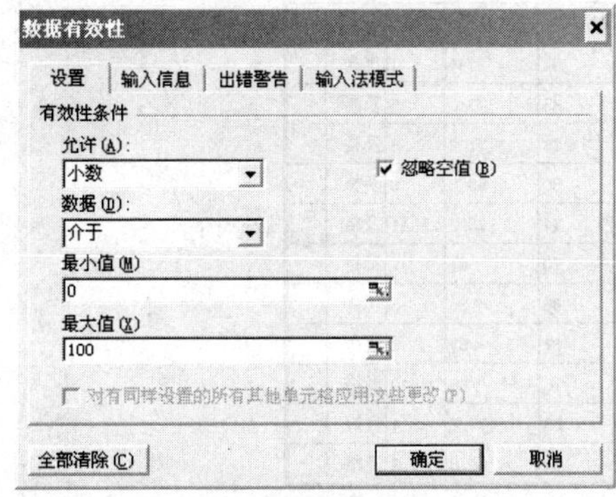

图 3-2-16　设置有效性条件

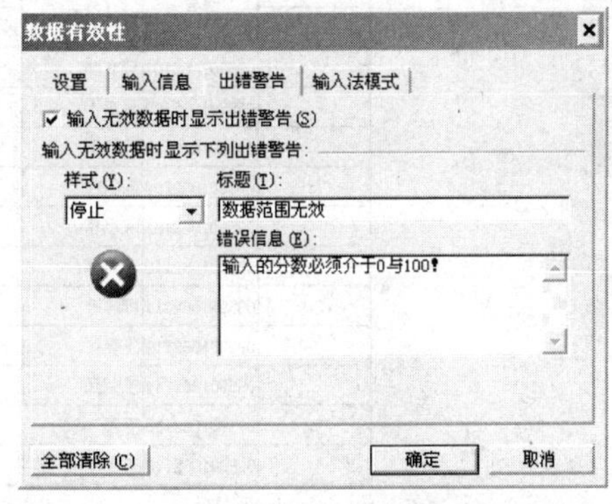

图 3-2-17　设置出错警告

（2）计算期末成绩。总评成绩的计算公式为“总评成绩=原始期末成绩×0.6+平时分数×0.4”，可使用编辑栏进行运算。

选中单元格 G3，在编辑栏中输入“=D3*0.4+E3*0.6”，按回车键，即可根据原始期末成绩和平时分数按照一定的比例计算该同学的期末成绩。光标放至单元格 G3 的右下角呈现十字，则利用数据填充柄拖动鼠标向下填充 G 列，则【总评成绩】列中数据可自动计算完毕。如图 3-2-18 所示。

（3）计算排名。RANK 函数可以计算每个数值在制定区域内的排名，可按升序或是降序排名，语法如下。

G5 =E5*0.6+F5*0.4

	B	C	D	E	F	G	H
1		学号	姓名			日	
2				原始期末成绩	平时分数	总评成绩	排名
3		095901062101	曹文帅	94	94	94	
4		095901062102	陈汉于	66	85	73.6	
5		095901062103	陈红宇	68	76	71.2	
6		095901062104	陈科玮	57	80	66.2	
7		095901062105	陈小伟	56	74	63.2	
8		095901062110	邱海磊	65	70	67	

Sheet1 \ 期末成绩 /

图 3-2-18 公式计算总评成绩

RANK（number，ref，order）

number 为需要找到排位的数字。

ref 为数字列表数组或对数字列表的引用。ref 中的非数值型参数将被忽略。

order 为一数字，指明排位的方式。

如果 order 为 0（零）或省略，Microsoft Excel 对数字的排位是基于 ref 为按照降序排列的列表。如果 order 不为零，Microsoft Excel 对数字的排位是基于 ref 为按照升序排列的列表。

选中单元格 H3，在编辑栏中输入“=RANK（G3，$G$3:$G$13，0）”，即在单元格 G3:G13 中计算 G3 的排名，按降序排列。按回车键，并使用数据填充柄对单元格区域“H4:H13”进行填充。其中需要注意的是，“$G$3:$G$13”表示为绝对地址，以防止使用数据填充柄时比较范围发生改变。如图 3-2-19 所示。

H3 =RANK(G3,$G$3:$G$13,0)

B	C	D	E	F	G	H	I	J
	学号	姓名			日			
			原始期末成绩	平时分数	总评成绩	排名	备注	
	095901062101	曹文帅	94	94	94	1	优秀	
	095901062102	陈汉于	66	85	73.6	5	及格	
	095901062103	陈红宇	68	76	71.2	6	及格	
	095901062104	陈科玮	57	80	66.2	9	及格	
	095901062105	陈小伟	56	74	63.2	11	及格	
	095901062110	邱海磊	65	70	67	7	及格	
	095901062111	邱洋敏	86	86	86	3	优秀	
	095901062112	王春怀	87	87	87	2	优秀	
	095901062114	王克武	58	78	66	10	及格	
	095901062115	王伟	76	80	77.6	4	良好	
	095901062116	王宇婷	62	74	66.8	8	及格	

图 3-2-19 计算排名

另外，可以使用绝对地址的方式来复制 RANK 公式，而不用挨个修改。修改单元格 H3 的公式为“=RANK（E3,$E$3:$E$13,0）”，使用数据填充柄下接填充 H4 至 H13 单元格，则在复制该公式中，只有“E3”内容改变，而绝对地址“$E$3:$E$13”保持不变，这样可以方便快捷地算出所有人的排名。

（4）使用 IF 语句在【备注】列注明该学生的总评成绩等级。

IF 函数语法形式如下：

IF（logical_test，[value_if_true]，[value_if_false]）

logical_test 是必需的参数。logical_test 的计算结果可能为 True 或 False 的任意值或表达式。

例如 A10=120 就是一个逻辑表达式；如果单元格 A10 中的值等于 120，表达式的计算结果为 True，否则为 False。此参数可使用任何比较运算符如“>”、“<”。

value_if_true 是可选的参数。logical_test 参数的计算结果如果为 True，则单元格的值采用参数 value_if_true。例如，如果参数 value_if_true 的值为文本字符串“优秀”，并且 logical_test 参数的计算结果为 True，则 IF 函数返回文本字符串“优秀”。

如果 logical_test 的计算结果为 True，并且省略 value_if_true 参数(即在 IF 函数中，logical_test 参数后仅跟一个逗号)，IF 函数将返回 0（零）。

value_if_false 也是可选的参数。logical_test 参数的计算结果如果为 False，则单元格的值采用参数 value_if_false。例如，如果此参数的值为文本字符串“普通”，并且 logical_test 参数的计算结果为 False，则 IF 函数返回文本字符串“普通”。

如果 logical_test 的计算结果为 False，并且省略 value_if_false 参数的值(即在 IF 函数中，value_if_true 参数后没有逗号)，则 IF 函数返回值 0（零）。

IF 函数还可以采用嵌套的形式，最多可采用 64 个 IF 函数作为 value_if_true 和 value_if_false 参数进行嵌套。

成绩等级设定为 3 级：成绩>85 分为“优秀”，75<成绩<=85 分为“良好”，其余情况为“及格”。因为等级设定已经超过了两级，所以需要采用两个 IF 语句进行嵌套表示。用鼠标选择单元格 I3，在编辑栏中输入“=IF（G3>85，"优秀"，IF（G3>75，"良好"，"及格"））”，回车，下拉该单元格，使用数据填充柄计算其他学生成绩等级，如图 3-2-20 所示。

Microsoft Excel - 班级成绩表.xls

I5　=IF(G5>85,"优秀",IF(G5>75,"良好","及格"))

	B	C	D	E	F	G	H	I	J
1		学号	姓名	日					
2				原始期末成绩	平时分数	总评成绩	排名	备注	
3		095901062101	曹文帅	94	94	94	1	优秀	
4		095901062102	陈汉于	66	85	73.6	6	及格	
5		095901062103	陈红宇	68	76	71.2	5	及格	
6		095901062104	陈科玮	57	80	66.2	10	及格	
7		095901062105	陈小伟	56	74	63.2	11	及格	
8		095901062110	邱海磊	65	70	67	7	及格	
9		095901062111	邱洋敏	86	86	86	3	优秀	
10		095901062112	王春怀	87	87	87	2	优秀	

图 3-2-20　应用 IF 语句

IF 语句中的所有符号都是在英文输入法状态下输入的，特别要注意括号是否配对以及逗号的位置是否正确！

2. 招聘人员信息表

海南椰海旅行社有限公司这几年业务不断地扩展，现有的人员已不能满足公司的发展，这段时间正在招聘人才，已有不少的毕业生投来简历。看到如山般的应聘材料，人事部的小林要忙开了，赶快将资料准备好，部门经理要进行初步筛选，以确定复试的人员名单。

（1）启动 Excel，新建文件。

① 选择屏幕左下角【开始】→【程序】→【Microsoft Office】→【Microsoft Office Excel 2003】应用程序，单击启动。

② 启动 Excel 2003 应用程序的同时，系统会自动创建一个空白电子表格："book1.xls"。

③ 保存文件为【招聘信息表】。选择菜单栏中的【文件】→【保存】(或【另存为】) 命令，打开【另存为】对话框，在【保存位置】列表框中选择【员工管理】文件夹，再在【文件名】文本框中输入"招聘信息表"文件名，在【保存类型】文本框中选择【Microsoft Office Excel 工作簿（*.xls）】，如图 3-2-21 所示。

④ 双击 Sheet1 工作表标签进入工作表重命名状态，输入"招聘人员信息表"，然后按【Entre】键确认，如图 3-2-22 所示。

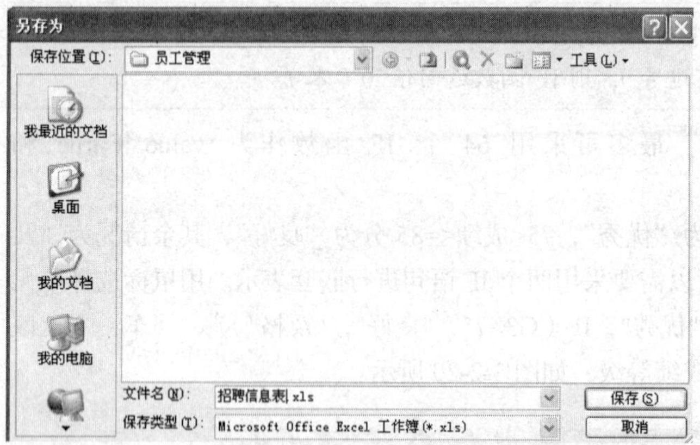

图 3-2-21　保存文件

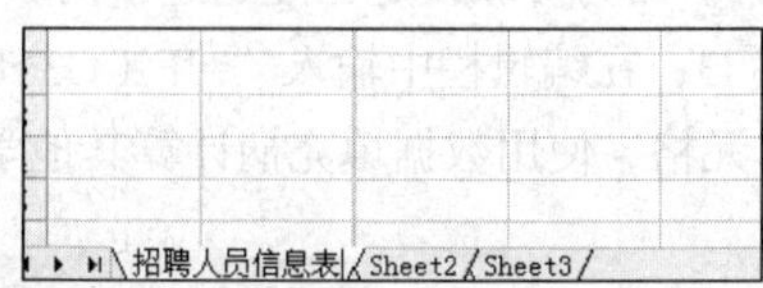

图 3-2-22　工作表重命名

（2）信息的输入。

①在 A1 单元格输入"招聘人员信息表"，分别在相应单元格输入对应内容。

身份证号的输入。

当直接输入身份证号时，会出现图 3-2-23 所示情况，这该如何解决呢？原来直接输入时，身份证被认为是数值数据，所以会显示为用科学记数法表示的效果。

要显示出身份证号，须输入文本内容才能正常显示。首先选择身份证所在列，选择【格式】→【单元格】命令，打开【单元格格式】对话框，选择【数字】选项卡，在【分类】中选取【文本】选项，单击【确定】按钮，就可将该列内容设置为文本格式，如图 3-2-24 所示。

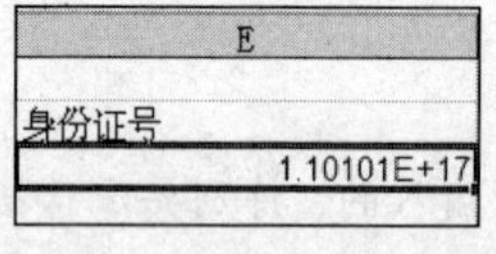

图 3-2-23　输入身份证号 1

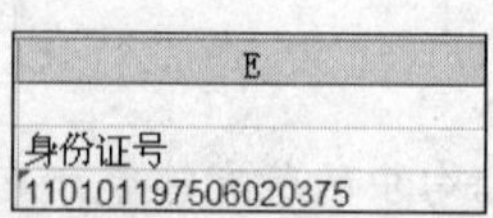

图 3-2-24　输入身份证号 2

② 自动填充内容。序号的内容是一系列数字，可采用自动填充的方法实现快速输入。

分别在 A3、A4 单元格中输入 1、2，然后选取 A3：A4 区域，并将光标移到该区域右下角的小方块处，鼠标变为"+"后，按下左键并拖曳到所需填充的单元格，松开鼠标后，可得到如图 3-2-25

所示效果。

	A	B	C	D	E	F	G	H	I
1	招聘人员信息表								
2	序号	姓名	性别	学历	身份证号	笔试成绩	面试成绩	总成绩	排名
3	1	王冠军	男	本科	622723198602013412				
4	2	王腾飞	男	大专	52262619800410121X				
5	3	胡四海	男	硕士	522324197508045617				
6	4	曹云飞	男	大专	522132197808265418				
7	5	张振宇	男	大专	522101197403216410				
8	6	潘鑫	男	大专	520201197209083216				
9	7	李志伟	男	硕士	520201197509083216				
10	8	李大男	男	中专	511428196305026357				
11	9	崔伟伟	男	大专	510226196602284031				
12	10	孙小权	男	大专	460023198302030211				
13	11	杨柳	女	中专	460023197609030321				
14	12	林海	女	中专	460000198002120345				
15	13	郭锐	男	本科	440825199101130570				
16	14	苏梦雪	女	硕士	411422198412055424				
17	15	赵征	男	本科	410103198711048535				
18	16	周丽雪	女	大专	37142819800508053x				
19	17	李春梅	女	本科	370284197901130819				
20	18	姚梦芹	女	本科	370282197806180866				
21	19	贾启芳	女	大专	370205197405213513				
22	20	郁辉	女	本科	370102197809012312				
23	21	张晓艳	女	本科	362502197812208233				
24	22	胡曙光	男	硕士	330522198307132138				

图 3-2-25　自动填充序号

③ 考试成绩输入。在表中分别将各人员的笔试成绩和面试成绩输入到所对应的单元格中，如图 3-2-26 所示。

招聘人员信息表								
序号	姓名	性别	学历	身份证号	笔试成绩	面试成绩	总成绩	排名
1	王冠军	男	本科	622723198602013412	98	81		
2	王腾飞	男	大专	52262619800410121X	78	91		
3	胡四海	男	硕士	522324197508045617	67	54		
4	曹云飞	男	大专	522132197808265418	68	79		
5	张振宇	男	大专	522101197403216410	87	89		
6	潘鑫	男	大专	520201197209083216	78	90		
7	李志伟	男	硕士	520201197509083216	56	75		
8	李大男	男	中专	511428196305026357	90	56		
9	崔伟伟	男	大专	510226196602284031	23	86		
10	孙小权	男	大专	460023198302030211	67	88		
11	杨柳	女	中专	460023197609030321	46	67		
12	林海	女	中专	460000198002120345	76	66		
13	郭锐	男	本科	440825199101130570	90	89		
14	苏梦雪	女	硕士	411422198412055424	54	77		
15	赵征	男	本科	410103198711048535	676	56		
16	周丽雪	女	大专	37142819800508053x	56	87		
17	李春梅	女	本科	370284197901130819	90	97		
18	姚梦芹	女	本科	370282197806180866	67	86		
19	贾启芳	女	大专	370205197405213513	68	64		
20	郁辉	女	本科	370102197809012312	43	86		

图 3-2-26　输入成绩

计算考试总成绩。选取 H3 单元格为活动单元格，选择【插入】→【函数】命令，在弹出的【插入函数】对话框中选择【SUM】函数，如图 3-2-27 所示，单击【确定】按钮后，【函数参数】对话框如图 3-2-28 所示设置，再单击【确定】按钮，得到如图 3-2-29 所示效果。

将光标放在 H3 单元格右下角的小方块处，鼠标变为“+”后，按下左键并向下拖曳到所需填充的单元格，松开鼠标后，可将所有人员的总成绩计算出来，如图 3-2-30 所示。

④ 计算排名。招聘人员的信息已基本输入完毕，但为了公平公开并择优录取的原则，还需对考试总成绩进行排名，从成绩的高低顺序优先考虑录用人员。

选取 H3 单元格，在公式编辑器中输入公式“=RANK（H3，$H$3:$H$56）”，按【Enter】键，即可求出“王冠军”的总成绩在所有应聘人员中的排名，如图 3-2-31 所示。

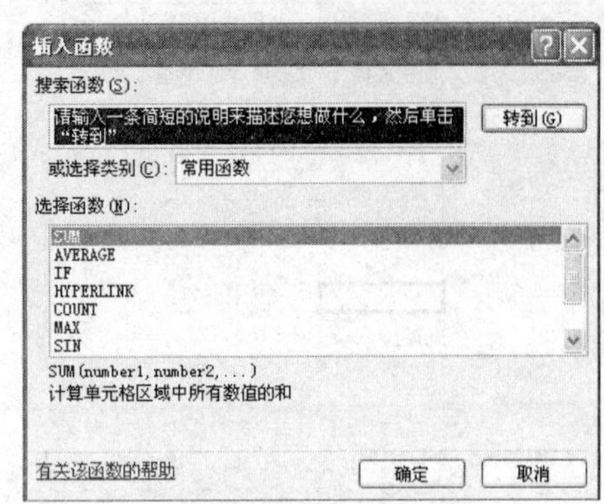

图 3-2-27　插入函数

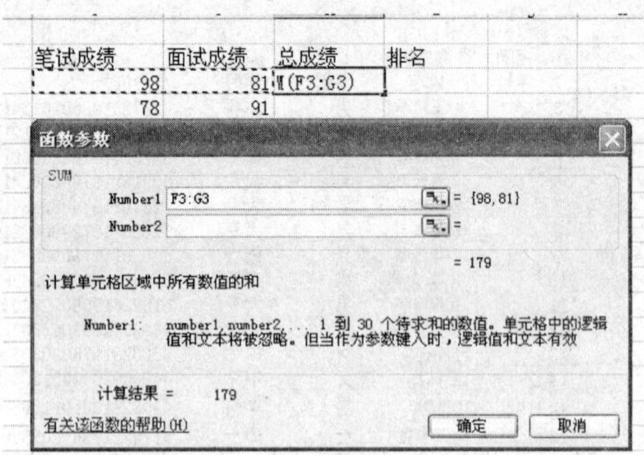

图 3-2-28　函数参数

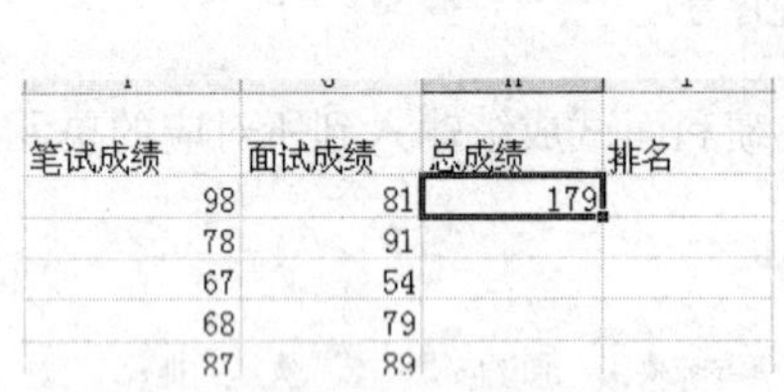

笔试成绩	面试成绩	总成绩	排名
98	81	179	
78	91		
67	54		
68	79		
87	89		

图 3-2-29　计算总成绩

笔试成绩	面试成绩	总成绩	排名
98	81	179	
78	91	169	
67	54	121	
68	79	147	
87	89	176	
78	90	168	
56	75	131	
90	56	146	
23	86	109	
67	88	155	
46	67	113	
76	66	142	

图 3-2-30　总成绩

SUM　=RANK(H3,$H$3:$H$56)

	A	B	C	D	E	F	G	H	I
1	招聘人员信息表								
2	序号	姓名	性别	学历	身份证号	笔试成绩	面试成绩	总成绩	排名
3	1	王冠军	男	本科	622723198602013412	98	81	179	:$H$56)
4	2	王腾飞	男	大专	52262619800410121X	78	91	169	
5	3	胡四海	男	硕士	522324197508045617	67	54	121	
6	4	曹云飞	男	大专	522132197808265418	68	79	147	

图 3-2-31　计算排名

选取 H3 单元格，将光标定位到该单元格右下角，出现黑色十字型时，按下鼠标左键向下拖动，即可求出其他人在所有应聘人员中的排名，如图 3-2-32 所示。

=RANK(H13,$H$3:$H$56)

性别	学历	身份证号	笔试成绩	面试成绩	总成绩	排名
男	本科	622723198602013412	98	81	179	6
男	大专	52262619800410121X	78	91	169	10
男	硕士	522324197508045617	67	54	121	47
男	大专	522132197808265418	68	79	147	31
男	大专	522101197403216410	87	89	176	8
男	大专	520201197209083216	78	90	168	11
男	硕士	520201197509083216	56	75	131	40

图 3-2-32　排名

RANK 函数：用于返回一个数值在一组数值中的排位。

语法形式：RANK（number，ref，order）

参数说明：number 表示需要计算排位的一个数字；ref 表示包含一组数字的引用；order 表示为一个数字，指明排位的方式。若 order 为 0 或省略，则按降序对数据进行排位；如 order 不为零，则按升序对数据进行排位。

如上例中的公式“=RANK（H3，$H$3:$H$56）”表示 H3 单元格的数据在 $H$3:$H$56 区域中的总排位，$H$3:$H$56 表示为绝对地址引用，当公式自动填充时，区域一直不变。

⑤ 排序。将光标放在排名列，选择【数据】→【排序】命令，然后弹出【排序】对话框，按如图 3-2-33 所示设置后单击【确定】按钮，得到如图 3-2-34 所示效果。

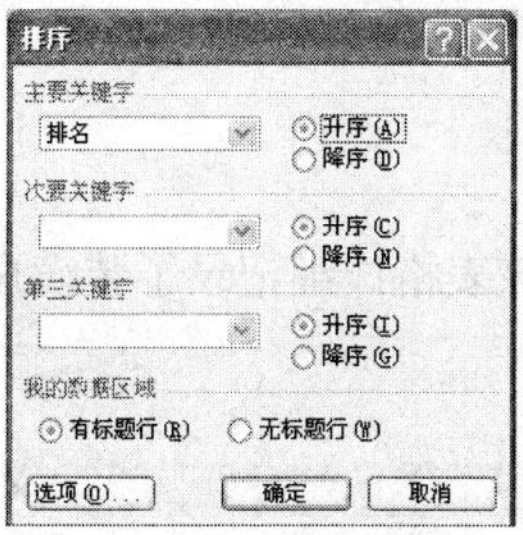

图 3-2-33 【排序】设置

A	B	C	D	E	F	G	H	I
招聘人员信息表								
序号	姓名	性别	学历	身份证号	笔试成绩	面试成绩	总成绩	排名
36	吴海蒙	男	硕士	21031119851130004x	95	94	189	1
17	李春梅	女	本科	370284197901130819	90	97	187	2
51	田赛赛	男	硕士	120107198507020611	96	90	186	3
38	李子林	男	本科	210304198504290847	94	90	184	4
45	代芷若	女	硕士	152801198703190213	85	96	181	5
1	王冠军	男	本科	622723198602013412	98	81	179	6
13	郭锐	男	本科	440825199101130570	90	89	179	6
5	张振宇	男	大专	522101197403216410	87	89	176	8
35	黎明	男	大专	210411198504282942	90	84	174	9
2	王腾飞	男	大专	52262619800410121X	78	91	169	10
6	潘鑫	男	大专	520201197209083216	78	90	168	11
46	王林	男	中专	152801198703025310	75	93	168	11
31	巩明	男	硕士	211003198407230111	79	85	164	13
33	刘畅	女	本科	210502198412020944	69	95	164	13

图 3-2-34　排序结果

（3）表格的美化、修饰。应聘人员信息已基本完成，骆珊看着总觉得还缺点什么：是太单调了，不够丰富，也不协调，一起来修饰一下吧！

① 选取 A1:I1 单元格区域，单击格式工具栏上的【合并及居中】按钮，使“招聘人员信息表”居中，选择【格式】→【单元格】命令，在【单元格格式】对话框中进入【字体】选项卡，如图 3-2-35 所示设置，单击【确定】按钮。

② 选取 A2:I2 单元格区域，选择【格式】→【单元格】命令，在【单元格格式】对话框中进入【字体】选项卡，设置【字体】为【隶书】，【字号】为【14】，再进入【图案】选项卡，选取浅绿色的单元格底纹，最后单击【确定】按钮完成设置。

③ 选取 A2:I56 单元格区域，选择【格式】→【单元格】命令，再选择“边框”选项卡，按图 3-2-36 所示进行设置，单击【确定】按钮，最终效果如图 3-2-37 所示。

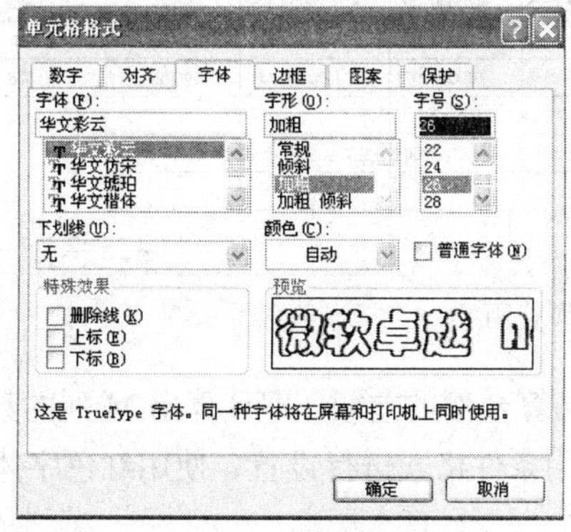

图 3-2-35　单元格格式

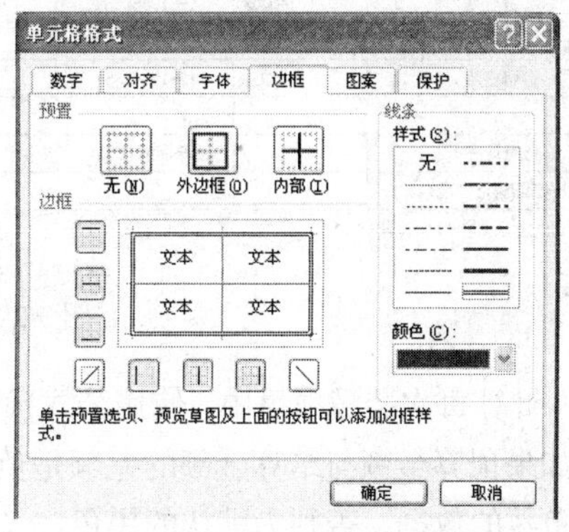

图 3-2-36　单元格边框设置

招聘人员信息表

序号	姓名	性别	学历	身份证号	笔试成绩	面试成绩	总成绩	排名
36	吴海蒙	男	硕士	21031119851130004x	95	94	189	1
17	李春梅	女	本科	370284197901130819	90	97	187	2
51	田赛赛	男	硕士	120107198507020611	96	90	186	3
38	李子林	男	本科	210304198504290847	94	90	184	4
45	代芷若	女	硕士	152801198703190213	85	96	181	5
1	王冠军	男	本科	622723198602013412	98	81	179	6
13	郭锐	男	本科	440825199101130570	90	89	179	6
5	张振宇	男	大专	522101197403216410	87	89	176	8
35	黎明	男	大专	210411198504282942	90	84	174	9
2	王腾飞	男	大专	52262619800410121X	78	91	169	10
6	潘鑫	男	大专	520201197209083216	78	90	168	11
46	王林	男	中专	152801198703025310	75	93	168	11
31	巩明	男	硕士	211003198407230111	79	85	164	13

图 3-2-37　最终效果

3.2.6　课后练习

汇总装修公司年度装璜费用单

装修公司每年度给客户的装潢情况都会登记在一个 Excel 表格内。该表格详细记录了装潢户主的联系方式、装潢时间、装潢面积以及装修金额，如图 3-2-38 所示。

Microsoft Excel - 年度装璜情况明细表.xls

年度装潢情况明细表

装修地址 小区名称	户主姓名	联系电话	建筑面积	开工日期	装修金额 预算金额	预付金额	结算金额	预算与结算差额：
龙胜小区	林树文	13519662342	60	1996-9-19	35000.00	8000.00	37006	-2006
龙胜小区	钟兴源	13519662343	80	1996-10-1	45000.00	10000.00	45995	-995
龙胜小区	赵庭锋	13519662344	60	1997-2-26	35000.00	8000.00	35119	-119
昌茂小区	刘普尧	13519662345	100	1997-3-4	55000.00	10000.00	59673	-4673
昌茂小区	许素尹	13519662346	124	1997-3-26	70000.00	10000.00	71151	-1151
昌茂小区	马琪	13519662347	100	1997-4-18	55000.00	10000.00	55722	-722
昌茂小区	张俊	13519662348	124	1997-4-29	55000.00	10000.00	54308	692
昌茂小区	周建兰	13519662349	100	1997-5-21	70000.00	18000.00	69054	946
昌茂小区	殷洪涛	13519662350	100	1997-5-28	55000.00	10000.00	54463	537
静心苑	符瑞华	13519662351	120	1997-6-26	55000.00	10000.00	54426	574
静心苑	卢献宏	13519662352	120	1997-7-25	70000.00	18000.00	69578	422
静心苑	刘海芳	13519662353	90	1997-8-22	55000.00	10000.00	54909	91
静心苑	叶文霞	13519662354	120	1997-9-9	100000.00	30000.00	99672	328
装修计数：	13	装修面积总和：	1298	预算金额总和：	755000	结算金额总和：	761079	
预算与结算差额：	-6079							

图 3-2-38　年度装潢费用

（1）计算每次装潢项目中，使用公式预算金额与结算金额的差额，即计算出 M 列的数值，并且要求如果预算金额与结算金额的差额是负值，则使用条件格式进行设置，使用红色字体颜色标注值为负数的数据，否则为默认的黑色。

（2）使用 COUNT 函数计算单元格 F18 的值，即计算本年度装修公司的装潢次数。

（3）分别计算单元格 H18、J18、L18 的值，即计算本年度公司的装潢面积、预算金额总和和结算金额总和，可在编辑栏中输入公式或是直接使用 SUM 函数。

（4）使用公式计算单元格 F19 的值，即计算本年度预算金额与结算金额的差额。

3.3 Excel 图表生成及 VLOOKUP 应用——员工档案资料管理

3.3.1 创建情景

最近人事处的陈昕很烦恼，每次和同事们聊天时都是唉声叹气的。原来，陈昕两个礼拜前才从文秘处调到了人事处，接过了刚刚跳槽不干的老王的活。这岗位换了可不是简单的事，面对那台存放一堆资料的电脑，陈昕都不知从何下手。而每次领导说要各种数据的时候，陈昕就更头大了，找都找不到，更别说汇总整理了。

精通计算机的小李介绍，使用 Excel 可以解决这些问题。

3.3.2 任务剖析

1. 相关知识点

（1）NOW 函数和 YEAR 函数。

NOW 函数可以返回当前计算机中的日期。如若当前计算机中的日期是 2011 年 4 月 22 日，则 NOW( )的结果为“2011-4-22 12:24”，即表示 2011 年 4 月 22 日 12 时 24 分。

YEAR 函数可计算日期中的年份。YEAR（serial_number），Serial_number 为一个日期值，其中包含要查找的年份。日期的表示方式有多种：带引号的文本串（例如“1998/01/30”）、其他公式或函数的结果（例如 DATEVALUE（“1998/1/30”））。YEAR（“2003-2-5”）的结果为“2003”。

（2）COUNTIF 函数。COUNTIF 函数返回指定区域内满足给定条件的单元格个数。

COUNTIF（range，criteria）

range：为需要计算其中满足条件的单元格数目的单元格区域，如 H3。如果 range 引用区域固定不变，应使用绝对引用或区域命名方式实现。

Criteria：为确定哪些单元格将被计算在内的条件，其形式可以为数字、表达式或文本。需要注意的是：如果参数 Criteria 是表达式或字符串，应使用英文双引号括起来，如“>32”或“apples”。

（3）定义名称。在 Excel 中，名称是单元格或者单元格区域的别名，它是代表单元格、单元格区域、公式或常量。在一个工作簿中，定义的名称可以在不同的工作表中使用，例如定义单元格区域“职工信息!A2:A17”为名称“职工编号”，这样在不同的工作表中使用名称“职工编号”进行引用将更加简单，易于理解。

在使用名称之前，应先进行名称定义。定义名称有下列 3 种方式。

① 使用【定义名称】对话框，选择菜单栏上的【插入】→【名称】→【定义】命令，或是使用组合键【Ctrl+Shift+F3】，弹出【定义名称】对话框，在该对话框中可以定义名称、查看已定

义的名称以及对名称进行修改删除，如图 3-3-1 所示。

名称一旦被定义，只能修改其引用位置，而不能修改名称。如果需要确实修改名称，则只能将原先定义的名称删除，再重新进行定义。

② 使用名称框进行快速定义。在编辑栏的左边即名称框，先拖动鼠标选择需要定义名称的单元格区域，单击鼠标将光标定位在名称框中，输入名称“职务”，按回车键，如图 3-3-2 所示。

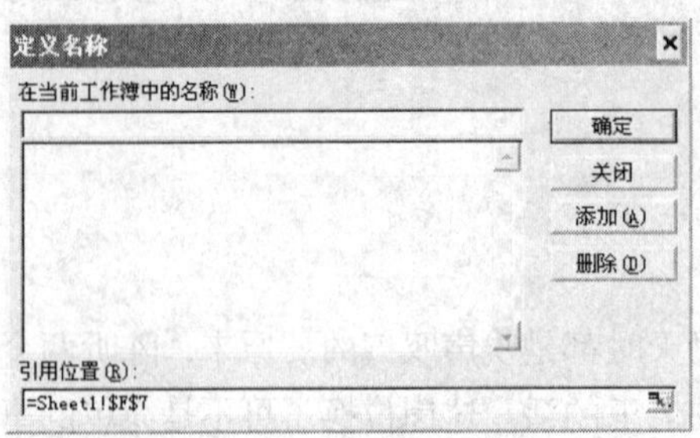

图 3-3-1 【定义名称】对话框

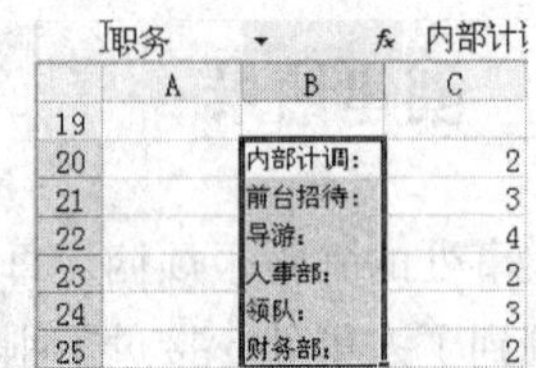

图 3-3-2 使用名称框进行定义

③ 批量制定名称。如果需要大批量地进行名称定义，如需要把单元格区域 B2:B17 定义名称为“姓名”，同时把单元格区域 C2:C17 定义名称为“职务”。用鼠标选定单元格区域 B1:C17，选择菜单栏上的【插入】→【名称】→【指定】命令，打开【指定名称】对话框，勾选名称创建于【首行】，即将单元格 B1 的内容作为单元格区域 B2:B17 的名称，单元格 C1 的内容作为单元格区域 C2:C17 的名称，如图 3-3-3 所示。

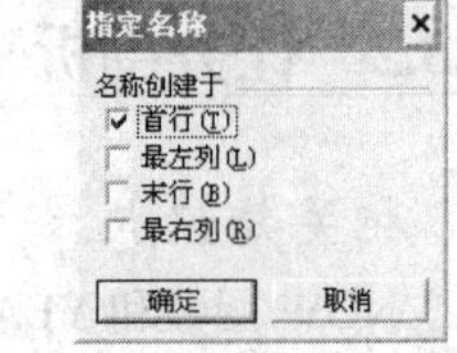

图 3-3-3 【指定名称】对话框

（4）VLOOKUP 函数。VLOOKUP 函数是 Excel 等电子表格中的横向查找函数，它与 LOOKUP 函数和 HLOOKUP 函数属于一类函数，VLOOKUP 是按列查找的，HLOOKUP 是按行查找的。

VLOOKUP（查找值，区域，列序号，逻辑值）

【查找值】：需要在单元格区域的第一列中查找的数值，它可以是数值、引用或文字符串。

【区域】：数组所在的区域，如“B2:E10”，也可以使用对区域或区域名称的引用，例如数据库或数据清单。

【列序号】：希望区域（数组）中待返回的匹配值的列序号为 1 时，返回第一列中的数值，为 2 时，返回第二列中的数值；以此类推，若列序号小于 1，函数 VLOOKUP 返回错误值 #VALUE!；如果列序号大于区域的列数，函数 VLOOKUP 返回错误值 #REF!。

【逻辑值】：为 TRUE 或 FALSE。逻辑值指明函数 VLOOKUP 返回时是精确匹配还是近似匹配。如果列序号为 TRUE 或省略，则返回近似匹配值。也就是说，如果找不到精确匹配值，则返回小于查找值的最大数值；如果逻辑值为 FALSE，函数 VLOOKUP 将返回精确匹配值。如果找不到，则返回错误值 #N/A。如果查找值为文本时，逻辑值一般应为 FALSE 。

（5）图表。图表可以用来表现数据间的某种相对关系，用户使用图表可以方便地查看数据的差异，并且预测趋势。运用 Excel 的图表制作可以生成多种类型的图表，使用不同的图表类型可以看出数据之间的不同关系。如运用柱形图比较数据间的多少关系，用折线图反映数据间的趋势关系，用饼图表现数据间的比例分配关系。

建立了图表后，用户可以通过增加图表项，如数据标记、图例、标题、文字、趋势线等美化

图表及强调某些信息。大多数图表项可被移动或调整大小。也可以用图案、颜色、对齐、字体及其他格式属性来设置这些图表项的格式。

2. 操作方案

小李听了陈听一番话后，分析了日常的工作归类，重新调整了管理的思路，给陈听提出了以下的解决方案。

（1）员工年龄使用函数 YEAR 自动计算，无需每年更新。

（2）使用 COUNTIF 函数计算各部门人数。

（3）方便起见，将各个数据生成图表以便统计查看。

（4）使用 VLOOKUP 函数制作员工查询表，以方便员工信息查询。

3.3.3　任务实现

1. 自动计算员工年龄

每个员工的信息记录里都有一项年龄，每年这项内容都需要进行更新。虽然都是在现有年龄上加 1，使用公式计算并且数据填充也是简单完成。但是陈听是个懒人，老是想着要是让计算机每年自己更新多好，也省得有时候忘了。小李二话不说，告诉陈听 Excel 里还确实有这么个简便的方法，那就是 YEAR 函数和 NOW 函数。

单击单元格 E2，在编辑栏输入“=YEAR（NOW（））-YEAR（D2）”，即“当前日期中的年份 - 出生年月中的年份=年龄”，按回车键，即可计算该员工当前年龄。鼠标移动至单元格 E2 右下角呈现十字，往下拖动填充，则该列将自动生成各员工年龄，如图 3-3-4 所示。

E3　▾　fx =YEAR(NOW())-YEAR(D3)

	A	B	C	D	E
1	编号	姓名	职务	出生年月	年龄
2	A001	林树文	内部计调	1980-12-20	31
3	A002	钟兴源	前台招待	1983-3-1	28
4	A003	赵庭锋	导游	1982-12-12	29
5	A004	刘普尧	导游	1980-5-23	31
6	A005	许素尹	导游	1982-12-4	29
7	A006	马琪	人事部	1980-10-25	31
8	A007	张俊	内部计调	1985-6-26	26
9	A008	周建兰	领队	1984-7-22	27
10	A009	殷洪涛	财务部	1981-2-28	30
11	A010	符瑞华	财务部	1983-11-20	28
12	A011	卢献宏	前台招待	1983-12-30	28
13	A012	刘海芳	前台招待	1986-10-30	25
14	A013	叶文霞	领队	1981-11-1	30
15	A014	湛世阳	导游	1981-10-2	30
16	A015	叶健翔	人事部	1981-1-3	30
17	A016	吴多亮	领队	1981-12-4	30

图 3-3-4　自动计算员工年龄

为了能够正确显示年龄列，需要设定该列的单元格格式为【数值】，否则如果单元格格式设定为其他格式，如【文本】或是【日期】，将会出现错误，无法显示。

2. 统计各部门人员人数

为统计文本内容满足一定条件的单元格数目，可使用 COUNTIF 函数。

在单元格区域 B20:B25 中输入各部门名称。单击单元格 C20，在编辑栏中输入公式“=COUNTIF（C2:C17，"销售部"）”，即在单元格区域 C2:C17 中搜索内容为“销售部”单元格的记录，并返回记录的个数。同理可设定 C21:C25 的公式，只需要将编辑栏中的“销售部”改成各个部门名称，即可计算其他职务的人员总数，如图 3-3-5 所示。

注意

与 SUM 函数不同，此时如果下拉单元格 C20 使用数据填充 C21:C25，则会发生错误，如 C21 的编辑栏内容变为“=COUNTIF（C3:C18，“内部计调”）”而非正确值“=COUNTIF（C2:C17，“前台招待”）”。可以使用绝对地址来表示单元格范围 C3:C18，如“$C$3:$C$18”。

3. 插入图表

为了能够清晰地看到各个职务的人数在总公司人数中的比例，需要将上一步计算出的人数生成图表显示。图表中的饼图就可以显示各项在整体中所占的比例。

拖动鼠标选择单元格区域 B20:C25，选择菜单栏上的【插入】→【图表】命令，打开【图表向导】对话框，在【标准类型】选项卡中选择第四种类型【饼图】，在【子图表类型】中选择第一种子图表类型【饼图】，单击【下一步】按钮，如图 3-3-6 所示。

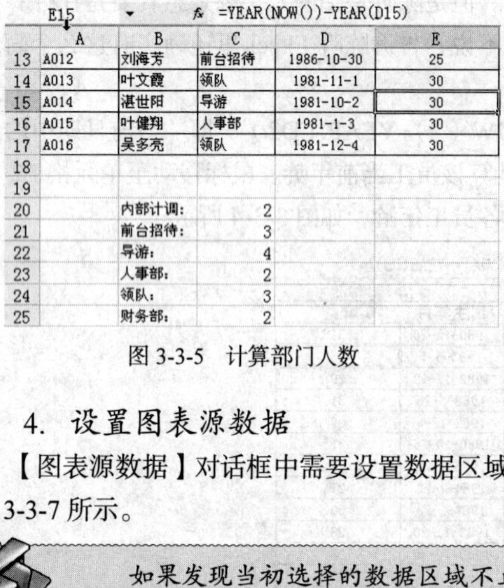

E15 ▾ fx =YEAR(NOW())-YEAR(D15)

	A	B	C	D	E
13	A012	刘海芳	前台招待	1986-10-30	25
14	A013	叶文霞	领队	1981-11-1	30
15	A014	湛世阳	导游	1981-10-2	30
16	A015	叶健翔	人事部	1981-1-3	30
17	A016	吴多亮	领队	1981-12-4	30
18					
19					
20		内部计调:	2		
21		前台招待:	3		
22		导游:	4		
23		人事部:	2		
24		领队:	3		
25		财务部:	2		

图 3-3-5 计算部门人数

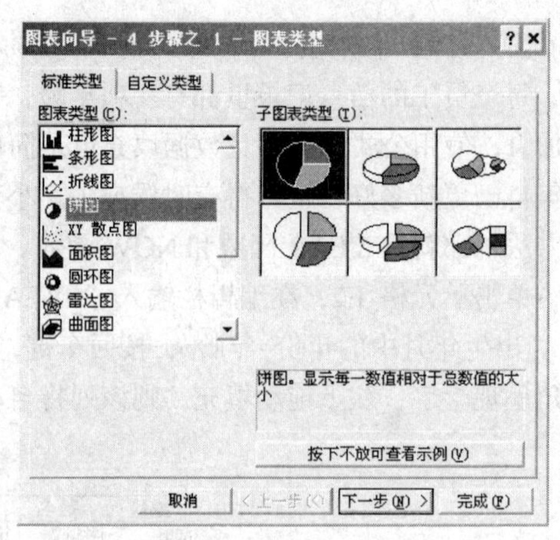

图 3-3-6 设置图表类型

4. 设置图表源数据

【图表源数据】对话框中需要设置数据区域，即产生图表的区域。选择系列产生在【列】，如图 3-3-7 所示。

注意

如果发现当初选择的数据区域不正确而导致生成的图表错误，则此时可以先选择【数据区域】中的文本内容，再使用鼠标重新拖动选择数据区域。不连续的数据区域可按住【Ctrl】键进行选取。

5. 设置数据标志

在【图表向导】对话框中可以设置 3 个选项卡，分别为【标题】、【图例】、【数据标志】。在【标题】选项卡中可以设置图表标题，因为图表类型是【饼图】，所以【分类 X 轴】和【数值 Y 轴】不可用，呈现灰色。在【图例】选项卡中可以设置是否显示图例以及显示图例在图表区域中的位置。单击【下一步】按钮，在【数据标志】选项卡中可设置数据标签包括的内容，并且设定各项内容使用的分隔符。勾选【数据标签包括】的选项为【值】，如图 3-3-8 所示。

6. 生成图表

单击【下一步】按钮，在最后一个步骤【图表位置】对话框中可选择【作为新工作表插入】或是【作为其中的对象插入】选项。

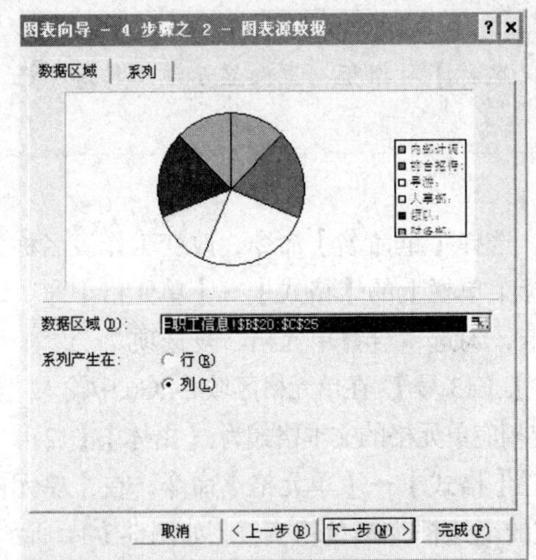

图 3-3-7　选择数据源

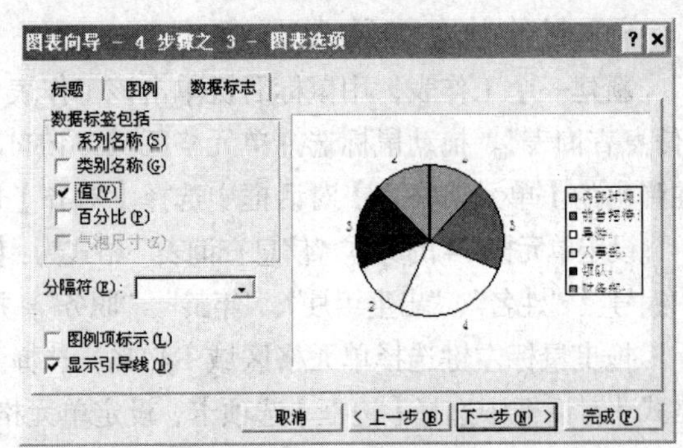

图 3-3-8　设置【数据标志】

如果选择第 2 个选项【作为其中的对象插入】，则还应选择该工作簿中的工作表，以确定生成的图表插入到哪个工作表中。

选择【作为其中的对象插入】选项，并选择将该图表插入到工作表【职工信息】中，单击【完成】按钮，即可在工作表【职工信息】中插入生成的图表，如图 3-3-9 所示。

	A	B	C	D	E	F	G
13	A012	刘海芳	前台招待	1986-10-30	25		
14	A013	叶文霞	领队	1981-11-1	30		
15	A014	湛世阳	导游	1981-10-2	30		
16	A015	叶健翔	人事部	1981-1-3	30		
17	A016	吴多亮	领队	1981-12-4	30		
18							
19							
20		内部计调:	2				
21		前台招待:	3				
22		导游:	4				
23		人事部:	2				
24		领队:	3				
25		财务部:	2				
26							
27							
28							
29							

图 3-3-9　生成图表

7．定义名称

在 Excel 中，名称是单元格或者单元格区域的别名，它是代表单元格、单元格区域、公式或常量。在一个工作簿中，定义的名称可以在不同的工作表中使用，例如定义单元格区域“职工信息!A2:A17”为名称“职工编号”，这样在不同的工作表中使用名称“职工编号”进行引用将更加简单，易于理解。

在使用名称之前，应先进行名称定义。用鼠标拖动选择工作表“职工信息”中需要定义名称的区域 A2:A17，选择菜单栏上的【插入】→【名称】→【定义】命令，在【定义名称】对话框中定义单元格区域的名称为“编号”，此时可以看到原先选择的单元格区域显示在“引用位置”处，检查引用的位置是否正确，单击【确定】按钮，如图 3-3-10 所示。

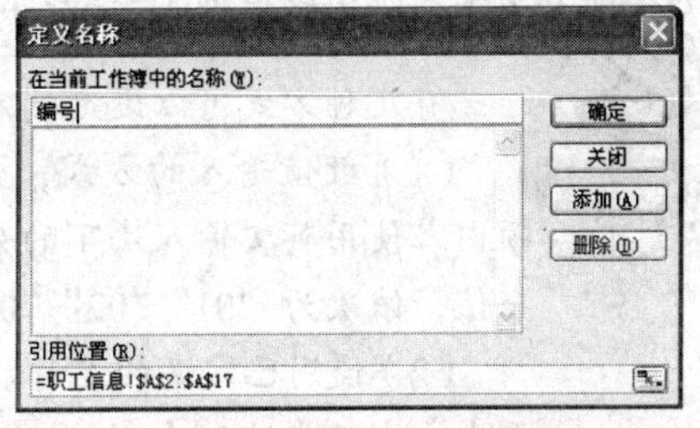

图 3-3-10 【定义名称】对话框

使用组合键【Ctrl+F3】即快速打开【定义名称】对话框，里面显示该工作簿中已经定义好的名称。

8. 制作信息查询表

新建一个工作表，用鼠标右键单击该工作表名称，选择【重命名】命令，改变工作表名称为"信息查询表"。拖动鼠标选择单元格区域 F4:H4，选择菜单栏上的【格式】→【单元格】命令，在弹出的【单元格格式】对话框中选择【对齐】选项卡，勾选"合并单元格"复选项。

设定单元格 F4 的文本"信息查询表"格式为:【黑体】、【13 号】。在单元格区域 E4:G6 中输入"员工编号"、"姓名"、"出生年月"、"年龄"、"职务"，并设定相应单元格的文本格式为:【楷体】、【12 号】。

拖曳鼠标左键选择单元格区域 E4:H6，选择菜单栏【格式】→【单元格】命令，在【单元格格式】对话框中选择【边框】选项卡，设定单元格区域的上边框为黑色粗实线，如图 3-3-11 所示。

9. 设置单元格为日期格式

选择单元格 H5，选择菜单栏上的【格式】→【单元格】命令，在弹出的【单元格格式】对话框中选择【数字】选项卡中，设置【分类】为【日期】,【类型】为列表中任意一种，如图 3-3-12 所示。

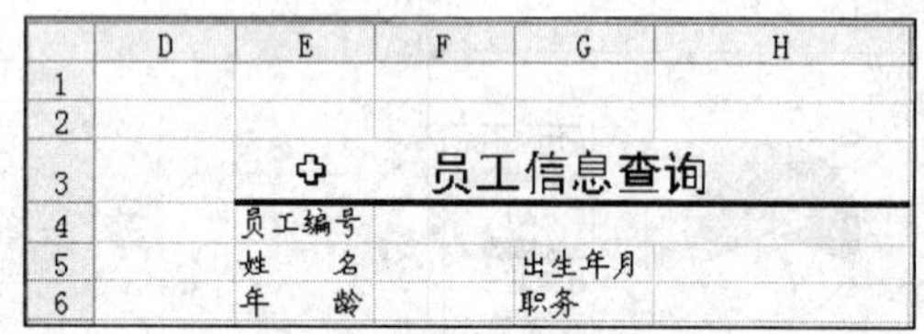

图 3-3-11　信息查询表

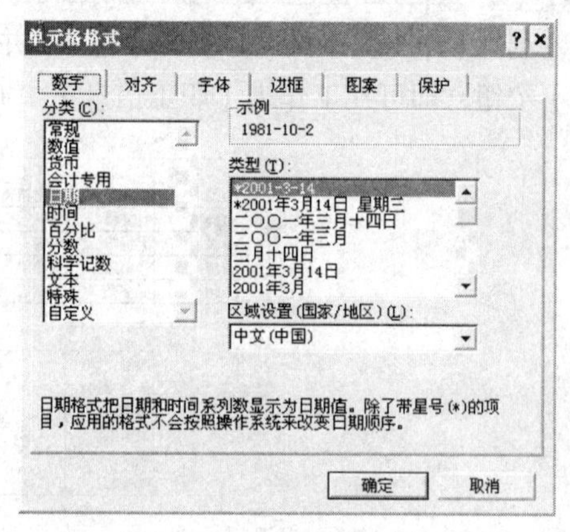

图 3-3-12　设置日期形式

10. 使用名称制作列表

前面已经在本工作簿中定义了一个名称为"编号"的引用区域，现在可以使用该区域给单元格赋值，即该单元格的呈现形式为一个列表，该列表中的值为"编号"的引用区域。

选择单元格 F4，选择菜单栏上的【数据】→【有效性】命令，弹出【数据有效性】对话框，在【数据有效性】对话框中选择【设置】选项卡，可设置单元格 F4 的有效性条件。设置【允许】为【序列】,【来源】设定为【=编号】，单击【确定】按钮，如图 3-3-13 所示。

有几种方式可以设定制定单元格的【来源】:

（1）数值输入的方式，如在【来源】文本框中直接输入内容"01，02，03"，各项内容使用英文输入法下的分隔符逗号隔开。此时，单元格为列表形式，列表中有 3 个值，依次为"01""02""03"。

（2）使用已定义的名称。如前面已经定义单元格区域的名称为"编号"，则在【来源】文本框中输入【=编号】，该单元格区域中的值将作为列表的各项值显示。

11. 使用 VLOOKUP 函数

单击单元格 F5，在编辑栏 fx 中输入 “=VLOOKUP（F4，职工信息!A1:F17，2，TRUE）”。以上公式中 “职工信息!A1:F17” 代表查找区域，“2” 代表【姓名】列在查找区域的列序号。同理，可设置 “出生年月”、“年龄”、“职务” 字段的 VLOOKUP 语句，只需修改查找区域的列序号即可，如图 3-3-14 所示。

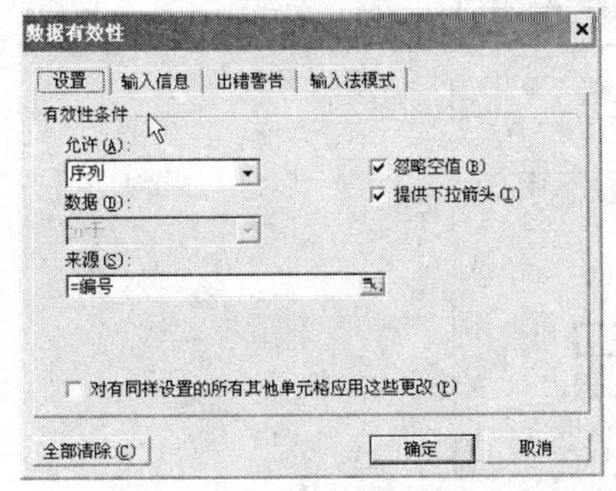

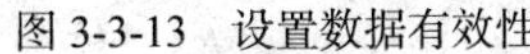
图 3-3-13　设置数据有效性

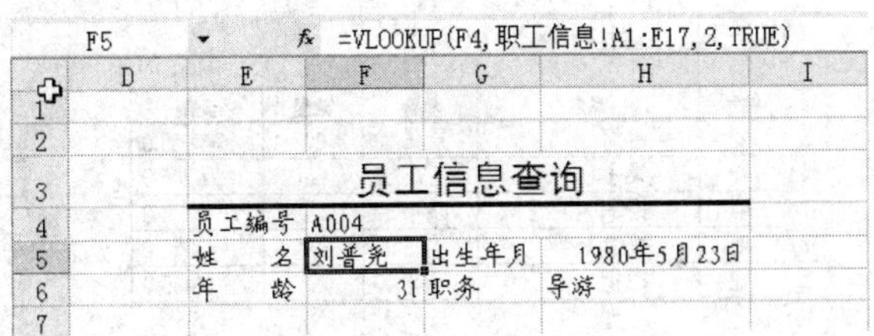

图 3-3-14　信息查询表

3.3.4　任务小结

本案例通过“员工档案资料管理”的操作过程，讲解了在 Excel 中生成图表和使用 VLOOKUP 函数制作信息查询表的操作，还讲解了 YEAR 函数、NOW 函数和 COUNTIF 函数，使得管理工资表自动化。

图表可以用来分析查看数据。要体现数据之间的不同关系时，要仔细选择合适的图表类型。在选择数据源时也应该注意，不要忽略了数据标题。创建的图表可以插入到原有的工作表中，也可以插入到新的工作表，并且可以进行编辑操作；巧妙地给某些数据区域定义名称可以更方便地使用该区域中的数据，例如可以结合使用名称和数据有效性来制作列表；VLOOKUP 函数还可以嵌套使用，这样可以实现更为复杂的查询功能。

另外，在使用公式时需要注意以下几点。

（1）在使用公式和函数进行计算时，编辑栏中的函数和公式前面先输入 “=”，否则出现语法错误导致无法计算。

（2）在下拉复制公式进行数据填充时，公式中的单元格引用将根据位置的不同发生变化。如果不想让单元格随着位置变化而发生改变，则要将该单元格的表示形式改为绝对引用，即使用符号 “$”，如单元格 B5 使用绝对引用表示为$B$5。

（3）公式中的符号如逗号、括号和等号都是英文输入法下的，不可切换到中文输入法再输入。

3.3.5　拓展训练

利用本案例所掌握的知识及技巧，可以拓展到其他类似案例的设计和制作。

发票管理（见图 3-3-15）

（1）制作 “产品” 工作表。在工作簿 “Vlookup 办公用品” 中新建一个工作表，命名为 “产品”，在

“产品”工作表中单元格区域 A1:C1 中分别输入表头“编号”、“品名”、“单价”，并设定单元格区域 A1:C1 的文本格式为：【宋体】、字体颜色【蓝色】、【12 号】。在单元格区域 A2:C10 输入文具店中所卖的所有产品名称以及它们的单价。单击 C 列，选择菜单栏上的【格式】→【单元格】命令，在【单元格格式】对话框中进入【数字】选项卡，选择【分类】为【货币】，设定【小数位数】为【1】，【货币符号】为【￥】，单击【确定】按钮，如图 3-3-16 所示。

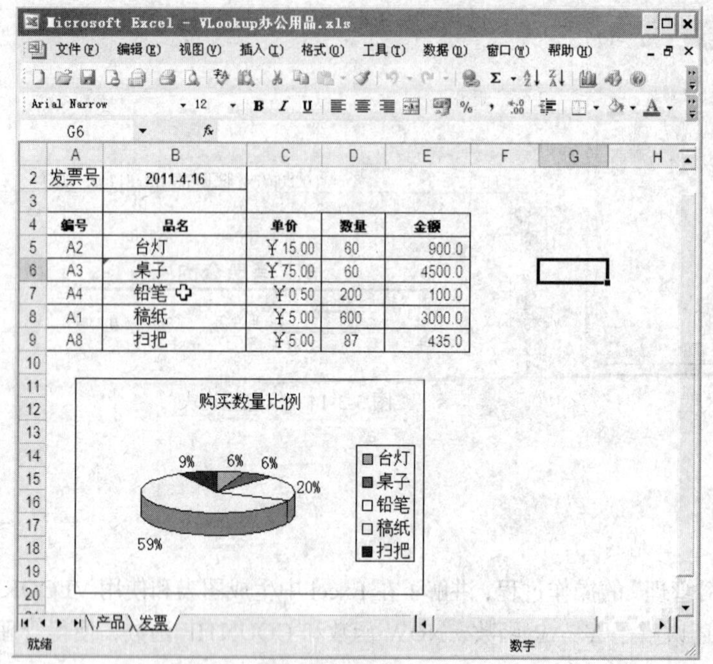

	A	B	C	D	E
2	发票号	2011-4-16			
3					
4	编号	品名	单价	数量	金额
5	A2	台灯	￥15.00	60	900.0
6	A3	桌子	￥75.00	60	4500.0
7	A4	铅笔	￥0.50	200	100.0
8	A1	稿纸	￥5.00	600	3000.0
9	A8	扫把	￥5.00	87	435.0

图 3-3-15　发票管理

	A	B	C
1	编号	品名	单价
2	A1	稿纸	5.0
3	A2	台灯	15.0
4	A3	桌子	75.0
5	A4	铅笔	0.5
6	A5	黑板擦	5.0
7	A6	文件夹	10.0
8	A7	鼠标	100.0
9	A8	扫把	5.0
10	A9	订书机	8.0

图 3-3-16　产品工作表

（2）定义名称。用鼠标拖动选择单元格区域 A2:A10，选择菜单栏上的【插入】→【名称】→【定义】命令，弹出【定义名称】对话框，定义单元格的名称为“编号”，单击【确定】按钮，由此定义了单元格区域 A2:A10 的名称为“编号”。

（3）制作列表。用鼠标右键单击工作表名称“产品”，在弹出菜单中选择【插入】命令，执行插入工作表操作，并重命名该工作表为“发票”。设计“发票”工作表如图 3-3-17 所示，在单元格区域 A5:E5 中输入字段内容“编号”、“品名”、“单价”、“数量”、“金额”。

选中单元格 A5，选择菜单栏上的【数据】→【有效性】命令，弹出【数据有效性】对话框，选择【设置】选项卡，并设置单元格 A5 的有效性条件：【允许】为【序列】，【来源】为【=编号】，单击【确定】按钮。则 A5 单元格为列表的呈现形式，并且列表的各项值为工作表“产品”中单元格区域 A2:A10 中各单元格的值。

同理，可设定 A6:A9 单元格的数据有效性，则用户可从列表中选择现有的产品编号，不需要手工输入，避免了手工输入容易出错的问题。并且这样做还有一个优点，当“产品”工作表中的编号内容发生改变时，“发票”工作表中的编号也能同步更新。

（4）自动设置“品名”与“单价”。为了使得发票中的各个产品信息能够正确填入，如同“编号”列的选项自动从“产品”工作表中提取一样，【品名】与【单价】列的内容也需要从“产品”工作表中自动提取，而且【品名】与【单价】列的内容是根据“编号”列来提取相应产品信息的。因此，需要使用 VLOOKUP 函数来进行信息查询。

单击单元格 B5，在编辑栏中输入“=VLOOKUP（A5，产品!$A$2:$C$10，2，FALSE）”。以上公式中“产品!$A$2:$C$10”代表查找区域，“2”代表【品名】列在查找区域的列序号。同理，可设置“单价”等字段的 VLOOKUP 语句，只需变化“2”为“单价”字段在查找区域的列序号即可，如图 3-3-18 所示。

	A	B	C	D	E
1					
2	发票号	2011-4-16			
3					
4	编号	品名	单价	数量	金额
5	A5	黑板擦	￥5.00	60	300.0
6	A1	桌子	￥75.00	60	4500.0
7	A2	铅笔	￥0.50	200	100.0
8	A3	稿纸	￥5.00	600	3000.0
9	A4	扫把	￥5.00	87	435.0
10	A5				
11	A6 A7 A8				

图 3-3-17　制作列表

B5　　=VLOOKUP(A5,产品!$A$2:$C$10,2,FALSE)

	A	B	C	D	E
2	发票号	2011-4-16			
3					
4	编号	品名	单价	数量	金额
5	A2	台灯	￥15.00	60	900.0
6	A3	桌子	￥75.00	60	4500.0
7	A4	铅笔	￥0.50	200	100.0
8	A1	稿纸	￥5.00	600	3000.0
9	A8	扫把	￥5.00	87	435.0

图 3-3-18　自动生成字段值

（5）自动计算金额。为了防止用户不在数量列中输入任何数值，因此采用 IF 语句进行判断计算。选择单元格 B5，在编辑栏中输入“=IF（D5="", 0, C5*D5）”。即当用户未在“数量”列中输入任何值，即空值，则金额项为“0”，否则“金额=单价*数量”，即“C5*D5”。如图 3-3-19 所示。

（6）生成饼图。为了查看当日购买的各个物品在总体数量中的比例，需要生成图表。按【Ctrl】键，拖动鼠标选择单元格区域 B4:B9 和 E5:E9，选择菜单栏上的【插入】→【图表】命令，打开【图表向导】对话框，在【标准类型】选项卡中选择饼图，并选择【三维饼图】。在第 3 个步骤中的【图标选项】对话框中设置【标题】选项卡中的【图表标题】为【购买数量比例】，在【数据标志】选项卡中勾选“百分比”复选项，如图 3-3-20 所示。

E5　　=IF(D5="",0,C5*D5)

	A	B	C	D	E
2	发票号	2011-4-16			
3					
4	编号	品名	单价	数量	金额
5	A2	台灯	￥15.00	60	900.0
6	A3	桌子	￥75.00	60	4500.0
7	A4	铅笔	￥0.50	200	100.0
8	A1	稿纸	￥5.00	600	3000.0
9	A8	扫把	￥5.00	87	435.0

图 3-3-19　公式计算金额

	编号	品名	单价	数量	金额
5	A2	台灯	￥15.00	60	900.0
6	A3	桌子	￥75.00	60	4500.0
7	A4	铅笔	￥0.50	200	100.0
8	A1	稿纸	￥5.00	600	3000.0
9	A8	扫把	￥5.00	87	435.0

图 3-3-20　生成饼图

3.3.6　课后练习

整理通讯录

某医疗事业单位上年度在编人员的通讯信息都记录在一个 Excel 表中，但是明年开始要采用新的工作表进行记录，要求根据人员所在的部门进行分类。因此人事部的工作人员需要将旧的通讯信息合并到新表去。具体要求如下。

（1）在原来的工作簿中新建几个工作表，分别命名为：“儿科”、“外科”、“内科”和“神经科”，里面有各个部门的所有在编人员信息，如图 3-3-21 所示。

（2）如在“内科”工作表中，需要录入“A001”、“A005”“A010”等人员。要求使用 VLOOKUP 函数将旧的通讯录数据按照新表中的员工编号填充“内科”工作表，如图 3-3-22 所示。

	A	B	C	D	E
1	员工编号	姓名	联系电话	学历	职称
2	A001	池中杰	13589601812	博士	高级
3	A002	郭静	6870508	博士	高级
4	A003	赖婷婷	13869438298	博士	高级
5	A004	彭道静	13969481985	研究生	高级
6	A005	王蕊	13869425677	本科	中级
7	A006	肖美君	13906378393	本科	中级
8	A007	邱琳懿	13906373596	本科	中级
9	A008	徐其凤	13012673636	本科	中级
10	A009	方静	13465950683	本科	中级
11	A010	王诗琪	13062019818	本科	中级
12	A011	王东晓	6829278	研究生	中级
13	A012	陈智强	13455063236	研究生	中级

图 3-3-21　事业单位通讯录

	A	B	C	D	E
1	员工编号	姓名	联系电话	学历	职称
2	A001	池中杰	13589601812	博士	高级
3	A005	王蕊	13869425677	本科	中级
4	A0010	王诗琪	13062019818	本科	中级
5	A0013	苏少华	13969403888	本科	中级
6	A014	徐锴	13963289839	本科	中级
7	A018	常娜	6893188	研究生	中级
8	A020	杨琴	13666320377	研究生	中级
9	A024	高乙尹	6826992	研究生	初级
10	A028	余倩	13869428886	研究生	初级
11	A030	郑秀红	13156827888	本科	初级
12					

图 3-3-22　事业单位通讯录整理

（3）使用 COUNTIF 函数计算出职称分别为“高级”、“中级”“初级”的人员人数。根据该人数分布，生成一个“三维簇状柱形图”，并要求在各个柱形图上显示数值，如在“中级”的柱形上显示人数“6”，设置图表标题为“各职称人数”，如图 3-3-23 所示。

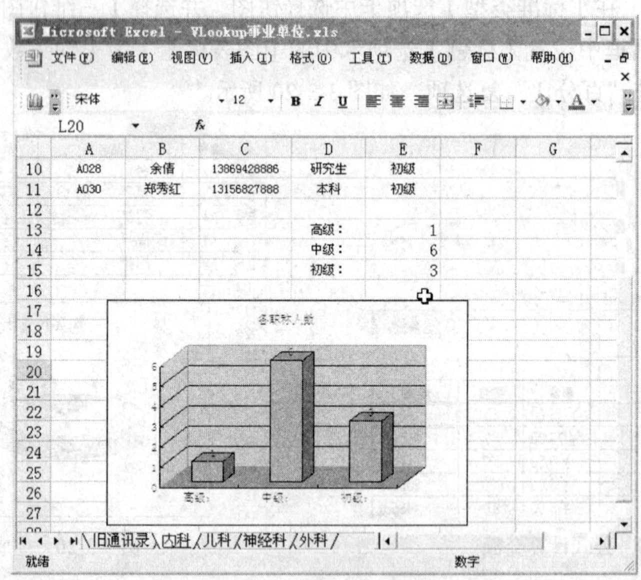

图 3-3-23　柱形图显示各职称人数

3.4 Excel 分类汇总及透视表应用——接团记录表管理

3.4.1 创建情景

年关到了，海南椰海旅行社有限公司为了对本年度的业绩有一个总体的了解，令财务部的王

姐汇总本年度各个分社接团的情况，以便为明年公司发展方向做一个参考依据。

接到任务后，王姐马上就行动起来。首先她制作了一张汇总表，然后发给各个分社的负责人，要求他们按照汇总表来汇报本年度的数据，两天内上报以便汇总。

3.4.2 任务剖析

1. 相关知识点

（1）排序。排序是指让数据按照一定的次序如递增或是递减进行重新排列的过程。通常对于数值类型来说，数字按从小到大进行排列称为升序，反之称为降序，而字母由 A 至 Z 进行排列称为升序，否则称为降序。

在排序时可以单击工具栏上的 按钮进行单一条件的排序。而如果是多条件的复杂排序，则需要选择菜单栏上的【数据】→【排序】命令以对数据进行多个关键字的设置。

（2）分类汇总。Excel 提供了分类汇总命令来对数据区域中的数据进行分类显示和统计。使用分类汇总的表格必须有列标题，并且在分类汇总之前，必须让数据按照指定的分类字段进行排序，然后再进行汇总。分类汇总的方式有以下两种。

① 使用菜单命令。选择菜单栏上的【数据】→【分类汇总】命令，即可在弹出的【分类汇总】对话框中进行设置。

② 使用 SUBTOTAL 函数。

SUBTOTAL（function_num，ref1，ref2，...）

function_num：1 到 11（包含隐藏值）或 101 到 111（忽略隐藏值）之间的数字。该数字指定使用何种函数在列表中进行分类汇总计算。各个数字所表示的汇总方式如图 3-4-1 所示。

Function_num（包含隐藏值）	Function_num（忽略隐藏值）	函数
1	101	AVERAGE
2	102	COUNT
3	103	COUNTA
4	104	MAX
5	105	MIN
6	106	PRODUCT
7	107	STDEV
8	108	STDEVP
9	109	SUM
10	110	VAR
11	111	VARP

图 3-4-1 数字与函数的对应表

当 function_num 为 1～11 的常数时，SUBTOTAL 函数将计算包括通过【格式】→【行】→【隐藏】菜单命令所隐藏的行中的值。当要分类汇总列表中的隐藏和非隐藏值时，请使用这些常数。当 function_num 为从 101 到 111 的常数时，SUBTOTAL 函数将忽略通过【格式】→【行】→【隐藏】菜单命令所隐藏的行中的值。所以当只分类汇总列表中的非隐藏数字时，使用这些常数。但不论使用什么 function_num 值，SUBTOTAL 函数都会忽略任何不包括在筛选结果中的行。

2. 数据透视表

数据透视表是交互式报表，可快速合并和比较大量数据。如果要分析相关的汇总值，尤其是在要合计较大的数字清单并对每个数字进行多种比较时，可以使用数据透视表。数据透视表结合使用了筛选和分类汇总功能，将数据区域中的数据进行重新组合。用户可以根据自己的需要进行设置，以从不同的角度来查看数据。

数据透视表可以使用不同的数据源，是因为可以动态地改变它们的版面布置，以便按照不同的方式分析数据，也可以重新安排行号、列标和页字段。每一次改变版面布置时，数据透视表都会立即按照新的布置重新计算数据。数据的汇总方式可以是多种，如可以是计数或是取平均值。如果原始数据发生更改，可以更新数据透视表。

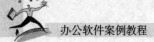

本任务分为以下几个要点：

（1）按照地区对本年度的接团人数和利润进行汇总。

（2）对汇总的结果生成图表查看。

（3）建立数据透视表。

3.4.3　任务实现

（1）创建“数据透视表”工作表。打开“接团记录单.xls”，用鼠标右键单击工作表“接团记录表”，在弹出的快捷菜单中选择【移动或复制工作表】命令，弹出【移动或复制工作表】对话框，选择工作簿为“接团记录单.xls”，勾选复选项【建立副本】，单击【确定】按钮，如图 3-4-2 所示，即可复制工作表“接团记录单”至本文件，重命名该工作表为“数据透视表”。

（2）排序。单击激活工作表“接团记录单”，选择数据区任意一个单元格，选择菜单栏上的【数据】→【排序】命令，弹出【排序警告】对话框，在【排序警告】对话框中选择单选项【扩展选定区域】，单击【排序】按钮，如图 3-4-3 所示。

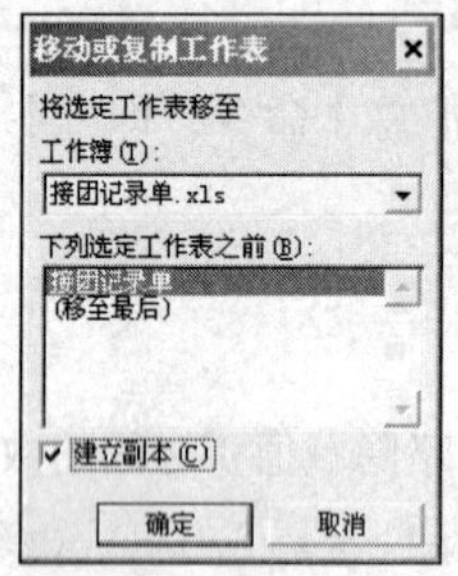

图 3-4-2　复制工作表

图 3-4-3　排序依据

一般来说，一条记录由多个字段组成。如果按字段“地区”进行排序，则需要对该记录的其他字段同时移动，以保持原始的记录结构，否则其他列的数据不随着字段“地区”进行挪动，则将会破坏原始记录结构，造成数据错误。因此，在排序之前需要扩展选定区域，而非以当前选定区域排序。

（3）设置排序关键字。Excel 记录中的每个字段都可以当做“关键字”，即排序的依据。但是，关键字也有主次之分，优先等级最高的关键字称为“主要关键字”，以此类推，优先等级稍低的为“次要关键字”和“第三关键字”。

汉字的排序依据是以该汉字的拼音顺序进行排列的。

在【排序】对话框中设定主要关键字为“地区”，默认以【升序】方式排列，单击【确定】按钮，如图 3-4-4 所示。

排序时要确保所选中的单元格具有相同的大小。也就是说，比如不能有些单元格是合并的单元格而有些不是合并的单元格，这样将会弹出警示对话框显示错误不能排序。

（4）分类汇总。在实际的工作中，经常需要根据数据表的某些特点进行分类，然后在分类的基础上再做例如计数、平均值等汇总。在 Excel 中可以使用菜单栏中的【分类汇总】功能实现。

用鼠标单击选择数据区中的任意一个单元格，选择菜单栏中的【数据】→【分类汇总】命令，弹出【分类汇总】对话框。在【分类汇总】对话框中设定【分类字段】为排序的主要关键字【地区】，设定【汇总方式】为【求和】，在【选定汇总项】中勾选【人数】和【利润】复选项，即按照地区对数据表中的“人数”和“利润”进行求和操作，如图 3-4-5 所示。

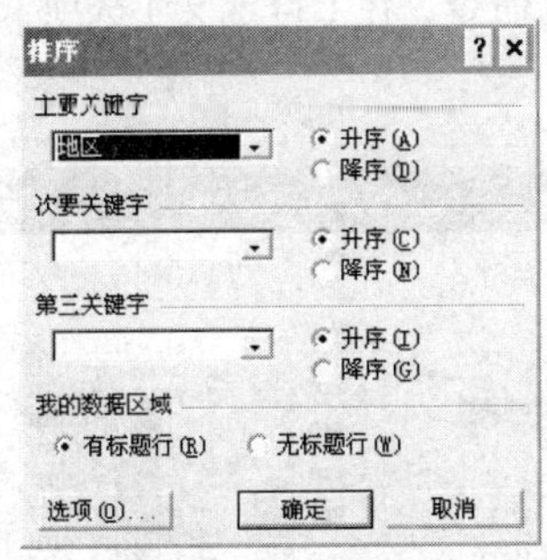

图 3-4-4　排序关键字

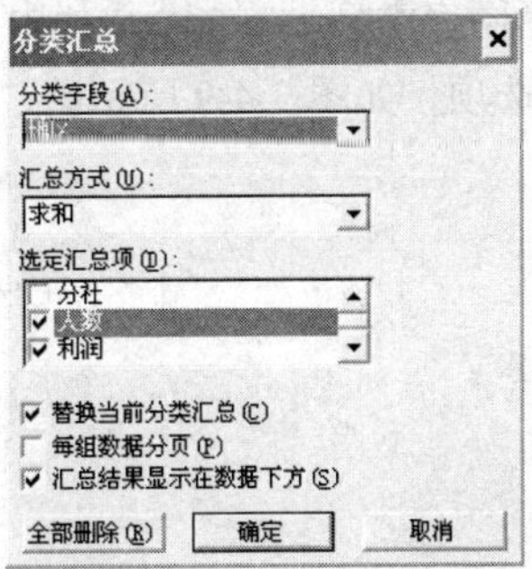

图 3-4-5 【分类汇总】对话框

单击【确定】按钮，可查看汇总结果，如图 3-4-6 所示。

F	G	H	I
地区	分社	人数	利润
新马泰旅游 汇总		1368	￥303,758
北美旅游 汇总		695	￥222,379
国内旅游 汇总		2198	￥530,727
总计		4261	￥1,056,864

图 3-4-6　汇总结果

图 3-4-6 中左边出现了分类树形列表。点击分级符号“1”可只查看分类汇总中的总计项，点击分级符号“3”可显示原始的数据区域，单击数字“2”可快速查看分类汇总结果。

另外，还可以在编辑栏中使用 SUBTOTAL 函数进行分类运算。

在做分类汇总前先进行筛选操作。如在“地区”列通过【数据】→【筛选】→【自动筛选】菜单命令筛选出“地区”为“新马泰旅游”的记录。单击单元格 H78，在编辑栏中输入“=SUBTOTAL（9，H2:H23）”，即对单元格区域 H2:H23 进行分类汇总，汇总的方式为常数 9 对应的 SUM 函数。同理，单击单元格 I78，在编辑栏中输入“=SUBTOTAL（9，I2:I23）”，即对单元格区域 I2:I23 进行分类汇总，汇总的方式为常数 9 对应的 SUM 函数。由此，可对“地区”为“新马泰旅游”的数据记录中的字段“人数”和“利润”进行求和汇总，如图 3-4-7 所示。

fx =SUBTOTAL(9,H2:H23)

D	E	F	G	H	I
J	7月17日	国内旅游	长春	96	￥3,727
M	3月17日	国内旅游	大连	17	￥26,316
M	3月24日	国内旅游	大连	39	￥29,449
A	4月17日	国内旅游	大连	89	￥19,172
M	5月4日	国内旅游	大连	41	￥2,403
J	7月9日	国内旅游	北京	13	￥5,528
		新马泰旅游		1369	￥337,811

图 3-4-7　公式计算分类汇总

（5）选择数据区域。为了要对汇总的人数和利润进行图表生成，需要选取相应的单元格区域。用鼠标拖动选择“地区”列数据，按住【Ctrl】键，拖动鼠标左键继续选择“人数”和“利润”

两列的数据，如图 3-4-8 所示。

表头字段“地区”、“人数”、“利润”也要同时选择。

（6）选择图表类型。单击菜单栏中【插入】→【图表】命令，在【自定义】选项卡中选择【两轴线-柱图】选项，如图 3-4-9 所示。

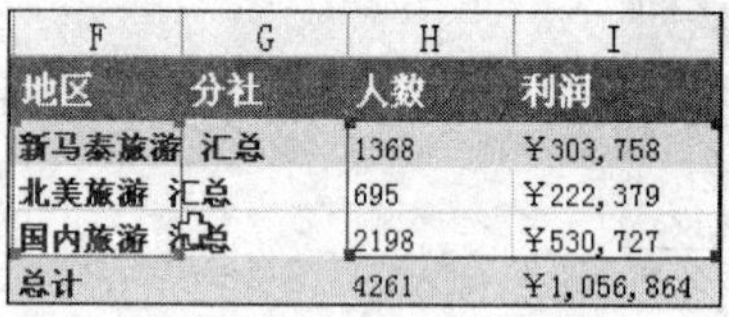

F	G	H	I
地区	分社	人数	利润
新马泰旅游	汇总	1368	￥303, 758
北美旅游	汇总	695	￥222, 379
国内旅游	汇总	2198	￥530, 727
总计		4261	￥1, 056, 864

图 3-4-8　选择分类汇总数据区域

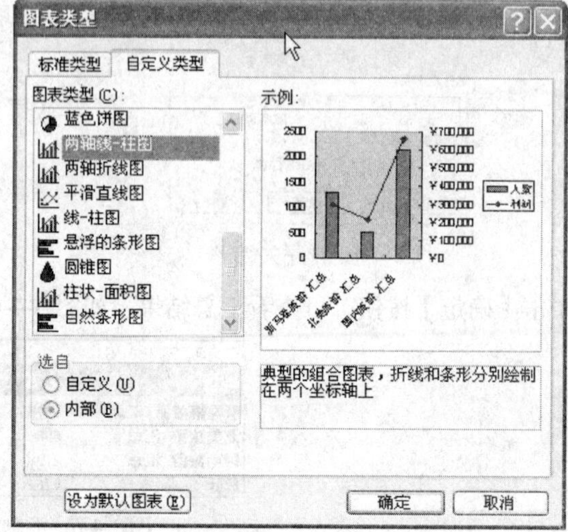

图 3-4-9　设置【图表类型】

（7）设置数据标志。在图表向导中第 3 个步骤中的【图表选项】对话框中设定【数据标志】选项卡，在【数据标签包括】选区中勾选【值】复选项，如图 3-4-10 所示。

（8）设置标题。切换至【标题】选项卡，分别设置【图表标题】、【数值 Y 轴】和【次数值 Y 轴】内容，如图 3-4-11 所示。

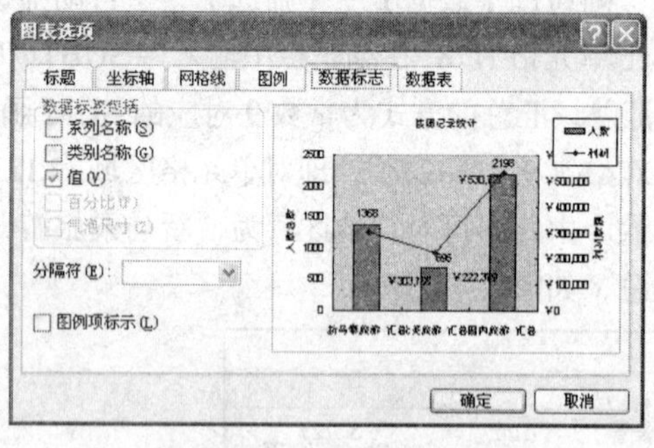

图 3-4-10　显示值

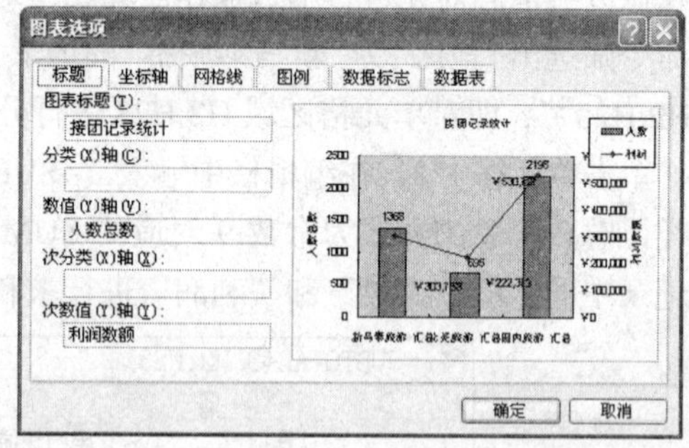

图 3-4-11　设置【图表标题】

（9）生成图表。依照向导，单击【下一步】按钮即可生成图表，如图 3-4-12 所示。

（10）创建数据透视表。激活工作表“数据透视表”，选中数据区域中任意一个单元格，选择【数据】→【数据透视表和数据透视图向导】菜单命令，启动对话框，如图 3-4-13 所示。

（11）选定区域。单击【下一步】按钮，在【数据透视表和数据透视图向导】对话框中需要填写【选定区域】文本框。一般情况下，由于数据清单都是连续的单元格区域，因此 Excel 会自动识别数据源所在的单元格区域，并填写到【选定区域】文本框中，如图 3-4-14 所示。

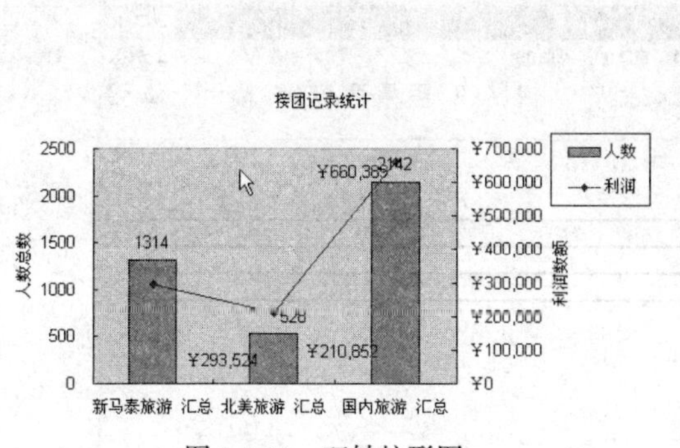

图 3-4-12　双轴柱形图

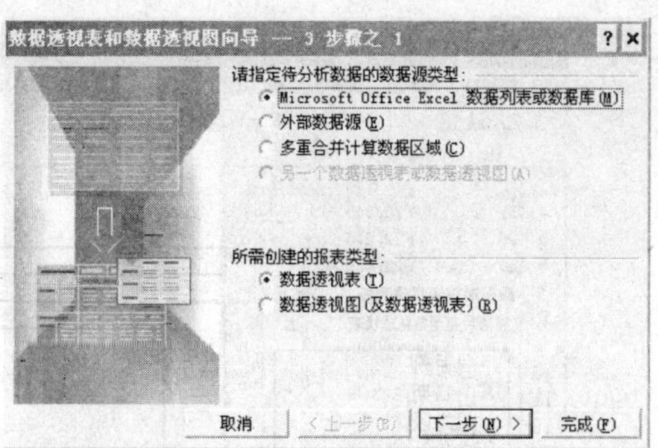

图 3-4-13 【数据透视表】向导

也可以手工输入单元格区域或是使用鼠标拖动选择工作表中需要创建数据透视表的单元格区域。

（12）选择透视表位置。单击【下一步】按钮，单击选择“现有工作表”选项，并使用鼠标选择工作表中的任意单元格区域，代表将在该区域建立数据透视表，单击【完成】按钮，如图 3-4-15 所示。

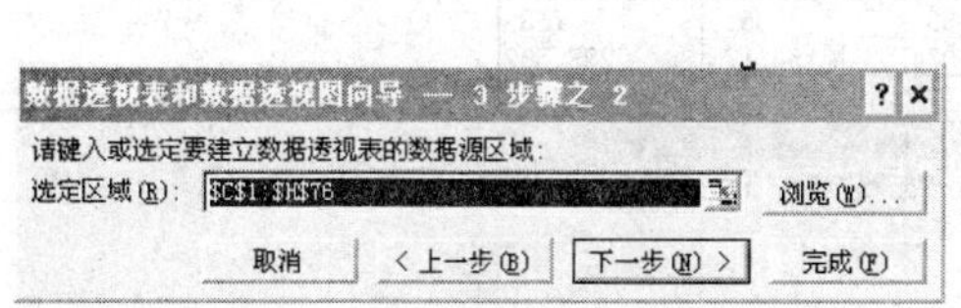

图 3-4-14　数据透视表数据区域

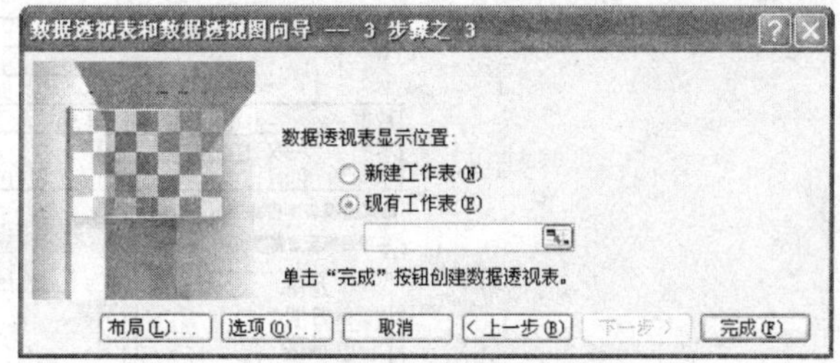

图 3-4-15　数据透视表生成位置

单击【布局】按钮即可打开【布局】对话框，为数据透视表设计版面布局。

（13）填入透视表字段。如图 3-4-16 所示，工作表中将显示【数据透视表字段列表】窗口和【数据透视表】工具栏，并在工作表中显示了 4 个布局区域：也、行、列和数据。

如果未看到【数据透视表】工具栏，则可以选择【视图】→【工具栏】→【数据透视表】菜单命令进行显示。单击【数据透视表】工具栏中的最后一个按钮【显示字段列表】，则可以显示【数据透视表字段列表】窗口。

（14）填入透视表字段。透视表中需要 4 种字段：页字段、行字段、列字段和数据项。其中，页字段为报表筛选中的选定项，用于筛选整个报表。行字段用于将字段显示为报表侧面的行，位置较低的行嵌套在紧靠它上方的另一行中。列字段用于将字段显示为报表顶部的列，位置较低的列嵌套在紧靠它上方的另一列中。数据项用于显示汇总数值数据。

单击鼠标左键从【数据透视表字段列表】中选取“地区”字段作为页字段拖入 M4 单元格，将“分社”字段作为列字段拖入，选取“人数”和“利润”作为数据项拖入，如图 3-4-17 所示。

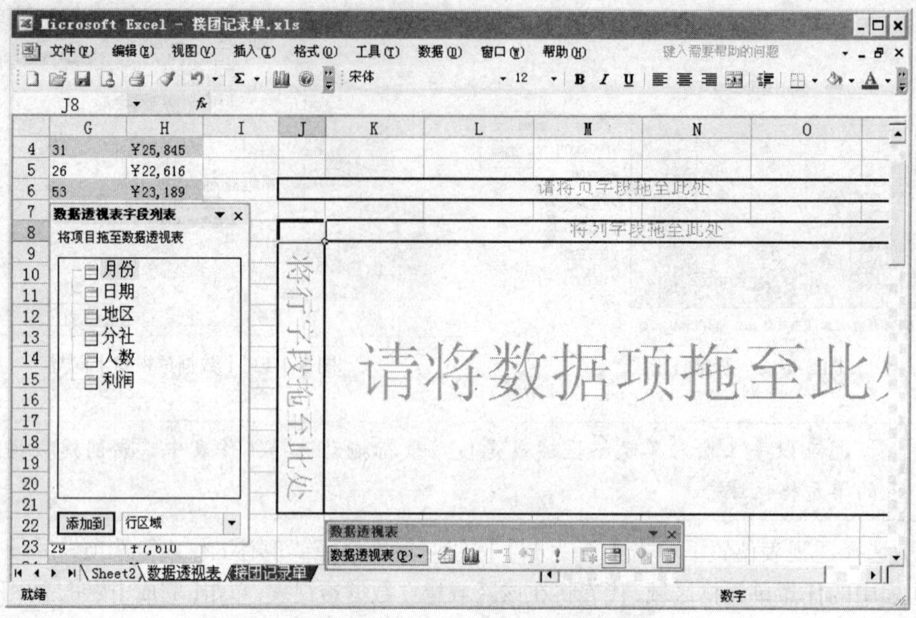

图 3-4-16　开始生成数据透视表字段

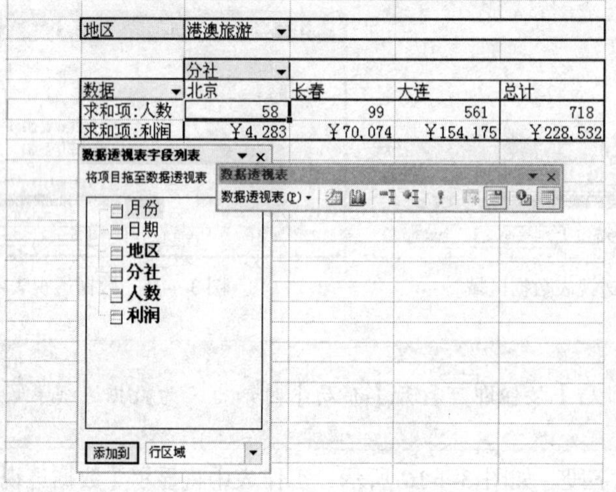

图 3-4-17　设置页字段与数据项

数据项中的“人数”和“利润”可以通过鼠标右键菜单中的【顺序】命令来进行上移和下移操作。如果需要对数据项的汇总方式进行修改，则用鼠标右键单击数据项的字段如“求和项：利润”，在弹出的菜单中选择【字段设置】命令，弹出【数据透视表字段】对话框。在【数据透视表字段】对话框中可选择需要的汇总方式，并且可以修改字段名称，如图 3-4-18 所示。

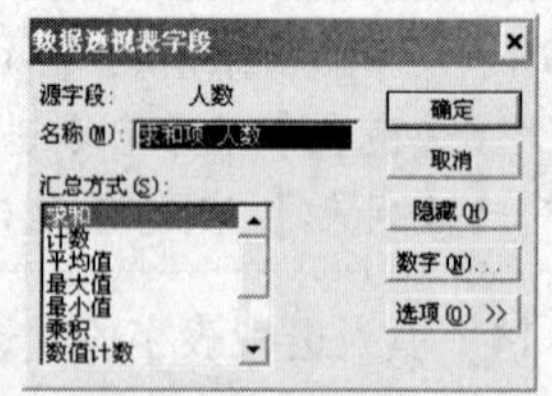

图 3-4-18　设置数据项的汇总方式

如果需要删除数据透视表中的字段，则在数据透视表中单击鼠标左键，选择该字段至【数据透视表字段】窗口即可。

3.4.4 任务小结

本案例通过“企业接团记录单”的操作过程，讲解了在 Excel 中分类汇总、图表生成和制作透视表等高级操作。

在 Excel 中，使用排序功能可以使得数据按照用户希望的顺序进行重新排列；使用分类汇总功能，可以让数据按照指定的分类进行统计汇总；使用数据透视表可以用不同的方式来对数据进行操作，查看数据更加方便。

3.4.5 拓展训练

利用本案例所掌握的知识及技巧，可以拓展到其他类似案例的设计和制作。

差旅费清单管理

差旅费汇总图表和数据透视表如图 3-4-19 和图 3-4-20 所示。

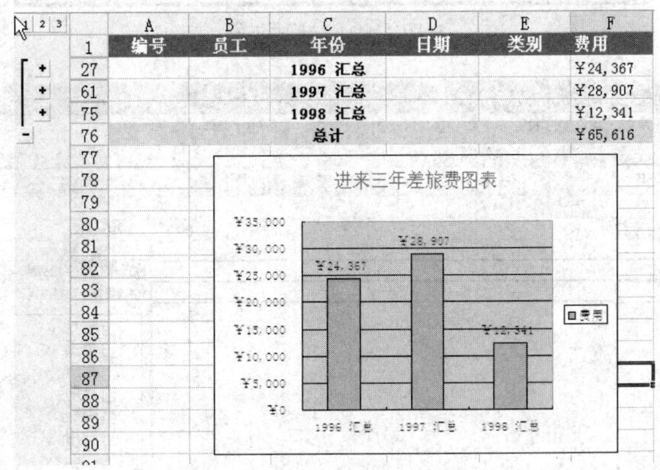

	A	B	C	D	E	F
1	编号	员工	年份	日期	类别	费用
27			1996 汇总			￥24,367
61			1997 汇总			￥28,907
75			1998 汇总			￥12,341
76			总计			￥65,616

图 3-4-19　差旅费汇总图表

	A	B	C	D	E	F	G
1	年份	(全部)					
2							
3	求和项:费用	员工					
4	类别	李明	刘海芳	叶文霞	湛世阳	张俊	总计
5	餐费	￥4,235	￥4,754	￥9,017	￥6,410	￥3,855	￥28,271
6	地面交通费	￥6,652	￥2,574	￥6,872	￥6,226	￥1,848	￥24,172
7	机票费	￥2,409	￥2,594	￥2,222	￥6,081	￥452	￥13,757
8	住宿费	￥1,011	￥619	￥1,558		￥969	￥4,157
9	总计	￥14,307	￥10,541	￥19,670	￥18,716	￥7,124	￥70,358
10							

图 3-4-20　差旅费数据透视表

（1）调用函数 YEAR 生成“年份”。用鼠标选择单元格 C2，在编辑栏中输入“=YEAR（D2）”，按回车键，即可根据 D2 单元格中的日期生成对应的年份“1996”。单击单元格 C2，使用数据填充柄下拉，以填充 C 列中的数据，如图 3-4-21 所示。

（2）添加数据透视表。选中工作表 Sheet1 中数据区域中任意一个单元格，选择菜单栏上的【数据】→【数据透视表和数据透视图】命令，选择在新工作表中创建数据透视表，如图 3-4-22 所示。

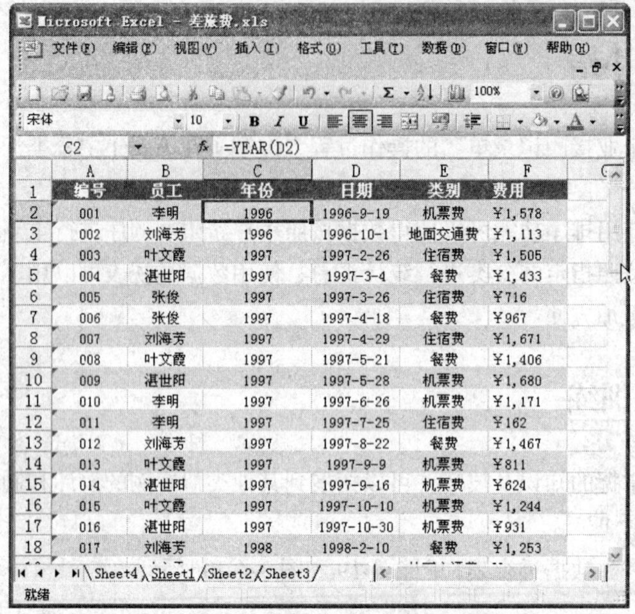

	A	B	C	D	E	F
1	编号	员工	年份	日期	类别	费用
2	001	李明	1996	1996-9-19	机票费	￥1,578
3	002	刘海芳	1996	1996-10-1	地面交通费	￥1,113
4	003	叶文霞	1997	1997-2-26	住宿费	￥1,505
5	004	湛世阳	1997	1997-3-4	餐费	￥1,433
6	005	张俊	1997	1997-3-26	住宿费	￥716
7	006	张俊	1997	1997-4-18	餐费	￥967
8	007	刘海芳	1997	1997-4-29	住宿费	￥1,671
9	008	叶文霞	1997	1997-5-21	餐费	￥1,406
10	009	湛世阳	1997	1997-5-28	机票费	￥1,680
11	010	李明	1997	1997-6-26	机票费	￥1,171
12	011	李明	1997	1997-7-25	住宿费	￥162
13	012	刘海芳	1997	1997-8-22	餐费	￥1,467
14	013	叶文霞	1997	1997-9-9	机票费	￥811
15	014	湛世阳	1997	1997-9-16	机票费	￥624
16	015	叶文霞	1997	1997-10-10	机票费	￥1,244
17	016	湛世阳	1997	1997-10-30	机票费	￥931
18	017	刘海芳	1998	1998-2-10	餐费	￥1,253

图 3-4-21　生成年份

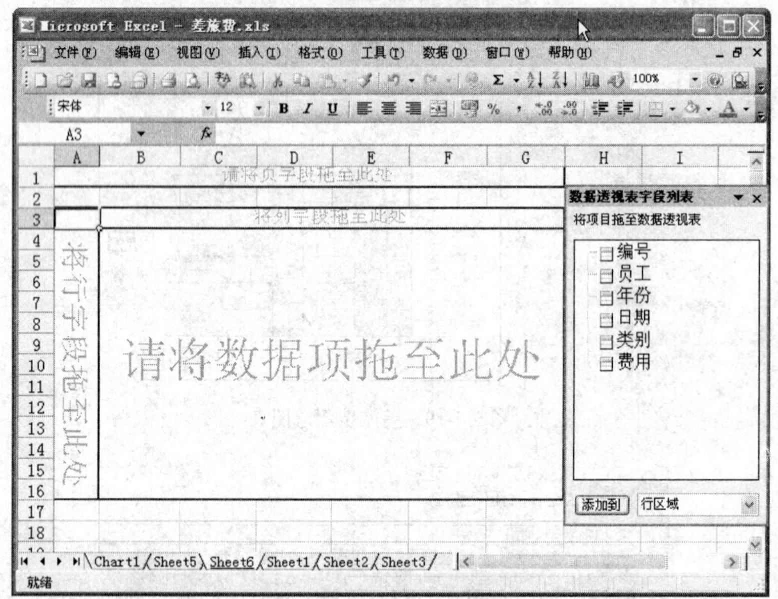

图 3-4-22　创建数据透视表

（3）设置字段。为了能够查看每个年度各个类别的费用的使用情况，需要设置“页字段”为筛选选项字段“年份”。单击鼠标左键将字段“年份”从【数据透视表字段列表】窗口中拖至页字段区域。字段“类别”则作为行字段进行查看，单击鼠标左键将字段“类别”从【数据透视表字段列表】窗口中拖至行字段区域，如图 3-4-23 所示。

为了查看各个员工当年的费用报销情况，要在列字段导入“员工”字段。单击鼠标左键将字段“员工”从【数据透视表字段列表】窗口中拖至列字段区域。

因为需要查看的是各项费用的总和数据，因此在“数据项”中设置为“费用”，采用“求和”的汇总方式。单击鼠标左键将字段“费用”从【数据透视表字段列表】窗口中拖至数据项区域，

默认的汇总方式即为“求和”，如图 3-4-24 所示。

图 3-4-23　设置透视表字段

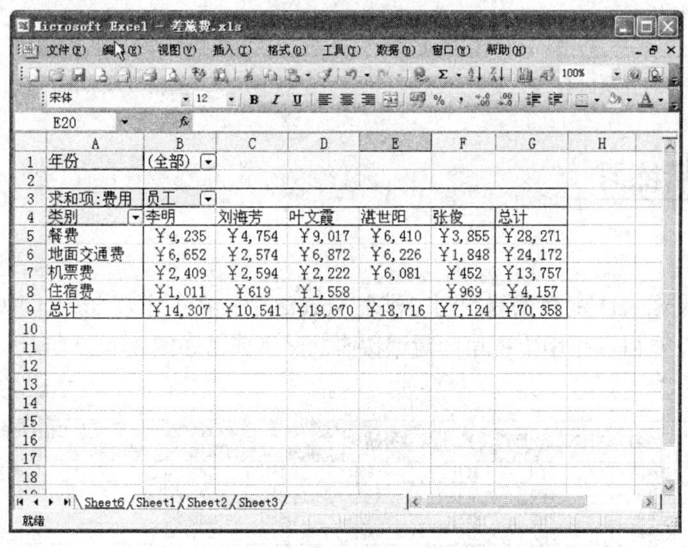

	A	B	C	D	E	F	G
1	年份	(全部)					
2							
3	求和项:费用	员工					
4	类别	李明	刘海芳	叶文霞	湛世阳	张俊	总计
5	餐费	￥4,235	￥4,754	￥9,017	￥6,410	￥3,855	￥28,271
6	地面交通费	￥6,652	￥2,574	￥6,872	￥6,226	￥1,848	￥24,172
7	机票费	￥2,409	￥2,594	￥2,222	￥6,081	￥452	￥13,757
8	住宿费	￥1,011	￥619	￥1,558		￥969	￥4,157
9	总计	￥14,307	￥10,541	￥19,670	￥18,716	￥7,124	￥70,358

图 3-4-24　透视表效果图

（4）排序。激活工作表 Sheet1，选择工作表中任意一个单元格，选择菜单栏上的【数据】→【排序】命令，在【排序】对话框中设定主要关键字为【年份】，默认【升序】排列和【我的数据区域】为【有标题行】，单击【确定】按钮。

（5）分类汇总。选择菜单栏上【数据】→【分类汇总】命令，弹出【分类汇总】对话框，设定【分类字段】为【年份】，【汇总方式】为【求和】，【选定汇总项】为【费用】，单击【确定】按钮，如图 3-4-25 所示。

（6）生成柱形图。按【Ctrl】键，用鼠标拖动选择单元格区域 C1:C75 和 F1:F75。选择菜单栏上【插入】→【图表】命令，或是单击工具栏中的【插入图表】按钮，选择图标表型为【柱形图】，如图 3-4-26 所示。

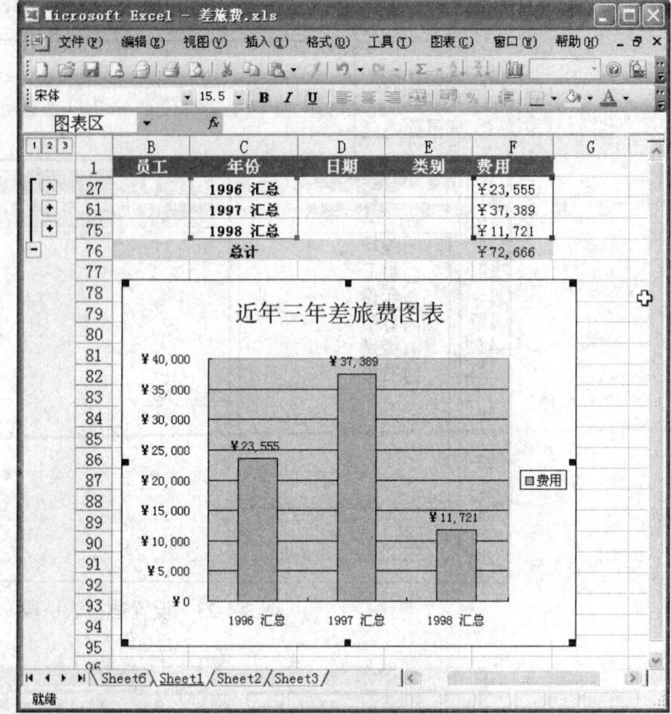

图 3-4-25　设置汇总的各项内容

图 3-4-26　差旅费柱形图

3.4.6　课后练习

管理工资单

（1）将工作表 Sheet1 的数据复制到工作表 Sheet3 中。在工作表 Sheet1 中以【职务】列为主要关键字，对工作表 Sheet1 中工资单的数据按照升序排列，如图 3-4-27 所示。

	A	B	C	D	E	F	G	H	I	J
1	职务	姓名	岗位工资	薪级工资	特区津补贴	个人缴住房公积金	个人缴医疗保险费	个人缴养老保险费	扣发项合计	实发工资
2	财务部	殷洪涛	680	317	1080	417	41.54	166.16	624.70	1,452.30
3	财务部	符瑞华	590	215	840	367	32.90	131.60	531.50	1,113.50
4	导游	赵庭锋	680	391	1080	282	43.02	172.08	497.10	1,653.90
5	导游	刘普尧	590	317	980	348	37.74	150.96	536.70	1,350.30
6	导游	许素尹	620	391	1060	276	41.42	165.68	483.10	1,587.90
7	导游	湛世阳	680	233	980	252	37.86	151.44	441.30	1,451.70
8	领队	周建兰	680	233	980	360	37.86	151.44	549.30	1,343.70
9	领队	叶文霞	680	341	1080	312	42.02	168.08	522.10	1,578.90
10	领队	吴多亮	590	165	840	323	31.90	127.60	482.50	1,112.50
11	内部计调	林树文	1040	583	1470	640	61.86	247.44	949.30	2,143.70
12	内部计调	张俊	590	215	840	221	32.90	131.60	385.50	1,259.50
13	前台招待	钟兴源	930	417	1330	515	53.54	214.16	782.70	1,894.30
14	前台招待	卢献宏	590	215	910	337	34.30	137.20	508.50	1,206.50
15	前台招待	刘海芳	680	295	980	260	39.10	156.40	455.50	1,499.50
16	人事部	马琪	1180	834	1810	729	76.48	305.92	1,111.40	2,712.60

Sheet1 / Sheet2 / Sheet3

图 3-4-27　排序

（2）分类汇总。按照“部门”分类，计算各部门的实发工资平均值，并且生成柱形图。要求该柱形图显示数据项的值，并且添加图表标题为“实发工资”，图例靠右显示，如图 3-4-28 所示。

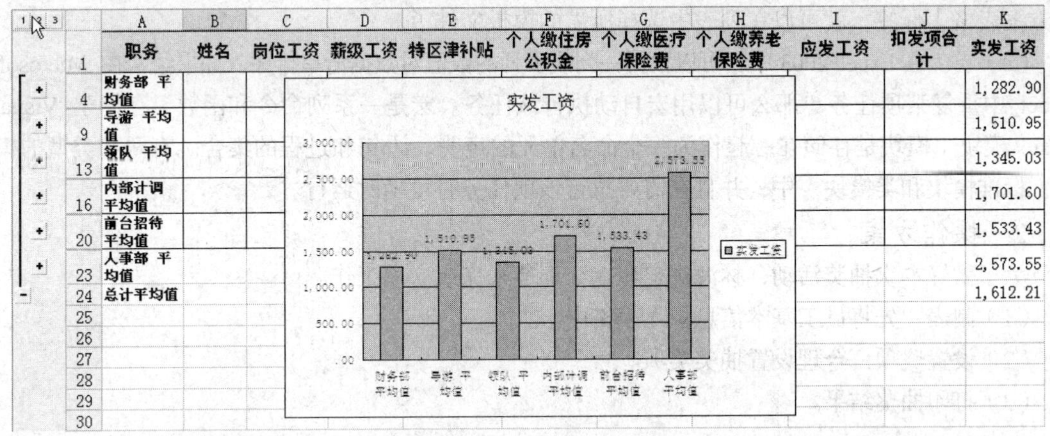

图 3-4-28　分类汇总及生成图表

（3）制作数据透视表。为了查看不同部门员工的工资，要求在工作表 Sheet2 创建数据透视表，源数据为工作表 Sheet3 中的数据区域，“职务”作为筛选选项，在透视表中查看各个员工的“应发工资”、“扣发合计”和“实发工资”的数据，如图 3-4-29 所示。

	A	B	C
1	职务	财务部	
2			
3	姓名	数据	汇总
4	符瑞华	应发工资合计	1645
5		扣发合计	531.5
6		实发工资合计	1113.5
7	殷洪涛	应发工资合计	2077
8		扣发合计	624.7
9		实发工资合计	1452.3
10	应发工资合计汇总		3722
11	扣发合计汇总		1156.2
12	实发工资合计汇总		2565.8

图 3-4-29　生成透视表

3.5　Excel 模板应用——制作抽奖器

3.5.1　创建情景

春节临近，海南椰海旅行社有限公司为了丰富职工的生活，组织了一台庆祝晚会，同时为了调动活动的气氛，也为了给员工一些激励，在晚会中间特别加入抽奖环节。办公室的林海为这事忙开了，怎样才能让抽奖环节快速准确公平公正地进行呢？Excel 2003 中的“抽奖器”模板，可以帮助活动组织者有效地解决这个问题。

3.5.2　任务剖析

1. 相关知识点

（1）模板。模板是一个含有特定结构、内容和格式的工作簿，可以把它作为模型来建立与之类似的工作簿。Excel2003 提供了几种模板样式。

使用方法是选择【文件】→【新建】菜单命令，打开【新建】对话框，在对话框中选择【电子方案表格】标签，就可以在列表中选择所需的模板文件了。

（2）宏。在 Excel 2003 中，可以根据一列或多列的数值对数据清单排序。如果经常在 Microsoft Excel 中重复某项任务，那么可以用宏自动执行该任务。宏是一系列命令和函数，存储于 Visual Basic 模块（模块是存储在一起作为一个命名单元的声明、语句和过程的集合。有两种类型的模块：标准模块和类模块）中，并且在需要执行该项任务时可随时运行。

2. 操作方案

为了做好本次抽奖活动，林海决定分 3 个环节来完成这项工作。

（1）制表：先将员工基本信息录入表格中。

（2）设置奖项：合理设置抽奖奖项。

（3）打印抽奖结果。

3.5.3 任务实现

1. 启动抽奖器

（1）启动 Excel 2003 新建一个工作簿，然后保存命名为“春节抽奖.xls”。

（2）由于使用抽奖器时需要启动宏，必须先降低宏的安全性。选择【工具】→【宏】→【安全性…】菜单命令。

（3）弹出【安全性】对话框，单击【安全级】选项卡中的“中。您好可以选择是否运行可能不安全的宏”、单选按钮，如图 3-5-1 所示，再单击【确定】按钮。

（4）选择【文件】→【新建】菜单命令，在屏幕的右边会弹出如图 3-5-2 所示的窗格，然后选择【本机上的模板】选项。

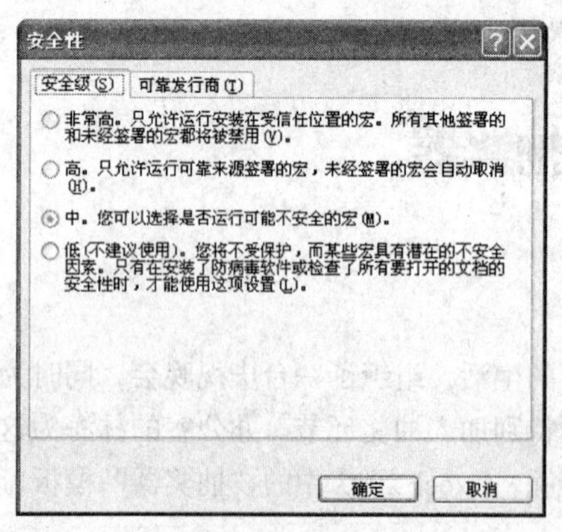

图 3-5-1 【安全性】对话框

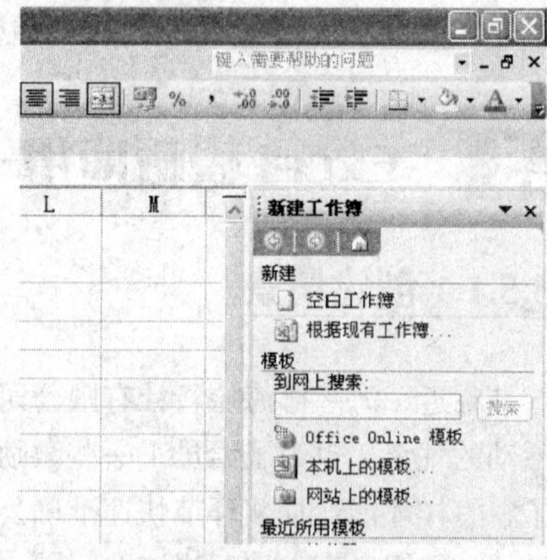

图 3-5-2 新建工作簿右窗格

（5）弹出【模板】对话框，进入【电子方案表格】选项卡，如图 3-5-3 所示，单击其中的“抽奖器”图标。

（6）系统会弹出一个【安全警告】对话框，如图 3-5-4 所示，单击【启用宏】按钮。

（7）系统自动启动抽奖器，如图 3-5-5 所示。

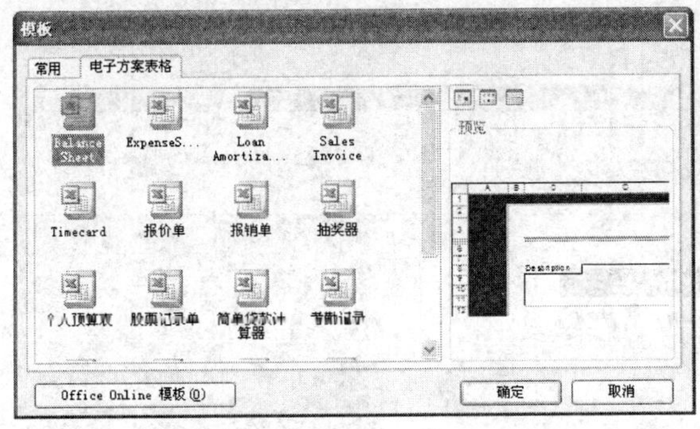

图 3-5-3 【模板】对话框

图 3-5-4 【安全警告】对话框

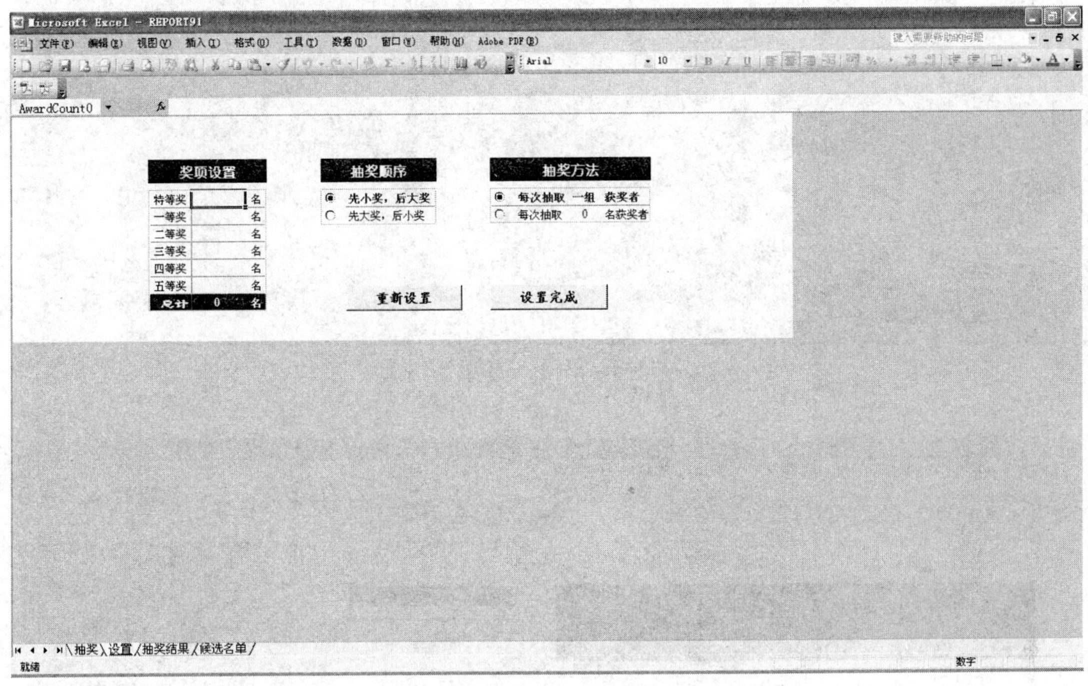

图 3-5-5　抽奖器界面

2. 抽奖

（1）选择“候选名单”工作表，然后在【请输入候选名单】栏下面输入要参加抽奖活动的员工姓名。

（2）输入姓名完毕后，单击“设置”工作表，然后根据实际活动奖项要求在【奖项设置】栏中设置各个奖项的人数及设置【抽奖顺序】和【抽奖方法】，本例设置如图 3-5-6 所示，最后单击【设置完成】按钮。

（3）系统自动转至“抽奖”工作表，如图 3-5-7 所示，单击【开始抽奖】按钮。

（4）这时在屏幕的右侧会显示“[五]等奖-本次获奖名单”，并且候选人名单在不断地滚动，单击【停止】按钮，名单停止滚动，即可获得获奖员工名单，如图 3-5-8 所示。

（5）“[五]等奖-本次获奖名单”获取后，单击【继续抽奖】按钮，进行四等奖名单的随机抽奖。

（6）按照上面的方法进行抽奖操作，可依次抽取各个奖项的获奖员工名单。特等奖抽完后将会显示【抽奖结束】按钮，单击它会弹出如图 3-5-9 所示对话框，单击【否】按钮即可。

（7）如果需打印获奖名单，则直接在图 3-5-8 所示界面中，单击【打印获奖名单】按钮即可。

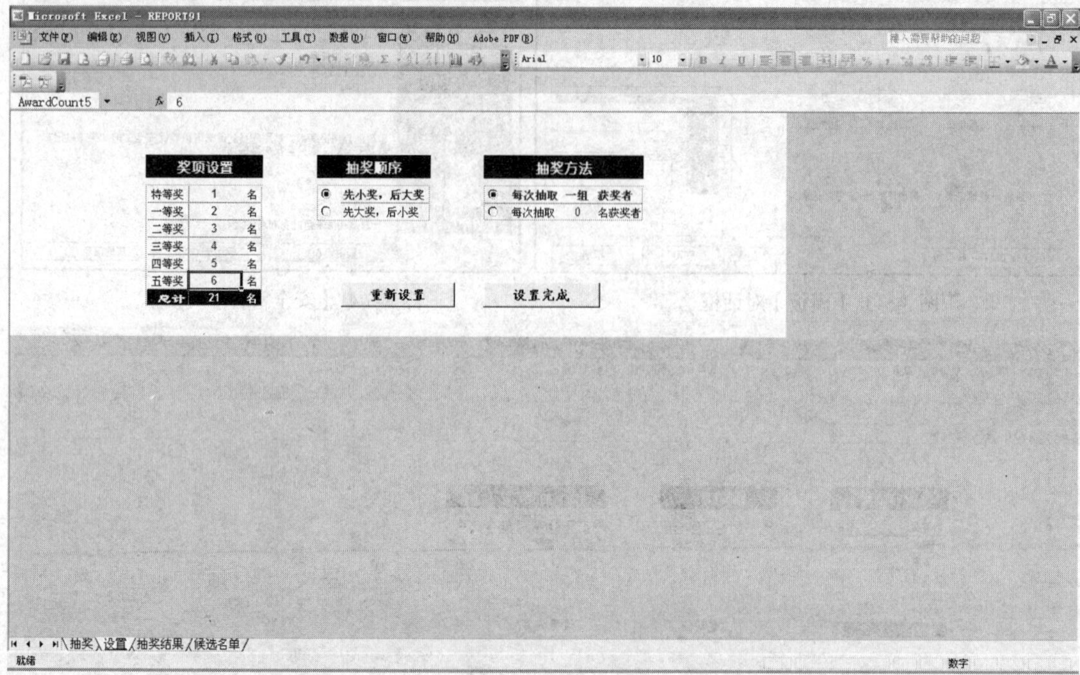

图 3-5-6　奖项设置

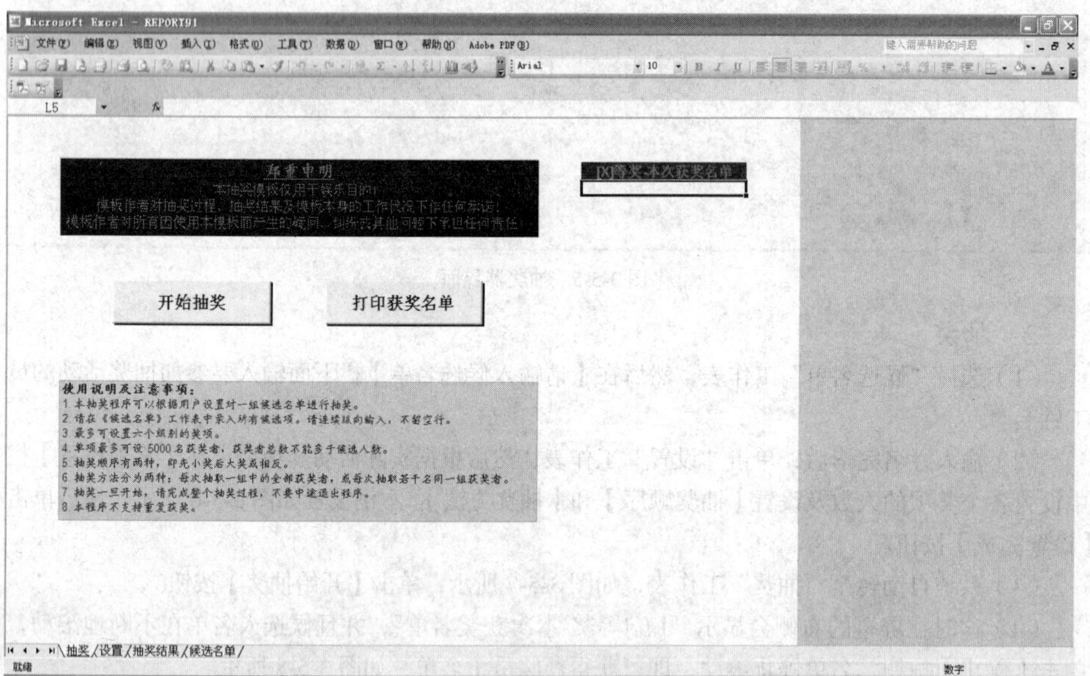

图 3-5-7　抽奖

（8）用户若要查看抽奖结果，可以单击打开“抽奖结果”工作表，在该工作表中保存了刚才的抽奖结果，如图 3-5-10 所示。

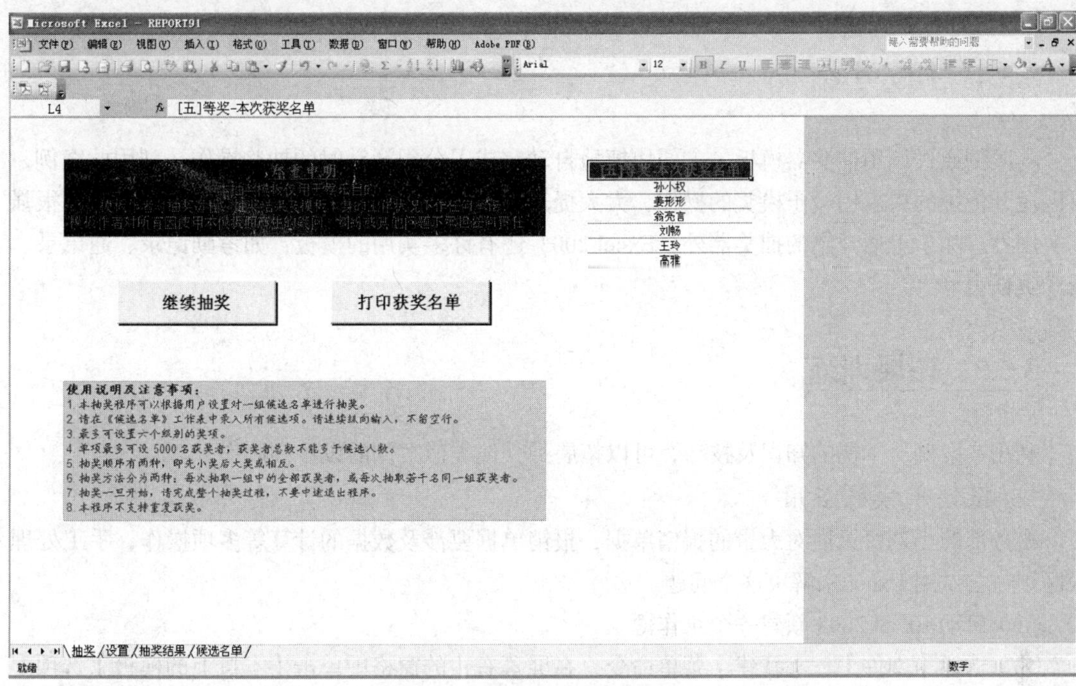

图 3-5-8　五等奖名单

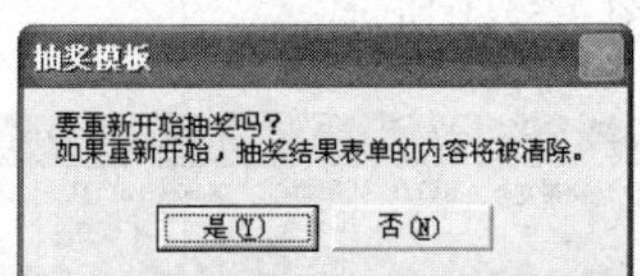

图 3-5-9 【抽奖模板】对话框

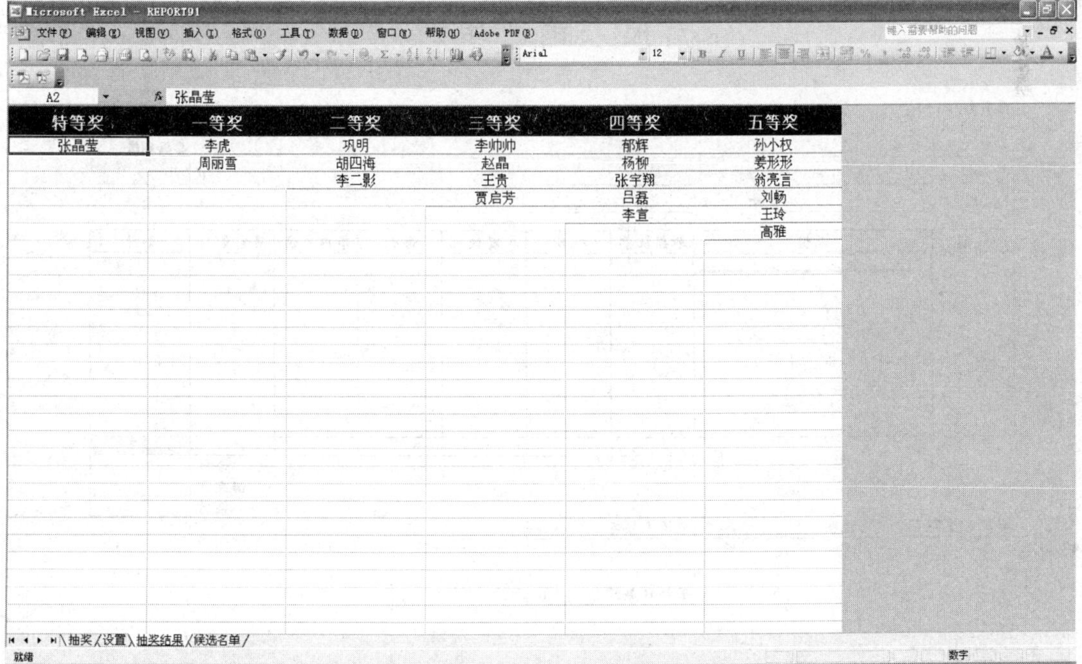

特等奖	一等奖	二等奖	三等奖	四等奖	五等奖
张晶莹	李虎	巩明	李帅帅	郁辉	孙小权
	周丽雪	胡四海	赵晶	杨柳	姜彤彤
		李二影	王贵	张宇翔	翁亮言
			贾启芳	吕磊	刘畅
				李宣	王玲
					高雅

图 3-5-10　抽奖结果

3.5.4 任务小结

本案例通过调用抽奖器模板，方便快捷地自动完成了公司活动时的抽奖操作，利用此案例，可以抛开传统的人工用箱子摸奖的操作，大大提升了工作效率。该案例应用范围广泛，具有很强的实用性。除了上面介绍的抽奖器外，Excel 2003 还有许多实用的模板，如考勤记录、通讯录、资产负债表等。

3.5.5 拓展训练

利用本案例所掌握的知识及技巧，可以拓展到其他类似案例的设计和制作。

1. 报销单模板应用

财务部的小刘每天面对大量的报销单据，报销单据要涉及数据的计算等多项操作，手工处理很麻烦，尝试用 Excel 来解决这个问题。

（1）启动 Excel 2003 新建一个工作簿。

（2）选择【文件】→【新建】菜单命令，在屏幕右边的窗格中单击【本机上的模板】选项。

（3）弹出【模板】对话框，进入【电子方案表格】选项卡，单击其中的【报销单】图标。

（4）系统自动启动报销单，如图 3-5-11 所示。

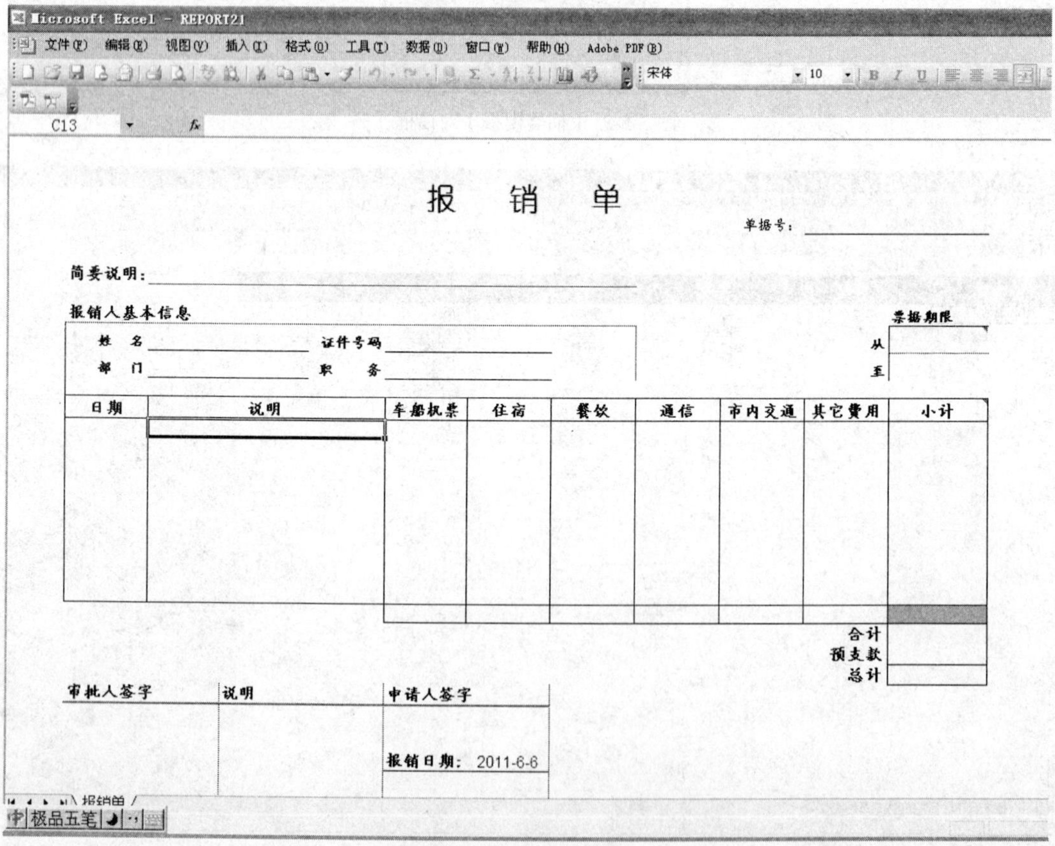

图 3-5-11 报销单模板

（5）分别在“报销单”中输入报销单据的各项内容，如图 3-5-12 所示。

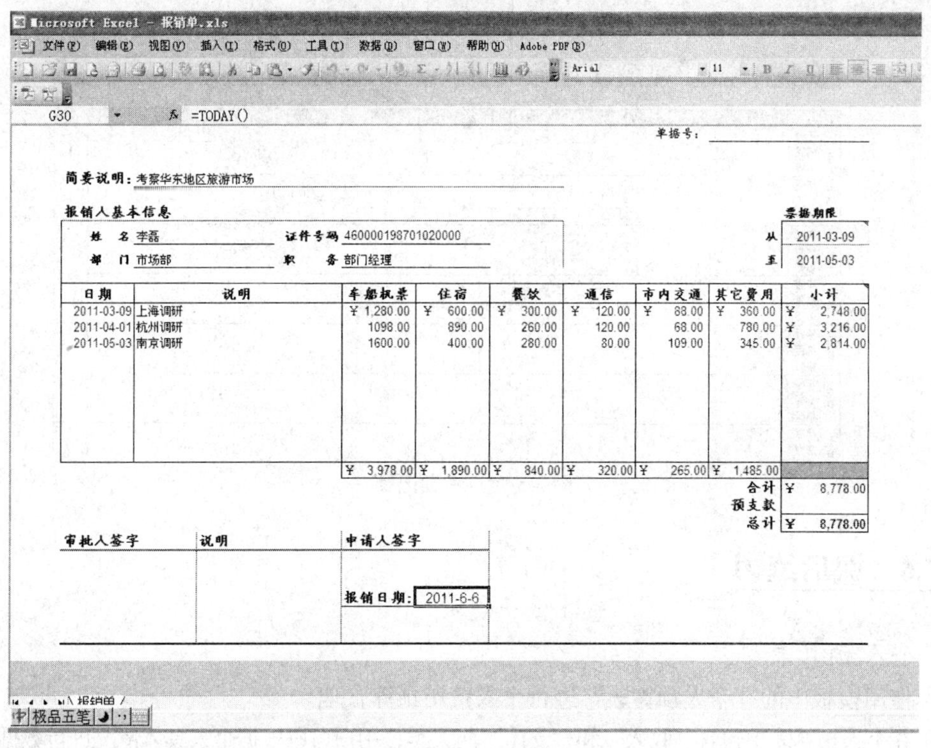

Microsoft Excel - 报销单.xls

G30　=TODAY()

单据号：

简要说明：考察华东地区旅游市场

报销人基本信息

姓　名 李磊　证件号码 460000198701020000

部　门 市场部　职　务 部门经理

票据期限　从 2011-03-09　至 2011-05-03

日期	说明	车船机票	住宿	餐饮	通信	市内交通	其它费用	小计
2011-03-09	上海调研	￥ 1,280.00	￥ 600.00	￥ 300.00	￥ 120.00	￥ 88.00	￥ 360.00	￥ 2,748.00
2011-04-01	杭州调研	1098.00	890.00	260.00	120.00	68.00	780.00	￥ 3,216.00
2011-05-03	南京调研	1600.00	400.00	280.00	80.00	109.00	345.00	￥ 2,814.00
		￥ 3,978.00	￥ 1,890.00	￥ 840.00	￥ 320.00	￥ 265.00	￥ 1,485.00	
							合计	￥ 8,778.00
							预支款	
							总计	￥ 8,778.00

审批人签字　说明　申请人签字

报销日期：2011-6-6

报销单

极品五笔

图 3-5-12　输入报销单内容

注意

本模板中的蓝色底纹部分无需输入数据，该模板已设置好公式函数，一旦在前面的数据栏中输入数据后，格式、公式会自动应用，较好地提高了工作效率。

（6）最后，选择【文件】→【保存】菜单命令，打开【另存为】对话框，在【保存位置】列表框中选择“E：/财务部”，在【文件名】文本框输入“报销单.xls”，单击【保存】按钮完成操作。

2. 考勤记录模板

（1）启动 Excel 2003 新建一个工作簿。

（2）选择【文件】→【新建】命令，在屏幕右边的窗格中选择【本机上的模板】选项。

（3）弹出【模板】对话框，进入【电子方案表格】选项卡，单击其中的【考勤记录】图标，系统自动启动考勤记录表。

（4）在考勤记录表中分别输入单位、部门、姓名、年份信息后，就可以建立个人的考勤记录表了。

（5）以后只需当该员工有考勤记录发生时，在当前日期中输入天数即可，“合计”部分模板会自动计算，如图 3-5-13 所示，保存文件到指定的文件夹。

注意

除了本机自带的模板外，用户还可以从网上下载所需的模板。

具体操作是：单击【模板】对话框中的【Office Online 模板】按钮，可以连接到微软的网站，从中下载相关的模板，同时也可以自己定制模板，在设置好所需模板后，在【另存为】对话框中的【保存类型】列表框选择【模板（*.xlt）】选项，保存文件即可。

Microsoft Excel - REPORT32

文件(F) 编辑(E) 视图(V) 插入(I) 格式(O) 工具(T) 数据(D) 窗口(W) 帮助(H) Adobe PDF(B)

AA28

海南椰海旅行社有限公司计调部王熙凤2011年度考勤记录

单位 海南椰海旅行 部门 计调部 姓 名 王熙凤 年 份 2011

月份	假别	1	2	3	4	5	6	7	8	9	10	11	12	13	14	15	16	17	18	19	20	21	22	23	24	25	26	27	28	29	30	31	合计
一月	年假																																	
	病假							1																									1
	事假																																	
二月	年假																																	
	病假																		2														2
	事假																																	
三月	年假																																	
	病假																																	
	事假																																	
四月	年假																																	
	病假																																	
	事假																																	
五月	年假												1																				1
	病假																																	
	事假																			3													3
六月	年假																																	
	病假																																	
	事假																																	
七月	年假																																	
	病假																																	

图 3-5-13　考勤记录

3.5.6　课后练习

1. 个人预算表

（1）使用模板中的“个人预算表”进行个人费用预算管理。

（2）在个人预算表中包含“收入”和“支出”两大类，用户可以根据个人具体情况进行数据输入。

2. 报价单

（1）使用模板中的“报价单”进行产品报价单的设置。

（2）公司可以根据自己的情况输入产品信息，税率可以根据实际税率修改。

3. 销售预测表

3.6　Excel 合并计算应用——合并计算员工加班表

3.6.1　创建情景

李贤作为财务部的人员，每个月的例行工作就是负责登记公司员工的加班情况，需要登记每个员工的加班时数，以计算出每月的加班费用。如果当月该员工违反了纪律，则还应该依照文件条例进行相应的罚款。到了月末则需要计算该员工的奖罚总额。部门主管觉得如果只是看每个月的报表也反映不出该员工一段时期内的表现情况，因此要求李贤按时段给每个员工的加班表进行汇总，以对这段时期内总的情况有一个了解。

李贤接到任务后不慌不忙，回办公桌一坐就到网上搜索去了，通过几次修改搜索的关键字后，终于得到了满意的答案。

3.6.2　任务剖析

在汇总数据时，可以采用 Excel 中的“合并计算”功能，从而实现不同工作表、不同工作簿

中的数据合并计算，以便能够更容易地对数据进行定期或不定期的更新和汇总。

由于公司员工的人数比较多，所以每个月的加班清单记录也是堆积在一起。因此，如果给数据清单设定不同的格式区分开来，会方便用户的查看。在设计数据清单格式时，可以采用隔行设置不同行格式的方式，如设定颜色分明的底纹。但是如果使用挨行设置格式的方式，即使使用格式刷，那也是一项繁重的工作。因此，可以考虑使用条件格式和 ROW 函数相结合的方式。使用 ROW 函数判断当前行为奇数行还是偶数行，如果是奇数行则使用条件格式来设置当前行的底纹为不同的颜色。

相关知识点

（1）ROW 函数和 MOD 函数。

在 Excel 中，ROW 函数可以计算出当前的行号，语法形式如下：

ROW（reference）

Reference：需要得到其行号的单元格或单元格区域。如 ROW（B3），则返回的是 B3 所在行的行号 3。

如果省略 reference，则假定是对函数 ROW 所在单元格的引用。

而如果需要计算行号是否为偶数，使用 MOD 函数即可。MOD 函数的语法形式如下：

MOD（number，divisor）

Numbe：被除数

Divisor：除数

MOD 函数返回的是 Numbe/Divisor 的余数。偶数与 2 的余数为 0，否则为 1。因此，综合使用以上两个函数即可完成格式的设置。

（2）条件格式。Excel 提供了条件格式功能，以允许用户指定多个条件来确定单元格的行为，如根据单元格的内容自动应用单元格格式。但是需要注意的是：条件格式一共提供了 3 个条件，Excel 会自动按照条件的顺序进行判断，如果单元格满足第一个条件，则后面的条件将被忽略不再测试。

单元格的条件有两种：单元格数值和公式。在使用公式进行判断时，该公式的返回值应该为 TRUE 或是 FALSE，这样才能根据返回值判断是否应用单元格的新格式。例如：

① 设置条件为公式时，值为“=$B6>12”，即条件为单元格 B6 的值大于 12 时才可应用新格式。

② 如设置“=ISTEXT（B2）”表示如果单元格 B2 为文本，则应用新格式。

单元格设置条件格式后，如果复制该单元格到新的单元格中，则根据情况的不同有所变化。

① 新单元格没有设定条件格式，则复制过去的内容将保留原有的条件格式。

② 新单元格已设定条件格式，如使用【粘贴】命令，则不保留原有的条件格式。如果想保留原有的条件格式，则应该使用【选择性粘贴】命令。

删除单元格的条件格式时，单纯删除单元格的内容是无效的。应该选择菜单栏上【格式】→【条件格式】命令，在【条件格式】对话框中单击【删除】按钮，选择相应的条件删除即可。

要想查找所有应用了条件格式的单元格，则选择菜单栏上【编辑】→【定位】命令，在弹出的【定位】对话框中单击【定位条件】按钮。在弹出的【定位条件】对话框中选择条件格式，即可查找到所有应用了条件格式的单元格。

（3）合并计算。Excel 提供了合并计算功能，即可以通过合并计算的方法来汇总一个或多个数据源中的数据。在合并计算时，不需要打开包含源区域的工作簿。Microsoft Excel 提供了以下

两种合并计算数据的方法。

① 位置合并。当需要合并的源数据具有相同位置时，即所有要被合并的数据都在相同的相对位置上，如虽然在不同的工作表，但都是在各自工作表的 B3 单元格，这时就可以使用位置合并，即“按位置入座”的方式。

② 分类合并。当需要合并的源数据位置排列不同时，即没有相同的布局，为了能够找到对应的数据进行合并，则采用分类方式进行汇总，即“按号入座”的方式。

要想合并计算数据，首先必须定义一个目的区。此目标区域可位于与源数据相同的工作表上，或在另一个工作表上，或工作簿内。其次，选择要合并计算的数据源。此数据源可以来自单个工作表、多个工作表或多重工作簿中。在合并时可以选择是否连接数据源，以及时更新合并数据。

（4）打印设置。在 Excel 中，每张工作表的页面设置是不一样的，可以设置不同页边距、标题和工作表的打印方向。

在一张工作表中，如果数据很多，无法在一页纸内打印完，则需要分页打印。为了能够将数据的行标题都显示在每张纸上，或是显示打印日期、页码等信息，则需要修改工作表的页面设置，添加页眉、页脚等内容。

当一个 Excel 文件中含有多个工作表，而每个工作表的打印参数都需要相同设置时，无需挨个设置，只需按照以下步骤进行。

① 按住【Shift】键并单击每个工作表的标签。

② 选择菜单栏上【文件】→【页面设置】命令。

③ 在【页面设置】对话框中进行所需更改，然后单击【确定】按钮。

综上所述，该案例主要有以下几个要点。

① 使用 Excel 的合并计算功能，进行位置合并。②使用条件格式与 ROW 函数相结合，以设置不同行的底纹颜色。③进行页面设置，设置打印标题行以在每一页输出列标题。

3.6.3 任务实现

1. 新建工作表进行汇总

打开工作簿“加班记录单.xls”，用鼠标右键单击工作表名称“2 月份”，在弹出菜单中选择【插入】命令，在【插入】对话框中进入【常用】选项卡，选择【工作表】选项，单击【确定】按钮。重命名该工作表为“1、2 月平均值”。选择工作表“1、2 月平均值”，按住鼠标左键拖动该工作表至最后。

激活工作表“1、2 月平均值”，在单元格 A1:F1 中输入表头内容“职务 姓名”、“加班时数”、“加班费”、“扣罚”和“总数”。在单元格区域 A2:B17 中输入员工的职务和姓名等信息，要求单元格的内容和顺序必须和工作表“1 月”“2 月”一致，如图 3-6-1 所示。

合并计算的种类和方式有很多种，因为这 3 个工作表的对应单元格都是一致的，如表头第一行和 A、B 列的数据在内容和顺序方面都是一样的，所以只需根据位置对 1、2 月份工作表进行合并计算就可以了。

2. 添加引用位置

单击工作表“1、2 月平均值”的单元格 C2，选择菜单上的【数据】→【合并计算】命令，打开【合并计算】对话框。在【合并计算】对话框中可设置需要合并计算的各种参数，如图 3-6-2 所示。

在【函数】下拉列表中选择【平均值】选项，即汇总的方式。

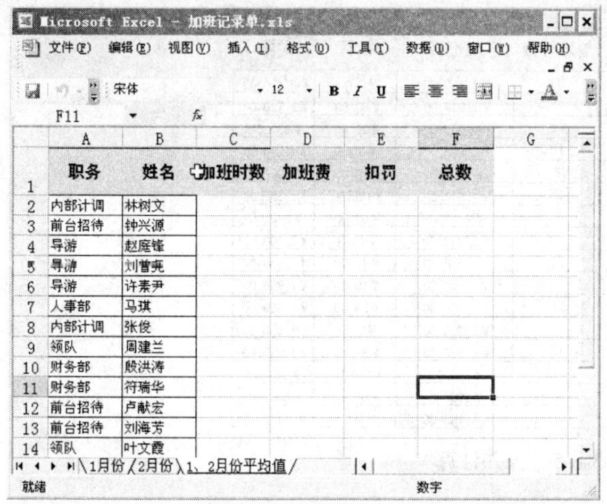

图 3-6-1 “1、2 月平均值”工作表

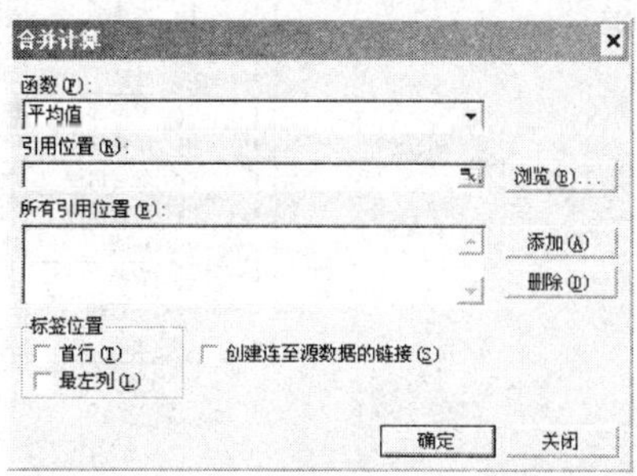

图 3-6-2 【合并计算】对话框

需要在工作表“1、2 月平均值”中汇总工作表“1 月”和“2 月”的单元格区域 A2:B17 中的数据，因此需要在【合并计算】对话框中加入这两个工作表的单元格区域 A2:B17 的引用位置。引用位置的加入有两种方式：手工输入和鼠标拖曳选择。现在采取第 2 种方式，即单击鼠标拖曳选择该区域。

将光标定位在【引用位置】的文本框中，使用鼠标单击工作表“1 月”，然后拖曳鼠标左键选择单元格区域 A2:B17。此时工作表“1 月”的单元格区域 A2:B17 的引用将自动输入在【合并计算】对话框中，单击【添加】按钮，则将该引用添加到【所有引用位置】列表中。再次单击鼠标选择工作表“2 月”，此时会发现工作表“2 月”的对应单元格区域 A2:B17 已被虚线包含，并且该区域的引用已自动输入在【引用】文本框中，单击“添加”按钮，则将该引用添加到【所有引用位置】列表中，如图 3-6-3 所示。

3. 设置合并计算链接方式

在合并计算中，如果源工作表如“1 月”中的记录做了改变，则相对应的汇总工作表“1、2 月平均值”的汇总记录也需要做出改变。如果使用人工的方式进行查询修改，不但浪费人力和时间，一不小心还可能出现误改数据的情况。

Excel 给用户提供了这方面的功能。在【合并计算】对话框中勾选【创建连至源数据的连接】复选项，即可及时更新汇总的数据，如图 3-6-4 所示。

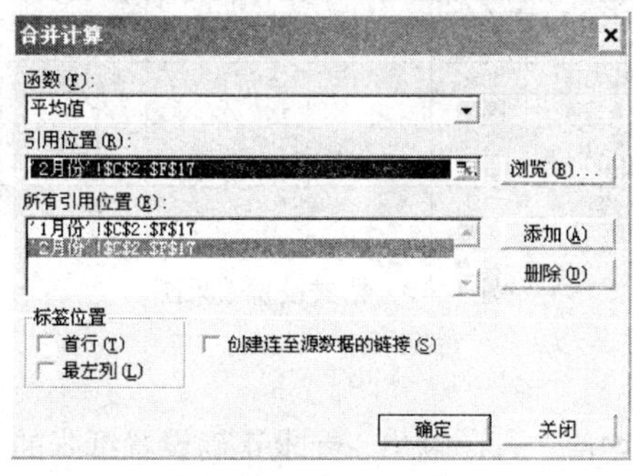

图 3-6-3　添加引用位置

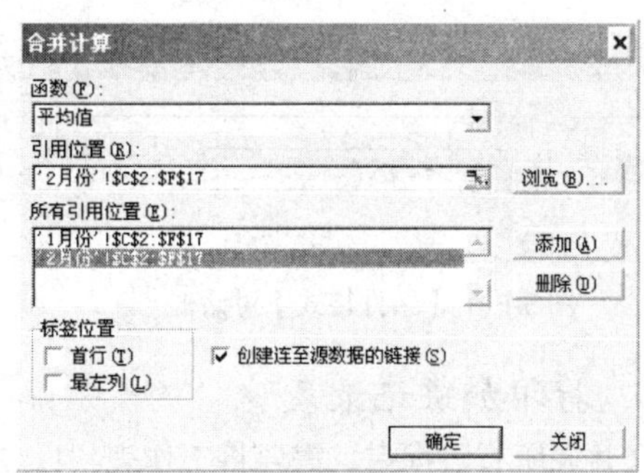

图 3-6-4　连至数据库

4. 合并数据

单击图 3-6-4 中的【确定】按钮，则在工作表“1、2 月平均值”中成功合并数据，如图 3-6-5 所示。

	A	B	C	D	E	F
1	职务	姓名	加班时数	加班费	扣罚	总数
4	内部计调	林树文	24	¥2,400.00	¥0.00	¥2,400.00
7	前台招待	钟兴源	18	¥1,800.00	¥80.00	¥1,720.00
10	导游	赵庭锋	10	¥950.00	¥20.00	¥930.00
13	导游	刘普尧	13	¥1,290.00	¥0.00	¥1,290.00
16	导游	许素尹	8	¥800.00	¥10.00	¥790.00
19	人事部	马琪	15	¥1,500.00	¥120.00	¥1,380.00
22	内部计调	张俊	7	¥700.00	¥60.00	¥640.00
25	领队	周建兰	13	¥1,300.00	¥0.00	¥1,300.00
28	财务部	殷洪涛	11	¥1,050.00	¥40.00	¥1,010.00
31	财务部	符瑞华	18	¥1,800.00	¥10.00	¥1,790.00
34	前台招待	卢献宏	20	¥2,000.00	¥50.00	¥1,950.00
37	前台招待	刘海芳	13	¥1,300.00	¥0.00	¥1,300.00
40	领队	叶文霞	14	¥1,380.00	¥87.00	¥1,293.00
43	导游	湛世阳	7	¥680.00	¥130.00	¥550.00
46	人事部	叶健翔	5	¥500.00	¥50.00	¥450.00
49	领队	吴多亮	12	¥1,150.00	¥0.00	¥1,150.00

图 3-6-5 合并计算

在图 3-6-5 中可以看到新合并的工作表“1、2 月平均值”实际分为了两个层次，其中第一级为汇总数据，单击窗口中分级符号的“2”，即可显示该工作表的所有内容，如单元格 C4 的数据实际上是由本工作表中的 C2 和 C3 单元格进行平均值运算得来。

5. 行格式设置

现在需要设定偶数行的底纹颜色为绿色，则首先需要使用公式计算出偶数行的区域。

激活工作表“1 月”，拖动鼠标左键选择单元格区域 A2:F17，选择菜单栏上【格式】→【条件格式】命令，打开【条件格式】对话框，选择第一个下拉列表的选项为【公式】，在右边的文本框输入“=MOD（ROW()，2）=0”，设定单元格所在的行号如果能够被 2 整除，即为偶数时。下面将设定该单元格的格式，单击【格式】按钮，设定底纹为绿色，如图 3-6-6 所示。

单击【确定】按钮，则成功地将工作表“1 月”的单元格区域 A2:F17 属于偶数行的底纹颜色设定为绿色，如图 3-6-7 所示。

图 3-6-6 【条件格式】对话框

	A	B	C	D	E	F
1	职务	姓名	加班时数	加班费	扣罚	总数
2	内部计调	林树文	16	¥1,600.00	¥0.00	¥1,600.00
3	前台招待	钟兴源	10	¥1,000.00	¥80.00	¥920.00
4	导游	赵庭锋	5	¥450.00	¥0.00	¥450.00
5	导游	刘普尧	5	¥500.00	¥0.00	¥500.00
6	导游	许素尹	5	¥500.00	¥0.00	¥500.00
7	人事部	马琪	6	¥600.00	¥120.00	¥480.00
8	内部计调	张俊	3	¥300.00	¥30.00	¥270.00
9	领队	周建兰	8	¥800.00	¥0.00	¥800.00
10	财务部	殷洪涛	5	¥450.00	¥20.00	¥430.00
11	财务部	符瑞华	6	¥600.00	¥5.00	¥595.00
12	前台招待	卢献宏	10	¥1,000.00	¥50.00	¥950.00
13	前台招待	刘海芳	3	¥300.00	¥0.00	¥300.00
14	领队	叶文霞	4	¥380.00	¥87.00	¥293.00
15	导游	湛世阳	4	¥400.00	¥100.00	¥300.00
16	人事部	叶健翔	4	¥380.00	¥50.00	¥330.00
17	领队	吴多亮	7	¥700.00	¥0.00	¥700.00

图 3-6-7 格式设置效果图

6. 打印加班记录表

合并完所有数据后，需要将工作表“1、2 月平均值”打印输出，要求正确设置纸张的页边距和打印边距，并且每一页都要打印出列标题。

选择菜单栏上【文件】→【页面设置】命令，弹出【页面设置】对话框，选择【页面】选项卡，可设置打印的纸张类型和缩放比例，如图 3-6-8 所示。

选择【页边距】选项卡，可设置【上】、【下】、【左】、【右】页边距，使得工作表中的数据能够在纸张中布局更为合理，如图 3-6-9 所示。

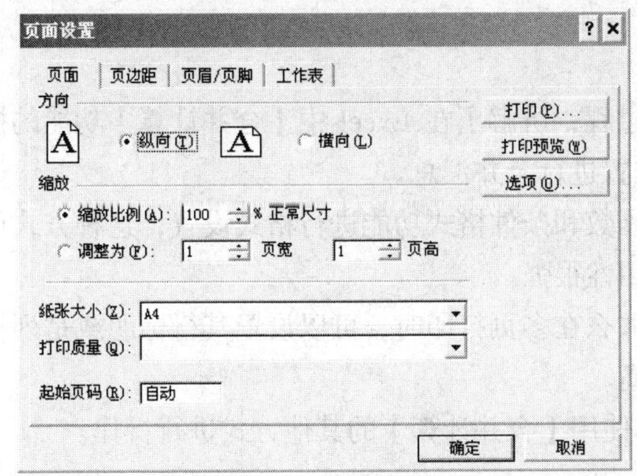

图 3-6-8　设置打印纸张

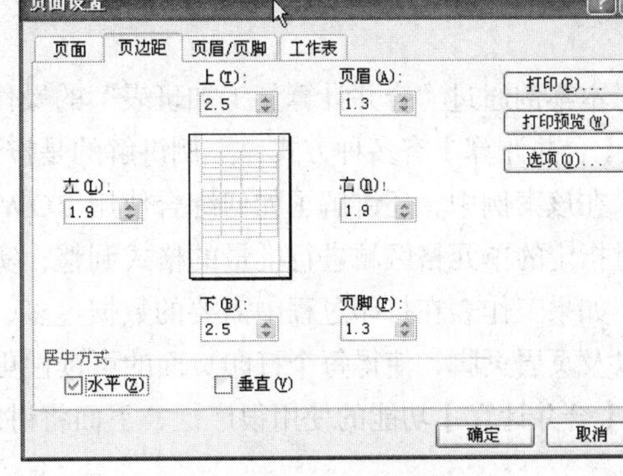

图 3-6-9　设置页边距

打印时设置每页的页眉页脚将会使得数据清单可读性更高，并且有利于用户的管理与查询。选择【页眉/页脚】选项卡，在该选项卡中可以选择系统已经定义的页眉页脚，只需要打开对应的下拉列表框进行选择即可，如图 3-6-10 所示。

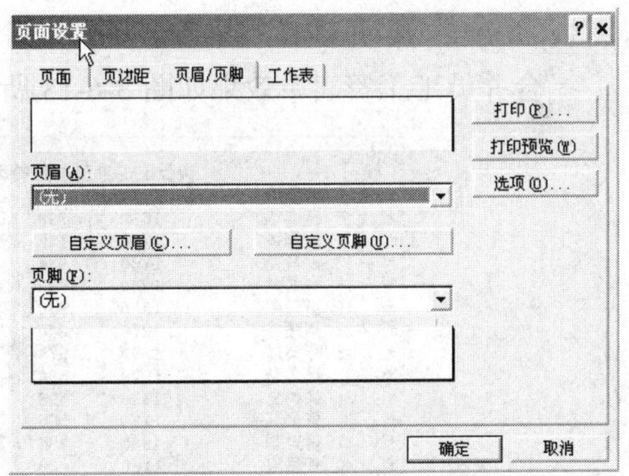

图 3-6-10　设置页眉

如果在下拉列表框中没有自己满意的页眉内容，则单击【自定义页眉】按钮，弹出【页眉】对话框。在【页眉】对话框中可以根据提示的文字对【左】、【中】、【右】3 个位置的页眉进行设置。其中在【左】文本框中输入工作簿的名称“1、2 月份加班清单”，将光标定位在【中】文本框中，单击【日期】按钮和【时间】按钮，即可自动生成当前的日期和时间，将光标定位在【右】文本框中，输入“第”，单击【页码】按钮，再输入“页”，如图 3-6-11 所示。

为了让工作表中的数据在每页纸中都能够显示列标题，需要做以下设置。选择【页面设置】对话框中的【工作表】选项卡，在“打印标题”选项组中顶端标题行表示的就是每页纸中数据记录对应的字段名称，将光标定位在顶端标题行的文本框中，单击鼠标切换到工作表“1、2 月平均值”，使用鼠标选择工作表中的表头即第一行，如图 3-6-12 所示。

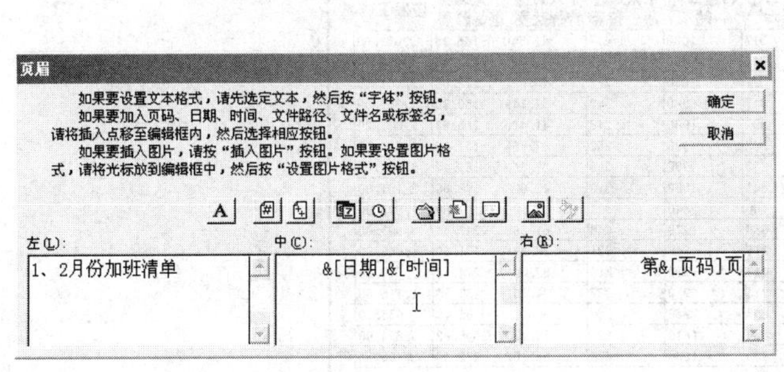

图 3-6-11　【页眉】对话框

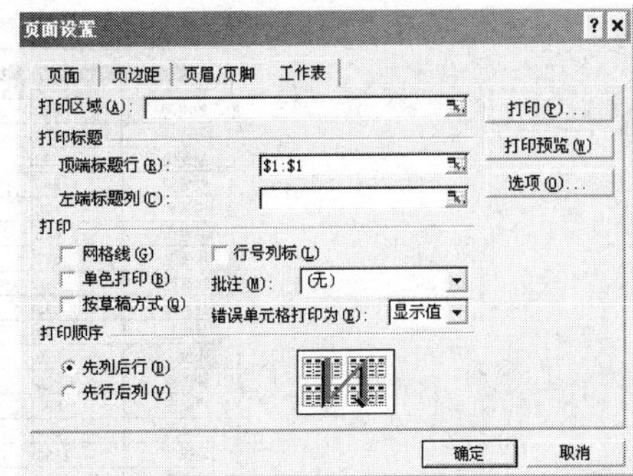

图 3-6-12　设置打印标题

单击【确定】按钮，选择菜单栏上的【文件】→【打印预览】命令，弹出预览窗口，即可浏览打印的效果。

3.6.4 任务小结

本案例通过“合并计算员工加班表”的操作过程，讲解了在 Excel 中【合并计算】功能的操作。【合并计算】有多种方式，上例讲解的是按位置进行合并汇总。

在该案例中，还讲解了如何综合使用 ROW 函数和条件格式功能进行格式设置，这种方式可以对指定的单元格区域进行批量的格式调整，实用性很强。

如果工作表在打印过程中需要的数据过多，那么在多页打印时，可以设置其行标题或是列标题以及页眉页脚，使得每个打印页面的可读性更高。

【合并计算】功能的使用很广泛，下面将讲解使用【合并计算】的其他方式进行操作。

3.6.5 拓展训练

合并计算员工工资

合并员工工资表单效果如图 3-6-13 所示。

	A	B	C	D	E	F	G	H	I	J	K
1			岗位工资	薪级工资	特区津补	个人缴住	个人缴医	个人缴养	应发工资	扣发项合计	实发工资
4	殷洪涛		1270	482	1920	740	73.44	293.76	3,672.00	1,107.20	2,564.80
7	符瑞华		1630	798	2310	1007	94.76	379.04	4,738.00	1,480.80	3,257.20
10	赵庭锋		1360	782	2160	564	86.04	344.16	4,302.00	994.20	3,307.80
13	刘普尧		1180	634	1960	696	75.48	301.92	3,774.00	1,073.40	2,700.60
16	许素尹		1240	782	2120	552	82.84	331.36	4,142.00	966.20	3,175.80
19	湛世阳		1360	550	2060	669	79.40	317.60	3,970.00	1,066.00	2,904.00
22	周建兰		1270	448	1820	727	70.76	283.04	3,538.00	1,080.80	2,457.20
25	叶文霞		1360	574	2060	564	79.88	319.52	3,994.00	963.40	3,030.60
28	吴多亮		1270	398	1820	683	69.76	279.04	3,488.00	1,031.80	2,456.20
31	林树文		1630	798	2310	861	94.76	379.04	4,738.00	1,334.80	3,403.20
34	张俊		1270	556	1920	533	74.92	299.68	3,746.00	907.60	2,838.40
37	钟兴源		1860	834	2660	1030	107.08	428.32	5,354.00	1,565.40	3,788.60
40	卢献宏		1180	430	1820	674	68.60	274.40	3,430.00	1,017.00	2,413.00
43	刘海芳		1360	590	1960	520	78.20	312.80	3,910.00	911.00	2,999.00
46	马琪		2360	1668	3620	1458	152.96	611.84	7,648.00	2,222.80	5,425.20
49	叶健翔		2080	1470	3260	1260	136.20	544.80	6,810.00	1,941.00	4,869.00

图 3-6-13 合并工资

（1）新建工作表。打开 Excel 2003，选择菜单栏上的【文件】→【打开】命令，在【打开】对话框中选择工作簿“工资条分类合并.xls”，激活“工资条分类合并.xls”，中工作表“6 月份工资”，单击工作表表名，在弹出的菜单中选择【插入】命令，新建工作表“6、7 月份工资汇总”，如图 3-6-14 与图 3-6-15 所示。

	A	B	C	D	E	F	G	H
1	姓名	岗位工资	薪级工资	特区津补贴	个人缴住房公积金	个人缴医疗保险费	个人缴养老保险费	应发工资
2	殷洪涛	680	317	1080	417	41.54	166.16	2,077.00
3	符瑞华	590	215	840	367	32.90	131.60	1,645.00
4	赵庭锋	680	391	1080	282	43.02	172.08	2,151.00
5	刘普尧	590	317	980	348	37.74	150.96	1,887.00
6	许素尹	620	391	1060	276	41.42	165.68	2,071.00
7	湛世阳	680	233	980	252	37.86	151.44	1,893.00
8	周建兰	680	233	980	360	37.86	151.44	1,893.00
9	叶文霞	680	341	1080	312	42.02	168.08	2,101.00
10	吴多亮	590	165	840	323	31.90	127.60	1,595.00
11	林树文	1040	583	1470	640	61.86	247.44	3,093.00
12	张俊	590	215	840	221	32.90	131.60	1,645.00
13	钟兴源	930	417	1330	515	53.54	214.16	2,677.00
14	卢献宏	590	215	910	337	34.30	137.20	1,715.00
15	刘海芳	680	295	980	260	39.10	156.40	1,955.00
16	马琪	1180	834	1810	729	76.48	305.92	3,824.00
17	叶健翔	1040	735	1630	630	68.10	272.40	3,405.00
18								
19								

6月份工资 / 7月份工资 / 6、7月份工资汇总 /

图 3-6-14 “6 月份工资”工作表

（2）合并计算。仔细观察，可知道工作表“6 月份工资”、“7 月份工资”具有如下特征。

第一，两个工作表都有相同的列标题。

第二，两个工作表中都有着相同的员工，但是员工记录在工作表中的位置不相同。

根据以上特征，可知道如果使用 Excel 中的【合并计算】功能，则不能使用【按位置】进行合并的方式，否则将造成数据混乱。因此，在合并计算时采用【按分类】进行合并的方式。

选择工作表“6、7 月份工资汇总”的单元格 A1，选择菜单栏上【数据】→【合并计算】命令，打开【合并计算】对话框。将光标定位在【引用位置】的文本框中，使用鼠标单击选择工作表“6 月份工资”的单元格区域 A1:J17，单击【添加】按钮。同理添加工作表“7 月份工资”的单元格区域 A1:J17。勾选【标签位置】组的【首行】与【最左列】复选项。为了在源工作表中更新数据时能够及时更新汇总表中的汇总数据，勾选【创建连至源数据的链接】复选项，如图 3-6-16 所示。

	A	B	C	D	E	F	G	H
1	姓名	岗位工资	薪级工资	特区津补贴	个人缴住房公积金	个人缴医疗保险费	个人缴养老保险费	应发工资
2	殷洪涛	590	165	840	323	31.90	127.60	1,595.00
3	周建兰	590	215	840	367	32.90	131.60	1,645.00
4	林树文	590	215	840	221	32.90	131.60	1,645.00
5	卢献宏	590	215	910	337	34.30	137.20	1,715.00
6	刘普尧	590	317	980	348	37.74	150.96	1,887.00
7	叶文霞	680	233	980	252	37.86	151.44	1,893.00
8	吴多亮	680	233	980	360	37.86	151.44	1,893.00
9	刘海芳	680	295	980	260	39.10	156.40	1,955.00
10	许素尹	620	391	1060	276	41.42	165.68	2,071.00
11	湛世阳	680	317	1080	417	41.54	166.16	2,077.00
12	张俊	680	341	1080	312	42.02	168.08	2,101.00
13	赵庭锋	680	391	1080	282	43.02	172.08	2,151.00
14	钟兴源	930	417	1330	515	53.54	214.16	2,677.00
15	符瑞华	1040	583	1470	640	61.86	247.44	3,093.00
16	叶健翔	1040	735	1630	630	68.10	272.40	3,405.00
17	马琪	1180	834	1810	729	76.48	305.92	3,824.00
18								
19								

\6月份工资 \ 7月份工资 / 6、7月份工资汇总 /

图 3-6-15　“7 月份工资”工作表

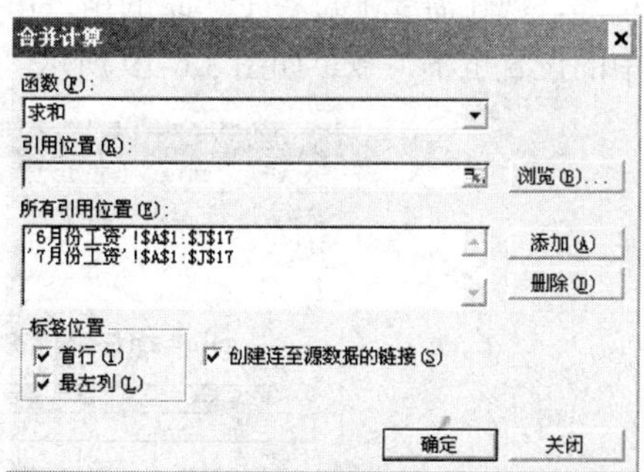

图 3-6-16　按分类合并计算

单击【确定】按钮，则在工作表“6、7 月份工资汇总”出现了汇总数据，并且建立相应的列标题。同时，该工作表的左边区域出现分级符号，点击分级符号“1”出现的是汇总数据，如图 3-6-17 所示。

	A	B	C	D	E	F	G	H	I	J	K
1			岗位工资	薪级工资	特区津补	个人缴住	个人缴医	个人缴养	应发工资	扣发项合计	实发工资
4	殷洪涛		1270	482	1920	740	73.44	293.76	3,672.00	1,107.20	2,564.80
7	符瑞华		1630	798	2310	1007	94.76	379.04	4,738.00	1,480.80	3,257.20
10	赵庭锋		1360	782	2160	564	86.04	344.16	4,302.00	994.20	3,307.80
13	刘普尧		1180	634	1960	696	75.48	301.92	3,774.00	1,073.40	2,700.60
16	许素尹		1240	782	2120	552	82.84	331.36	4,142.00	966.20	3,175.80
19	湛世阳		1360	550	2060	669	79.40	317.60	3,970.00	1,066.00	2,904.00
22	周建兰		1270	448	1820	727	70.76	283.04	3,538.00	1,080.80	2,457.20
25	叶文霞		1360	574	2060	564	79.88	319.52	3,994.00	963.40	3,030.60
28	吴多亮		1270	398	1820	683	69.76	279.04	3,488.00	1,031.80	2,456.20
31	林树文		1630	798	2310	861	94.76	379.04	4,738.00	1,334.80	3,403.20
34	张俊		1270	556	1920	533	74.92	299.68	3,746.00	907.60	2,838.40
37	钟兴源		1860	834	2660	1030	107.08	428.32	5,354.00	1,565.40	3,788.60
40	卢献宏		1180	430	1820	674	68.60	274.40	3,430.00	1,017.00	2,413.00
43	刘海芳		1360	590	1960	520	78.20	312.80	3,910.00	911.00	2,999.00
46	马琪		2360	1668	3620	1458	152.96	611.84	7,648.00	2,222.80	5,425.20
49	叶健翔		2080	1470	3260	1260	136.20	544.80	6,810.00	1,941.00	4,869.00

图 3-6-17　合并汇总结果

（3）格式设置。为了在打印工作表“6、7 月份工资汇总”时，能够明显显示其中的汇总数据行，需要使用条件格式进行批量格式设置。仔细观察汇总行的行号，可知“行号-1”的结果为 3 的倍数，可采用 ROW 函数和 MOD 函数结合进行运算。

单击鼠标左键选择单元格区域 A1:K49，选择菜单栏上【格式】→【条件格式】命令，打开【条件格式】对话框，选择第一个下拉列表框的选项为【公式】，在右边的文本框输入“=MOD（ROW()−1，3）=0”，单击【确定】按钮，如图 3-6-18 所示。

条件格式
条件 1(1)
公式
=MOD(ROW()-1,3)=0
条件为真时，待用格式如右图所示：
AaBbCcYyZz
格式(F)...
添加(A) >>
删除(D)...
确定
取消

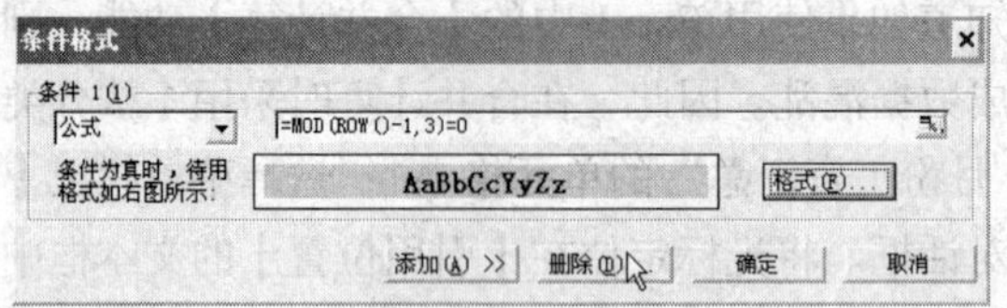

图 3-6-18　设置【条件格式】

3.6.6　课后练习

建立分店报表

某品牌服装专卖店在海口、北京、长春和大连都有分店。2010 年 8 月份的销售单已经送到了总部，现在需要汇总各个产品的销售情况。但是每个分社销售的产品都不尽相同，而且在工作表中的位置也不一致，如图 3-6-19 所示。

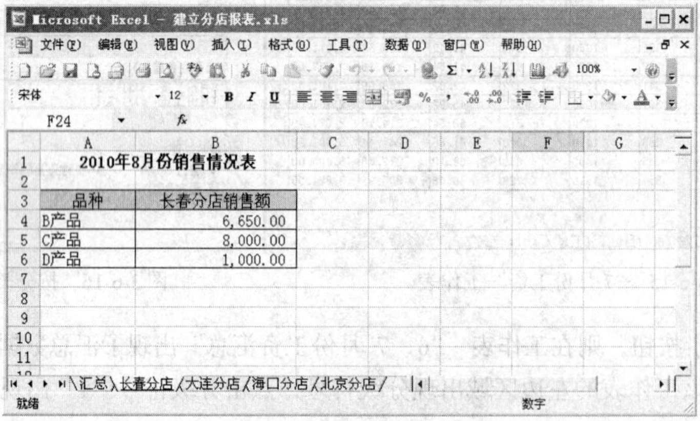

Microsoft Excel - 建立分店报表.xls
2010年8月份销售情况表
品种
长春分店销售额
B产品
6,650.00
C产品
8,000.00
D产品
1,000.00
汇总
长春分店
大连分店
海口分店
北京分店

图 3-6-19　“长春分店”工作表

要求使用 Excel 中的【合并计算】功能，在工作表“汇总”中显示产品的汇总结果，合并效果如图 3-6-20 所示。

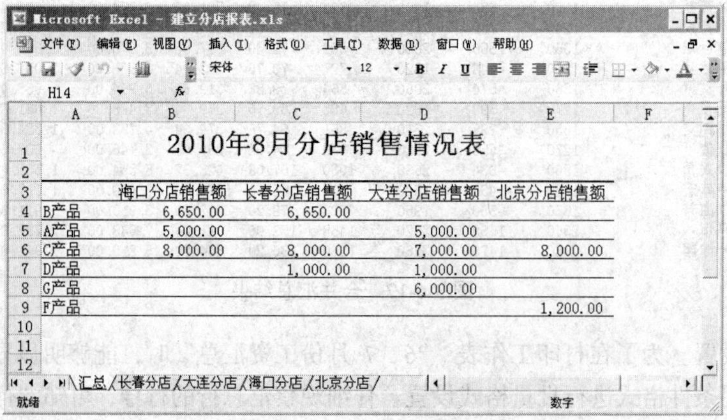

Microsoft Excel - 建立分店报表.xls
2010年8月分店销售情况表
海口分店销售额
长春分店销售额
大连分店销售额
北京分店销售额
B产品 6,650.00 6,650.00
A产品 5,000.00 5,000.00
C产品 8,000.00 8,000.00 7,000.00 8,000.00
D产品 1,000.00 1,000.00
G产品 6,000.00
F产品 1,200.00
汇总
长春分店
大连分店
海口分店
北京分店

图 3-6-20 “汇总”工作表

3.7　OFFSET 及 MATCH 函数应用——公司客车情况查询

3.7.1　创建情景

近年来全球经济变好，海南椰海旅行社有限公司的旅游业务也是越来越多，全公司人员加班加点地工作还是不能满足要求。公司管理层前两天开会讨论，发现了目前存在的最大问题就是公司的客车管理一直很混乱。每次公司接团出去，都要临时借调车辆，对本公司的现有客车的车辆数、使用年限和每辆车的承载人数都没有做过一个详细的统计，这样直接导致调车人员两眼一抹黑，直到接团需要车辆时，才到处查看，紧急派出车辆。

了解这个情况以后，海南椰海旅行社有限公司决定对目前公司的客车建立一个管理机制，所以需要做一个公司客车情况统计表。

3.7.2　任务剖析

相关知识点

（1）数据有效性。为了限制数据的重复输入和规范输入，一般都会使用 Excel 提供的数据有效性功能。数据有效性主要应用在以下几个方面。

① 限制数据的重复输入。在财务统计表汇总经常需要输入票号，为了防止用户手误输入重复的票号，可以使用数据的有效性来限制重复数据的输入，保证无雷同数据。

选择需要输入票号的数据区域如 C3:C12，选择菜单栏上【数据】→【数据有效性】命令，在【数据有效性】对话框中，设置【允许】为【自定义】，在【公式】文本框中输入“=COUNTIF($C$3:$,$C$12，C3）=1”，即计算在数据区域 C3:C12 中重复值为 1 时才是有效的，如果有两个以上重复数据，则出现【错误警示】对话框，如图 3-7-1 所示。

② 限制负数或是限制输入数据在某个范围值之内。选中单元格，选择菜单栏上【数据】→【数据有效性】命令，在【数据有效性】对话框中，设置【允许】为【整数】，即可设置其他选项来确定单元格的数值范围，如图 3-7-2 所示。

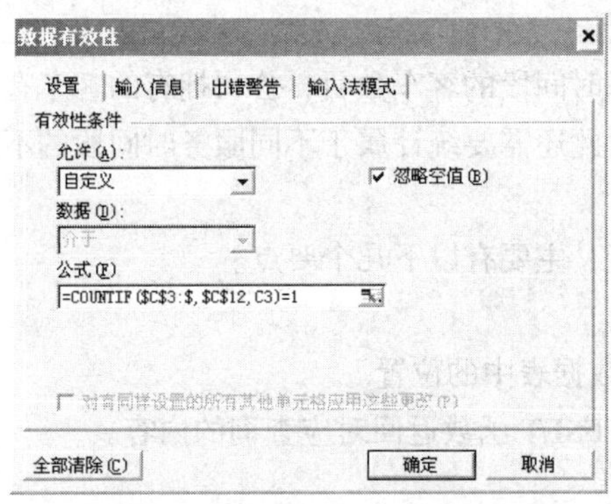

图 3-7-1　限制输入重复数据

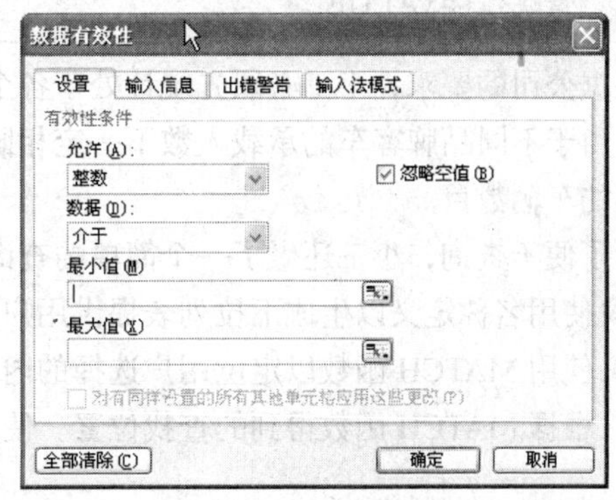

图 3-7-2　限制数值范围

③ 制作下拉列表。选中需要制作下拉列表的单元格，选择菜单栏上【数据】→【数据有效性】命令，在【数据有效性】对话框中，设置【允许】为【序列】，在【来源】文本框中输入“= $D:$5:$D$6”，勾选【提供下拉箭头】复选项，则单元格的列表内容为 D5:D6 的内容，如图 3-7-3 所示。

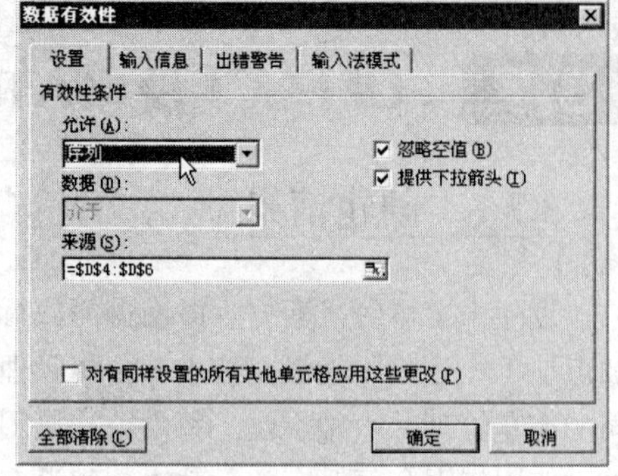

图 3-7-3 制作下拉列表

（2）MATCH 函数。MATCH 函数可以找出匹配元素的位置，MATCH 函数的语法形式如下。

MATCH(lookup_value, lookup_array, match_type)

lookup_value 为需要在数据表（lookup_array）中查找的值。

lookup_array 为可能包含有所要查找数值的连续的单元格区域。

match_type 的取值有如下 3 种情况：为 1 时，查找小于或等于 lookup_value 的最大数值，lookup_array 必须按升序排列；为 0 时，查找等于 lookup_value 的最大数值，lookup_array 按任意顺序排列；为-1 时，查找大于或等于 lookup_value 的最大数值，lookup_array 必须按降序排列。如 MATCH （D1，A1:A7，0）返回值就是单元格 D1 在 A1:A7 中的行号。

如果省略 match_type，则默认取值为 1，即查找小于或等于 lookup_value 的最大数值，lookup_array 必须按升序排列。

（3）OFFSET 函数。OFFSET 函数可以根据指定的引用为参考系，通过给定的偏移量得到新的引用，OFFSET 函数返回的引用可以是一个单元格或是单元格区域。OFFSET 函数的语法形式如下：

OFFSET（reference，rows，cols，height，width）

referenc 为作为偏移量参照系的引用区域。

rows 为相对于偏移量参照系的左上角单元格，上（下）偏移的行数。行数可为正数（代表在起始引用的下方）或负数（代表在起始引用的上方）。

cols 为相对于偏移量参照系的左上角单元格，左（右）偏移的列数。列数可为正数（代表在起始引用的右边）或负数（代表在起始引用的左边）。

height 为所要返回的引用区域的行数，必须为正数。width 为所要返回的引用区域的列数，必须为正数。

Reference 必须为对单元格或相连单元格区域的引用；否则，函数 OFFSET 返回错误值 #VALUE!。

根据公司的要求，小王必须先统计处于各个服务时间段的客车数目，公司拥有的客车有几个品牌，由于不同品牌客车的承载人数不一定相同，因此还需要统计属于不同服务时间段的不同品牌客车的车辆数目。

为了便于查询，小王还做了一个简单的查询功能，主要有以下几个要点。

① 使用名称定义以生成下拉列表提供用户选择。

② 使用 MATCH 函数以定位用户选择的内容在数据表中的位置。

③ 根据 MATCH 函数得到的查找位置，使用 OFFSET 函数返回对应查询的内容。

3.7.3 任务实现

1. 制作客车信息表格

打开工作簿“公司客车信息查询.xls”，在单元格 A1 中输入“公司客车信息查询”。鼠标拖动

选择单元格区域 A1:F1，单击工具栏上的【居中合并】按钮，即可合并该单元格区域。

在单元格区域 D3：G6 中输入列标题“服务时间 名称”、“1 年”、“3 年”、“6 年”。选择单元格 D3，选择菜单栏上【格式】→【单元格】命令，在【单元格格式】对话框中选择【边框】选项卡，在【样式】中选择细实线，单击对角线边框，如图 3-7-4 所示。

选择单元格区域 D3:G3，单击菜单栏上的【填充颜色】按钮，填充深蓝色，并设置列标题的字体颜色为白色。在单元格区域 D4:G6 中输入表格内容，并设置单元格区域 D3:G6 的上、左、右外边框为黑色粗实线，内边框和下边框为黑色细实线。

同理，制作单元格区域 A5:B13 中的 3 个表格，如图 3-7-5 所示。

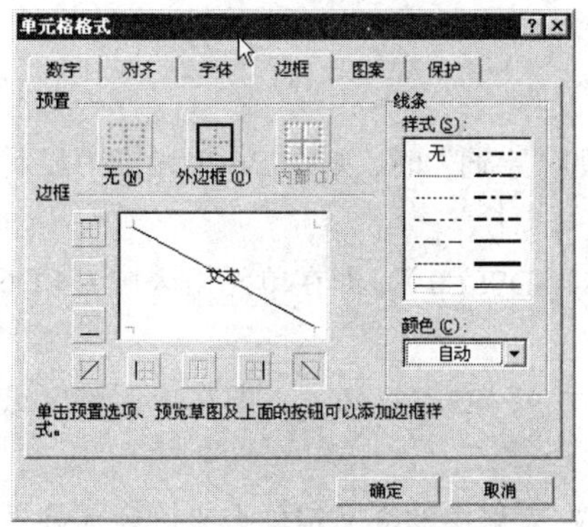

图 3-7-4　设置单元格对角线

图 3-7-5　“信息查询表”工作表

单元格 D3 的内容“服务时间”和“名称”应占用两行，因此需要在“服务时间”后按回车键。

2. 设置数据有效性

选择单元格 B5，选择菜单栏上【数据】→【有效性】命令，在【数据有效性】对话框中设置有效性条件，在【允许】下拉列表选择【序列】选项，将光标定位在【来源】文本框中，使用鼠标选择单元格区域 D4:D6，则将在【来源】文本框中自动生成引用位置，勾选【忽略空值】和【提供下拉箭头】复选项，单击【确定】按钮，如图 3-7-6 所示。

同理，选择单元格 B9，选择菜单栏上【数据】→【有效性】命令，在【数据有效性】对话框中设置有效性条件，如图 3-7-7 所示。设置成功后，效果图如图 3-7-8 所示。

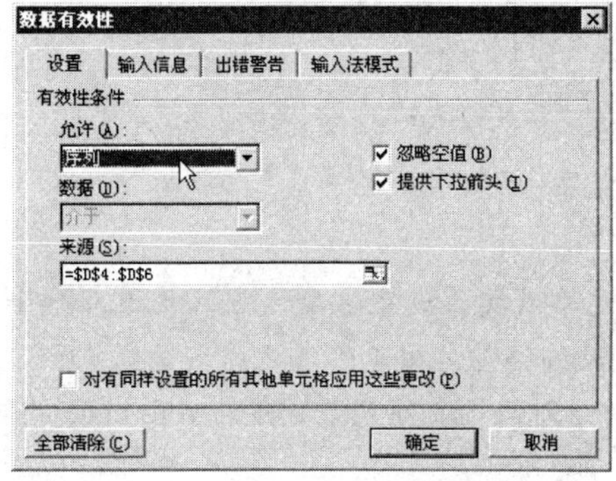

图 3-7-6　设置单元格 B5 数据有效性

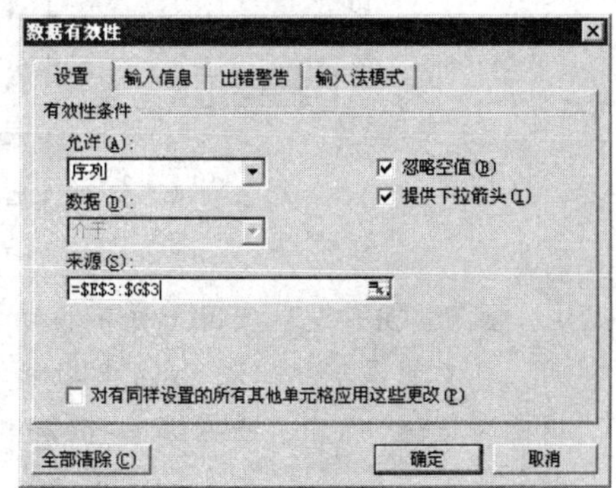

图 3-7-7　设置单元格 B9 数据有效性

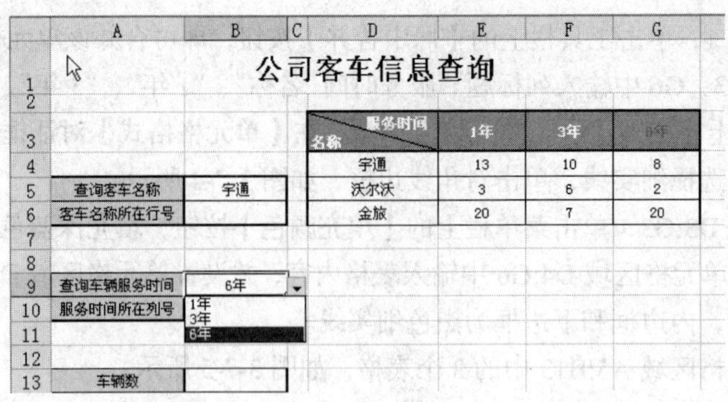

	A	B	C	D	E	F	G
1	公司客车信息查询						
2							
3				服务时间 名称	1年	3年	8年
4				宇通	13	10	8
5	查询客车名称	宇通		沃尔沃	3	6	2
6	客车名称所在行号			金旅	20	7	20
7							
8							
9	查询车辆服务时间	8年					
10	服务时间所在列号	1年 3年 8年					
11							
12							
13	车辆数						

图 3-7-8 列表效果

3. 定位搜索的信息

当用户通过下拉菜单在单元格 B5 中选择其中一个选项如“宇通”时，则在 B6 单元格中显示“宇通”所在的单元格的行号。

选择单元格 B6，在编辑栏中输入“=MATCH($B$5, $D$4:$D$6, 0)”，即在单元格区域 D4:D6 中查找单元格 B5 的值，返回对应单元格的行号。

同理，选择单元格 B10，在编辑栏中输入“=MATCH（B9，E3:G3，0）”，即在单元格区域 E3:G3 中查找单元格 B9 的值，返回对应单元格的列号。

由此，可以根据单元格 B6 和 B10 返回的行号和列号，在表格中的交叉定位点来确定需要返回的单元格的内容。

选择单元格 B13，在编辑栏中输入“=OFFSET（D3，B6，B10）”，即以单元格 D3 为起点，向下移动的行数为单元格 B6 中的值，向右移动的列数为单元格 B10 中的值，按回车键，如图 3-7-9 所示。

B13 f_x =OFFSET(D3,B6,B10)

	A	B	C	D	E	F	G
1	公司客车查询						
2							
3				服务时间 名称	1年	3年	8年
4				宇通	13	10	8
5	查询客车名称	宇通		沃尔沃	3	6	2
6	客车名称所在行号	1		金旅	20	7	20
7							
8							
9	查询车辆服务时间	8年					
10	服务时间所在列号	3					
11							
12							
13	车辆数	8					
14							
15							

图 3-7-9 查询结果

函数 OFFSET 实际上并不移动任何单元格或更改选定区域，它只是返回一个引用。在参照系下，如果 rows 行数和 cols 列数偏移量超出工作表边缘，函数 OFFSET 返回错误值 #REF!。如果省略 height 或 width，则假设其高度或宽度与 reference 相同。

3.7.4　任务小结

综合使用 MATCH 和 OFFSET 函数可以实现多条件查询，实现数据的筛选和提取。本案例通过“公司客车情况查询”的操作过程，讲解了 Excel 中的两个重要函数 OFFSET 函数的使用。

3.7.5　拓展训练

统计班级成绩

某大学 2009 级信息管理专业的学生在一次考试中的成绩都汇总在一个工作表中，但是为了方便老师分析各班成绩，需要对数据清单进行分类，按班级来计算各班的最高分、最低分、及格数、优秀数和平均分。请使用 MATCH 和 OFFSET 函数来进行数据的筛选与统计。表格效果图如图 3-7-10 所示。

	A	B	C	D	E	H	I	J	K	L
1	班级	姓名	成绩							
2	3	张子俞	61.2							
3	1	王春怀	62.55							
4	3	张微	64.95							
5	3	赵晓仙	69							
6	3	戴文琪	69.15		班级	最高分	最低分	及格数	优秀数	平均分
7	2	曾玲菲	72.3		1	72	61.2	6	0	66.5
8	3	陈汉于	74.1		2	81.6	69.2	8	0	76.4
9	3	邱海磊	76.2		3	112.2	76.2	11	6	92.4
10	2	杨新光	76.2							
11	2	吴忠威	80.4							
12	3	陈科玮	81.45							
13	2	吴迪	81.6							
14	1	王伟	90							

图 3-7-10　表格效果图

（1）建立表格。打开需要统计的工作表，在数据清单的右方设置单元格区域 E6:L9 的格式，如图 3-7-11 所示。

	A	B	C	D	E	H	I	J	K	L
1	班级	姓名	成绩							
2	3	张子俞	61.2							
3	1	王春怀	62.55							
4	3	张微	64.95							
5	3	赵晓仙	69							
6	3	戴文琪	69.15		班级	最高分	最低分	及格数	优秀数	平均分
7	2	曾玲菲	72.3		1					
8	3	陈汉于	74.1		2					
9	3	邱海磊	76.2		3					
10	2	杨新光	76.2							
11	2	吴忠威	80.4							
12	3	陈科玮	81.45							
13	2	吴迪	81.6							
14	1	王伟	90							

图 3-7-11　班级成绩统计

（2）定义名称。仔细观察，可知道为了统计各班的数据，最重要的是从数据清单中提取出各班的成绩列区域。取出了对应班级的“成绩”列区域，则可以对该区域进行各种数学统计。

由 OFFSET 函数的语法可知，假设以单元格 A1 为参照系，要返回成绩列区域的话，则 OFFSET（reference，rows，cols，height，width）中的 reference 应为引用“$A$1”，cols 为“成绩”列相对单元格 A1 的列偏移量“2”，因为返回的区域仅为“成绩”列，因此 width 为 1。剩下就需要确定 height 和 rows 两个参数。

height 为返回区域的高度，应该由班级中记录的总数来确定。如果筛选的是 1 班的记录，则 height 为数据清单中“班级”为“1”的所有记录的总数。使用 COUNTIF 函数即可实现根据条件返回记录的个数。如搜索“班级”为“1”的所有记录的总数，则为“COUNTIF（Sheet1!$A$2:$A$26，“1”）”。

rows 为相对于偏移量参照系的上（下）偏移的行数。使用 MATCH 函数可以准确定位符合要求的记录所在的位置，如需要查找数据清单中班级为“1”的记录所在的行号，则为“MATCH（“1”，Sheet1!$A$2:$A$26）”。

选择菜单栏上【插入】→【名称】→【定义】命令，弹出【定义名称】对话框。在【定义名称】对话框中输入名称的文本框内容为“chengji”，在引用位置的文本框中输入“=OFFSET（Sheet1!$A$1，MATCH（Sheet1!$E7，Sheet2!$A$2:$A$26，），2，COUNTIF（Sheet1!$A$2:$A$26，Sheet1!$E7），1）”，单击【添加】按钮即可成功添加名称“chengji”的应用。单击【关闭】按钮关闭对话框，如图 3-7-12 所示。

（3）统计数据。选择单元格 H7，在编辑栏中输入“=MAX（chengji）”，单击【确定】按钮，即可计算最大值。单击单元格 H7，使用数据填充柄填充 H8:H9，如图 3-7-13 所示。

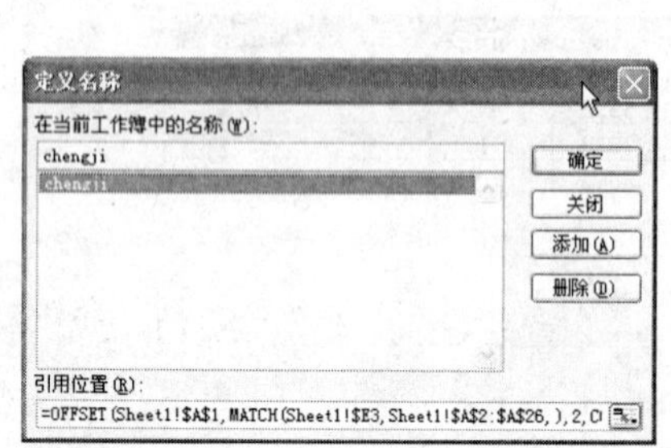

图 3-7-12　定义函数求出的数据区域

J12

	A	B	C	D	E	H	I
1	班级	姓名	成绩				
2	3	张子俞	61.2				
3	1	王春怀	62.55				
4	3	张微	64.95				
5	3	赵晓仙	69				
6	3	戴文琪	69.15		班级	最高分	最低分
7	2	曾玲菲	72.3		1	72	
8	3	陈汉千	74.1		2	81.6	
9	3	邱海磊	76.2		3	112.2	
10	2	杨新光	76.2				
11	2	吴忠威	80.4				
12	3	陈科玮	81.45				

Sheet1 Sheet2

图 3-7-13　最高分统计

同理选择单元格 I7，在编辑栏中输入“=MIN（chengji）”，单击【确定】按钮，即可计算最小值。单击单元格 I7，使用数据填充柄填充 I8: I9。选择单元格 L7，在编辑栏中输入“= AVERAGE（chengji）”，单击【确定】按钮，即可计算最小值。单击单元格 L7，使用数据填充柄填充 L8: L9，如图 3-7-14 所示。

L7　=AVERAGE(chengji)

	E	H	I	J	K	L
4						
5						
6	班级	最高分	最低分	及格数	优秀数	平均分
7	1	72	61.2			66.5
8	2	81.6	69.2			76.4
9	3	112.2	76.2			92.4
10						

图 3-7-14　数据填充

假设设定 60 分为及格线，85 分为优秀线，即“分数>=85”为“优秀”，“分数>=60”为“及格”，则需要使用 COUNTIF 函数进行判断计算。选择单元格 J7，在编辑栏中输入“=COUNTIF

（chengji，">=60"）”，即计算一班中成绩大于或等于 60 分的数据记录的数目，单击单元格 J7，使用数据填充柄填充 J8: J9，单击【确定】按钮。同理，选择单元格 K7，在编辑栏中输入“=COUNTIF（chengji，">=85"）”，即计算一班中成绩大于或等于 85 分的数据记录的数目，单击单元格 K7，使用数据填充柄填充 K8:K9，单击【确定】按钮。如图 3-7-15 所示。

K7　　=COUNTIF(chengji,">=85")

	C	D	E	H	I	J	K	L
4	64.95							
5	69							
6	69.15		班级	最高分	最低分	及格数	优秀数	平均分
7	72.3		1	72	61.2	6	0	66.5
8	74.1		2	81.6	69.2	8	0	76.4
9	76.2		3	112.2	76.2	11	6	92.4
10	76.2							

图 3-7-15　计算优秀人数

3.7.6　课后练习

统计分析矿泉水公司销售量

某矿泉水公司一共有 3 个销售组，每月每个销售人员的销售记录都会登记在案。现在要求对该工作表进行筛选查询，效果图如图 3-7-16 所示。

Microsoft Excel - 7-3.xls

	A	B	C	D	E	F	G	H	I
1	销售组	姓名	销售量						
2	销售组3	张子俞	61		计算销售量最后几名的总销售量:			销售组	销售量
3	销售组1	王春怀	63		最后几名:	5		销售组3	60
4	销售组3	张微	65		总销售量:	664		统计:销售组=H3,销售量>=I3的人数	
5	销售组3	赵晓仙	69					统计人数:	7
6	销售组3	戴文琪	69						
7	销售组2	曾玲菲	72						
8	销售组3	陈汉于	74						
9	销售组3	邱海磊	76						
10	销售组2	杨新光	76						
11	销售组2	吴忠威	80						
12	销售组3	陈科玮	81						

OFFSET实例　OFFSET实例 (2)

图 3-7-16　销售表统计

（1）要求单元格 F3 为列表，有 3 个选项：1，3，5。单元格 H3 为列表，列表选项由 A 列中提取，不允许空值和重复值。列表 I3 有 4 个选项：0，30，60，70。

（2）结合使用 OFFSET 函数和 MATCH 函数，利用公式计算出单元格 F4 和单元格 I5 的值。

第4章 PowerPoint 演示文稿应用

PowerPoint 2003 是 Microsoft Office 2003 应用程序套件的重要组成部分，可以在 PowerPoint 中插入文字、图形、图像、声音等多种类型的信息，使用 PowerPoint 可以制作图文并茂、色彩丰富、表现力和感染力极强的幻灯片，组成演示文稿，以便在计算机屏幕或者投影板上播放。它广泛应用于产品介绍、会议演讲、学术报告、课堂讲义等方面。

使用 PowerPoint 创建的文件一般以.ppt 为扩展名，所以 PowerPoint 文件也称为 PowerPoint 文档、PowerPoint 演示文稿或 PPT 文件。

学习目标

- ✧ 学会演示文稿的创建、打开、保存等基本操作，熟练掌握幻灯片的制作并为其配上动画和声音效果。
- ✧ 掌握幻灯片的创建，包括插入、删除、编辑、设置幻灯片，掌握项目符号的更改等演示文稿的编辑操作。
- ✧ 掌握幻灯片的格式化设置，包括文本格式、段落格式、表格和图形对象格式等。
- ✧ 掌握幻灯片的外观设置，包括改变配色方案、应用设计模板、设置背景、应用母版等。
- ✧ 掌握幻灯片内各对象显示动画设置及幻灯片之间切换动画设置，包括效果、速度、换页方式、间隔时间、声音等。
- ✧ 掌握超级链接技术，包括文本和图形超级链接设置和动作按钮的设置。
- ✧ 演示文稿的放映方式、页面设置、设置页眉页脚（日期、编号、页眉页脚文字）等。
- ✧ 掌握摘要幻灯片、电子相册的制作。

4.1 PowerPoint 基本应用——制作员工培训讲义

4.1.1 创建情景

企业对员工的培训是人力资源开发的重要途径。海南椰海旅行社有限公司最近招聘了一批新员工，为了让新员工了解公司的运作流程及理念，熟悉商务礼仪及职业素养，

提高分析与解决问题的能力，加强员工的沟通协调能力，增强员工的向心力，更快地融入到企业中来，人力资源部要对这批新员工进行培训，本任务即为制作培训时的讲义。

4.1.2　任务剖析

1. 相关知识点

（1）演示文稿和幻灯片。一个 PowerPoint 文件称为一个演示文稿，它由一系列幻灯片组成，制作演示文稿的过程实际上就是制作一张张幻灯片的过程。幻灯片中包含文字、表格、图片、声音、视频、图像等内容。制作完成的演示文稿可以通过计算机屏幕、Internet、投影仪等发布出来，使用 PowerPoint 制作的演示文稿的扩展名为“.ppt”。

（2）PowerPoint 窗口界面。选择【开始】→【所有程序】→【Microsoft Office】→【Microsoft Office PowerPoint 2003】命令，启动 PowerPoint 2003，PowerPoint 2003 窗口界面如图 4-1-1 所示，PowerPoint 2003 窗口界面与前面所介绍的软件类似，由标题栏、菜单栏、工具栏、工作区、状态栏等组成，如图 4-1-1 所示。

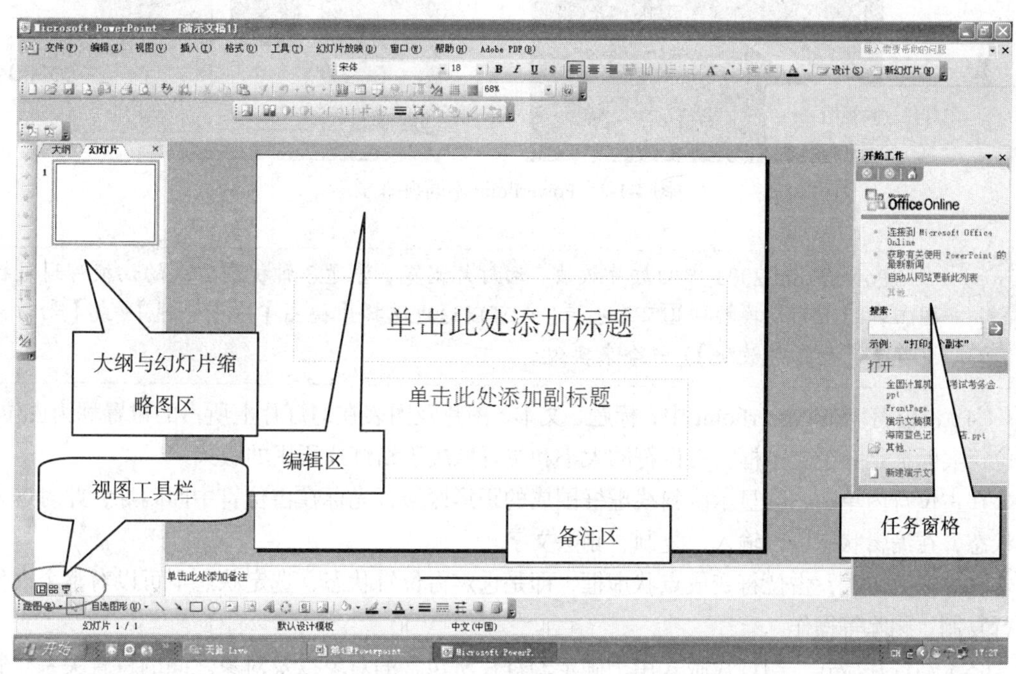

图 4-1-1　PowerPoint 窗口界面

（3）PowerPoint 2003 的视图。PowerPoint 2003 提供了多种视图方式，每种视图都有自己特定的显示方式与修饰方法，并且无论在哪一种视图中完成的修改，都会自动反映到其他视图中，各种视图的不同显示方式如图 4-1-2 所示。

① 普通视图。默认情况下的视图显示方式，在普通视图方式下的 PowerPoint 2003 窗口工作区由大纲与幻灯片缩略图区、幻灯片编辑区和备注区 3 个部分组成。在该视图中，一次只能操作一张幻灯片。

② 大纲视图。在大纲视图中，仅显示幻灯片的标题和主要文本信息，适合组织和创建演示文稿的内容。单击大纲与幻灯片缩略图区大纲标签切换到大纲视图。

③ 幻灯片浏览视图。幻灯片浏览视图用于将幻灯片缩小、多张并列显示，便于对幻灯片进

行移动、复制、删除、调整顺序等操作。在结束创建或编辑演示文稿后，幻灯片浏览视图给出演示文稿的整个图片，使重新排列、添加或删除幻灯片以及预览切换和动画效果都变得很容易。

④ 备注页视图。备注页一般用于建立、修改和编辑演讲者备注，可以记录演讲者讲演时所需的一些提示重点。如果要切换到备注页视图，选择【视图】→【备注页】命令。

⑤ 幻灯片放映视图。幻灯片放映视图占据整个计算机显示屏幕，就像一个实际的幻灯片全屏幕放映。在这种视图中，所看到的就是放映的最终效果。

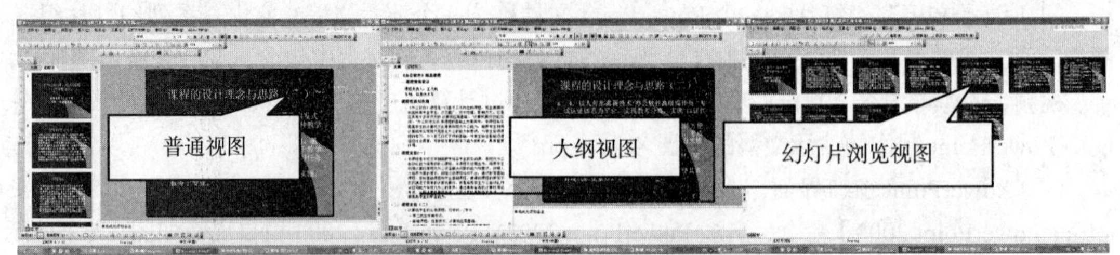

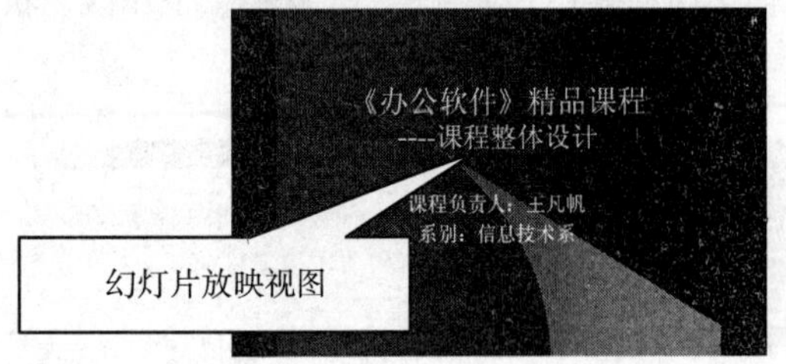

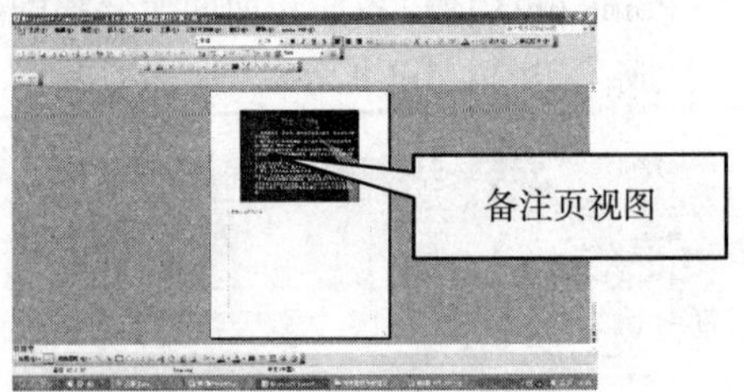

图 4-1-2 PowerPoint 不同视图方式

PowerPoint 2003 中幻灯片放映、幻灯片浏览、普通 3 种视图方式的切换可通过视图工具栏上的切换按钮进行，也可以通过选择【视图】→【普通】(或【幻灯片浏览】、【幻灯片放映】) 命令来实现。

(4) 占位符。在 PowerPoint 中，标题、文本、图片及图表在幻灯片上所占的位置称为占位符，占位符实际上是一个文本框，占位符的大小和位置取决于幻灯片所用的版式。

在占位符内单击，会显示由斜线虚框围成的距形区域，光标在占位符中间闪烁，此时进入编辑状态，在编辑状态可以输入、复制、删除文字。

在虚框上单击，占位符变成点状虚框，即是选定占位符状态，选定状态下可以对整个占位符进行复制、删除等操作。

(5) 幻灯片版式。幻灯片版式用于确定幻灯片所包含的对象以及对象之间的位置关系。版式由占位符构成，而不同的占位符可以放置不同的对象。

(6) 设计模板。PowerPoint 演示软件提供了大量已设计好的幻灯片外观格式的设计模板，它包括幻灯片各信息对象的格式、幻灯片背景图案和颜色等。应用设计模板就是将设计模板预置的格式应用于所选取的或当前演示文稿全部幻灯片上。

操作步骤：在普通视图方式下，选择【格式】→【幻灯片设计】命令，显示【幻灯片设计】任务窗格，选择【设计模板】选项；从窗口右边的幻灯片缩略图中选取要应用设计模板的幻灯片；在【幻灯片设计】任务窗格中选择一种适当的设计模板。

(7) 幻灯片母版。母版是一张特殊的幻灯片，在其中可以定义整个演示文稿中各张幻灯片具有统一的格式，以控制演示文稿的整体外观。在母版中可以添加一系列的格式。操作步骤：选择

一张幻灯片，选择【视图】→【母版】→【幻灯片母版】命令，进入母版编辑状态进行编辑。

2. 实践操作方案

通过任务项目分析，制作公司员工培训讲义，可以利用 PowerPoint 创建演示文稿文件，在演示文稿文件新建和编辑幻灯片，在幻灯片中插入图形、图片及艺术字和对其进行相应的格式化处理，设置动画效果，再辅以适当的声音效果等，以这种图文并茂的形式展示培训讲义，能达到很好的效果。

4.1.3　任务实现

1. 创建幻灯片

（1）选择【开始】→【所有程序】→【Microsoft Office】→【Microsoft Office PowerPoint 2003】命令，启动 PowerPoint 2003，将自动创建一个空的 PPT 文件“演示文稿 1.ppt”窗口。

（2）单击【单击此处添加标题】框，输入标题“新员工培训”，选择“新员工培训”，选择【格式】→【字体】命令，在【字体】对话框中将标题字体格式设置如图 4-1-3 所示。

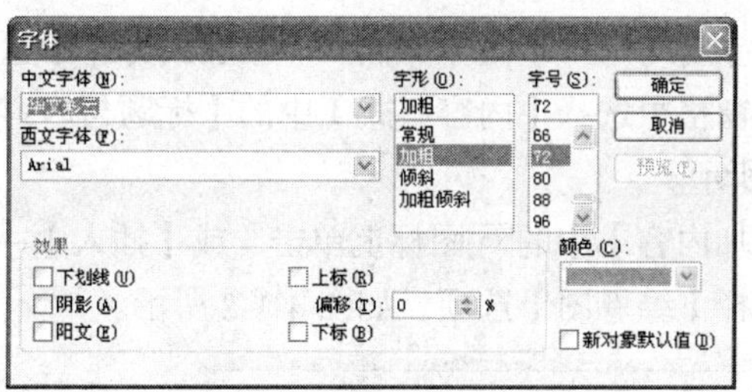

图 4-1-3 【字体】对话框

（3）单击【单击此处添加副标题】框，输入副标题“主讲人:蓝逸”，并将其字体格式设置为【华文行楷】、【36 磅】、【蓝色】。

（4）选择【插入】→【新幻灯片】命令，插入一张版式为“标题与文本”的新幻灯片，在右侧的【幻灯片版式】任务窗格中选择【其他版式】中的【标题、文本与剪贴画】选项，将新插入的幻灯片套用该版式，如图 4-1-4 所示。

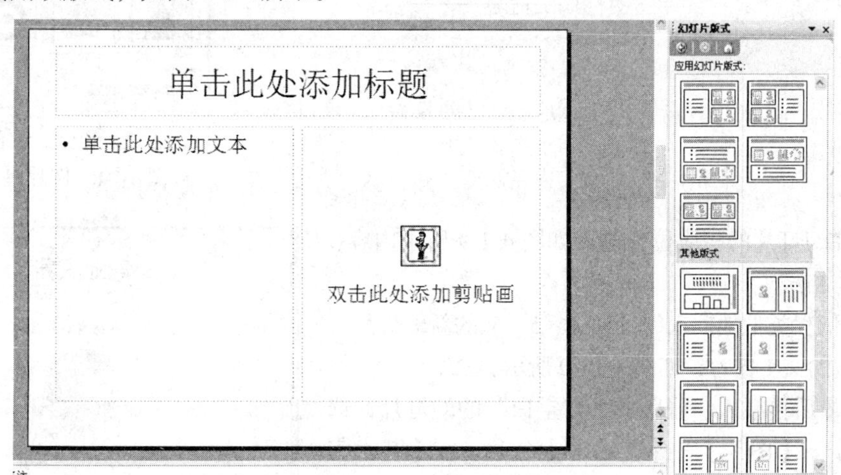

图 4-1-4　幻灯片版式设置

（5）双击幻灯片中的“双击此处添加剪贴画”占位符，弹出【选择图片】对话框，在列表中选择合适的剪贴画图片，如图 4-1-5 所示，单击【确定】按钮，将图片插入到当前幻灯片中。

（6）分别在该幻灯片中标题及文本占位符位置输入如图 4-1-6 所示的文本内容。

图 4-1-5　幻灯片版式设置

图 4-1-6　幻灯片内容

（7）选择【插入】→【新幻灯片】命令，插入一张版式为“标题与文本”的新幻灯片，在右侧的【幻灯片版式】任务窗格中选择【内容版式】中的【标题与内容】选项，将新插入的幻灯片套用该版式，如图 4-1-7 所示。

（8）在【单击图标添加内容】中的图标上单击（或【插入】→【图示】），打开【图片库】对话框，在该对话框中选择【维恩图】选项，如图 4-1-8 所示。

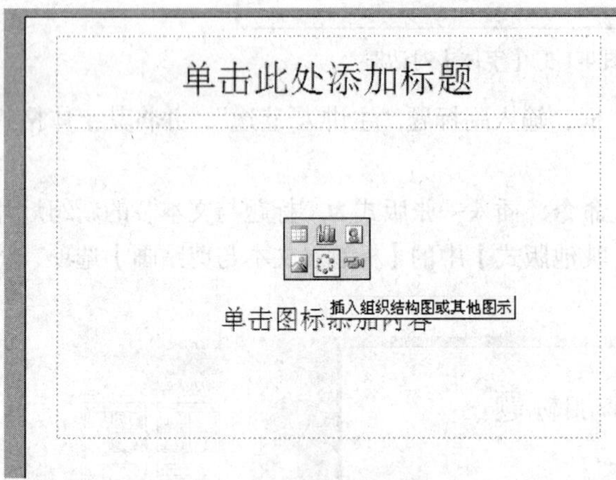

图 4-1-7　标题与内容版式

图 4-1-8　图片库

（9）在幻灯片的相应位置输入如图 4-1-9 所示内容，并设置文本格式。

（10）依次类似地插入编号为 4、5、6 的新幻灯片，并输入相应的文本内容，如图 4-1-10 所示。

（11）最后再插入一张版式为“空白”的幻灯片，选择【插入】→【图片】→【艺术字】命令，在【艺术字库】对话框中选择一种艺术字样式，单击【确定】按钮。

（12）在弹出的【编辑“艺术字”文字】对话框中输入“梦想从这里起飞!”，并设置【字体】为【华文行楷】、

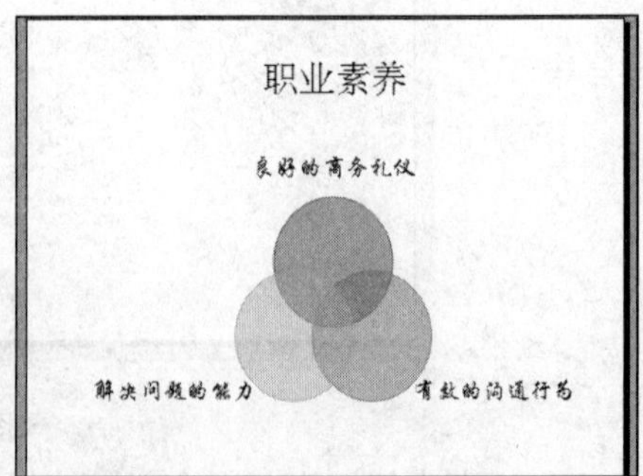

图 4-1-9　幻灯片版式设置

【字号】为【72 磅】，如图 4-1-11 所示。

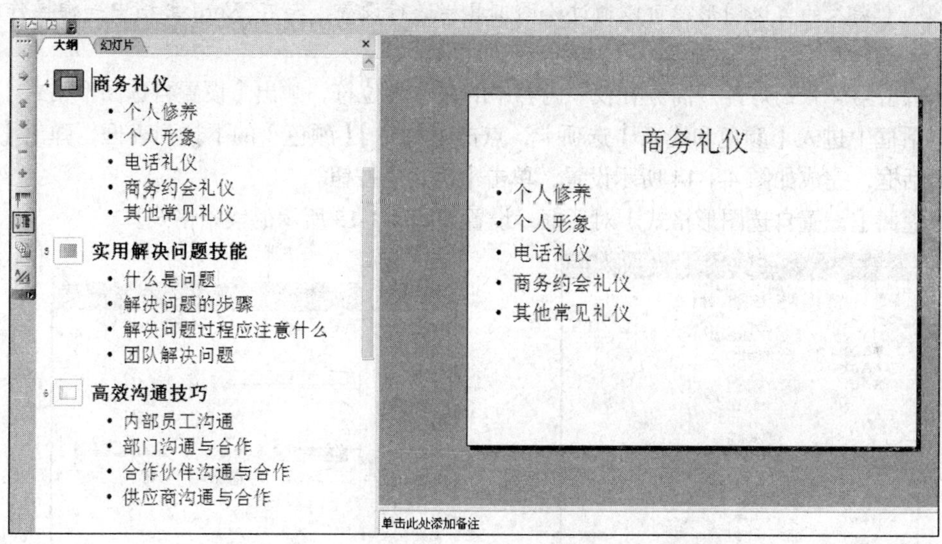

图 4-1-10　第 4、5、6 张幻灯片大纲视图显示内容

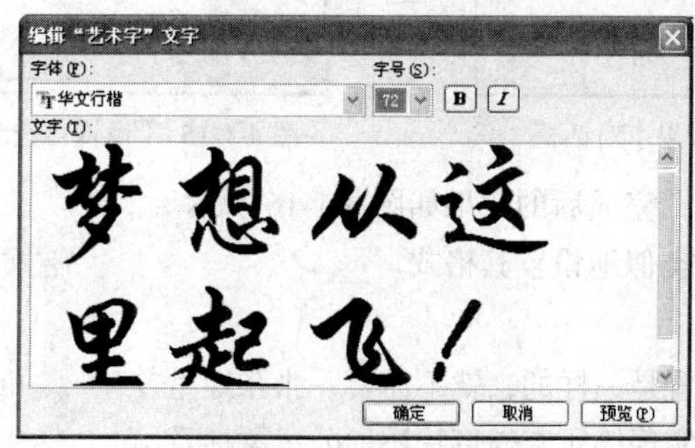

图 4-1-11　艺术字设置

2. 修饰幻灯片

培训讲义制作好了，但没有经过修饰，觉得没有吸引力，下面我们来美化幻灯片。

（1）选择第 4 张幻灯片"商务礼仪"，选择【插入】→【图片】→【自选图形】命令，在弹出的自选图形工具栏中选择笑脸，如图 4-1-12 所示，鼠标形状变成十字，在幻灯片中合适的位置拖动鼠标画出一张笑脸，效果如图 4-1-13 所示。

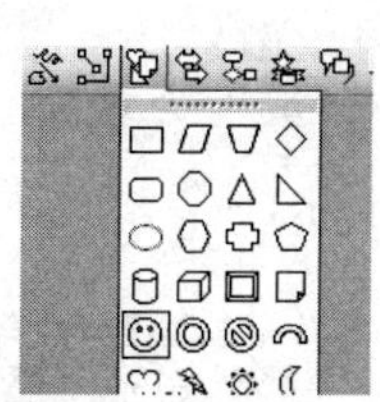

图 4-1-12　【自选图形】工具栏

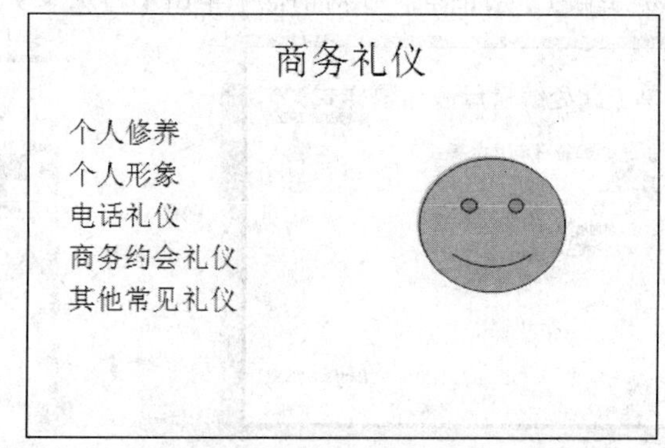

图 4-1-13　插入笑脸自选图形

提示　插入的自选图形，可以通过绘图工具栏进行设置，与在 Word 文档中一样操作。

（2）双击第 4 张幻灯片“商务礼仪”内容中的文本占位符，弹出【设置自选图形格式】对话框，在对话框中进入【颜色和线条】选项卡，点击【填充】【颜色】的下拉列表框，弹出【填充效果】对话框，完成如图 4-1-14 所示设置，单击【确定】按钮。

（3）返回【设置自选图形格式】对话框，设置如图 4-1-15 所示的线条格式。

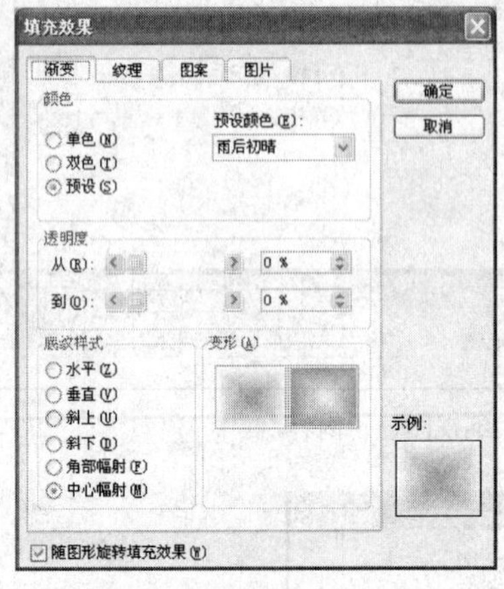

图 4-1-14 【填充效果】对话框

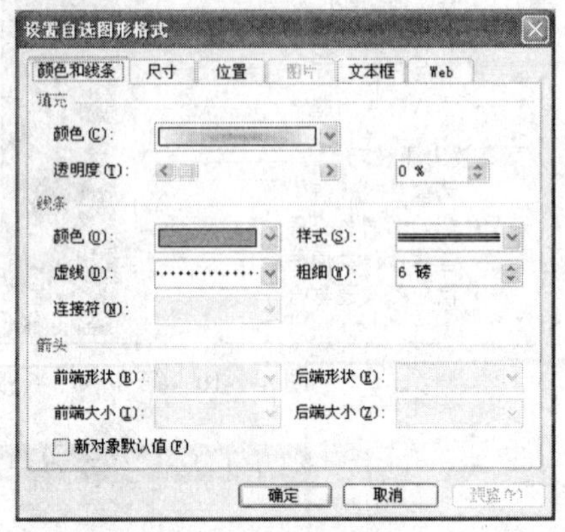

图 4-1-15 【设置自选图形格式】对话框

（4）单击【确定】按钮，完成后的效果如图 4-1-16 所示。

（5）其他张幻灯片可以类似地设置其格式。

3. 幻灯片母版

如果要每张幻灯片的设置是一样的，就不需要一张张地重复操作，可以通过应用母版来实现给所有幻灯片添加公司徽标及给文本样式添加项目符号。

（1）选择【视图】→【母版】→【幻灯片母版】命令，进入幻灯片母版编辑状态，如图 4-1-17 所示。

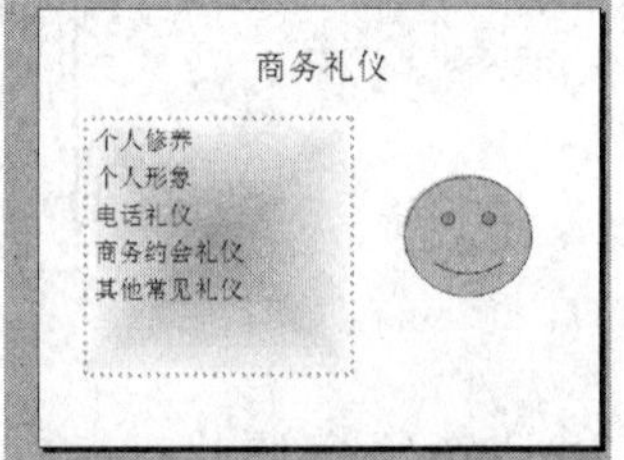

图 4-1-16 完成效果图

（2）选择【插入】→【图片】→【来自文件】命令，在【插入图片】对话框中找到公司徽标文件“标志.jpg”，单击【插入】按钮，将图片插入到幻灯片中，将图片移动到幻灯片下方的页脚区的左边位置。

（3）选择文本占位符内容，如图 4-1-18 所示，选择【格式】→【项目符号与编号】命令，弹出【项目符号与编号】对话框，在对话框中单击【自定义】按钮。

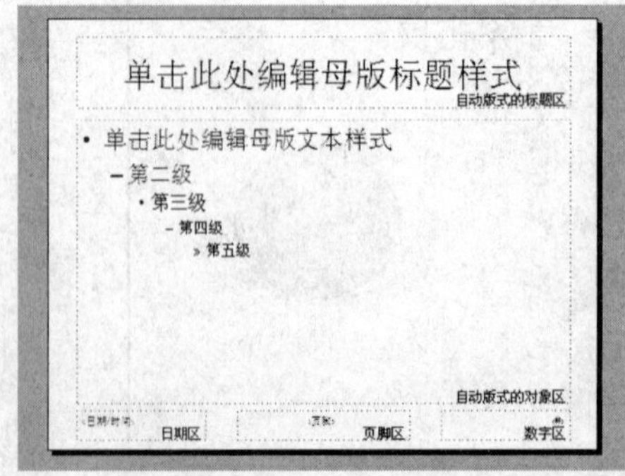

图 4-1-17 幻灯片母版

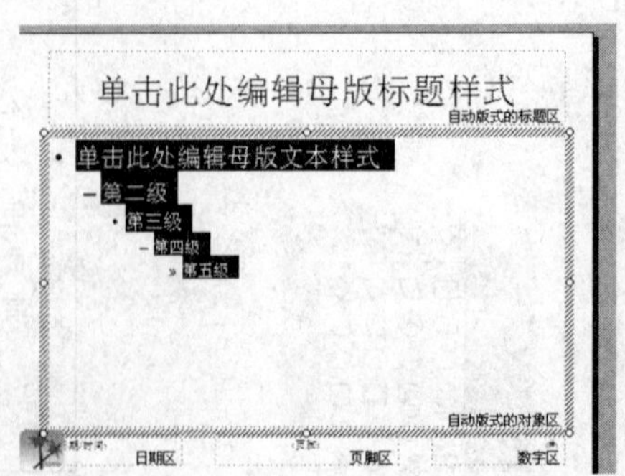

图 4-1-18 选择文本

（4）弹出【符号】对话框，完成如图 4-1-19 所示的符号设置，单击【确定】按钮，返回【项目符号与编号】对话框，再次单击【确定】按钮，完成项目符号的设置，效果如图 4-1-20 所示。

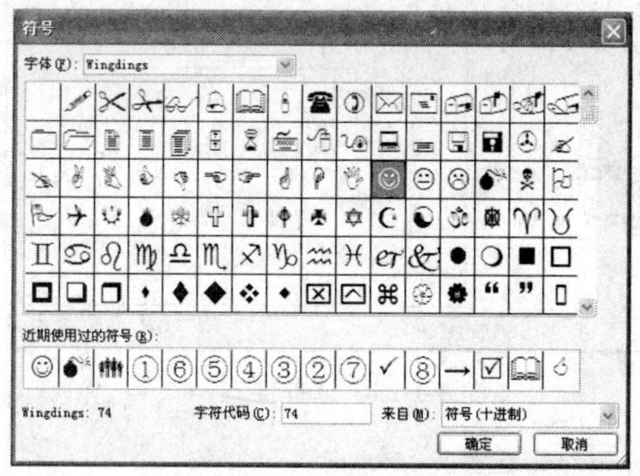

图 4-1-19　符号

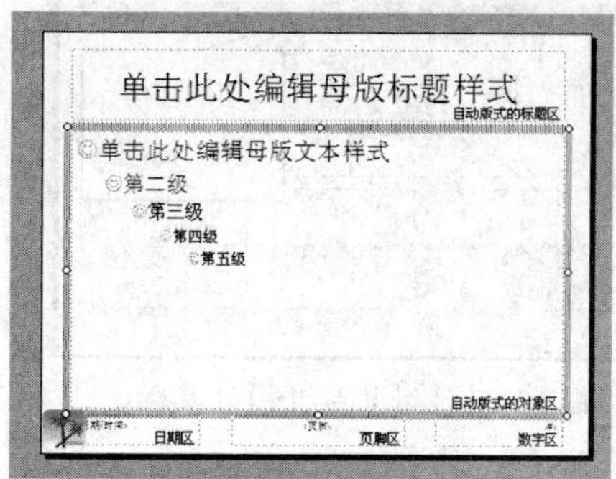

图 4-1-20　添加项目符号

（5）选择【视图】→【页眉和页脚】命令，弹出【页眉和页脚】对话框，在该对话框中完成如图 4-1-21 所示设置，单击【全部应用】按钮。

（6）单击【母版】工具栏中的【关闭母版视图】按钮，如图 4-1-22 所示，关闭母版视图，返回普通视图。

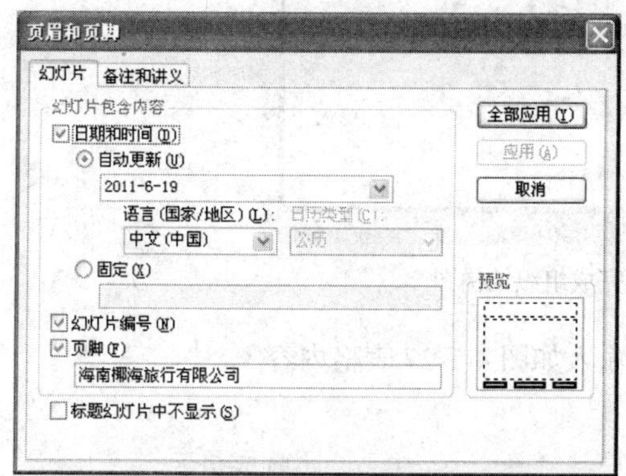

图 4-1-21　【页眉和页脚】对话框

图 4-1-22　母版视图

如果找不到【母版】工具栏，也可以直接单击【视图】菜单中的【普通】命令返回普通视图。

4. 添加组织结构图及表格

（1）在第 2 张幻灯片后面添加一张新的幻灯片，输入标题为“职能机构”。

（2）选择【插入】→【图片】→【组织结构图】命令，弹出【组织结构图】工具栏，如图 4-1-23 所示。

（3）单击【自动套用格式】按钮，在弹出的【组织结构图样式库】对话框中选择样式，单击【确定】按钮，如图 4-1-24 所示，再次单击【确定】按钮，回到编辑状态。

（4）在组织结构图中添加文字内容，并通过【组织结构图】工具栏增加同事及下属，完成组织结构图的添加，如图 4-1-25 所示。

（5）在第 3 张幻灯片后面添加一张新的幻灯片，单击右边任务窗格【应用幻灯片版式】中的【其他版式】→【标题和表格】选项，输入标题为“团队成员”，双击添加表格处，在弹出的对话框中设置添加一个 6 行 4 列的表格，如图 4-1-26 所示。

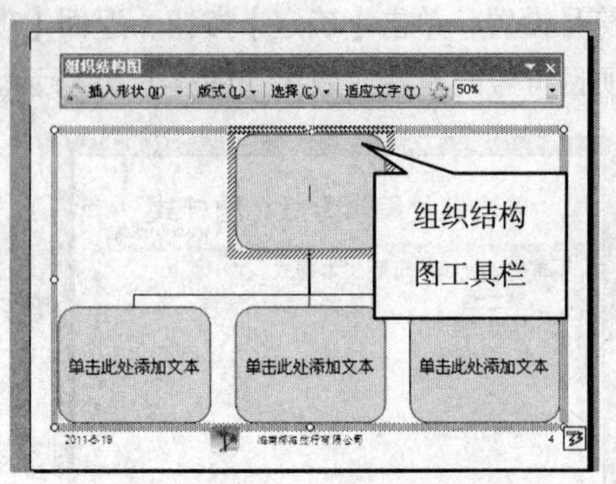

图 4-1-23 【组织结构图】工具栏

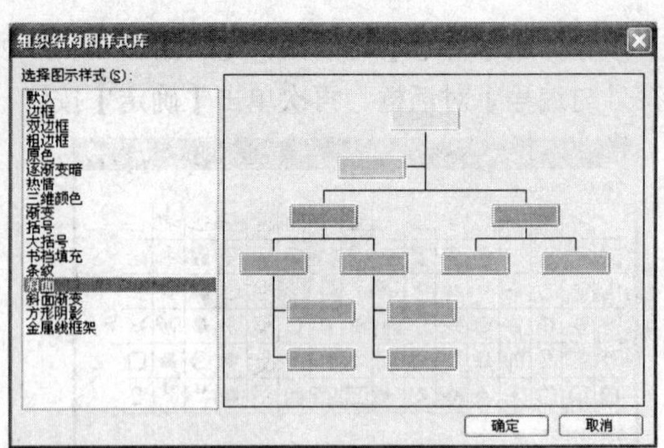

图 4-1-24 选择样式

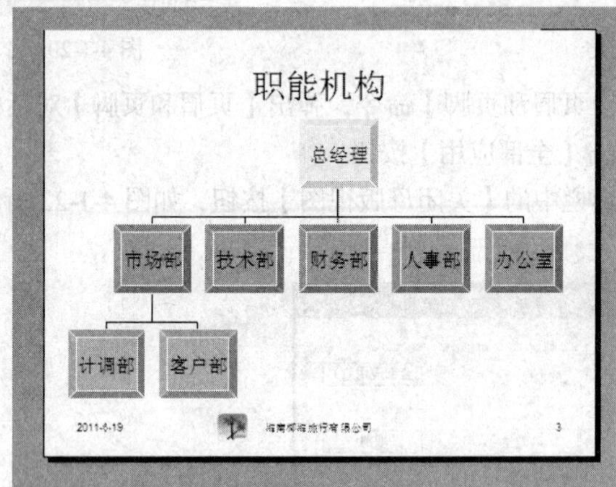

图 4-1-25 完成组织结构图

（6）单击【确定】按钮，插入一个表格，输入如图 4-1-27 表格内容。

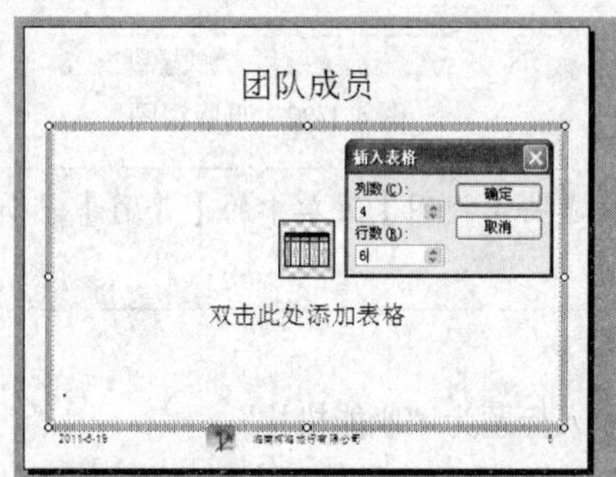

图 4-1-26 添加表格 1

团队成员

序号	姓名	部门	办公电话
1	李红	市场部	98712343
2	王勇	财务部	43248384
3	林双	人事部	43543545
4	李小朋	计调部	43539887
5	张顺	办公室	83478575

2011-6-19 4

图 4-1-27 添加表格 2

在 PowerPoint 中，添加图表、声音图像等媒体剪辑，都可以用类似添加组织结构图或表格的方法完成。

5. 应用设计模板

（1）选择【格式】→【幻灯片设计】命令，在右边任务窗格的【应用设计模板】列表中选择【古瓶荷花.pot】模板，如图 4-1-28 所示。

（2）单击所选择的模板，模板会自动应用到幻灯片中。

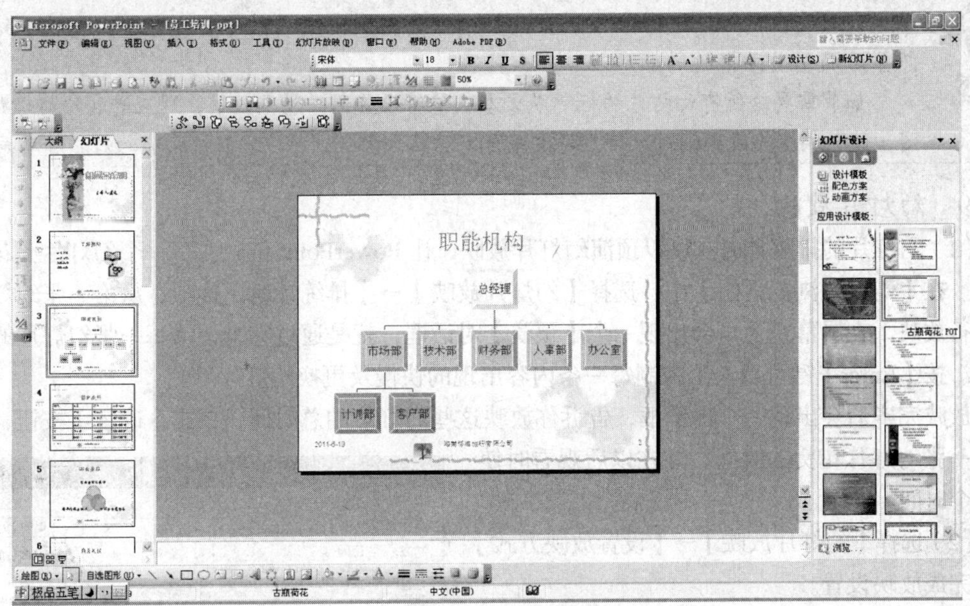

图 4-1-28　模板应用

6. 添加背景音乐

（1）选择第 1 张幻灯片，选择【插入】→【影片和声音】→【文件中的声音】命令，打开【插入声音】对话框。

（2）选择需要插入的声音文件，单击【确定】按钮，在弹出的对话框中单击【自动】按钮。

（3）此时，在幻灯片页面上会出现一个【喇叭】图标，完成声音文本的插入。

7. 设置幻灯片切换

（1）选择【幻灯片放映】→【幻灯片切换】命令，打开【幻灯片切换】任务窗格。

（2）在【应用所选幻灯片】列表中选择【随机】选项，设置【速度】为【慢速】,【声音】为【风铃】,【换换方式】为【单击鼠标时】, 如图 4-1-29 所示。

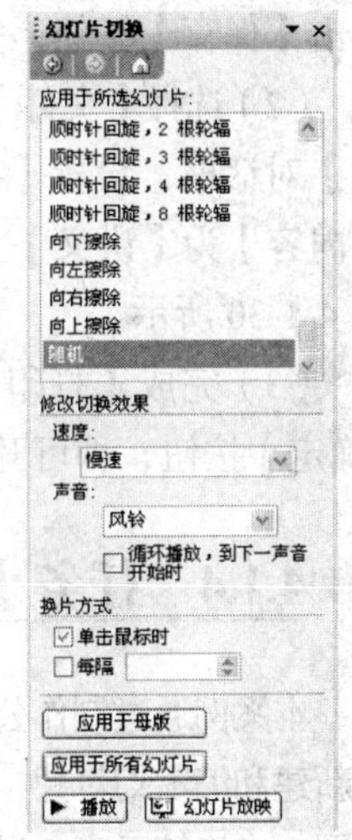

图 4-1-29　幻灯片切换

（3）单击任务窗格底部的【播放】按钮观看切换效果。

（4）单击【应用于所有幻灯片】按钮，将其设置应用于所有幻灯片。

如果幻灯片切换设置只应用于当前幻灯，则不要单击【应用于所有幻灯片】按钮。

8. 设置自定义动画

下面给标题文本"新员工培训"添加"图形扩展"的自定义动画效果。

（1）选择【幻灯片放映】→【自定义动画】命令，打开【自定义动画】任务窗格。

（2）在任务窗格中单击【添加效果】按钮，在弹出的下拉菜单中选择【进入】→【图形扩展】命令，设置【速度】为【慢速】。

提示

如果要在同一幻灯片中设置多处动画效果，则依次设置即可，也可以在设置完成任务后调整动画播放的顺序。

如果需要给所有幻灯片的标题或文本占位符设置同一动画效果，则应进入幻灯母版视图，选择相应要设置的对象后，再设置自定动画效果，则可以同时给所有幻灯添加动画。

9. *幻灯片放映*

(1) 幻灯片的排练计时。可以预演幻灯片放映，让 PowerPoint 记录在每一个幻灯片上花费的时间。在【幻灯片浏览视图】中，选择【幻灯片放映】→【排练计时】选项，从第一张幻灯片开始进行放映。在屏幕左上角会出现一个【预演】对话框，就是通过它来记录每一张幻灯片的放映时间。按【Enter】键可以人工控制每一条内容出现的快慢及更换幻灯片。

放映完毕后会出现一个提示框，告诉你放映这些幻灯片的总时间，单击【确定】按钮，以记录每一张幻灯片花费的时间，并在以后观看时使用这个时间。

(2) 选择【幻灯片放映】→【设置放映方式】命令完成放映设置。

10. *保存并打印演示文稿*

(1) 选择【文件】→【保存】命令，在弹出的【另存为】对话框中输入文件名“员工培训.ppt”，单击【保存】按钮，完成演示文稿的保存。

(2) 选择【文件】→【打印】命令，打开【打印】对话框，设置【打印范围】为【全部】,【打印内容】为【讲义】,且每页幻灯片数为【4】，如图 4-1-30 所示。

(3) 完成【打印】对话框各项设置后，单击【确定】按钮，即可开始打印。

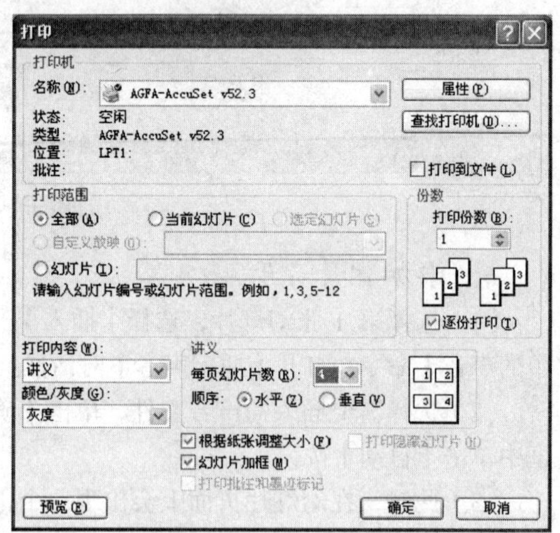

图 4-1-30 【打印】对话框

4.1.4 任务小结

本案例通过制作公司新员工培训讲义，讲解了利用 PowerPoint 创建演示文稿文件，在演示文稿文件新建和编辑幻灯片，在幻灯片中插入图形、图片及艺术字和对其进行相应的格式化处理，添加组织结构图、表格等元素，设置幻灯片切换效果，加入声音效果，综合运用能使得设计更加新颖，锦上添花。

4.1.5 拓展训练

为了提升公司品位及形象，公司的文稿一般要求有统一的格式、有公司明显的标志，演示文稿类文件的母版制作完成之后，还需要把它创建成模板的格式保存，以方便创建演示文稿文件时应用。下面就来制作椰海公司自己的幻灯片模板，并应用于制作完成的“员工培训.ppt”讲义中。

1. *启动 PowerPoint，新建演示文稿文件*

(1) 选择屏幕左下角【开始】→【所有程序】→【Microsoft Office】→【Microsoft Office PowerPoint 2003】应用程序命令，启动 PowerPoint 2003。

（2）启动 PowerPoint 2003 应用程序的同时，系统会自动创建一个空的演示文稿文件【演示文稿 1】。

（3）保存文档为“母版”。选择菜单栏中的【文件】→【保存】（或【另存为】）命令，打开【另存为】对话框，在【保存位置】列表框中选择【演示文稿】文件夹，在【文件名】文本框中输入“母版”，在【保存类型】列表框中选择【演示文稿（*.ppt）】。

2. 母版的编辑、排版

（1）在演示文稿【母版】窗口，连续选择【视图】→【母版】→【幻灯片母版】菜单命令，切换至【幻灯片母版视图】窗口，如图 4-1-31 所示。

（2）在该窗口，打开【绘图】工具栏，单击【矩形】工具按钮，移动鼠标到幻灯片母版，按下左键拖曳，画出一个矩形，对准矩形单击鼠标右键，在弹出的菜单中选择【设置自选图形格式】选项，弹出【设置自选图形格式】对话框，选择【颜色与线条】选项卡，设置矩形填充颜色为浅黄色、白色的双色填充效果，方向为【水平】，线条为【无色】。调整矩形大小并移动矩形到幻灯片母版的下方，如图 4-1-32 所示。

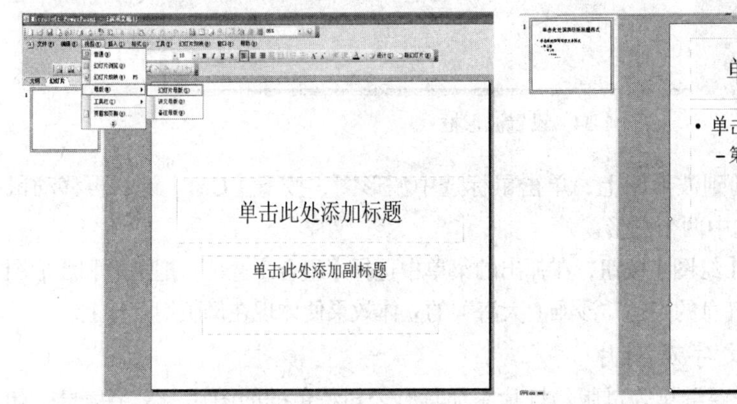

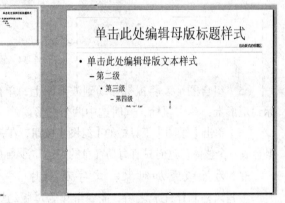

图 4-1-31　幻灯片母版　　　　图 4-1-32　设置矩形框

（3）单击【绘图】工具栏中的【自选图形】工具按钮，弹出下拉列表，在列表中选择【星与旗帜】的【波形】图，移动鼠标到幻灯片母版，按下左键拖曳，画出一个波形图，对准波形图单击鼠标右键，在弹出的菜表中，选择【设置自选图形格式】选项，弹出【设置自选图形格式】对话框，选择【颜色与线条】选项卡，设置波形填充颜色为天蓝色、白色的双色填充效果，方向为【水平】，线条为【无色】。并适当调整其透明度，效果如图 4-1-33 所示。

图 4-1-33　添加波形图

（4）调整波形图的大小，并移动到矩形的上方，形成沙滩、海洋的效果。移动光标到波形图四周出现的空心小圆圈——控制点上，按下左键并拖曳，调整波形图的大小；将鼠标移动到波形图下方黄色的小菱形上，按下左键并拖曳，可以调整波形图的弧度；将鼠标移动到波形图上方时，光标会变成指向4个方向的四向箭头，按下左键并拖曳可以移动图形。调整后的效果如图4-1-34所示。

图4-1-34　设置波形框

（5）组合图形。将鼠标移动到波形图上，单击鼠标选中波形图，按下【Ctrl】键，再移动鼠标到矩形上，单击鼠标，同时选中两个图形。

（6）单击【绘图】工具栏的【绘图】按钮，在弹出的菜单中选择【组合】选项，把矩形和波形图组合成一个整体。这时具有海岛气息的主题“沙滩、大海”的立体效果便体现在母版幻灯片上。

3. 为母版添加对象：文字及图片

主题风格制作完成之后，需要继续为母版幻灯片添加具有公司特色的的图片、文字信息，如公司标志、公司名称等，可以使用为幻灯片添加对象来实现。

（1）打开Word文档【公司徽标】，按下键盘上的【Print Screen】键，对【公司徽标】窗口进行抓图。

（2）选择屏幕左下角【开始】→【程序】→【附件】→【画图】应用程序命令，打开画图窗口，执行【编辑】→【粘贴】命令，把Word文档【公司徽标】窗口以图片形式粘贴到【画图】应用程序窗口，选择【文件】→【保存】菜单命令，在弹出的【另存为】对话框中，设置图形保存的位置为【我的文档】、文件名为【徽标】、保存类型为【.jpg】格式，如图4-1-35所示，单击【确定】按钮，完成保存操作。

图4-1-35　添加徽标

（3）切换返回演示文稿【母版】窗口，执行【插入】→【图片】→【来自文件】菜单命令，打开【插入图片】对话框，根据图片“徽标.jpg”存放路径，在【查找范围】下拉列表中选择【我的文档】，在该窗口选择“徽标.jpg”图片，单击【打开】按钮，在“母版”幻灯片中插入“徽标.jpg”图片。

抓图（或截屏）操作

在使用电脑的过程中，有时需要把当前屏幕显示的画面效果保存起来，可以对屏幕进行抓图（或截屏）操作。

抓图（或截屏）操作的工具按钮是键盘上的【Print Screen】键，单独按下【Print Screen】键，是对全屏幕抓图；如只需要对当前对话框进行抓图，对话框以外杂乱的桌面背景不保留的话，则需同时按下【Alt】+【Print Screen】组合键。

抓图完成之后，如需把截下的屏幕图片保存起来备用，则选择屏幕左下角【开始】→【程序】、【附件】、【画图】应用程序命令，单击打开【画图】窗口，执行【编辑】→【粘贴】命令，把抓图的结果以图片形式粘贴到画图应用程序中，选择【文件】→【保存】菜单命令，在弹出的【另存为】对话框中，设置图形保存的位置、文件名和保存类型。

如果不需要保存截屏的结果，只是直接应用到某个文档中，则直接切换到使用该图片的文档窗口，进行【粘贴】操作即可。

（4）单击选中“徽标.jpg”图片，弹出【图片】工具栏，在【图片】工具栏单击【裁剪】工具按钮，对图片“徽标.jpg”进行裁剪操作，保留 “徽标”的主体部分。

图片裁剪

在文档窗口粘贴或插入较大的图片时，往往会看不到图片的边界线，这对接下来的“裁剪”或“调整大小”操作带来不便。

可以通过移动图片，让图片的一至两条边界线显现出来，对可见的边界线进行“裁剪”或“调整大小”的操作。其余部分再通过移动进行操作。

图片粘贴或插入到文档窗口后，当鼠标位于图片上方，光标变成四向箭头时，按下鼠标左键不放进行拖曳，便可移动图片。

图片裁剪需要用到【图片】工具栏上的【裁剪】工具按钮。在选中图片的同时，图片工具栏会自动打开，如果没有打开【图片】工具栏，说明【图片】工具栏已被隐藏，需要选择【视图】→【工具栏】菜单命令，选择【图片】选项，手动打开【图片】工具栏。

（5）调整裁剪后的“徽标”图片大小，并移动放置到幻灯片的右下角位置。

（6）单击【绘图】工具栏中的【矩形】工具按钮，在幻灯片页面绘制出一个矩形图。选中矩形图，设置其格式为【无填充颜色】、【无线条颜色】效果。

（7）对准矩形图单击鼠标右键，在弹出菜单中选择【添加文字】选项，在矩形图中光标闪烁处输入文字“海南椰海旅行社有限公司”，选中文字，设置其格式：【字体】为【华文新魏】、【字号】为【24】、【字形】为【加粗】、【倾斜】、字体颜色为【草绿色】。

（8）调整矩形图的大小及位置，并与“徽标”图片进行组合，效果如图 4-1-36 所示。

4. 为母版添加动画图片

母版幻灯片制作完成之后，有时为了增强其播放效果，往往需要添加一些有动画效果的图片。这些动画图片可以通过网络搜索并下载。

（1）在母版幻灯片页面，执行【插入】→【图片】→【来自文件】菜单命令，打开【插入图片】对话框，根据动画图片的存放路径，查找并选择图片，单击【打开】按钮，在“母版”幻灯片中插入相应的动画图片：“脚印.gif”、“太阳.gif”、“星光 1.gif”、“星光 2.gif”。

图 4-1-36　添加徽标

（2）调整图片大小，并移动到合适的位置。

（3）单击【母版】工具栏上的【关闭母版视图】按钮，如图 4-1-37 所示，回到幻灯片普通视图，单击工具栏上的【保存】按钮，完成母版的制作，最终效果如图 4-1-38 所示。

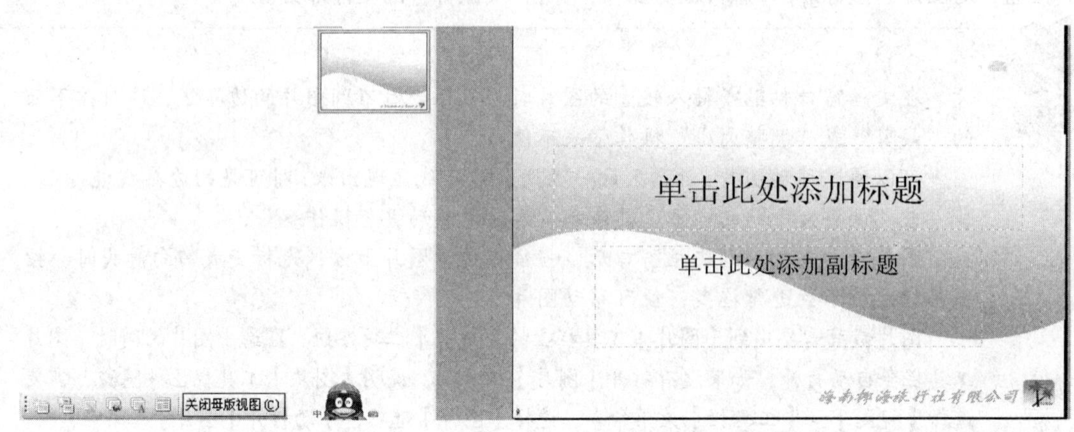

图 4-1-37 【关闭母版视图】工具栏　　图 4-1-38　最终效果图

5. 创建演示文稿模板

（1）在 PowerPoint 窗口，执行【文件】→【另存为】菜单命令，打开【另存为】对话框，在【保存位置】列表框，设置模板要存放的位置，在【文件名】文本框，为文件命名为“母版”，在【保存类型】列表框中选择【演示文稿设计模板（*.pot）】选项，单击【保存】按钮，把“母版.ppt”保存为演示文稿模板格式“母版.pot”文件。

（2）将模板应用到“员工培训.ppt”文件。打开上面案例中制作的“员工培训.ppt”演示文稿。

（3）选择【格式】→【幻灯片设计】命令，单击右边【幻灯片设计任务】窗格下方的【浏览】按钮，打开【应用设计模板】对话框，选择上面建立的“母版.pot”文件。

（4）单击所选择的模板，模板会自动应用到幻灯片中，完成效果如图 4-1-39 所示。

（5）类似地，以后公司工作中使用的演示文稿，都可以使用“母版.pot”进行模板设计。

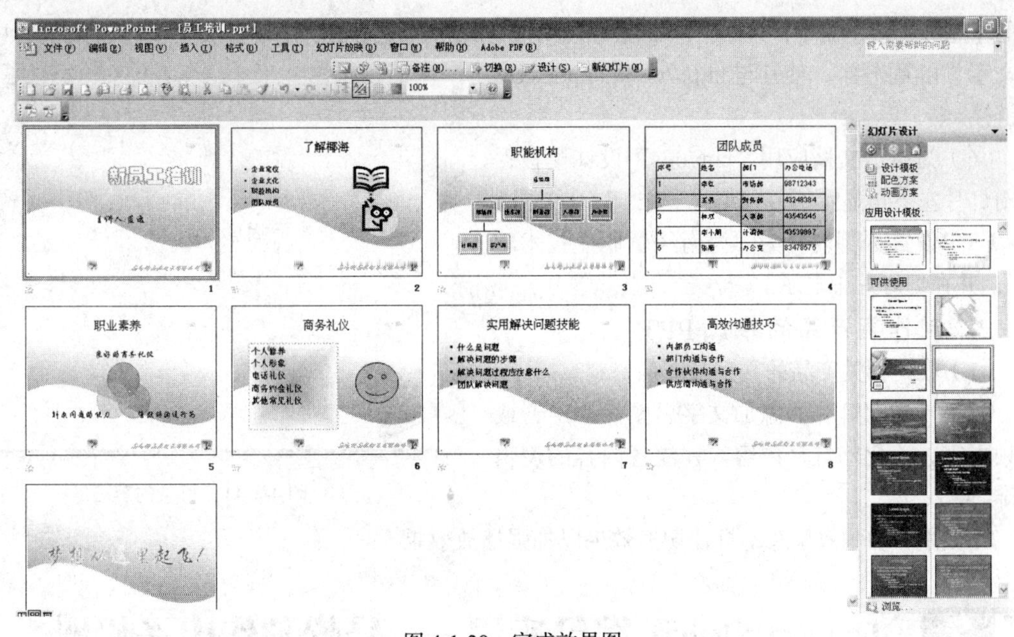

图 4-1-39　完成效果图

4.1.6　课后练习

1. 制作一个学术报告演示文稿，效果如图 4-1-40 所示。

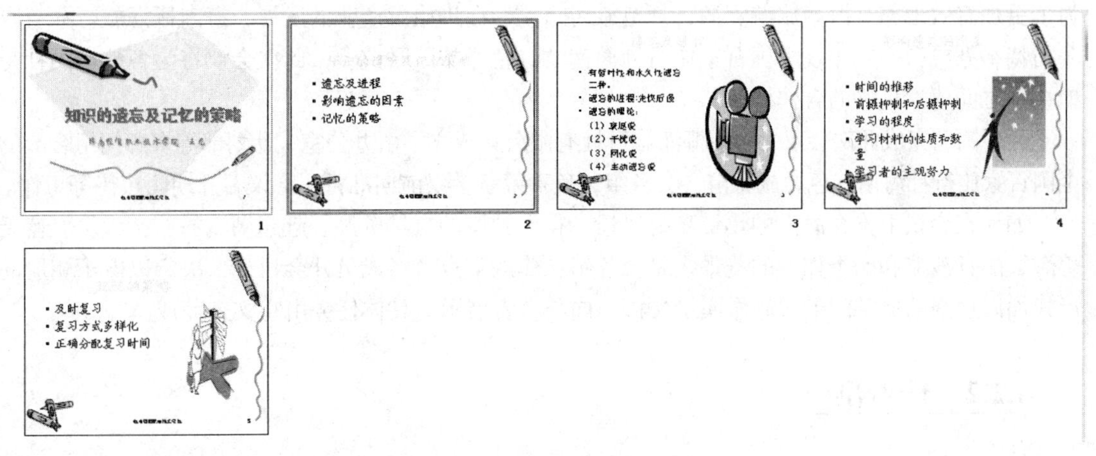

图 4-1-40　学术报告文稿效果图

（1）收集学术报告的相关文字及图片资料。

（2）新建一个演示文稿文件，在标题幻灯片的主标题中输入“知识的遗忘及记忆的策略”，设置格式:【48 号】、【加粗】、【红色】、【黑体】字；副标题为“海南经贸职业技术学院　王元”，并设置格式:【华文行楷】、【28 号】、【蓝色】。

（3）分别插入 4 张新幻灯片，输入相应标题、文本内容及图片，并设置格式。

（4）对幻灯片内所有对象设置动画效果，标题对象必须设置为“螺旋”的动画效果，其余自定。顺序为标题、文本对象；统一设置幻灯片切换的动画效果：慢速溶解效果、单击鼠标换页、激光声音。

（5）据第二张幻灯片项目清单的内容，如图 4-1-41 所示，分别创建各项目到第 3、4、5 张幻灯片的【超级链接】命令；第3、4、5张回到第2张幻灯片应用【动作按钮】；在第一张幻灯片中加入文字“相关链接”，使其与http://www.hnjmc.com相链接。

（6）为演示文稿应用“crayons”设计模板；在幻灯片左下角显示幻灯片编号。

（7）设置页脚内容为“海南经贸职业技术学院”，并在幻灯片中显示。

2. 制作某产品的推广PPT

（1）收集相关产品的文字及图像资料。

（2）制作幻灯片，添加文字、图片、声音或视频内容，美化幻灯片内容，并注意内容的逻辑安排。

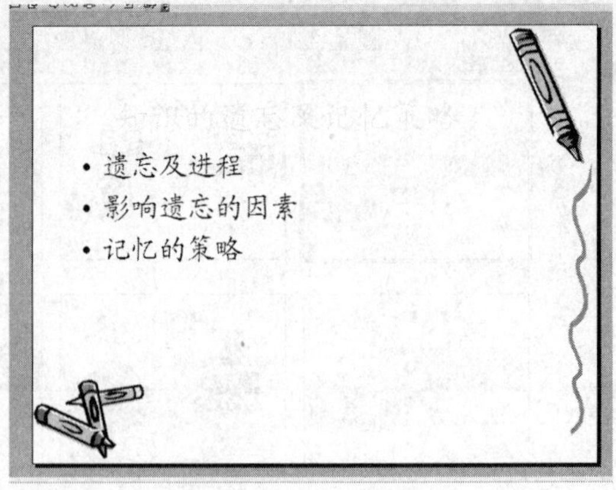

图4-1-41 目录内容

（3）添加动画效果及幻灯片切换效果以加强播放效果。

4.2 PowerPoint综合应用——轻松制作电子相册

4.2.1 创建情景

海南省获批建设国际旅游岛项目，使海南旅游景区（点）迎来了前所未有的大好发展时机，为了更加有效地整合海南旅游资源，规范旅游市场，促进旅游产业的发展，海南椰海旅行社有限公司特举办二〇一二年度全国百家旅行社海南“红色之旅”联谊会，此次会议将为各地组团社与地接社之间建立良好的合作桥梁。

为了圆满完成此次会议，海南椰海旅行社有限公司成立了由办公室、计划部等多部门组合成的全国百家旅行社海南红色之旅联谊会会务组，负责筹备会议前期准备、会议召开期间接待等工作。

如何在会议上推介海南的热带岛屿风情、得天独厚的自然资源、赶超潮流的旅游设施，蓝天碧海、丽日沙滩和四季如春的美景，是会务组工作的重点。经成员开会讨论，决定以电子相册的形式加以适当的文字的形式制作演示文稿，向与会者展示。具体任务由小文来完成。

4.2.2 任务剖析

1. 相关知识点

（1）幻灯片对象动画。动画设置项目包括动画效果选择、声音设置、显示顺序、启动控制等。在PowerPoint 2003系统中，动画增加了新的效果，包括进入和退出动画、计时控制和动作路径（动画序列中的项目沿行的预绘制路径）。

① 动画方案。动画方案提供了一组基本的动画设计效果，使得用户可快速地设置幻灯片内对象的动画效果。

操作步骤：选择【幻灯片放映】→【动画方案】命令，弹出【幻灯片设计】窗格的【动画方案】的窗口，然后在【应用与所选幻灯片】列表框中选择一种所需的动画样式即可。

② 自定义动画。PowerPoint 2003提供的【自定义动画】功能，允许用户对幻灯片中各个对

象的动画方式进行自定义，从而制作出更有特色、更为理想的动画效果。

操作步骤：选择【幻灯片放映】→【自定义动画】命令，弹出【自定义动画】任务窗格，在其任务窗格中定义幻灯片中各对象显示的顺序。

（2）幻灯片切换动画。幻灯片间的切换效果是指幻灯片放映时，切换到下一张幻灯片时的动画效果，即两张幻灯片之间切换的动画效果。切换效果有多种形式，一般在【普通视图】下进行设置。

操作步骤：选择【幻灯片放映】→【幻灯片切换】命令，进入到【幻灯片切换】任务窗格，从【应用于所选幻灯片】列表中选取切换方式。

（3）幻灯片超级链接。演示文稿在放映时，一般按顺序放映。为了改变幻灯片的放映顺序，让用户来控制幻灯片的放映，可应用 PowerPoint 的超链接来实现。PowerPoint 系统提供了使用【超链接】命令和添加【动作按钮】两种方式插入超链接。

① 使用超链接命令。操作步骤：选定超链接的文本或图片对象，选择【插入】→【超链接】命令，进入【编辑超链接】对话框，在【编辑超链接】对话框中选择链接目标。

② 添加动作按钮。操作步骤：在【普通视图】下选择【幻灯片放映】→【动作按钮】命令，显示出【动作按钮】图标，再根据需要完成设置。

（4）幻灯片放映。在 PowerPoint 中，用户要选择放映方式，可以执行【幻灯片放映】→【设置放映方式】命令。

① 演讲者放映（全屏幕）。以全屏幕形式显示。演讲者可以控制放映的流程，用绘画笔进行勾画，适用于大屏幕投影的会议、上课等。

② 观众自行浏览（窗口）。以窗口形式显示，可浏览、编辑幻灯片。适用于人数少的场合。

③ 在展台放映（全屏）。以全屏形式在展台上做演示用。按事先预定的或通过【幻灯片放映】→【排练计时】命令设置时间、次序放映，不允许现场控制放映的流程。

（5）配色方案。配色方案由背景颜色、线条和文本颜色以及其他 6 种颜色搭配组成，自动应用于背景、文本线条、阴影等。可以将配色方案理解成每个演示文稿所包含的一套颜色设置，用户也可以根据需要更改模板原有的配色方案。

（6）相册。制作 PowerPoint 电子相册时，可以根据个人或公司的需要，选择电子相册的主题、照片的排版方式；添加引人注目的幻灯片动画切换效果、丰富的背景；调整照片的排放顺序；为照片添加相框等，使电子相册更加个性化。

2. 实践操作方案

不论是个人或公司，都会积累一些电子相片资料，包括个人生活照、公司集体活动记录照、公司产品宣传照片等，为了使这些数量不少的照片存放起来比较规范，又具有艺术的观赏效果，可以通过使用 PowerPoint 制作电子相册来实现。

幻灯片在播放的过程中，有时为了迎合演示者思路的需要，往往要随意地在幻灯片间进行切换，并能准确地返回到跳转的起点。这就需要通过设置超级链接来实现。幻灯片中的超链接类似于网页中的超链接，PowerPoint 具有强大的超链接功能，不仅可以在幻灯片和幻灯片之间跳转，还可以实现幻灯片与其他外界文件或程序之间，以及幻灯片与网络之间自由地跳转，从而实现幻灯片强大的学习交互功能。

另外，PowerPoint 有创建摘要幻灯片的功能，可以通过此功能方便快捷地为演示文稿添加一张目录幻灯片，目录幻灯片的内容，就是演示文稿其他幻灯片的标题。

分别为目录幻灯片中的内容文本添加其与相应幻灯片的超链接，并在相应幻灯片添加动作按钮返回目录幻灯片，可轻松实现幻灯片随演示者思路随意跳转的播放效果。

下面将使用 PowerPoint 应用软件，以图片为素材，制作具有以上功能的电子相册 PPT 文件。

4.2.3 任务实现

1. 启动 PowerPoint，新建演示文稿文件

（1）选择屏幕左下角【开始】→【所有程序】→【Microsoft Office】→【Microsoft Office PowerPoint 2003】应用程序命令，启动 PowerPoint 2003。

启动 PowerPoint 2003 应用程序的同时，系统会自动创建一个空的演示文稿文件“演示文稿 1”。

（2）保存文档为“电子相册”。单击【常用】工具栏中【保存】按钮，或选择【文件】→【保存】（或【另存为】）命令，打开【另存为】对话框，在【保存位置】列表框中选择【演示文稿】文件夹，在【文件名】文本框中输入“电子相册”，在【保存类型】列表框中选择【演示文稿（*.ppt）】。

（3）单击【确定】按钮完成文件的保存。

2. 创建电子相册

（1）在演示文稿窗口，选择【文件】→【新建】菜单命令，在窗口右边打开【新建演示文稿】任务窗格，如图 4-2-1 所示。

（2）在任务窗格单击【相册】选项，打开【相册】对话框，在对话框中单击【插入图片来自】下的【文件/磁盘】按钮，打开【插入新图片】对话框，在【查找范围】下拉列表中，查找存放图片的【D：/图片】文件夹。

（3）双击打开该文件夹，按住【Ctrl】键，分别单击选取要制作相册的图片，单击【插入】按钮，回到【相册】对话框，在【相册中的图片】窗口，已插入了一组相片，如图 4-2-2 所示。

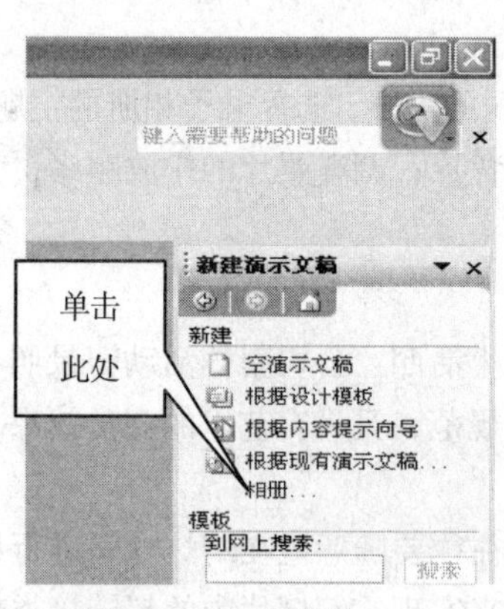

图 4-2-1 任务窗格

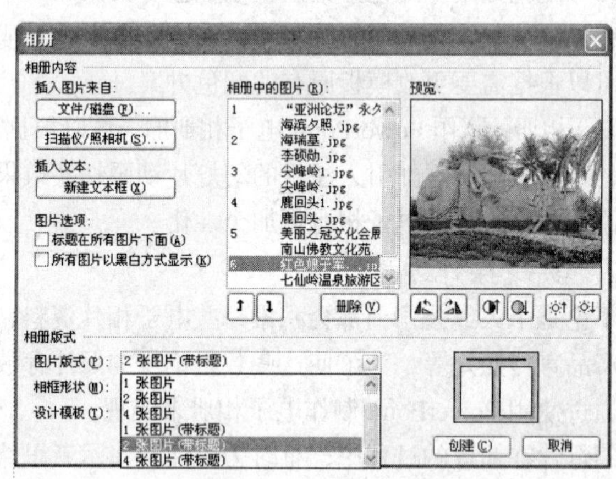

图 4-2-2 【相册】对话框

（4）在【相册】对话框中，可以完成调整图片的显示顺序、明暗度等操作，对话框的【相册中的图片】列表框下方，有两个调整图片显示顺序按钮，单击 ↑ ↓ 按钮可调整当前所选图片在窗口中的显示位置。

（5）在【相册中的图片】列表框中，选择需设置的图片。

（6）在【相册】对话框中，通过预览框可预览当前所选图片的显示效果。在预览窗口的下方，有 3 组用来调整图片旋转角度、明暗度、亮度的按钮，可根据需要对图片做相应的调整。

（7）单击【相册】对话框左侧的【插入文本框】按钮，可以在选中的图片下方插入一个文本框，为图片在相册中添加一段文字说明。

选中【图片选项】下方的【所有图片以黑白方式显示】复选框，可使所有图片在相册中仅显示黑白效果。

（8）在【相册】对话框左下角的【相册版式】设置区，单击展开【图片版式】下拉列表，为相册中的图片选择合适的相框形状，如图 4-2-3 所示。

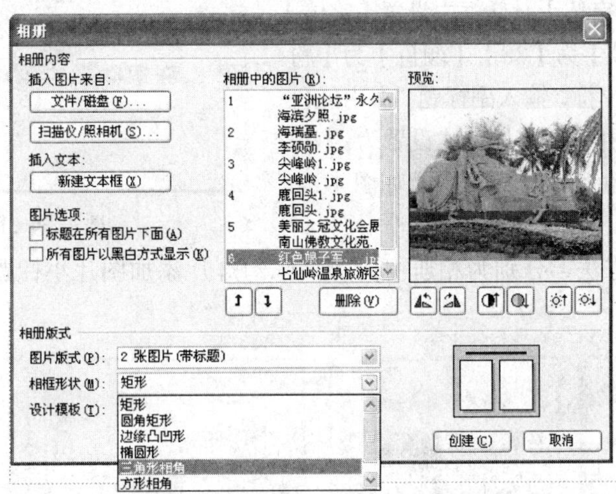

图 4-2-3　设计相框形状

（9）反复执行（5）~（8）步，将【相册中的图片】列表框中的所有图片设置完成。

（10）在【相册】对话框中单击【设计模板】右侧的【浏览】按钮，打开【选择设计模板】对话框，在列表框中选择“椰海旅行社有限公司”幻灯片设计模板，如图 4-2-4 所示。

（11）单击【选择】按钮，返回【相册】对话框，单击【创建】按钮，完成创建相册操作，如图 4-2-5 所示。

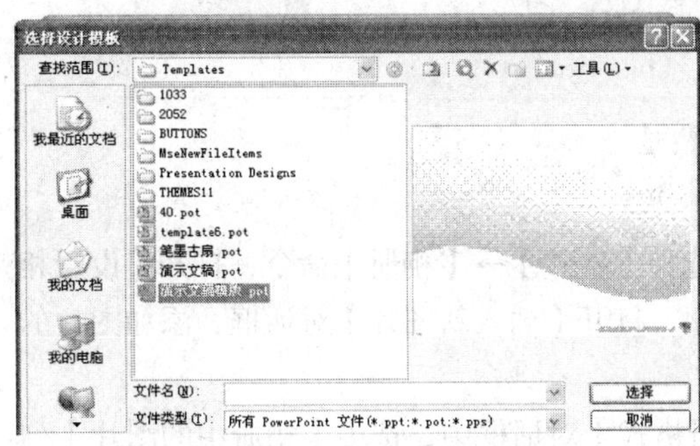

图 4-2-4　设计模板

图 4-2-5　相册

当【图片版式】选项为【适应幻灯片尺寸】时，【相框形状】和【设计模板】选项均呈灰色，表明当前不可用，必须设置【图片版式】为其他选项，才能对【相框形式】及【设计模板】进行设置。

3. 编辑电子相册

电子相册创建完成之后，可以在 PowerPoint 窗口预览到相册的最初效果。如需对相册做进一步的编辑操作：为幻灯片添加主题、为相册添加新图片、调整图片在相册中的位置等，可通过执行【格式】→【相册】菜单命令，打开【设置相册格式】对话框，在该对话框中，重新设置幻灯片选项。

（1）选择标题幻灯片，单击标题占位符，添加相册的标题“海南印象”，并选中标题，选择【格式】→【字体】命令，在【字体】对话框中设置【字体】为【华文行楷】、【字号】为【88】，【颜色】为【粉红色】。单击副标题占位符，输入副标题“海南红色之旅联谊会会务组”，并将其字体格式设置为：【华文隶书】、【88】，【深红色】，【加粗】。效果如图 4-2-6 所示。

图 4-2-6　标题效果

（2）使用同样的方法，分别为相册中的每一张幻灯片添加图片小标题，完成后的效果如图 4-2-7 所示。

图 4-2-7　效果图

（3）为相册添加新图片。在 PowerPoint 窗口，选择【格式】→【相册】命令，打开【设置相册格式】对话框，单击对话框中的【文件/磁盘】按钮，打开【插入新图片】对话框，添加图片的方法与创建电子相册时插入图片的方法相同。

（4）为相册中的图片添加文本框。在【设置相册格式】对话框中，选中【相册中的图片】列表框中要添加文本框的图片，单击对话框左侧的【新建文本框】按钮，便在相册中为该图片添加了文本框，如图 4-2-8 所示。

（5）在添加的文本框内编辑图片的说明文字，并设置字体格式，效果如图 4-2-9 所示。

（6）在【设置相册格式】对话框，还可以对【图片版式】、【相框形状】和【设计模板】等选项进行重新设置，完成后单击【更新】按钮，将所作的更改应用于相册幻灯片，最终效果如图 4-2-10 所示。

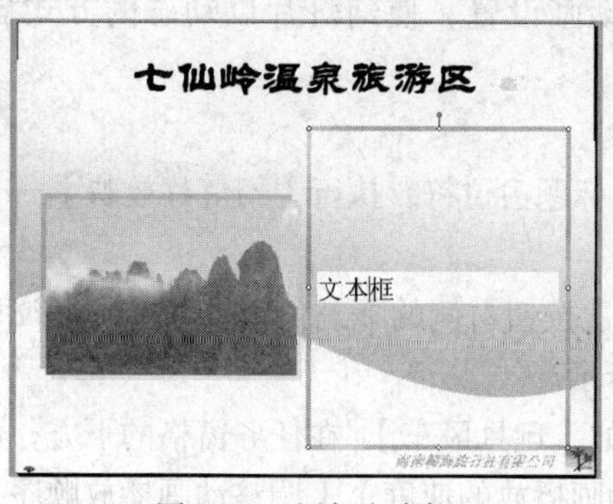

图 4-2-8　添加文本框

图 4-2-9　文本框格式设置后

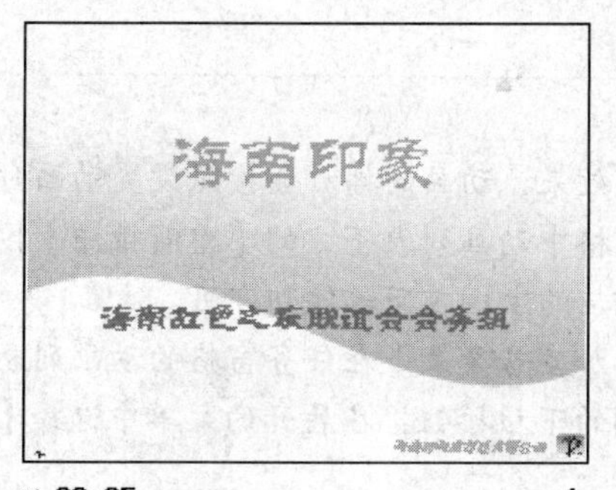

图 4-2-10　添加图片后效果图

4. 设置电子相册的动画播放效果

由于电子相册是由多张图片幻灯片组成的，这些幻灯片的播放过程，动画效果的设置很重要。幻灯片的动画设置包括幻灯片间不同对象的动画设置，比如说对幻灯片上的文本

和图片设置动画效果，以及不同幻灯片间切换的动画设置，使幻灯片以动态的方式显示并播放。

（1）幻灯片对象的动画设置。

① 在 PowerPoint 窗口，选择标题幻灯片，单击标题占位符，执行【幻灯片放映】→【自定义动画】菜单命令，打开【自定义动画】任务窗格。

② 单击【自定义动画】任务窗格中【添加效果】按钮右侧的下三角符号，展开下拉菜单，再选择【进入】选项，展开级联菜单，如图 4-2-11 所示。

③ 在级联菜单中，选择设置标题的动画效果，如【玩具风车】；在任务窗格的下方，可以设置动画效果的其他选项，如【启动动画的方式】、【动画播放的速度】、【调整动画播放顺序】、【动画预览】等。

④ 使用相同的方法，为副标题添加动画效果。

注意

动画播放顺序的调整及播放声音的设置

为同一张幻灯片的不同对象添加了动画效果，动画的播放会按照设置动画时的顺序进行，如需调整播放顺序，可通过任务窗格中动画列表下方的【重新排序】按钮进行，选中需上调或下移的动画选项，单击相应的上调或下移按钮即可。

还可以通过任务窗格为幻灯片的播放添加声音效果。在任务窗格的动画列表中选中需添加声音的动画选项，单击该选项右侧的下拉按钮，在展开的菜单中选择【效果选项】，如图 4-2-12 所示。

打开动画对话框，在【效果】选项卡，单击展开【声音】选项右侧的下拉列表，为动画添加声音效果，如图 4-2-13 所示。

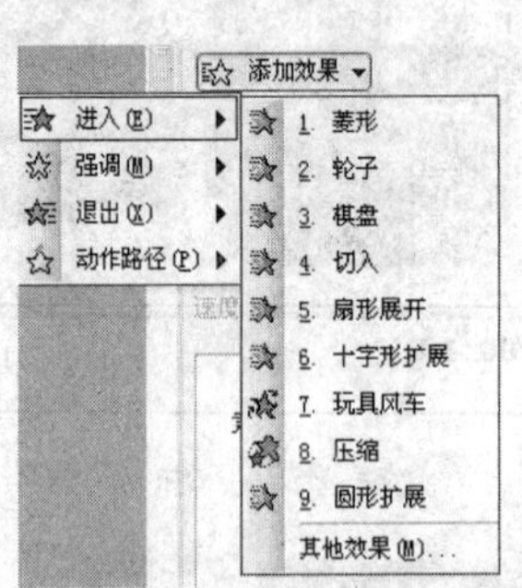

图 4-2-11　添加图片后效果图

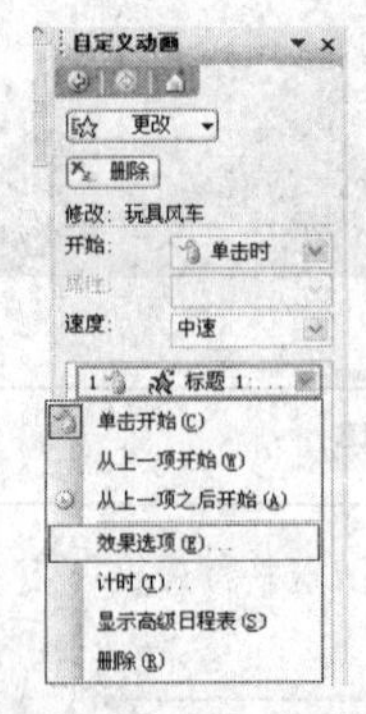

图 4-2-12　自定义动画设置 1

（2）幻灯片间切换的动画设置。

① 在 PowerPoint 窗口，选择标题幻灯片，执行【幻灯片放映】→【幻灯片切换】菜单命令，打开【幻灯片切换】任务窗格。

② 在【应用于所选幻灯片】列表框中，选择相应的动画效果，在【修改切换效果】下方，设置【声音】、【速度】、【换片方式】等，如图 4-2-14 所示。

③ 在任务窗格的下方，有【应用于所有幻灯片】按钮，单击该按钮，可以把设置的切换动画效果应用于所有幻灯片，否则，该设置只对当前所选幻灯片有效。

④ 所有设置完成之后，设置【文件】→【保存】命令对电子相册进行保存操作。

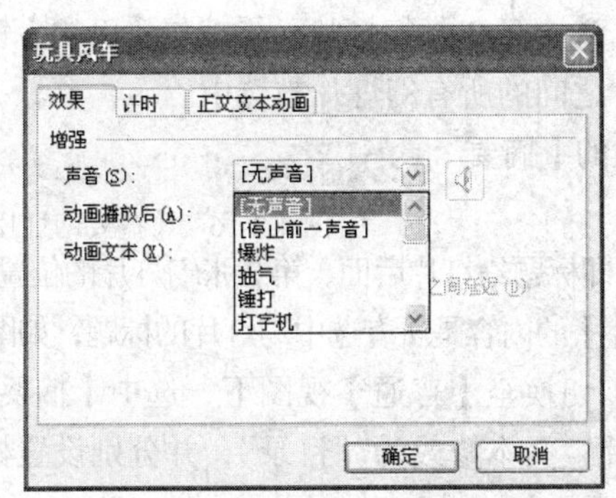

图 4-2-13　自定义动画设置 2

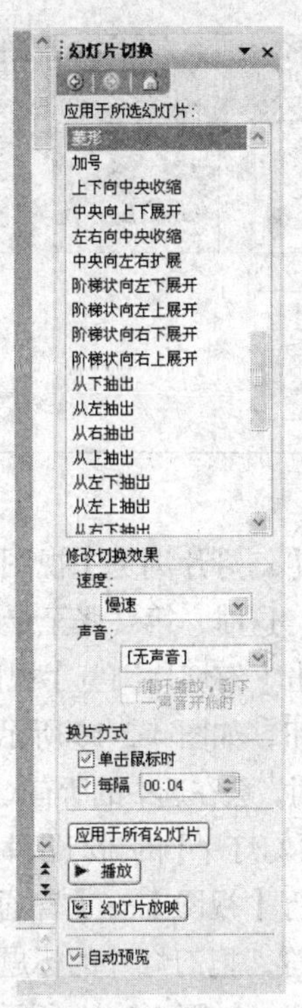

图 4-2-14　幻灯片切换

4.2.4　任务小结

本次任务是应用制作好的幻灯片母版模板，以图片为素材，制作电子相册，并对相册做进一步的版面美化编辑、动画效果设置等。制作过程所用知识点如下。

（1）电子相册的创建。

（2）电子相册的编辑。

（3）动画效果设置。

4.2.5　拓展训练

小文完成了电子相册的制作，但是相册在播放的时候还是不够灵活，播放过程是按顺序放映的，如果演示者想控制演示文稿的播放，即在演示时不按顺序而是随着自己的思路随意跳转，自然、灵活地展示这组图片的魅力。

骆珊对小文说：“你可以在标题幻灯片的后面添加一张目录幻灯片，通过设置从幻灯片目录文本到相关幻灯片链接的方法，实现随意跳转。”

小文是个好学的小女孩，听完骆珊的介绍，就迫不及待地向骆珊求教，骆珊带着小文来到电脑前，打开小文的电子相册演示文稿，手把手地教起小文来。

1. 为演示文稿文件创建摘要幻灯片

（1）打开要创建摘要幻灯片的演示文稿文件“相册.ppt”。

（2）执行【视图】→【幻灯片浏览】菜单命令，切换至【幻灯片浏览】视图方式下，如图 4-2-15 所示。

图 4-2-15　幻灯片浏览视图

（3）在【幻灯片浏览】视图方式下，单击选中第 2 张幻灯片，再按住【Shift】键，单击最后一张幻灯片，这时，第 2 张至最后一张幻灯片之间的所有幻灯片被选中。

（4）单击【幻灯片浏览】视图中工具栏上的【摘要幻灯片】按钮，如图 4-2-16 所示。

图 4-2-16　【摘要幻灯片】按钮

（5）此时，会在选中的所有幻灯片的前面，即标题幻灯片后面，第 2 张幻灯片的位置，添加了一张标题为【摘要幻灯片】的新幻灯片，【摘要幻灯片】的内容是所有选中幻灯片的标题，如图 4-2-17 所示。

（6）执行【视图】→【普通】菜单命令，切换至【普通】视图下，选中【摘要幻灯片】，单击标题占位符，把幻灯片的标题“摘要幻灯片”文本修改为“目录”，并分别设置标题和内容文本的字体格式，如图 4-2-18 所示。

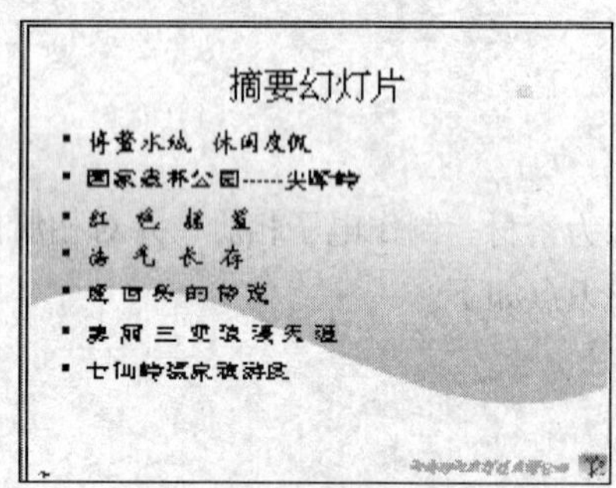

图 4-2-17　摘要幻灯片 1

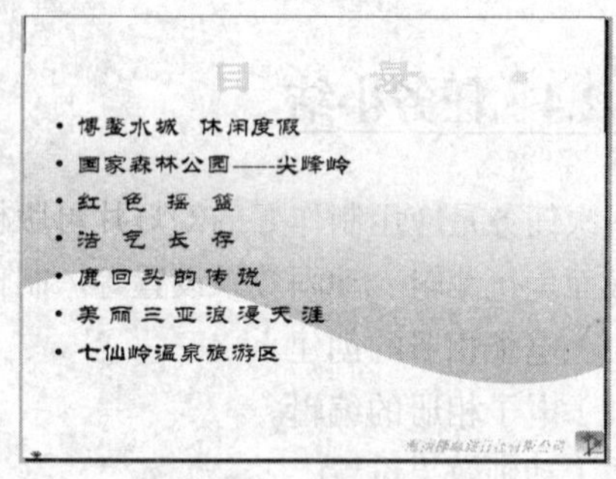

图 4-2-18　摘要幻灯片 2

2. 为演示文稿添加超链接

（1）在目录幻灯片中，选中目录文本“博鳌水城　休闲度假”作为链接的文本，执行【插入】→【超链接】菜单命令，打开【插入超链接】对话框，如图 4-2-19 所示。

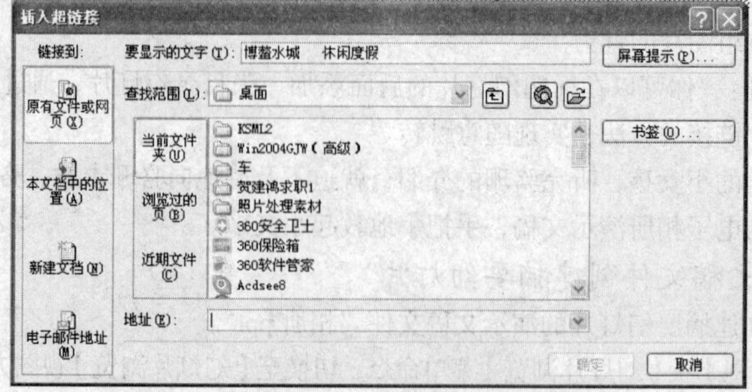

图 4-2-19　插入超链接 1

（2）在【插入超链接】对话框左侧的【链接到】列表框中，选择【本文档中的位置（A）】选项，打开【请选择文档中的位置（C）】列表框，在列出的供用户选择的本演示文稿的幻灯片中选择第 3 张“博鳌水城　休闲度假　”幻灯片作为链接的目标。

【链接到】组合框列表

【插入超链接】对话框左侧的【链接到】列表框有 4 个不同的选项，如下所述。

①【原有文件或网页（X）】选项，可以实现由幻灯片到其他原有的文档、应用程序或由网站地址决定的网页之间的链接。

②【本文档中的位置（A）】选项，可以实现演示文稿中不同幻灯片间的链接。

③【新建文档（N）】选项，可以实现由幻灯片到一个新建的文档之间的链接。

④【电子邮件地址（M）】选项，可以实现由幻灯片到一个电子邮件的地址之间的链接。

（3）此时，【插入超链接】对话框中，【要显示的文字（I）】列表框显示链接起点文字“博鳌水城　休闲度假　”；【幻灯片预览】列表框中，显示链接目标幻灯片“博鳌水城　休闲度假　”的效果。如图 4-2-20 所示。

（4）单击对话框中的【确定】按钮，切换回【目录幻灯片】窗口，完成由起点文本“博鳌水城　休闲度假”到目标幻灯片“博鳌水城　休闲度假”的超链接设置。此时可以看到文本“博鳌水城　休闲度假”的下方出现一条下划线，字体颜色也发生了变化。如图 4-2-21 所示。

图 4-2-20　插入超链接 2

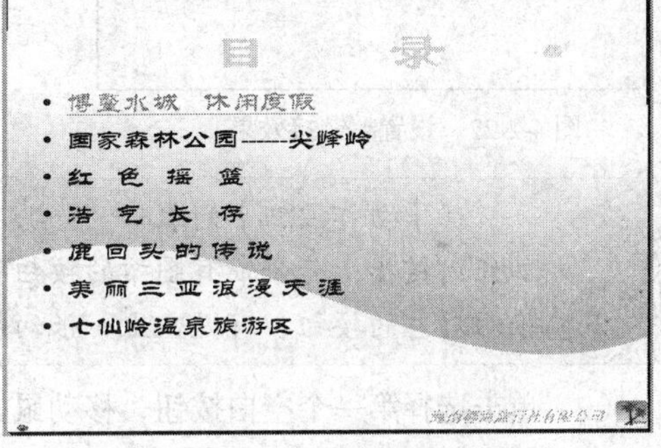

图 4-2-21　插入超链接后效果

编辑演示文稿的配色方案

为幻灯片设置超链接操作，添加了超链接的文本，会显示出与未添加超链接的文本不同的格式。

① 超链接文本格式的编辑设置，可通过编辑【配色方案】完成。执行【格式】→【幻灯片设计】菜单命令，打开【幻灯片设计】任务窗格，选择【配色方案】选项，单击【应用配色方案】列表框下方的【编辑配色方案】选项。

② 打开【编辑配色方案】对话框，在【自定义】选项卡，单击【配色方案颜色】列表框中的【强调文字和超链接】选项左侧的颜色块，单击【更改】按钮，打开【背景色】对话框，在【标准】选项卡，选择新的颜色，单击【确定】按钮，返回【编辑配色方案】对话框。

③ 此时可看到【编辑配色方案】对话框中，【强调文字和超链接】选项左侧的颜色块已由原来的红色变成了新选择的蓝色，单击【应用】按钮，返回【目录幻灯片】

窗口，添加了超链接的文本呈蓝色显示。

④ 在【编辑配色方案】对话框的【自定义】选项卡，使用同样的方法还可以更改其他选项的配色方案。

（5）使用同样的方法，分别为“目录幻灯片”中的其他目录文本添加超链接，效果如图 4-2-22 所示。

3. 在链接目标幻灯片中添加返回的动作按钮

PowerPoint 还提供了一组【动作按钮】,【动作按钮】是专门为实现幻灯片之间的各种跳转而设置的，它的超链接的设置方法与文本的超链接设置方法类似，区别只是它是在幻灯片内添加按钮对象，而不是直接选中幻灯片中的文本添加超链接。

（1）切换至目标幻灯片“博鳌水城　休闲度假”，执行【幻灯片放映】→【动作按钮】命令，展开【动作按钮】列表框，如图 4-2-23 所示。

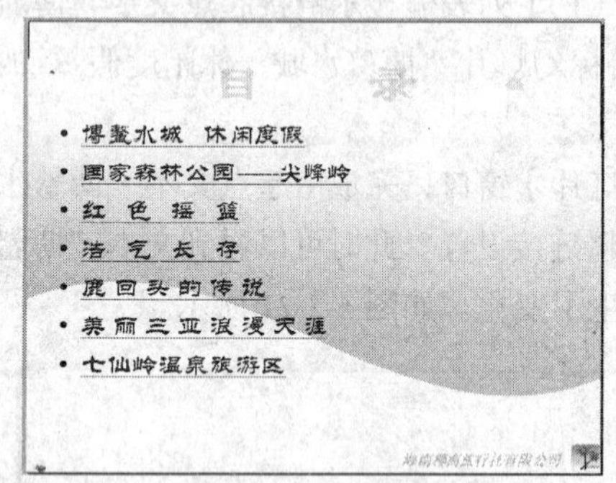

图 4-2-22　设置超链接效果

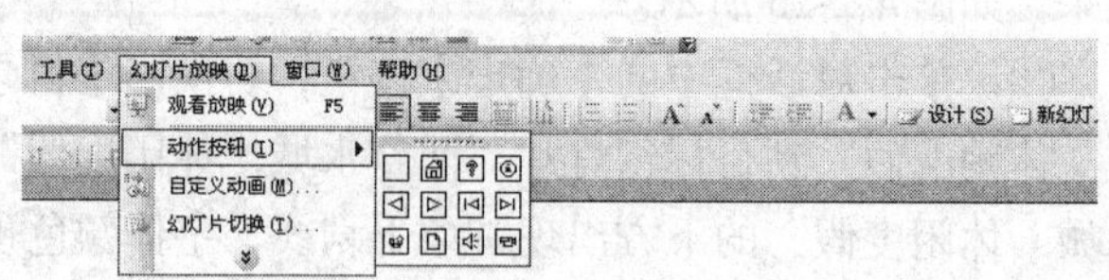

图 4-2-23　添加【动作按钮】

在【动作按钮】列表中，一共有 12 个按钮选项，第一个按钮为空白按钮，未添加任何链接；其余带有图案的按钮都已添加了不同目标的链接，如有设置了返回第一张幻灯片的按钮、有返回上一张幻灯片的动作按钮等。

（2）单击选择第一个空白按钮，移动鼠标到幻灯片中，按下左键拖曳，可在幻灯片中画出一个空白的动作按钮，同时弹出【动作设置】对话框。

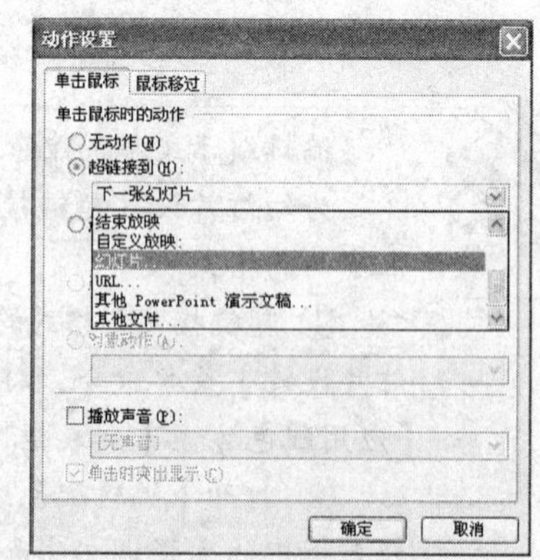

图 4-2-24　【动作设置】对话框

（3）在【动作设置】对话框中，设置【单击鼠标】选项卡上的【单击鼠标时的动作】选项为【链接到】单选项。

（4）单击【链接到】单选项右侧的下拉按钮，展开下拉菜单，选择【幻灯片…】选项，如图 4-2-24 所示。

（5）打开【超链接到幻灯片】对话框，选择“目录”幻灯片，如图 4-2-25 所示。单击【确定】按钮，返回【动作设置】对话框，再单击【确定】按钮，返回幻灯片窗口，完成动作按钮的添加操作。

（6）动作按钮的格式设置。在添加了动作按钮的幻灯片窗口，单击鼠标右键选中动作按钮，在弹出菜单中，选择【设置自选图形格式】选项，打开【设置自选图形格式】对话框，如图 4-2-26 所示。

（7）在该对话框，可以设置按钮的填充颜色、线条颜色等。

（8）为按钮添加说明文字。移动按钮到幻灯片的合适位置，用鼠标右键单击按钮，在弹出菜

单中选择【添加文本】选项，此时在动作按钮上方会出现插入点，便可输入文字，如“回目录”。

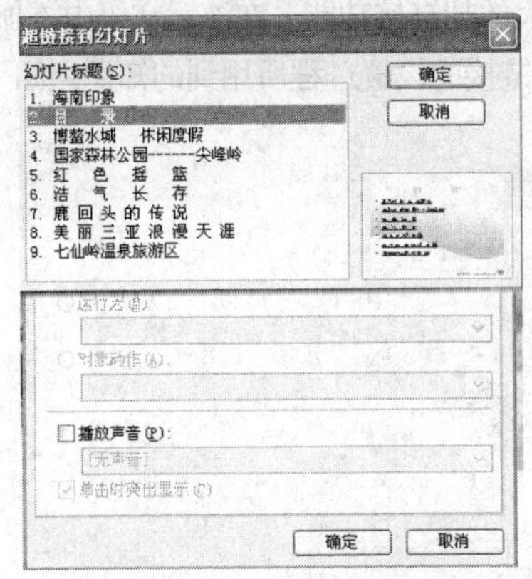

图 4-2-25　【超链接到幻灯片】对话框

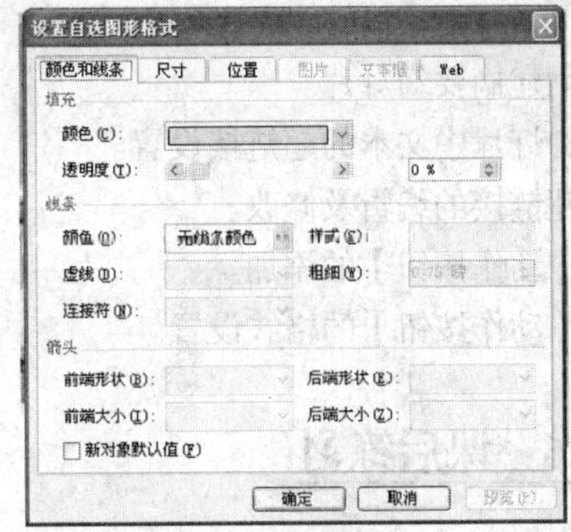

图 4-2-26 【设置自选图形格式】对话框

（9）设置文字格式。在动作按钮上方添加文字之后，可以选中文字，设置其字体格式。完成后效果如图 4-2-27 所示。

要为演示文稿中的多张幻灯片添加返回同一张幻灯片的动作按钮，可以不必对每一张幻灯片都重复添加动作按钮的设置，只要在完成一个动作按钮的添加设置之后，选中该动作按钮进行【复制】操作，分别切换到其他需要添加按钮的幻灯片，再进行【粘贴】即可。

在【幻灯片母版】视图下对幻灯片母版进行一次添加动作按钮的设置，也可完成为演示文稿的每一张幻灯片添加动作按钮的操作。

在【幻灯片母版】视图下添加动作按钮

如果演示文稿使用的是单个的幻灯片母版，在母版上添加动作按钮后，该按钮在演示文稿的每一张幻灯片上可用；如果演示文稿使用的是多个幻灯片母版，则需在每个母版上都添加动作按钮，才能使按钮在演示文稿的每一张幻灯片上有效实现返回跳转。

4. 放映幻灯片

至此已经完成了相册的设置，下面来看看如何设置放映方式吧！

（1）选择【幻灯片放映】→【设置放映方式】命令，弹出【设置放映方式】对话框，如图 4-2-28 所示。

图 4-2-27　效果图

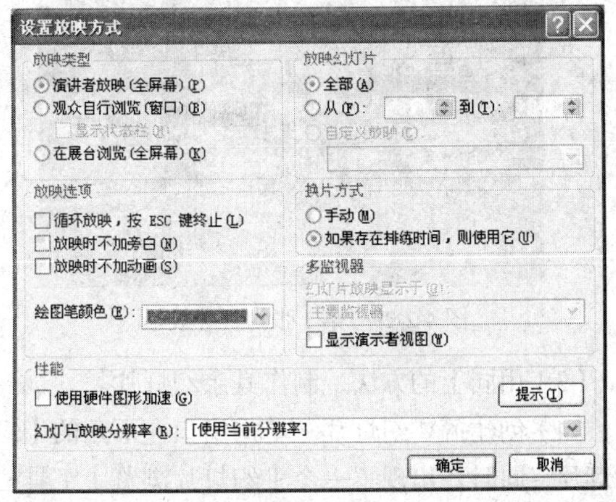

图 4-2-28　【设置放映方式】对话框

（2）根据不同的播放场合，设置所需的放映类型及放映选项。

从以上案例可以看到 PowerPoint 也具有和网页一样强大的超链接功能，在演示文稿中添加适当的超链接，可让演示文稿的放映效果锦上添花。演示文稿中超链接的设置过程所用到的知识点如下。

① 创建摘要幻灯片。

② 幻灯片中文本的超链接设置。

③ 超链接的编辑及修改。

④【动作按钮】的添加。

⑤【动作按钮】的格式设置。

4.2.6 课后练习

1. 制作一个介绍海南风光的演示文稿

（1）第 1 张幻灯片（见图 4-2-29）。

① 新建幻灯片。新建幻灯片，当屏幕上出现【新幻灯片】对话框时，选择【项目清单】版式，然后选中【不再显示这个对话框】复选项，今后在创建新幻灯片时就沿用这个版式不用再选择。

② 插入背景图片。选择【格式】→【背景】命令，这时屏幕上出现一个【背景】对话框，单击【背景填充】右端的下拉箭头，在弹出的下拉列表中选择【填充效果】选项，屏幕上出现一个【填充效果】对话框，在【图片】中单击【选择图片】按钮，选择一张图片，单击【确定】按钮，返回【背景】对话框，单击【应用】按钮，将图片插入到幻灯片中。

③ 输入并编辑标题文字、文本内容。

（2）制作第 2 张幻灯片（见图 4-2-30）。

① 插入背景图片。同上方法插入另一张图片作为背景，输入并编辑标题和文本内容。

② 更换项目符号。可以修改项目符号。将光标移到第一行文本的起始处，然后选择【格式】→【项目符号和编号】命令，这时屏幕上出现一个【项目符号和编号】对话框，在【项目符号项】选项卡中单击【字符】按钮，屏幕上又出现一个【项目符号】对话框，在【项目符号来源】列表中选择一个来源，如“Wingdings”，在符号列表中选择“八卦”选项，设置颜色和大小，单击【确定】按钮。这时原来的项目符号被“八卦”所代替。用同样的方法，更换下面的项目符号。

图 4-2-29　第 1 张幻灯片效果

图 4-2-30　第 2 张幻灯片效果

（3）用同上的方法，制作其余幻灯片。

（4）创建摘要幻灯片。单击窗口左下角的【幻灯片浏览视图】按钮，这时窗口显示出所有的幻灯片，同时还出现了一个【幻灯片浏览】工具栏。选择【编辑】→【全选】菜单命令，选中演示文稿中所有的幻灯片，再单击【幻灯片浏览】工具栏上的【摘要幻灯片】按钮，这时摘要幻灯

片出现在演示文稿的开始处，用鼠标双击该幻灯片，进入【幻灯片视图】，这时看到其中列出了所有幻灯片的标题，如图 4-2-31 所示。

（5）设置动画效果。在【幻灯片浏览视图】中，逐一选中第 2 张到第 7 张幻灯片，在【幻灯片浏览】工具栏上的【预设动画】下拉列表中分别选择动画效果。

（6）设置超级链接。选中摘要幻灯片中的第一项【天涯海角】，单击鼠标右键，在弹出的快捷菜单中选择【动作设置】选项，屏幕上出现一个【动作设置】对话框，在【单击鼠标】选项卡中，选中【超级链接到】单选项，在其下拉列表中选择【自定义放映】选项，这时屏幕上又出现一个【链接到自定义放映】对话框，选择相对应的一项，并选中【放映后返回】选项，然后单击【确定】按钮，返回上一对话框，看到在【超级链接到】文本框中已自动填入了要链接的目标，单击【确定】按钮关闭对话框。用同样的方法设置摘要幻灯片中的第 2 到第 7 项，与其他自定义放映中的超级链接。不过要注意：为了能够更好地结束，最后那张幻灯片在链接时不要选中【放映后返回】选项。

（7）设置幻灯片的放映方式。选择【幻灯片放映】→【设置放映方式】命令，在随后出现的对话框中，选中【演讲者放映（全屏幕）】单选项和【如果存在排练时间，则使用它】复选项，然后单击【确定】按钮。

（8）放映幻灯片。选中第一张幻灯片，选择【幻灯片放映】→【观看放映】命令，这时只要在摘要幻灯片中选择某一项内容，即按照前面的排练时间，开始放映所选的幻灯片，放映完毕，又会回到摘要幻灯片中。

2. 制作班级相册

（1）内容的收集，资料的准备。

（2）将班级各项活动的相片制作成相册，加入相应的文本框说明相片的来源或意义。

（3）注意内容的逻辑安排。

（4）制作超链接及动作按钮，能灵活控制 PPT 的放映。

3. 制作一个介绍圣诞节的演示文稿（幻灯片目录内容见图 4-2-32）

摘要幻灯片

天涯海角
亚龙湾旅游度假区
南山文化旅游区
兴隆热带植物园
博鳌亚洲论坛会址
东郊椰林

图 4-2-31　摘要幻灯片

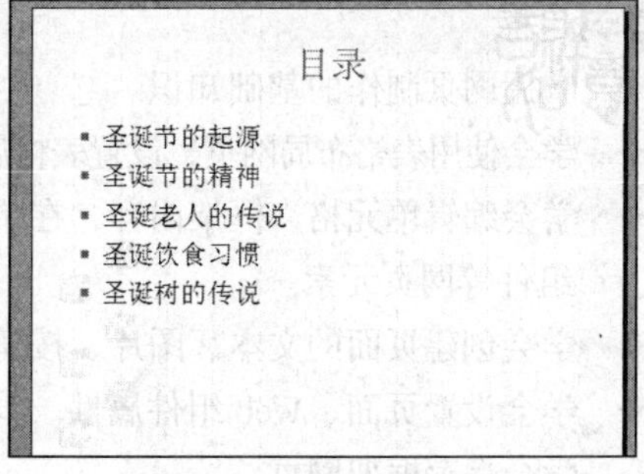

图 4-2-32　目录幻灯片

（1）在标题幻灯片中添加主标题“圣诞节”，设置格式【华文云彩】、【红色】、【80】。

（2）幻灯片模板为“吉祥如意”，为标题幻灯片添加背景图片。

（3）自定义配色方案：文本和线条为蓝色，标题文本为“红色（1 分）”；设置除第一张外幻灯片的页眉页脚（页眉“固定日期：2011-12-25”，页脚“圣诞节快乐”）。

（4）设置所有幻灯片切片效果为：【水平百叶窗】，【中速】；设置所有幻灯片标题对象的动画效果：【上部飞入】，【风铃声音】。

（5）根据第 2 张“目录”幻灯片的内容，实现各项目到第 3～7 张幻灯片的超级链接，相应地在第 3～7 张幻灯片上设置一个【动作按钮】，返回“目录”。

第5章 FrontPage 综合应用

FrontPage 是微软公司推出的一款网页设计、制作、发布、管理软件。FrontPage 简单易学，容易使用，被认为是优秀的网页初学者的工具。用户只要会用 Word 就会用 FrontPage 制作网页，但其功能无法满足更高的要求。

FrontPage 软件所见即所得，同时结合了设计、程序代码、预览 3 种模式于一体，也可一起显示程序代码和设计预览，能与 Microsoft Office 各软件无缝连接，具有良好的表格控制能力，继承了 Microsoft Office 产品系列良好的易用性。

FrontPage 的当前版本（同时也是最后一个版本）是 FrontPage 2003，将不再推出新的版本。Microsoft FrontPage 的替代产品是 Microsoft SharePoint Designer。

学习目标

- ✧ 掌握网页制作的基础知识。
- ✧ 学会使用表格布局网页，设置表格属性；学会使用框架布局网页，设置框架属性。
- ✧ 学会编辑单元格、框架内容，在单元格、框架中插入图片、艺术字、Web 组件等网页元素。
- ✧ 学会创建页面的文本、图片、按钮、书签超链接。
- ✧ 学会设置页面、Web 组件属性。
- ✧ 学会保存框架网页。

5.1 表格布局网页——制作公司宣传网页

5.1.1 创建情景

骆珊跟着技术部的李工学了不少的电脑知识，李工的一个朋友开了一家图书发行公司，为了宣传公司及推广产品，希望能为这家鸿利图书发行有限公司设计制作主题宣传网页，具体为“公司简介”、 “行业新闻”、“最新动态”、“他的国”、“陪你到最后”、“于

丹《论语》感悟”等 6 个主题，要求以独立网页的形式完成制作，以达到宣传的效果。骆珊跟着李工开始着手网页的制作。

5.1.2　任务剖析

1. 相关知识点

（1）FrontPage 2003 工作界面。FrontPage 中文版的界面与 Office 2003 软件的其他界面类似，窗口中间部分就是网页编辑区。

执行【开始】→【程序】→【Microsoft FrontPage】菜单命令，打开如图 5-1-1 所示 FrontPage 2003 工作界面。

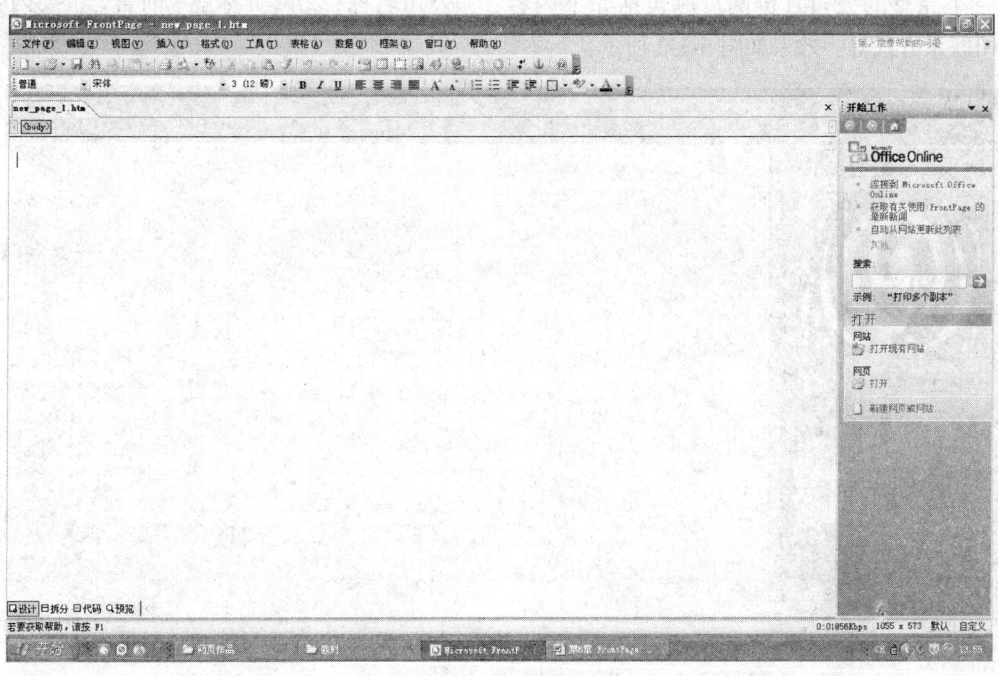

图 5-1-1　FrontPage 工作界面

（2）FrontPage 2003 的视图。FrontPage 2003 提供了多种视图，分别是网页视图、文件夹视图、报表视图、导航视图、超链接视图以及任务视图。

（3）网站建设一般步骤。

① 选择主题。网站一定要有一个明确的主题，如公司的网站是用于介绍公司的产品、技术公告、支持服务等；而个人网站，可以把个人简历，兴趣爱好等个人信息发布到网上，展现个人风采，结交朋友等。主题要求有特色，避免落入俗套。

② 规划网站。规划网站是创建网站前的准备工作之一。在规划时首先要根据主题来构造网站结构。网站结构要求简介明了，避免给浏览者带来凌乱感。一般可以在导航视图中实现网站结构的规划。

③ 组织素材。各种各样的网页素材都是为表现网页主题服务的，网页的主题基本上限定了网页中使用的素材。有目的地收集适合主题的素材，并对素材进行整理、筛选、加工，对于表现网站的主题至关重要。

④ 确定网站风格。网站中所有网页的风格要协调统一，这包括相同的文字字体、相同的网页色调、一致性的导航超链接等。

⑤ 网页布局。必须根据实际情况来确定是使用表格还是框架进行布局，确定各个网页元素的编排方式，例如页面呈现的结构、网页中图片的位置、超链接的形式等。网页的布局协调统一，可以增加网页的美观度，给浏览者一种整齐舒适的感觉。

⑥ 具体网页制作。做好前期的准备工作后，就可以正式着手制作一个个的网页。按照网页布局的格式，添加、编辑具体的各个网页元素。

⑦ 网站发布。网站发布是将整个网站上传到 Web 服务器中去，这样网络用户才能够浏览访问。

2. 操作方案

通过制作鸿利图书发行有限公司的宣传网页，介绍网页设计软件 FrontPage 的综合应用。

一个完整的公司宣传网页应包括如下内容：①公司名称；②网页标题、前言、主要内容；③公司联系方式等。效果如图 5-1-2 所示。

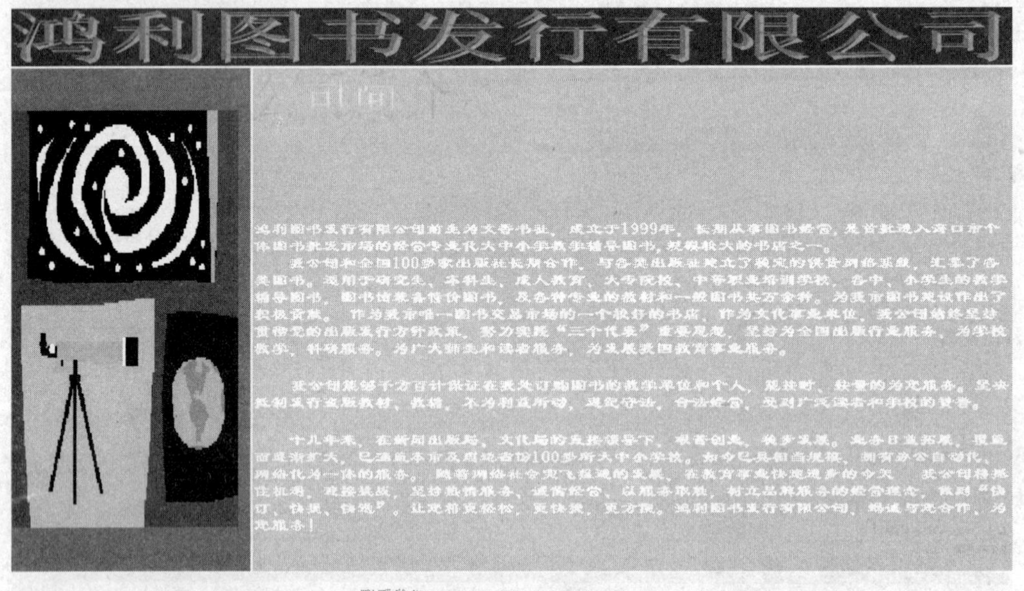

联系我们：E-mail：HongLi1816@163.com

图 5-1-2 网页效果

5.1.3 任务实现

1. 利用 FrontPage 创建空白网页

（1）选择【开始】→【程序】→【Microsoft FrontPage 2003】菜单命令，启动网页设计软件 FrontPage 2003。

（2）选择【文件】→【新建】→【网页】菜单命令，创建空白网页。

2. 利用表格布局网页

（1）选择【表格】→【插入】→【表格】菜单命令，插入一个 3 行 2 列的空白表格，根据页面调整表格大小。

（2）选择【表格】→【属性】→【表格】菜单命令，设置表格属性。表格边框线粗细设置为“0”。

表格在网页中的使用比较多，表格的引入使网页变得整齐美观。许多漂亮的网页都是利用表格实现布局的，表格用来布局时，往往会将表格边框线粗细设置为“0”。

（3）分别选中表格第 1 行、第 3 行单元格，用鼠标对准选中区域单击右键，在弹出菜单中选择【合并单元格】选项，分别把表格中第 1 行、第 3 行单元格合并。

（4）选中表格第 1 行，选择【表格】→【属性】→【单元格】菜单命令，设置单元格属性，背景颜色设置为深蓝色；用同样的方法分别设置第 2 行左边单元格背景颜色为绿色、右边单元格背景颜色为灰色；第 3 行背景颜色为青绿色。

3. 编辑单元格内容

（1）将鼠标置于表格第 1 行单元格中，选择【插入】→【图片】→【艺术字】菜单命令，插入艺术字“鸿利图书发行有限公司”；选取艺术字，对准选中区域单击鼠标右键，在弹出菜单中选择【设置艺术字格式】选项，设置艺术字格式为【宋体】、【36 号】，并通过拖动艺术字四周的调节点，调整艺术字大小填满整个单元格。

（2）将鼠标置于表格第 2 行左边单元格中，选择【插入】→【图片】→【来自文件】菜单命令，通过浏览查找存放图片的位置，选择图片，单击【插入】按钮。

（3）选取图片，对准图片单击鼠标右键，在弹出菜单中选择【设置图片格式】选项，设置图片格式，调整图片大小。

（4）用同样的方法在表格第 2 行右边单元格插入艺术字“公司简介”，设置艺术字格式为【宋体】、【36 号】，在【设置艺术字格式】对话框中进入【布局】选项卡，设置艺术字布局为【相对】。

（5）在表格第 2 行右边单元格输入并编辑“公司简介”文档内容，选取整篇文档，选择【格式】→【字体】菜单命令，设置设置【字体】为【隶书】，【颜色】为【白色】，【大小】为【3（12）磅】，如图 5-1-3 所示。

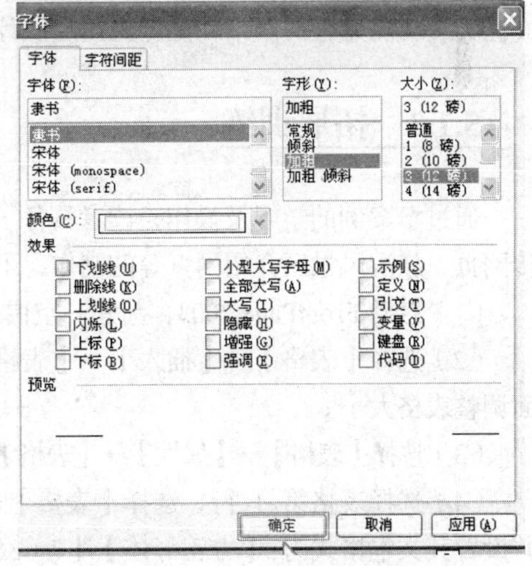

图 5-1-3　【字体】对话框

（6）选择【格式】→【段落】菜单命令，设置文档段落格式，行距大小【12pt】、对齐方式为【左对齐】。

（7）用同样的方法在表格第 3 行编辑文档内容“联系我们：E-mail：HongLi1816@163.com”，设置文档对齐方式为【居中】，设置【字体】为【宋体】，【颜色】为【鲜粉色】，【大小】为【3（12）磅】。

4. 保存网页

选择【文件】→【保存】菜单命令，在【另存为】对话框，设置网页保存位置为【D:/web/web1】、网页名称为【公司简介】，单击【确定】按钮，完成网页保存。

5. 制作另外 5 个主题网页

用类似的方法制作出另外 5 个主题的网页，分别以“行业新闻”、“最新动态”、“他的国”、“陪你到最后”、“于丹《论语》感悟”为网页文件名保存在【D:/web/web1】中。完成公司主题网页的制作，效果如图 5-1-4 所示。

图 5-1-4　网页效果图

5.1.4　任务小结

本案例通过利用 FrontPage 2003 制作公司不同主题的宣传网页，介绍了网页设计软件 FrontPage 。FrontPage 是当前最流行的网页设计软件之一，它操作简单，设计省时省力，具有强大的程序编辑功能，具有“所见即所得”的网页编辑环境、易学易用的操作界面，能够编写出界面优美、功能完善的网站，是广大用户设计网页的首选软件。

5.1.5　拓展训练

通过本案例的学习及操作，读者具备了网页制作的基本知识，可以拓展到个人网页、产品宣传网页、旅游风景区介绍网页等的制作，下面来制作一个旅游景点介绍网页。

（1）启动 FrontPage 2003，新建一空白网页。

（2）选择【表格】→【插入】→【表格】菜单命令，插入一个 4 行 5 列的空白表格，根据页面调整表格大小。

（3）选择【表格】→【属性】→【表格】菜单命令，设置表格属性，表格边框线粗细设置为“0”。

（4）选择表格第 1 行，选择【表格】→【合并单击格】命令，输入“三亚旅游景点指南”，并设置其文本格式为:【方正舒体】、【7（36 磅）】、【居中】、【蓝色】。

（5）选择表格第 2 行，选择【表格】→【表格属性】→【单元格】命令，在弹出的【单元格属性】对话框中设置【背景】颜色为【黄色】，再单击【确定】按钮。

（6）在表格第 2 行各单元格中分别输入“南山文化旅游区”、“蜈支洲岛”、“天涯海角风景区”、“三亚大小洞天”、“西岛”，并设置其文本格式为:【宋体】、【4（14 磅）】、【居中】、【绿色】。

（7）在表格第 3 行各单元格中分别选择【插入】→【图片】→【来自文件】命令，或单击【常

用】工具栏中 按钮，插入相对应的图片。

（8）在表格第 4 行输入景点介绍的文字内容，并设置文字格式，完成后的效果如图 5-1-5 所示。

（9）保存网页。选择【文件】→【保存】菜单命令，在【另存为】对话框，设置网页【保存位置】为【D:/web/web2】、网页名称为【三亚景点介绍】，单击【确定】按钮。

（10）弹出【保存嵌入式文件】对话框，如图 5-1-5 所示，单击【确定】按钮，将所插入的图片文件嵌入到当前网页文件保存位置，至此完成网页的保存，效果如图 5-1-6 所示。

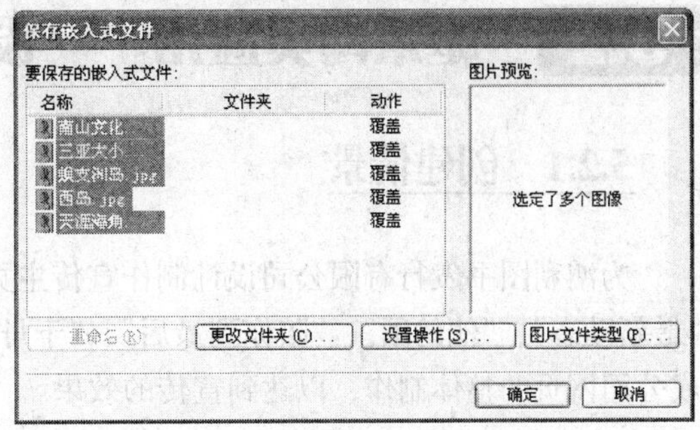

图 5-1-5 【保存嵌入式文件】对话框

图 5-1-6 完成效果图

5.1.6 课后练习

虫虫书屋网页

（1）使用 FrontPage 2003 软件的表格布局，制作如图 5-1-7 所示网页。

（2）主题设置为“指南针”，插入一个 3 行 4 列的表格进行网页布局。

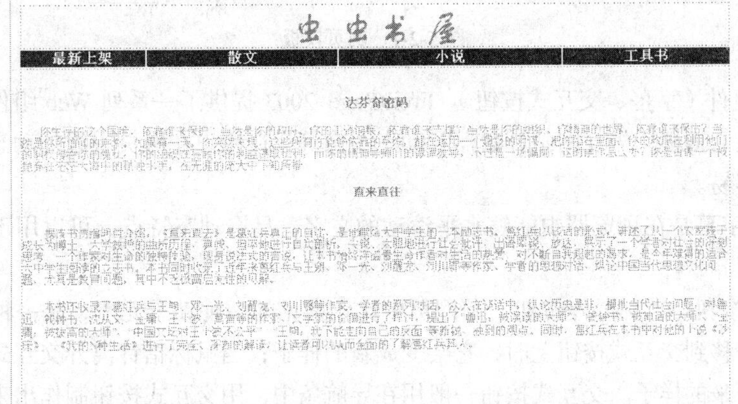

图 5-1-7 虫虫书屋网页

5.2 框架网页应用——设计公司宣传主页

5.2.1 创建情景

为鸿利图书发行有限公司设计制作宣传主页，在宣传主页中实现与“公司简介”、“行业新闻”、“最新动态”、“他的国”、“陪你到最后”、“于丹《论语》感悟”等 6 个独立主题网页的链接，完成公司网页的整体制作，以达到宣传的效果。

5.2.2 任务剖析

1. 相关知识点

（1）框架网页。框架是一种特殊的 Web 网页。它将游览器分成几个窗口，第一个窗口中显示一个独立的 Web 网页。使用框架的好处是可以只变换一个窗口的内容，让 Web 网页看起来更加方便简洁。

选择【文件】→【新建】菜单命令，打开【新建网页或站点】任务窗格，在任务窗格中单击【其他网页模板】按钮，打开【网页模板】对话框，选择【框架网页】选项卡，如图 5-2-1 所示，在列表中选择所需要的框架网页类型即可。

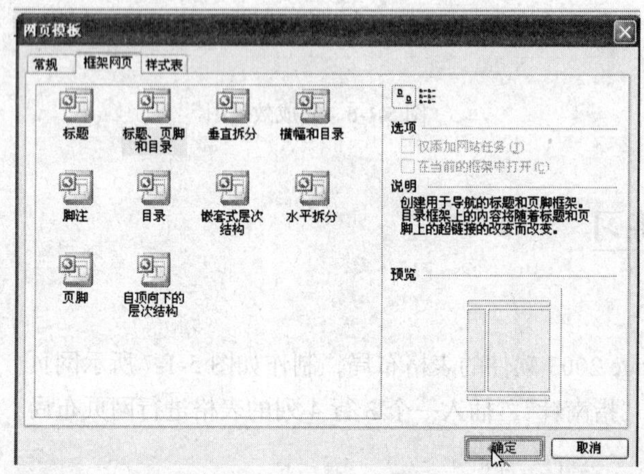

图 5-2-1 网页模板

（2）Web 组件（字幕、交互式按钮）。FrontPage 2003 提供了一系列 Web 组件，比如滚动字幕、交互式按钮、横幅广告、网站计数器和动态图像等，让用户在网页中添加动态元素就像加入一幅图片那么容易。

① 字幕。字幕是在浏览器中能够水平滚动的文字，具有动态特点，可以用于发布网站的通知和提示信息。

② 交互式按钮。也称悬停按钮，是网页中比较常见的一种动态元素，是一种可以变化的按钮。当鼠标指针移到交互式按钮上时，它会变成新的样子；当鼠标指针离开交互式按钮时，它又会自动变回到原来的样子。交互式按钮一般用在导航条中，用交互式按钮制作出来的导航条比一般的文本或图像导航条还漂亮。

选择【插入】→【Web 组件…】命令，打开【插入 Web 组件】对话框，如图 5-2-2 所示，可以在该对话框中选择插入如“字幕”、“交互式按钮”、“计数器”等组件。

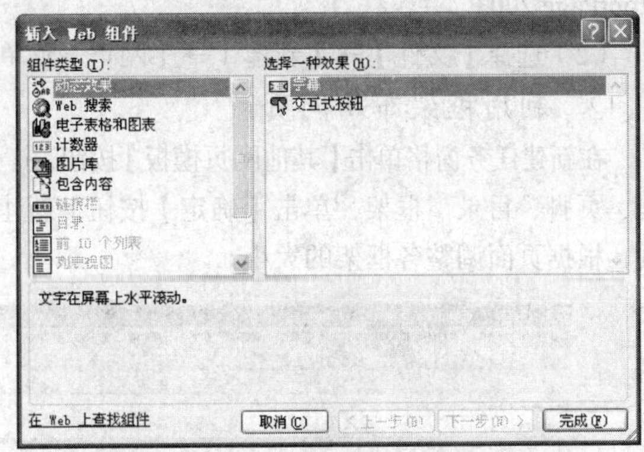

图 5-2-2　插入 Web 组件

（3）应用超链接。在 Web 网页中，超链接是一种核心技术，使用超链接将一个网站中的各个 Web 网页连接起来。超链接是从一个网页指向另一个目的地的指针，这个目的地可以是另一个网页或同一个网页中的其他位置，也可以是一个电子邮件、一个 Word 文档，或者是一个应用程序。

在一个网站内部设置超链接时，一定要设置相对路径。因为一般是先在自己的计算机上做好网站，然后再发布到 Web 服务器上，会导致绝对路径的改变。

2. 操作方案

在上一个案例中，已经完成了鸿利图书发行有限公司的 5 个主题网页的制作，但这 5 个网页相对独立，相互间不能连接起来成为一个网站，操作起来不方便，也不系统，下面通过制作鸿利图书发行有限公司的主页，介绍网页设计软件 FrontPage 2003 的综合应用。

一个完整的公司主页应包括如下内容：①公司名称；②网页标题、前言、主要内容；③超链接载体；④公司联系方式。效果如图 5-2-3 所示。

图 5-2-3　完成效果图

5.2.3 任务实现

1. 启动 FrontPage，创建空白网页

（1）选择【开始】→【程序】→【Microsoft FrontPage 2003】菜单命令，启动网页设计软件

FrontPage 2003。

（2）选择【文件】→【新建】→【网页】菜单命令，创建空白网页。打开新建任务窗格。

2. 利用框架布局网页

在新建任务窗格单击【其他网页模板】按钮，打开【网页模板】对话框，选择【框架网页】→【标题、页脚、目录】框架，单击【确定】按钮，新建框架网页，如图 5-2-4 所示。利用框架布局网页，根据页面调整各框架的大小。

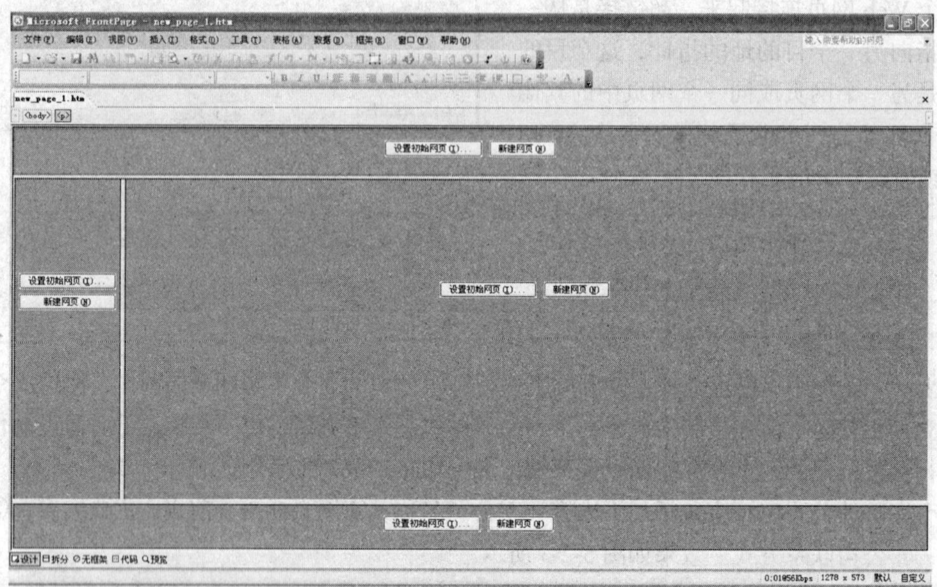

图 5-2-4　框架网页

3. 编辑框架内容

（1）在上框架单击【新建网页】按钮，设置上框架为新建网页。将鼠标置于上框架中单击右键，在弹出菜单中选择【网页属性】命令，打开设置【网页属性】对话框。

（2）在对话框中，选择【格式】→【背景】命令，设置背景为【使用图片】，单击【浏览】按钮，查找要作为背景的图片，选择图片，单击【打开】按钮，所选图片便插入到上框架页面中，并作为背景铺满整个页面。

（3）将鼠标置于上框架页面中，选择【插入】→【图片】→【艺术字】菜单命令，插入艺术字"鸿利图书发行有限公司"；选取艺术字，将鼠标对准选中区域单击右键，在弹出菜单中选择【设置艺术字格式】选项，设置艺术字格式为【宋体】、【36 号】，对齐方式为【右对齐】，并通过拖动艺术字四周调节点，调整艺术字大小到合适。

（4）选择【表格】→【插入】→【表格】菜单命令，插入一个 1 行 3 列的空白表格。表格边框线粗细设置为"0"。

（5）将鼠标置于表格第一个单元格中，选择【插入】→【Web 组件】→【交互式按钮】菜单命令，打开【交互式按钮】对话框，设置交互式按钮为【金属矩形 3】，文本为"公司简介"，如图 5-2-5 所示。

（6）单击【浏览】按钮，打开【编辑超链接】对话框，选择【当前文件夹】中的【公司简介.htm】文件，【目标框架】为【main】，如图 5-2-6 所示。

（7）单击【确定】按钮，返回【交互式按钮】对话框，再次单击【确定】按钮，完成【公司简介】按钮的制作。

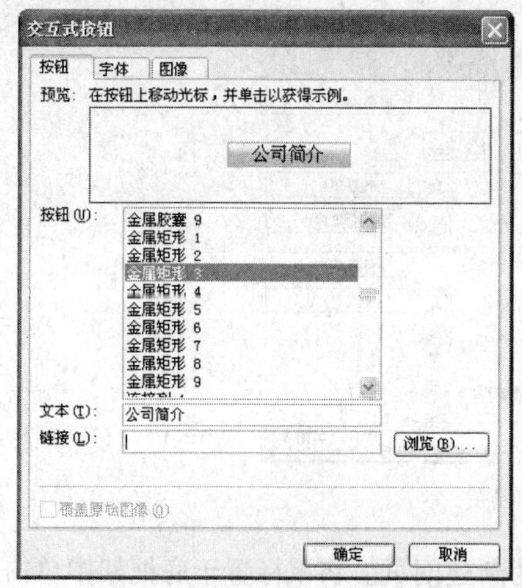

图 5-2-5 【交互式按钮】对话框

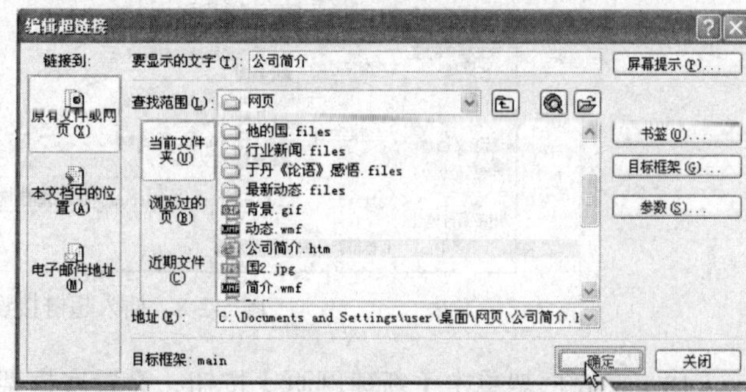

图 5-2-6 【编辑超链接】对话框

（8）用同样的方法在表格第 2、第 3 单元格分别插入交互式按钮，并设置交互式按钮的文本为"最新动态"、"行业新闻"；编辑超链接目标为【最新动态.htm】、【行业新闻.htm】，目标框架均设为【main】。根据框架页面调整表格大小至合适。

（9）将鼠标置于上框架底部，选择【插入】→【Web 组件】命令，打开【插入 Web 组件】对话框，单击【完成】按钮。

（10）打开【字幕属性】对话框，在对话框中编辑字幕文本"欢迎来访！您将在这里获得最新书讯!"，设置字幕背景颜色为草绿色，如图 5-2-7 所示。选中字幕文本，单击【样式】按钮，弹出【修改样式】对话框。

（11）在【修改样式】对话框中选择【格式】→【字体】命令，设置字幕文本的字体格式为【红色】、【加粗】、【18 磅】，为上框架添加滚动字幕。

（12）在左框架单击【新建网页】按钮，设置左框架为新建网页。将鼠标置于左框架中单击右键，在弹出菜单中选择【网页属性】命令，打开设置【网页属性】对话框。

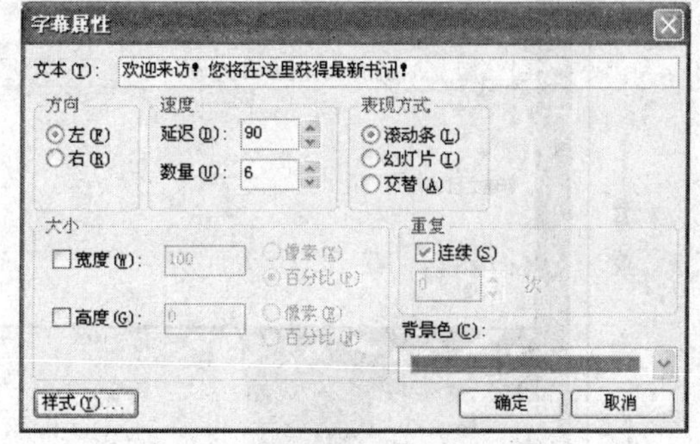

图 5-2-7 【字幕属性】对话框

（13）在对话框中，选择【格式】→【背景】命令，设置背景颜色为粉红色。

（14）在左框架添加"新书架"文本，设置文本的字体格式为绿色；在"新书架"文本下方添加"他的国"、"陪你到最后"、"于丹《论语》感悟"3 段文本。

（15）选取"他的国"文本，选择【插入】→【超链接】命令，打开【插入超链接】对话框，在【当前文件夹】中选择【他的国.htm】选项，将其编辑为超链接目标，如图 5-2-8 所示。

（16）单击右侧的【目标框架（G）…】按钮，在弹出对话框的【公用的目标区中】选择【新建窗口】，将目标框架设为新建窗口，依次单击【确定】按钮，完成"他的国"的超链接设置。

（17）类似地设置"陪你到最后"、"于丹《论语》感悟"分别链接到"陪你到最后.htm"、"于丹《论语》感悟.htm"，目标框架均设为新建窗口。

（18）用鼠标单击右框架中【设置初始网页】按钮，在弹出的【超链接】对话框中，选择【公司简介.htm】，设置右框架初始网页的超链接目标为【公司简介.htm】。

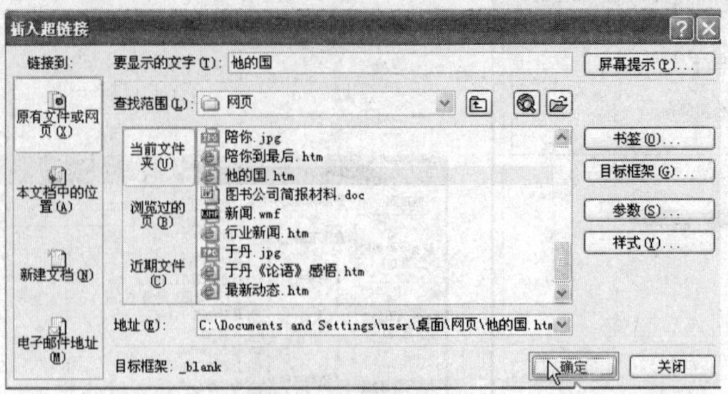

图 5-2-8　插入超链接设置

（19）在底框架单击【新建网页】按钮，设置底框架为新建网页。将鼠标置于底框架中单击右键，在弹出菜单中选择【网页属性】命令，打开【网页属性】对话框。在对话框中，选择【格式】→【背景】选项，设置背景颜色为浅青色。

（20）在底框架编辑文本“联系我们：E-mail：HongLi1816@163.com”，设置文本的字体颜色为【玫瑰红】，编辑文本 HongLi1816@163.com 的超链接目标为电子邮件地址：HongLi1816@163.com，如图 5-2-9 所示。

图 5-2-9　联系我们效果设置

4. 保存框架网页

（1）选择【保存】菜单命令，打开【另存为】对话框，分别依次保存上框架内容和嵌入式文件为【top.htm】，左框架为【left.htm】，底框架为【bottom.htm】，框架集为【index.htm】。具体操作界面如图 5-2-10 至图 5-2-13 所示。

（2）单击【Microsoft Internet Explorer 6.0 中的预览】工具按钮，在 IE 浏览器中预览网页，单击已编辑了超链接的载体（交互式按钮、文本），验证超链接。

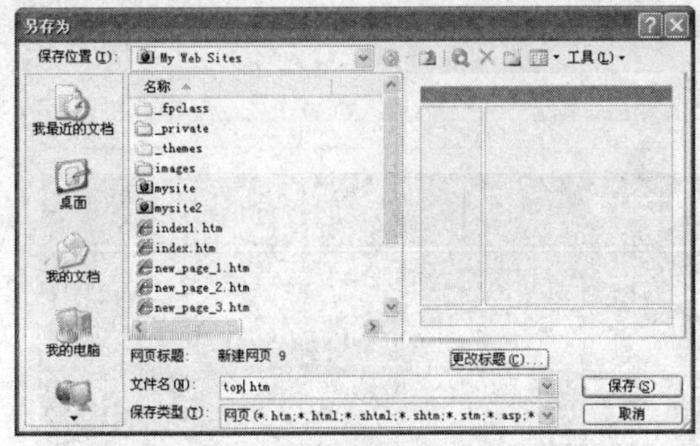

图 5-2-10　上框架文件保存

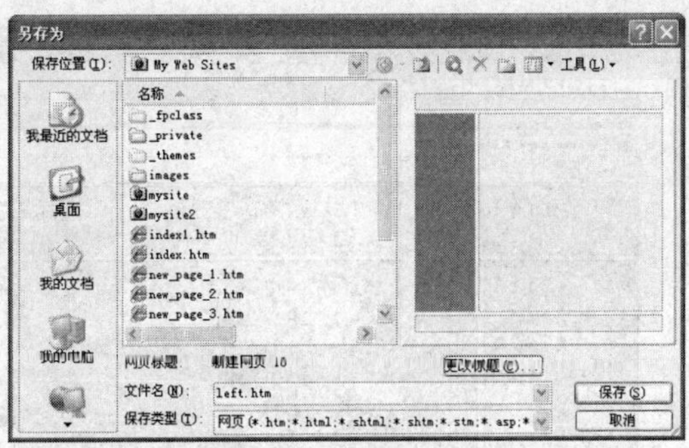

图 5-2-11　左框架文件保存

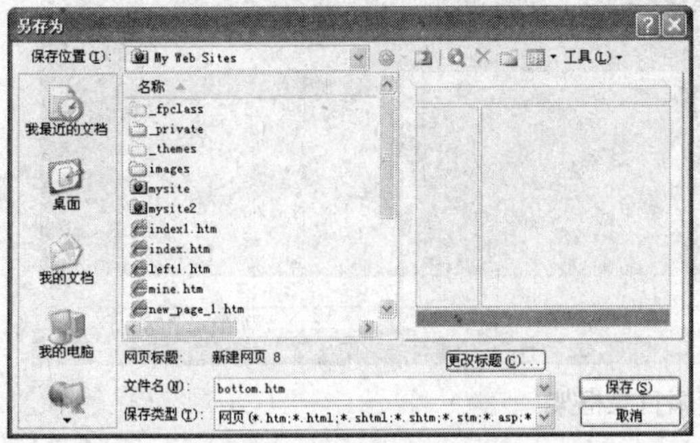

图 5-2-12　下框架文件保存

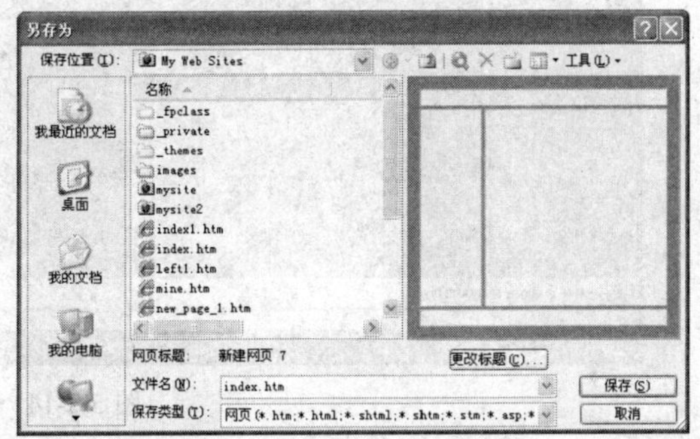

图 5-2-13　框架集文件保存

5.2.4　任务小结

本案例通过利用 FrontPage 制作公司主页，介绍了如何应用网页设计软件 FrontPage 创建空白网页，利用框架布局网页，设置框架属性，设置页面属性，编辑框架内容，在框架中插入图片、艺术字、Web 组件（字幕、交互式按钮）并设置其格式，添加超链接实现主页与各主题网页的链接。

5.2.5　拓展训练

通过本案例的学习及操作，掌握了框架网页的制作，可以拓展到个人网页、产品宣传网页、旅游风景区介绍网页等的制作。下面来制作学校招生宣传网站。

（1）. 启动 FrontPage 2003，选择【新建】命令，在新建任务窗格单击【其他网页模板】按钮，打开【网页模板】对话框，选择【框架网页】→【横幅与目录】框架，单击【确定】按钮，新建框架网页，如图 5-2-14 所示。

（2）单击上框架网页的【新建网页】按钮，选择【格式】→【主题】命令，在右边打开【主题窗格】中选择“波浪”主题，输入“海南经贸职业技术学院 2011 年招生简章”，并将其选取。

（3）选择【插入】→【图片】→【艺术字】命令，选择合适的艺术字字库，依次单击【确定】按钮，完成如图 5-2-15 所示的上框架网页设置。

（4）单击左框架网页的【新建网页】按钮，选择【插入】→【Web 组件】→【交互式按钮】菜单命令，打开【交互式按钮】对话框，设置交互式按钮为【发光标签 1】; 文本为“信息技术系”。类似地在左框架网页中依次插入【旅游管理系】、【财务管理系】、【应用外语系】、【工商管理系】5 个交互式按钮。完成后的效果如图 5-2-16 所示。

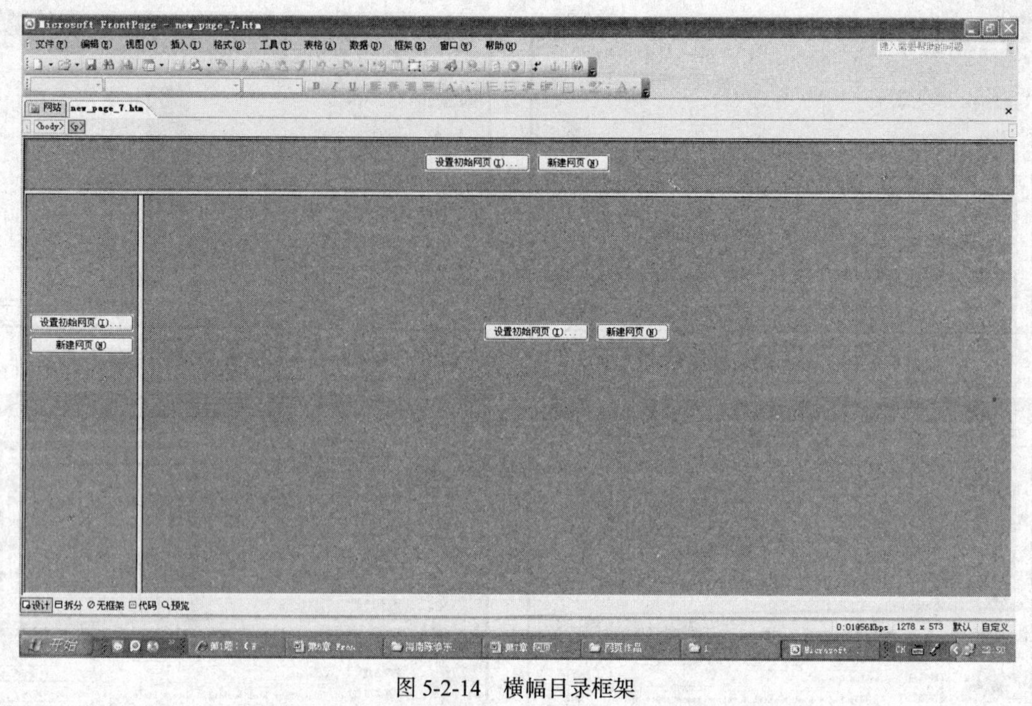

图 5-2-14　横幅目录框架

海南经贸职业技术学院2011招生简章

图 5-2-15　上框架网页

图 5-2-16　左框架设置完成

（5）单击主页中的【新建网页】按钮，输入“海南经贸职业技术学院 2011 年招生章程”，选取文本，在【常用】工具栏中设置：【宋体】、【5（18 磅）】、【居中】，设置完成后按【Enter】键，将光标移到下一段。

（6）选择【插入】→【水平线】命令，加入一条水平线，再按【Enter】键，将光标移到下一段。

（7）选择【表格】→【插入】→【表格】菜单命令，插入一个 3 行 3 列的空白表格，表格边框线粗细设置为【0】。

（8）分别在表格的第 1 行第 2 列及第 2 行第 2 列单元格中输入如图 5-2-17 所示文字。

（9）．选择【保存】菜单命令，打开【另存为】对话框，保存位置设置为“D：/web/web3”，分别依次保存上框架内容和嵌入式文件为“top.htm”，左框架为“left.htm”，主框架为“main.htm”，框架集为“index.htm”。

图 5-2-17　主页

5.2.6　课后练习

1. 制作信息技术系的系网站

要求：所有网页都保存在【D:\web\page】文件夹下，网页设计中用到的素材均保存在【D:\web\page】文件夹下。

（1）新建框架网页，分别将上、左、右和主框架网页保存为【top.htm】,【left.htm】,【right.htm】,和【main.htm】。

（2）设置上框架网页背景为蓝色，框架高度 100 像素，字体为隶书、36 磅、居中、白色。

（3）在左框架网页插入两个悬停按钮，和一张剪贴画（任选），悬停按钮颜色为蓝色，效果颜色为黄色，发光效果。分别设置按钮文本为“院系介绍”和“联系我们”。分别链接到网页“院系介绍.htm”和电子邮件“computer@163.com”，网页主题设置为“工业型”。

（4）设置右框架网页，主题设置为“工业型”，如图 5-2-18 所示设置表格，字体设置为合适的大小。

2. 制作一个旅游景点介绍网站

（1）收集资料分别制作“南山文化旅游区.htm”、“七仙岭温泉旅游.htm”和“天涯海角风景区.htm”等 3 个旅游景点介绍网页，网页保存在【D:\web】文件夹下的“站点 web5”中。

（2）建立一个目录框架结构的网页，以“Index.htm”为文件名将该框架网页保存在【D:\web】文件夹下的站点 web5 中。

（3）设置左框架网页的文字“南山文化旅游区”、“七仙岭温泉旅游”、“天涯海角风景区”分别链接到“南山文化旅游区.htm”、“七仙岭温泉旅游.htm”、“天涯海角风景区.htm”，并保存框架网页，效果可参考图 5-2-19。

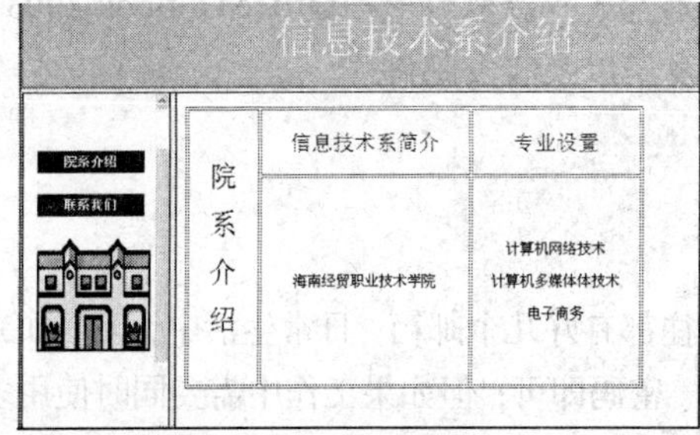

图 5-2-18　网页效果图

图 5-2-19　网页效果图

第6章 Outlook 综合应用

Office Outlook 是 Microsoft Office 套装软件的组件之一，它对 Windows 自带的 Outlook Express 的功能进行了扩充。Outlook 的功能很多，可以用它来完成收发电子邮件、管理联系人信息、记日记、安排日程、分配任务等。

学习目标

- ✧ 了解电子邮件的工作原理。
- ✧ 掌握邮件账号的设置步骤。
- ✧ 熟练掌握电子邮件发送与接收。
- ✧ 熟练掌握 Outlook 中电子邮件的管理功能。
- ✧ 掌握利用 Outlook 进行约会、会议、任务设置及管理。

6.1 Outlook 的发送与接收邮件——收发邮件的好帮手

6.1.1 创建情景

骆珊在平时的工作中，常常用到多个邮箱，如公司的外联邮箱、应聘人员邮箱、自己的个人邮箱等。她经常一大早上班就登录各个邮箱查看邮件，回复邮件，繁琐地登录各个邮箱让她苦不堪言。这时，一个同事给她推荐了一款软件——Office Outlook 2003，这款软件可以很好地帮助她使用多个邮箱进行发送以及收发邮件。

6.1.2 任务剖析

当今社会是快节奏的社会，办公文职人员往往都有好几个邮箱，日常生活中，人们如果只使用一个邮箱，还比较简单便捷，键入用户名、密码即可；但如果工作中需要同时使用多个邮箱，就很让人头疼了，需要一个个地登录邮箱，一个个收发信件。通过设置 Outlook，

骆珊可以很方便地管理自己工作中的各个邮箱。在使用 Outlook 发送邮件之前，先来学习如何设置 Outlook。

6.1.3　任务实现

1　设置

（1）启动 Outlook 2003，选择【开始】→【所有程序】→【Microsoft Office Outlook 2003】命令，即可启动 Outlook 2003。

（2）当我们第一次打开 Outlook 2003 时，软件会自动弹出以下窗口，进入 Outlook 2003 的启动向导，完成 Outlook 2003 的配置。先是出现如图 6-1-1 所示窗口，单击【下一步】按钮。

（3）在对话框中选择“是”单选项后，单击【下一步】按钮。

（4）接着进行服务器类型选择，如图 6-1-2 所示，这里我们选择 POP3，单击【下一步】按钮。

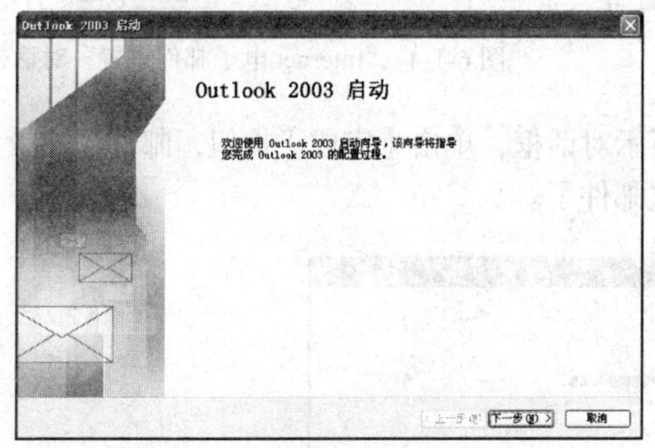

图 6-1-1　Outlook 2003 启动画面

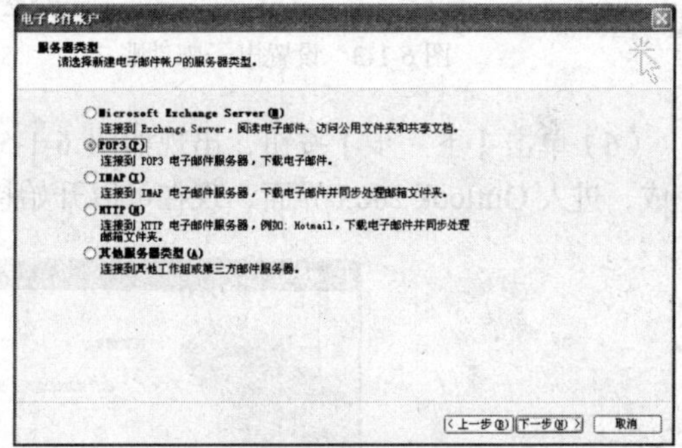

图 6-1-2　设置服务器类型

技巧　在申请电子邮箱的时候，由于邮箱用户已发展得非常多，一般想用的姓名都已被抢注了，这时候可以使用自己的姓名加上其他的名称（如公司名称或者是地域的名称）构成自己的邮箱用户名。

（5）下一步，需要填入电子邮件服务器名，设置如图 6-1-3 所示，具体可依据用户申请的邮箱而有所不同。现在所用的邮箱，大多采用 POP3 与 SMTP 服务器。

说明　POP 是发送邮件协议，SMTP 是接收邮件协议，根据所选择的邮件提供商所采用的协议不同而进行不同的设置。常见 E-mail 信箱的服务器地址如表 6-1-1 所示。

表 6-1-1　常见 E-mail 信箱的服务器地址

邮箱提供商	POP3 服务器	SMTP 服务器
21cn.com	pop.21cn.com	smtp.21cn.com
sina.com	pop3.sina.com.cn	smtp.sina.com.cn
263.sina.com	pop3.263.sina.com	smtp.263.sina.com
163.com	pop.163.com：	smtp.163.com

在图 6-1-3 中可以单击【其他设置（M）…】按钮，在弹出的“Internet 电子邮件设置”对话框中选择【高级】选项卡，勾选“在服务器上保留邮件的副本”，如图 6-1-4 所示，设置该项表示当邮件下载到本机后，邮件服务器还将保留邮件，否则下载后的邮件将不再保留在邮件服务器上。

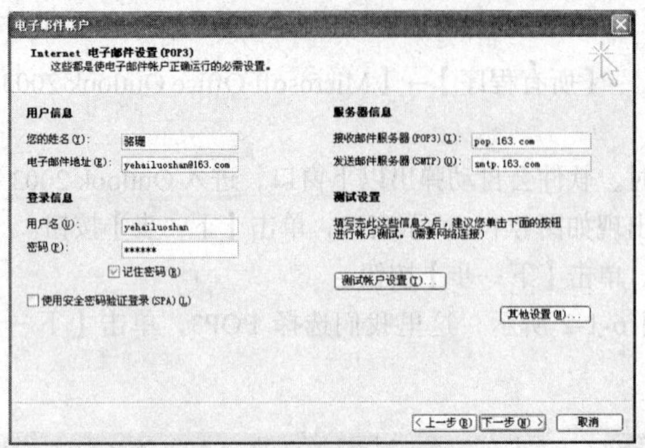

图 6-1-3　设置电子邮件账户

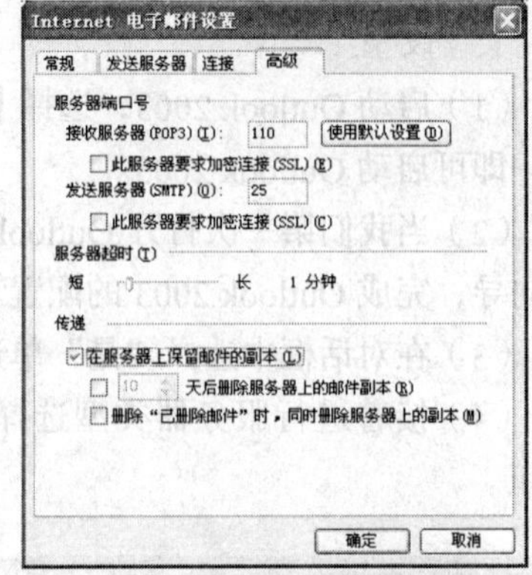

图 6-1-4　“Internet 电子邮件设置”对话框

（6）单击【下一步】按钮，出现如图 6-1-5 所示对话框，单击【完成】按钮，邮件账户设置完成，进入 Outlook 2003 界面，现在可以开始接收邮件了。

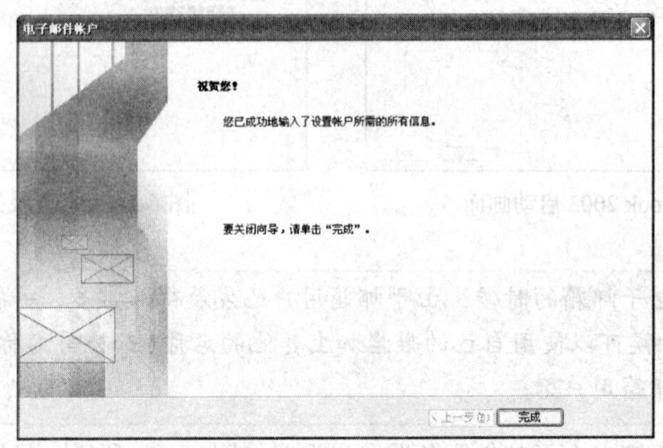

图 6-1-5　完成账户设置

进入 Outlook 2003 界面后，我们可以添加多个邮件账户，具体操作是单击【工具】菜单的【电子邮件账户】命令，在弹出的【电子邮件账户】对话框中单击“添加新电子邮件账户”或“查看或更改现有的电子邮件账户”，即可完成新账户的添加设置。

2. 收发邮件

（1）首先我们单击菜单栏上的【文件】→【新建】→【邮件】，出现如图 6-1-6 所示的【未命名的邮件】窗口。窗口分 3 部分：菜单栏、发送选项栏、内容编辑框。这就好比我们写信，中间一栏就是信封，要写明收件人地址，即收件人电子邮件地址；主题，则是给收件人一个提示，说明邮件的主题。抄送一栏可以填写邮件抄送地址，这一点充分体现了电子邮件的优势，我们可以写一封邮件，同时发送给若干个人，大大提高了工作效率。内容框就相当于信纸，可以写内容。

（2）创建一封新邮件。在收件人栏中填入 new88@163.com 当鼠标移动到抄送栏时，界面凸

现呈按键状，点击之，进入“选择姓名”对话框，如图 6-1-7 所示。

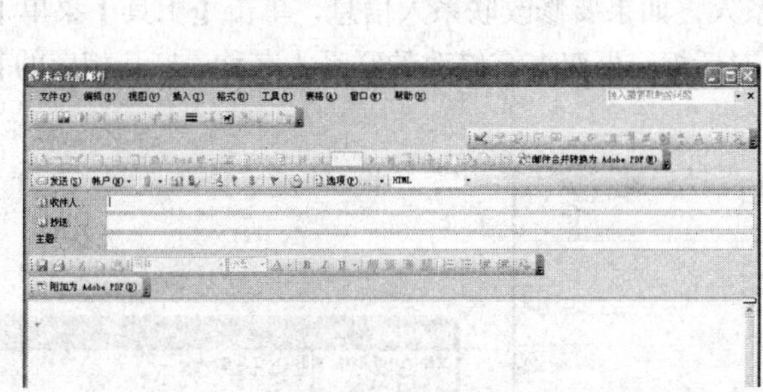
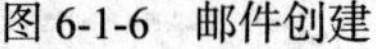

图 6-1-6　邮件创建

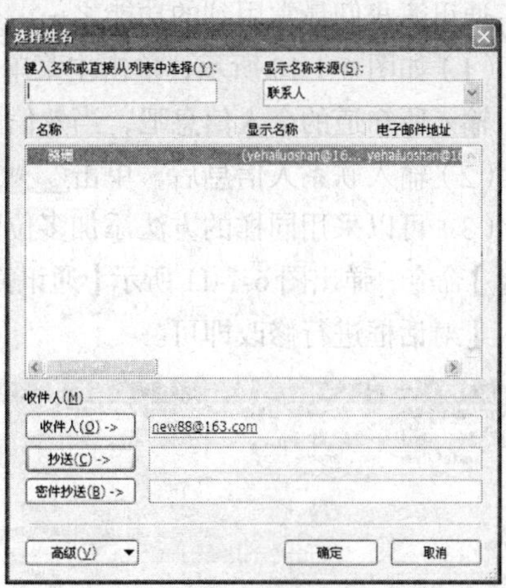

图 6-1-7　选择姓名对话框

（3）在联系人栏中选择收件人，然后单击【密件抄送】，收件人就出现在“邮件收件人”密件一栏中。单击【确定】按钮，回到新邮件窗口。这时我们发现“抄送”栏下面多了一个“密件抄送”栏。

密件抄送和普通抄送的区别：抄送栏中，每个收件人可以看到这封信还有那些人和我同时收到，而使用密件抄送，其他收件人是看不到密件抄送者邮件地址的。

（4）在邮件内容区域输入邮件的内容，如图 6-1-8 所示，单击工具栏上的发送(S)按钮，就可将本邮件发送给收信人、抄送人及密件抄送人，同时可以在“收件箱”中看到已发送的邮件。

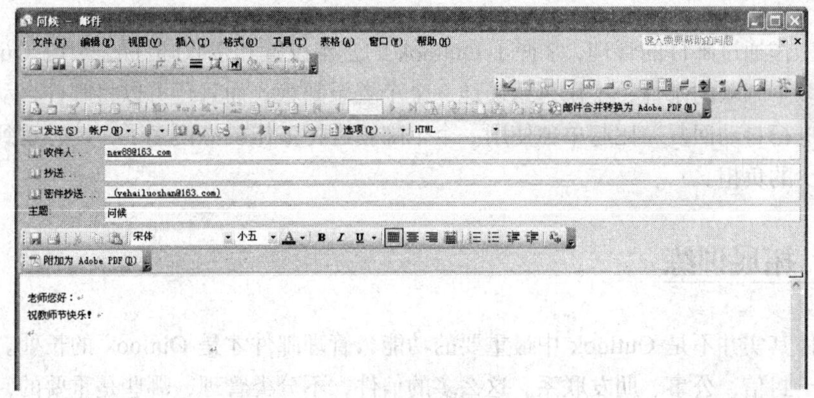

图 6-1-8　输入邮件内容

在邮件中，可以通过邮件工具栏中的按钮进行进一步的设置，如图 6-1-9 所示。

单击按钮，可选择文件作为邮件附件进行发送；单击按钮，打开“通讯簿”，可选择多个邮件地址，将邮件同时发送给多人；单击按钮，可为邮件做后续标记；单击HTML按钮，可以设置邮件的格式是 HTML、RTF 或是纯文本。

发送(S) 帐户(M) 选项(P)... HTML

图 6-1-9　邮件工具栏

3. 通讯簿

通讯簿我们最常用到的功能之一。

（1）如图 6-1-10 所示，单击主菜单【文件】→【新建】→【联系人】，弹出【联系人】对话框，输入所知道的个人信息吧，当然信息越详细，越有利于将来的使用。

（2）输入联系人信息后，单击保存并关闭(S)按钮，完成联系人的设置。

（3）可以采用同样的方法添加多位联系人，如果要修改联系人信息，单击【工具】菜单【通讯簿】命令，弹出图 6-1-11 所示【通讯簿】对话框，再双击需修改的联系人名称，打开相应的【联系人】对话框进行修改即可。

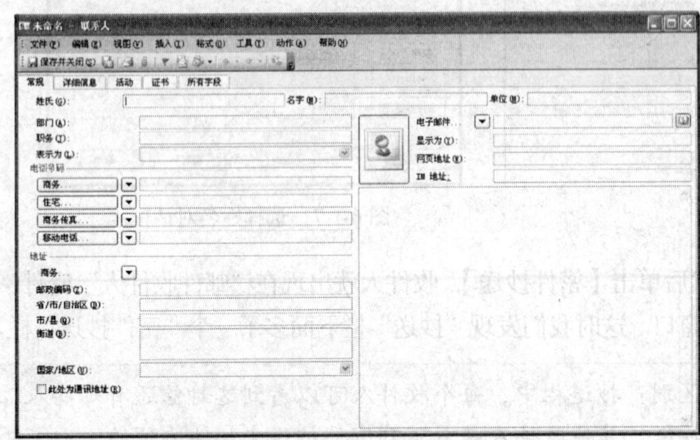

图 6-1-10 联系人对话框

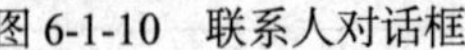

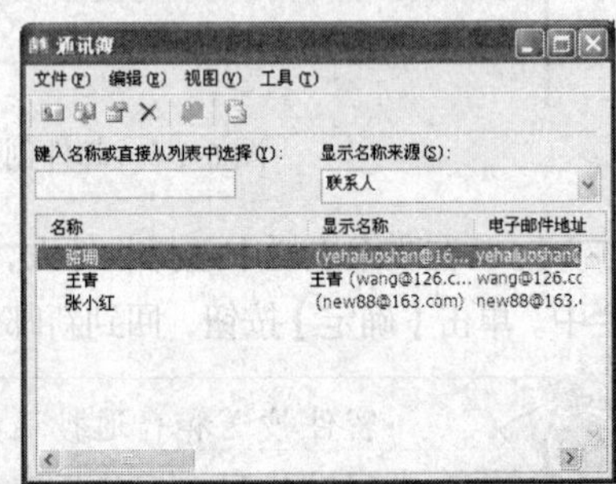

图 6-1-11 通讯簿对话框

6.1.4 任务小结

骆珊在工作通过邮件的管理，掌握了 Outlook 的基本设置和接收邮件的操作，Outlook 不仅可以同时接收多个邮箱的邮件，不用再繁琐地一个个登录邮箱，而且还可以将邮件自动进行分类，对指定邮件进行自动回复，比起单独使用一个个邮箱进行工作要方便多了，她感觉到给自己的工作减轻了不少的负担。

6.1.5 拓展训练

收发邮件其实并不是 Outlook 中最重要的功能，管理邮件才是 Outlook 的长处。骆珊差不多每天要收几十封信，公事、朋友联系。这么多的信件，不分类管理，哪些是重要的，哪些是不必理会的，哪些是处理过的，哪些是需要尽快回复的，诸如此类容易搞糊涂，使用 Outlook 就可以将邮件管理得井井有条。

下面让我们来举例说明：设置当收到来自 wang@126.com 的信件，就把它自动转到“朋友来信”文件夹，并自动回复一封信。

（1）我们可以制定一些有用的接收邮件规则，让 Outlook 成为我们的得力助手。单击【工具】【规则和通知】菜单项，选择【电子邮件规则】选项卡，单击【新建规则】按钮，弹出【规则向导】对话框，如图 6-1-12 所示。

（2）在对话框上选择“邮件到达时检查”，单击【下一步】按钮，在弹出的对话框中的【步骤 1：选择条件】中勾选“发件人为个人或通讯组列表”列表项，如图 6-1-14 所示。

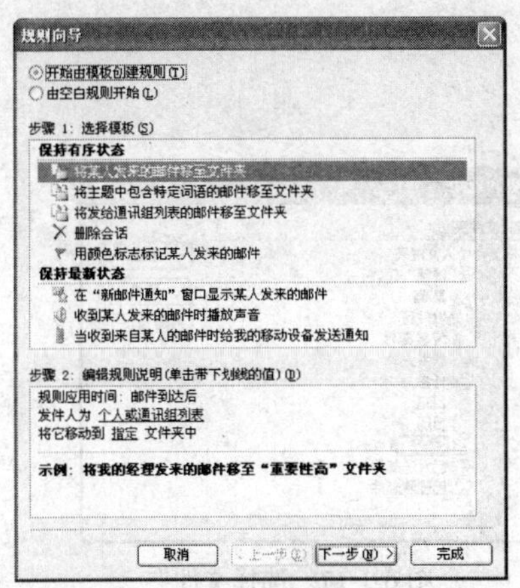

图 6-1-12　规则向导 1

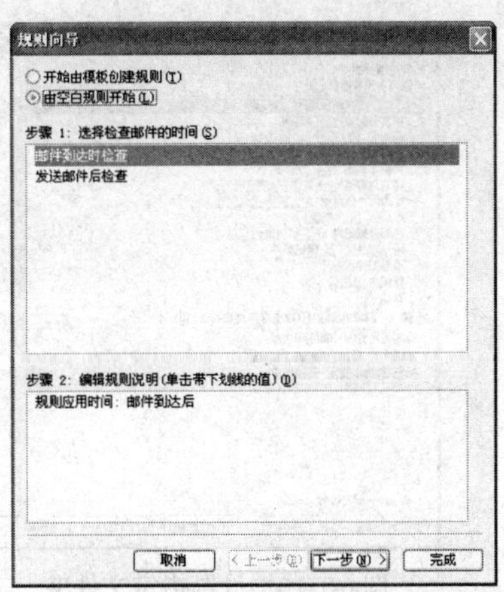

图 6-1-13　规则向导 2

（3）在【步骤 2：编辑规则说明（单击带下划线的值）】栏中，单击有蓝色下划线的“个人或通讯组列表”，打开【规则地址】对话框，在对话框中双击选择“王青(wang@126.com)”，如图 6-1-15 所示，单击【确定】按钮，返回【规则地址】对话框。

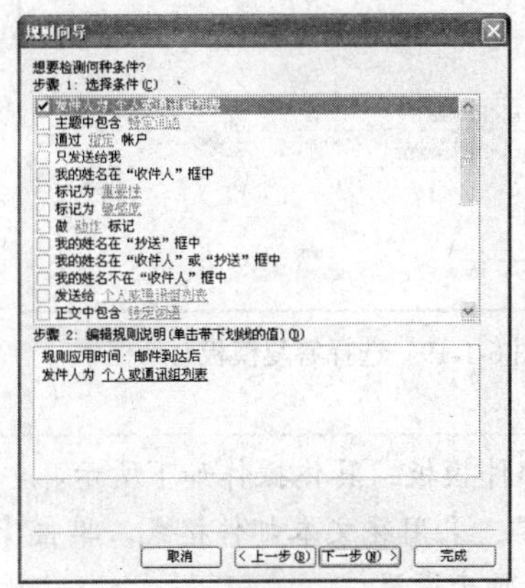

图 6-1-14　规则向导 3

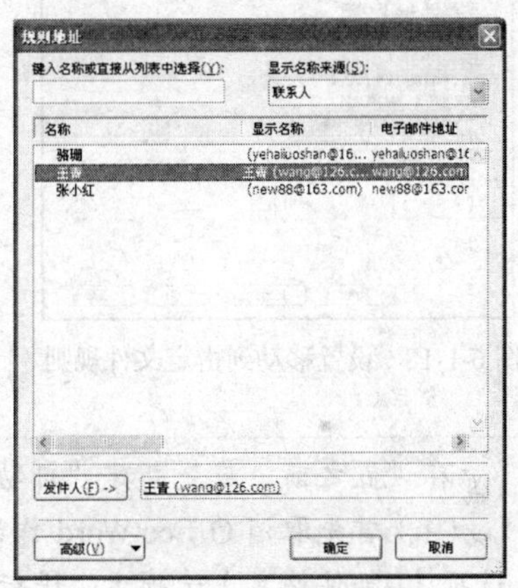

图 6-1-15　规则地址对话框

（4）在【步骤 1：选择操作】栏中勾选“将它移动到指定文件夹中”，如图 6-1-16 所示，然后在【步骤 2：编辑规则说明（单击带下划线的值）】栏中，单击有蓝色下划线的“指定”，打开如图 6-1-17 所示对话框，在对话框中单击【新建】按钮，在弹出的对话框名称栏中输入“朋友来信”，再单击【确定】按钮，完成建立一个个人文件夹“朋友来信”。

（5）返回【规则向导】对话框，至此，完成移动邮件到指定文件夹这条规则的设置，如图 6-1-18 所示。

（6）继续建立第 2 条邮件规则。还是在图 6-1-18 所示的【规则向导】对话框中，勾选【用特定模板回复】，在【步骤 2：编辑规则说明（单击带下划线的值）】栏中点选有蓝色下划线的【特定模板】项，弹出【选择答复模板】对话框中，选择已经写好的邮件“自动回复.oft”，如图 6-1-19 所示，单击【打开】按钮。

（7）返回【规则和通知】对话框，如图 6-1-20 所示，至此我们的规则设置完毕，即邮件到达后应用本规则。若【发件人】行中包含 wang@126.com；将此邮件移动到“朋友来信”并使用“自动回复. oft”邮件自动回复该邮件。

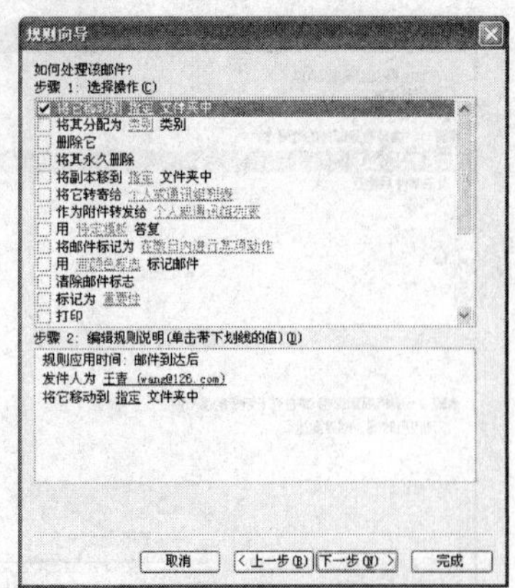

图 6-1-16　设置指定文件夹

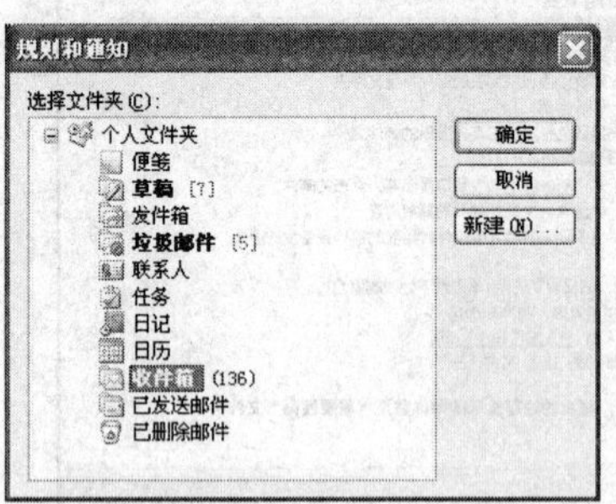

图 6-1-17　选择文件夹

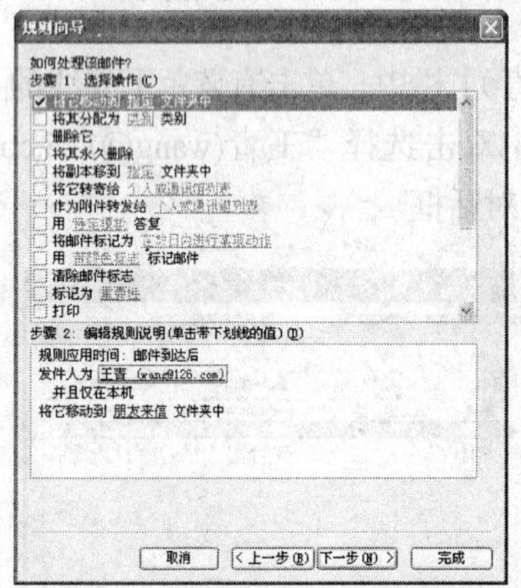

图 6-1-18　设置移动到指定文件规则

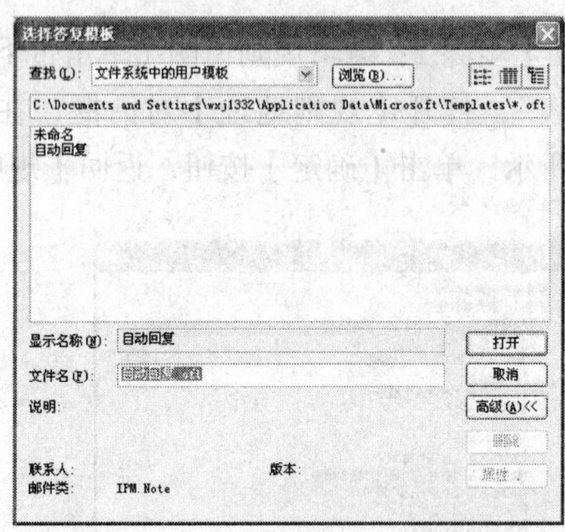

图 6-1-19　选择答复模板对话框

在设置之前，应先新建“自动回复.oft”邮件模板，具体操作如下所示。

（1）首先取消 Office Word 作为邮件编辑器，采用纯文本邮件格式。单击【工具】【选项】【邮件格式】选项卡，进行如图 6-1-21 所示设置。

（2）然后新建邮件，输入自动回复的内容。

（3）最后单击【文件】【另存为】将邮件保存。保存文件类型选择 Outlook 模板，文件名保存为“自动回复”。使用默认路径就可以。

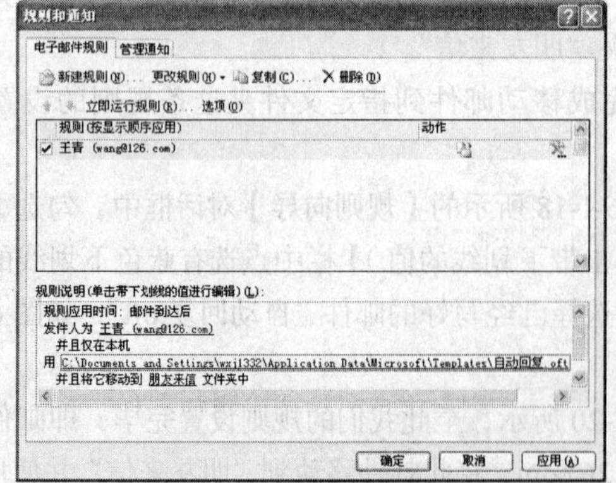

图 6-1-20　规则设置完成

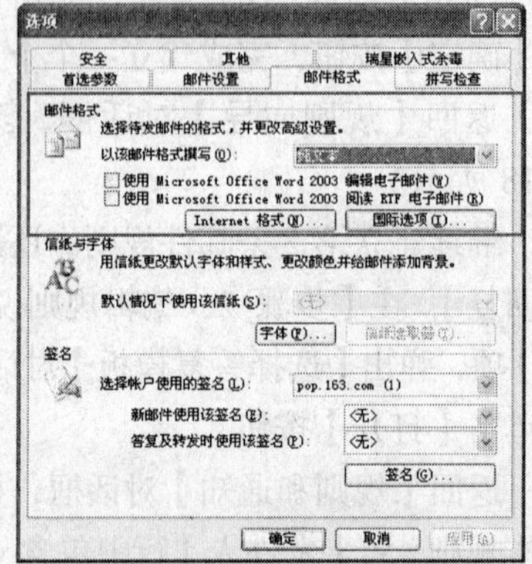

图 6-1-21　设置纯文本邮件格式

6.1.6　课后练习

（1）在 3 个以上的大型门户网站（网易、搜狐、腾讯等）分别注册自己的邮箱，并使用 Outlook 同时对自己的多个邮箱进行收件管理。

（2）对自己同寝室的同学用抄送的功能发送一封祝福邮件。

（3）利用本案例学习到的知识与技巧，创建多个 E-mail 账号，并在 Outlook 中进行设置使用，对自己的多个账号进行邮件的收发管理。

（4）如果你是班长，接收到了老师发送过来的邮件，附件为课程表，尝试使用 Outlook 将此邮件转发给全班同学。

6.2　Outlook 的约会功能——约会管理与提醒

6.2.1　创建情景

在椰海公司的办公室工作，骆珊经常要安排公司领导跟各个大客户和公司的代表见面会谈，为了更好地管理日历与约会的事宜，Outlook 的日历功能给了她很大的帮助。使用 Outlook 提供的日历功能，可以方便地安排约会、会议、事件等项目，可以合理地安排一天或几天的工作日程。不同的日历项目具有不同的特点和用途。

6.2.2　任务剖析

约会指已经预定时间的活动，在 Outlook 中的设置约会将提醒自己准时参加约会。设置约会的方法为：在【Outlook 面板】中单击【日历】，然后单击工具栏上的【新建】按钮旁边的按钮，在弹出的菜单中选择【约会】命令。打开【约会】窗口，在【约会】选项卡中输入约会的“主题”、“地点”、“标签”等内容。单击工具栏上的【保持并关闭】按钮。

6.2.3　任务实现

（1）在【Outlook 面板】中单击【日历】，然后单击工具栏上的【新建】按钮旁的下拉箭头按钮，在弹出的下拉菜单中选择【约会】命令，如图 6-2-1 所示。

（2）打开【约会】窗口，在【主题】文本框中输入“会见公司代表”，在【地点】下拉列表框中输入“椰海会议室”，在【标签】下拉列表框中选择【必须出席】选项。分别在【开始时间】和【结束时间】中选择日期与准确的实际，并选中【提醒】复选框，在【提前】和【时间显示为】下拉列表框中选择【2 小时】，在下边的文本框中输入约会的主要内容。如图 6-2-2 所示。

（3）单击工具栏上的【保存并关闭】按钮将该约会进行保存，在【日历】中选择设置约会的时间，即可显示了该约会的主题和地点，见图 6-2-3 并以设置的颜色为背景显示。

（4）会议设置的功能，在【日历】中还有设置会议的功能，可以设置为参加会议的人员发送邮件，也可以谁知提醒自己参加会议的时间，提高工作效率。在 Outlook 中设置会议的方法为：

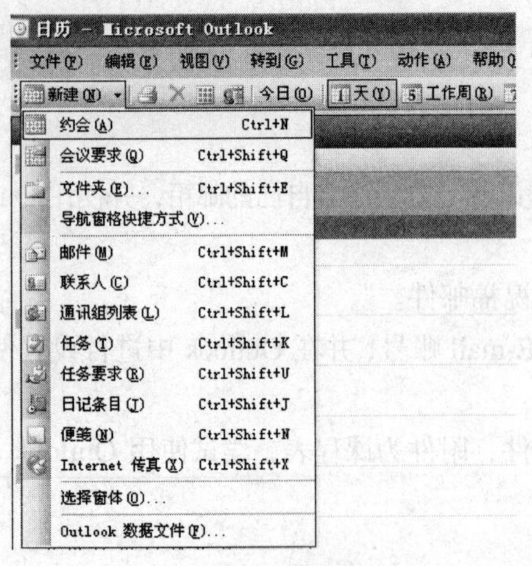

图 6-2-1　设置日历

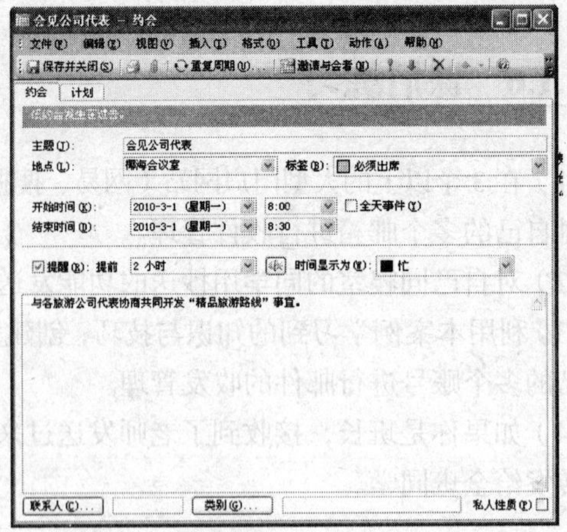

图 6-2-2　设置约会 1

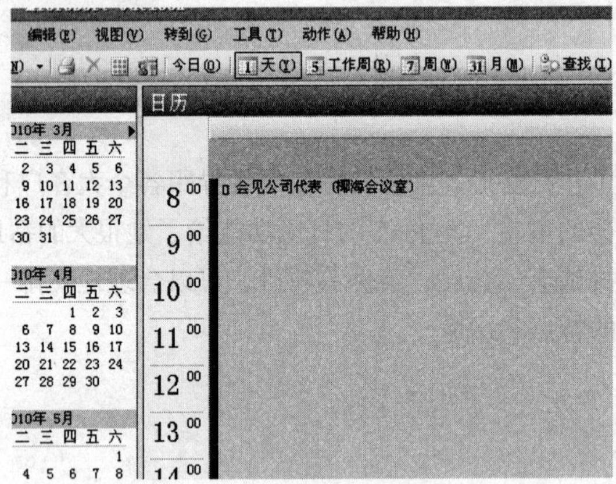

图 6-2-3　设置约会 2

① 在 Outlook 面板中单击“日历”选项，然后单击工具栏上的【新建】按钮旁的下拉菜单，在弹出的下拉菜单中选择【会议要求】命令。

② 打开“会议”窗口，在【约会】选项卡中输入“收件人的邮件地址”、“主题”、“地点”等内容。

③ 单击工具栏上的【发送】按钮，将邮件发送为需要参加会议的人员。

会议的时间可以设置为：无消息、忙、暂定和外出 4 种，它们在日历中显示的颜色不一样。“忙”的时间用深蓝色标识，“外出”约会用紫色标识，“无消息”则用白色标识，“暂定”用浅蓝色标识。在 Outlook 中还可以安排定期约会，在“会议”窗口中，单击工具栏上的“重复周期”按钮，打开“约会周期”对话框，在其中可以设置约会的【约会时间】、【定期模式】、【约会范围】等。

同时任务的定制也与约会或会议设置类似。

6.2.4　任务小结

在日常的行政办公中，尤其是办公室的文秘人员往往要安排或参加各种各样的约会，一旦有遗漏

或者时间弄错，可能会造成非常重要的影响。因此对约会进行管理是非常有必要的。对于重要的约会可以设置多次提醒。Outlook 提供了约会管理功能，很好地解决了这个问题。请在约会设置中对“会见公司代表”这项约会设置重要性，并且设置一个以上的约会提醒。确保重要的约会不会遗忘。

6.2.5　拓展训练

任务是一项与人员或工作相关的事务，且在完成过程中要对其进行跟踪。任务可发生一次或重复执行（定期任务）。定期任务可按固定间隔重复执行，或在标记的任务完成日期基础上重复执行。在办公事务中，经常会遇到设置任务的操作，例如：公司每月的 28 号需报送下个月的工作计划。

下面我们来完成这个工作任务的设置。

（1）单击【文件】菜单【新建】→【任务】命令，打开如图 6-2-4 所示任务窗口。

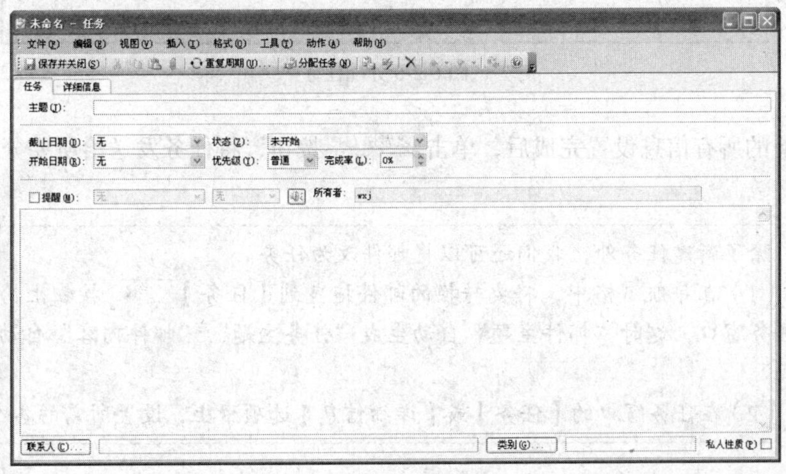

图 6-2-4　新建任务

（2）在主题中输入“报送工作计划”，截止日期及开始日期均选择“2011-7-28”，单击 重复周期(U)... 按钮，弹出【任务周期】对话框，完成如图 6-2-5 所示设置，单击【确定】按钮。

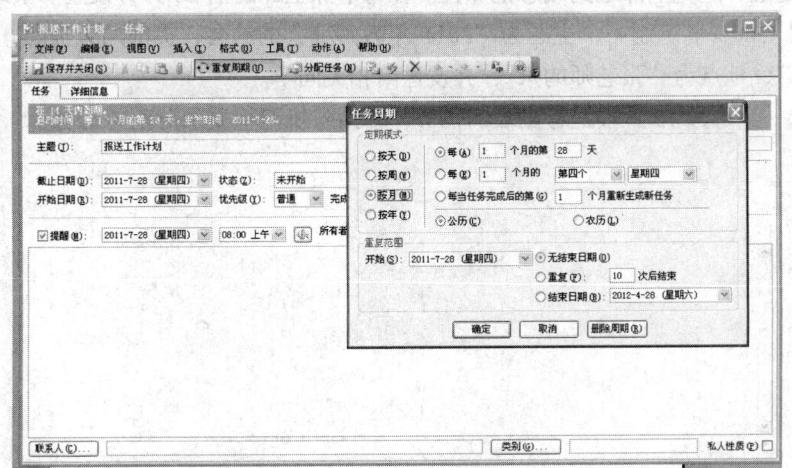

图 6-2-5　任务周期设置

（3）在任务窗口输入任务内容“请各部门报送下月工作计划”，再单击 分配任务(M) 按钮，打开如图 6-2-6 所示窗口，单击【收件人】按钮，选择需将任务分配联系人（可以是多个联系人）。

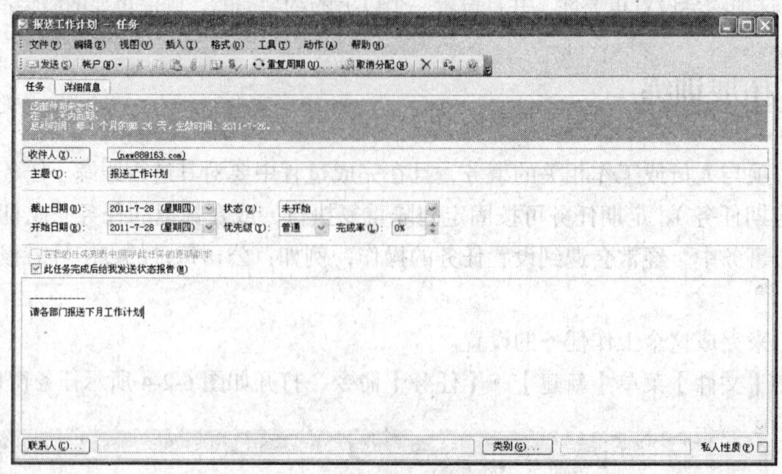

图 6-2-6 分配任务

（4）任务的所有信息设置完成后，单击 发送(S) 按钮，将任务发送给所要分配任务的各位收件人。

除了新建任务外，我们还可以将邮件改为任务。

（1）在导航窗格中，将要转换的邮件拖曳到【任务】 任务 按钮上松开，即可打开任务窗口，这时“邮件主题”自动生成“任务主题”，“邮件内容”自动生成“任务内容”。

（2）在任务窗口的【任务】或【详细信息】选项卡上，设置所需的各个选项即可。

6.2.6 课后练习

1. 结合自己的课程表根据本章节所学习的知识点，在 Outlook 中设置约会，对自己的上课时间进行约会提醒，避免上课迟到或忘记课程。在每节课上课的前 20 分钟设置一个约会提醒。

2. 利用 Outlook 定制一个主题为“2011 年教师节”的约会，提前两天提醒，时间为“2011 年 9 月 10 日”，地点为“张老师的家”，并发送给相关同学。

3. 设置一个每月 15 日报送考勤表的任务，并给各班纪检委员分配该任务。

第7章 办公软件的联合应用

Microsoft Office 2003 是实现办公自动化的重要工具软件，前面几章介绍了 Word、Excel、Power Point 几个套件的独立应用，Word 2003 在文字处理、图文混排、版面设计等方面功能强大；Excel 2003 在表格处理、公式及函数应用、数据计算及统计分析等方面优势更强；PowerPoint 则在展示演示方面更具优势。

但是，用户在应用时，往往会在 Word 2003 中设置表格及计算统计应用，Word 2003 中虽然能够设置表格，但其计算统计分析功能远没有 Excel 2003 方便。而 Word 2003 的文档展示功能也远没有 PowerPoint 软件更加简洁、美观、方便。同时 PowerPoint 软件制作的 PPT 文件，需要发布为网页用浏览器来浏览，体现网络的无穷魅力。作为 Microsoft Office 2003 大家族的成员，它们之间能否相互调用、相互兼容而使得功能更强呢？答案是肯定的。

网页是用 HTML 格式保存的文件，使用 Power Point 应用软件制作成的演示文稿文件，可以保存或发布为网页文件，通过 IE 浏览器进行浏览，发布为网页文件后的演示文稿文件所含有的声音和动画效果都将会保留。

学习目标

- ✧ 掌握 Word 文档生成 PowerPoint 演示文稿。
- ✧ 利用 Word 邮件合并功能，采用 Excel 数据表为数据源，生成合并文档。
- ✧ 在 Word、Excel、PowerPoint 几个软件间灵活调用数据。
- ✧ 将演示文稿文件保存或发布为网页文件，通过浏览器来浏览文件。

7.1 邮件合并应用——批量打印工作卡

7.1.1 创建情景

近期公司为了规范员工管理，要求给每个员工制作工作卡，每天佩戴工作卡上班。全公司 100 多号人的工作卡要在一天内制作完成。小刘承诺半个小时内搞定。

那小刘到底想怎么做呢？原来小刘想起几天前他在外面小店里看到别人打印过请帖，看来也可以用在批量打印工作卡片上。

7.1.2 任务剖析

1. 相关知识点

邮件合并，邮件合并功能综合使用 Word 和 Excel 等数据文件，使得数据文件中的变化数据信息自动插入到 Word 主文档中，以实现信息的整合输出。邮件合并功能广泛应用在生活的各个角落中，如贺卡打印、邮件发送、成绩单输出等。

2. 操作方案

从本例看，工作卡的模板都是一样的，唯一不同在于姓名、职位、编号等信息，而这些信息都可以通过 Excel 表自动导出。弄清楚它们之间的联系以后，小刘立马上网进行搜索，查找的关键字就是“邮件合并”。果然，在百度上搜索出来很多结果，小刘单击浏览了几个网页资料，发现大家的用法都是差不多的，就是使用 Word 结合 Excel 来进行邮件合并。主要有以下几个要点。

（1）扫描工作卡模板为电子图片，并设置 Word 主文档的页面大小为该图片大小。

（2）在 Word 中连接 Excel 数据表，使用 Word 的邮件合并功能，在 Word 文档中插入所需要的各个字段内容，最后进行邮件合并，即可生成多张工作卡文档。

（3）将工作卡放进打印机进行打印，即可将 Word 中的工作卡模板内容挨个打印出来。

7.1.3 任务实现

1. 扫描工作卡

将工作卡放入扫描仪进行扫描，得到一个图片文件，并命名为【工作卡.jpg】。新建一个 Word 文档，选择菜单栏上的【文件】→【保存】命令，将该文件保存为【工作卡.doc】。

现在需要确定扫描出的图片大小，以确定【工作卡.doc】的大小，以最终能够将内容准确定位在工作卡中。选择菜单栏上的【插入】→【图片】→【来自文件】命令，选择【工作卡.jpg】，单击【确定】按钮，即可成功地在 Word 中插入图片，如图 7-1-1 所示。

用鼠标右键单击【工作卡.jpg】，在弹出的菜单中选择【设置图片格式】命令，弹出【设置图片格式】对话框。在【设置图片格式】对话框中选择【大小】选项卡，即可在【原始尺寸】处看到该图片的原始高度和宽度，单击【确定】按钮，如图 7-1-2 所示。

2. 设置 Word 文件页面大小

选择菜单栏上的【文件】→【页面设置】命令，打开【页面设置】对话框，在【页面设置】对话框中选择【纸张】选项卡，在【纸张大小】列表框中选择【自定义大小】选项，并设置纸张的宽度和高度与图 7-1-2 中的图片原始大小相同，如图 7-1-3 所示。

在【页面设置】对话框中选择【页边距】选项卡，设置上边距、下边距、左边距和右边距都为【0 厘米】，单击【确定】按钮，如图 7-1-4 所示。

3. 设置图片版式

图片版式指的是图片与文字的环绕格式以及图片相对于页面、段落、文字等的相对或绝对位置。图片版式的种类有以下 5 种：【嵌入型】、【四周型】、【紧密型】、【衬于文字下方】和【浮于文字上方。默认情况下，将图片插入 Word 文档时的图片版式为嵌入型，此时图片嵌入在插入点位置，像文字一

样只能拖动，而无法用方向键移动。而其他的版式称为【浮动型】,【浮动型】的图片既可以用鼠标随意拖动，也可以在选中后用方向键移动。通过下面的方法可以改变图片的文字环绕方式。

图 7-1-1　在 Word 中插入图片

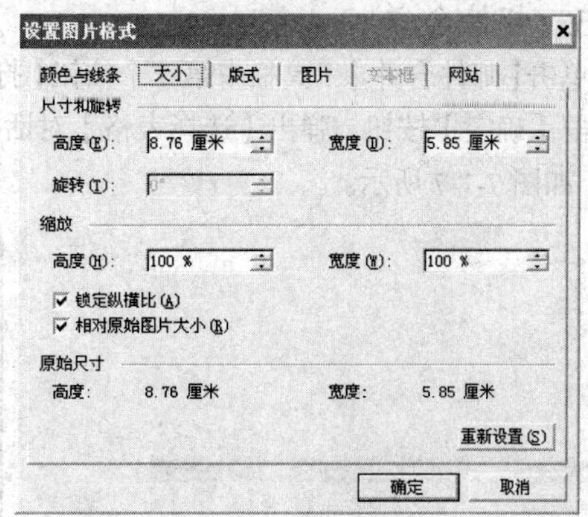

图 7-1-2　设置图片大小

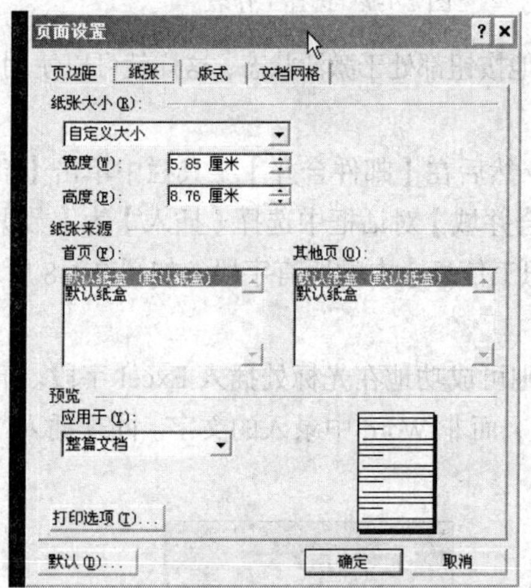

图 7-1-3　【页面设置】对话框

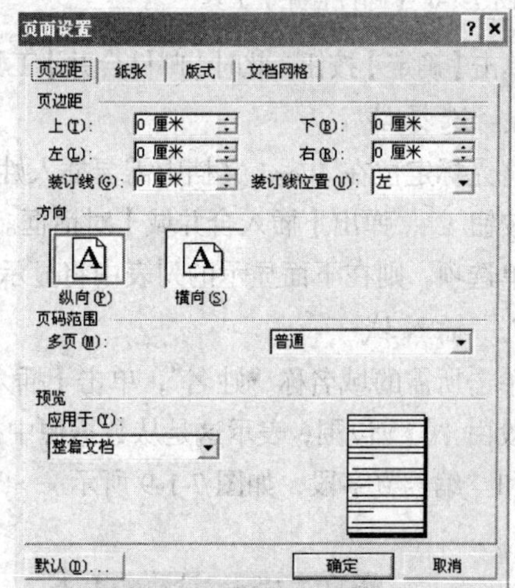

图 7-1-4　修改页边距

工作卡中需要输入【职务】、【名称】等字段内容，所以需要重新设定图片的版式，设定为【衬于文字下方】，这样就可以在图片上进行正常的图片编辑。

用鼠标右键单击【工作卡.jpg】，在弹出的菜单中选择【设置图片格式】命令，弹出【设置图片格式】对话框。在【设置图片格式】对话框中选择【版式】选项卡，在【环绕方式】中选择【衬于文字下方】选项，单击【确定】按钮，如图 7-1-5 所示。

设置图片格式
颜色与线条 大小 版式 图片 文本框 网站
环绕方式
嵌入型(I) 四周型(Q) 紧密型(T)
衬于文字下方(B) 浮于文字上方(F)
水平对齐方式
左对齐(L) 居中(C) 右对齐(R) 其他方式(O)
高级(A)...
确定 取消

4. 显示邮件合并工具栏

选择菜单栏上的【工具】→【信函与邮件】→【显示邮件合并工具栏】命令，显示【邮件合并】工具栏，

图 7-1-5　设置图片格式

如图 7-1-6 所示。

目前该工具栏中只有前面两个按钮【文档类型】和【打开数据源】可用，其他按钮都是灰色的。Word 提供了【信函】、【电子邮件】、【信封】、【标签】、【目录】和【普通 Word 文档】5 种文档类型，单击选择【普通 Word 文档】类型，再单击【确定】按钮。

5. 邮件合并

单击【邮件合并】工具栏中第二个按钮【打开数据源】，选择 Excel 文件【职工信息表.xls】，单击击【确定】按钮，弹出【选择表格】对话框。在【选择表格】对话框中选择工作表【职工信息】，如图 7-1-7 所示。

图 7-1-6 【邮件合并】工具栏

图 7-1-7 选择工作表

单击【确定】按钮，此时【邮件合并】工具栏中的其他按钮都处于激活状态，这样就可以使用了。

6. 选择域

将光标定位在 Word 文档中需要插入姓名的位置，然后在【邮件合并】工具栏中单击【插入域】按钮，弹出【插入合并域】对话框。在【插入合并域】对话框中选择【插入】为【数据库域】单选项，则在下面显示的列表中将显示工作表【职工信息】中的所有字段，如图 7-1-8 所示。

7. 插入域

单击所需的域名称“姓名”，单击【插入】按钮，则可成功地在光标处插入 Excel 字段。插入的字段由“《》”包围，表示这是从数据源中提取的信息，而非 Word 中录入的文字。同理插入“职位”和“编号”字段，如图 7-1-9 所示。

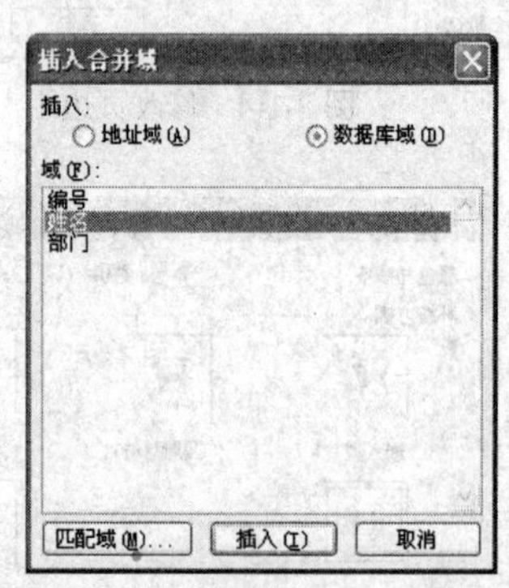

图 7-1-8 【插入合并域】对话框

图 7-1-9 插入对应域

8. 邮件合并

单击【邮件合并】工具栏中的【合并到新文档】按钮，选择输出 Excel 文件的所有记录，单击【确定】按钮，即可批量生成多页，每页即工作卡中的信息各不相同，都是从【职工信息】工作表中的记录提取而来，选择菜单栏上【文件】→【保存】命令，将该文件保存为【字母 1.doc】

文件，如图 7-1-10 所示。

9. 打印工作卡

将空白工作卡放进打印机，调整好位置。在计算机中打开刚才合并成功的 Word 文档【字母1.doc】，选择菜单栏上【文件】→【打印】命令，或是使用【Ctrl】+【P】组合键即可完成工作卡的打印工作。

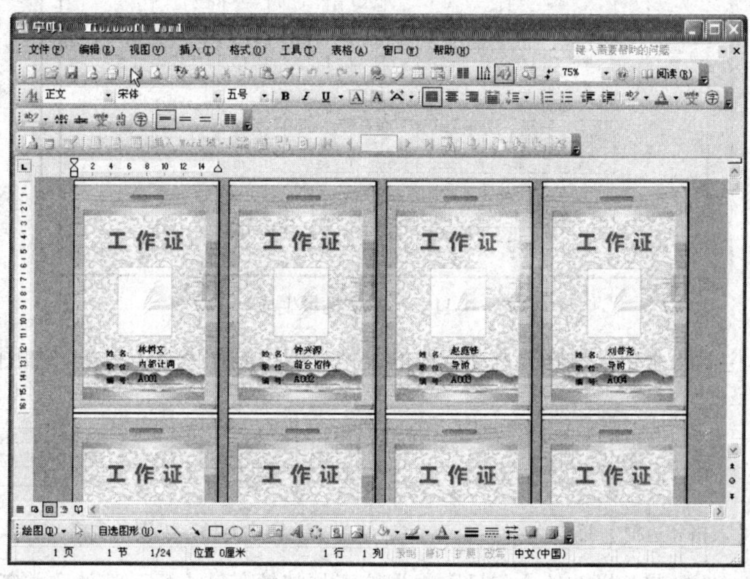

图 7-1-10　合并新文档

7.1.4　任务小结

本案例通过批量打印工作卡的操作过程，讲解了结合 Excel 和 Word 使用邮件合并功能的操作。该案例应用范围广泛，具有很强的实用性。

邮件合并主要有以下几个操作步骤。

（1）准备数据文件，可以是 Excel 文件或是 Access 文件，该文件中包含了变化的数据。

（2）制作 Word 主文档，即模板，里面的数据是固定不变的。

（3）显示邮件合并工具栏，进行数据连接，以让 Word 和数据文件建立联系。

（4）插入合并域，即将数据文件中变化的数据插入到 Word 主文档中。

（5）合并新文档。

7.1.5　拓展训练

利用本案例所掌握的知识及技巧，可以拓展到其他类似案例的设计和制作。如批量打印工资单，如图 7-1-11 所示。

（1）新建一个 Word 文档，选择菜单【表格】→【插入】→【表格】命令，在弹出的【插入表格】对话框中设置【行数】为【3】,【列数】为【8】, 单击【确定】按钮。

选择菜单栏上的【视图】→【工具栏】→【表格和边框】命令，即可显示【表格和边框】工具栏，如图 7-1-12 所示。

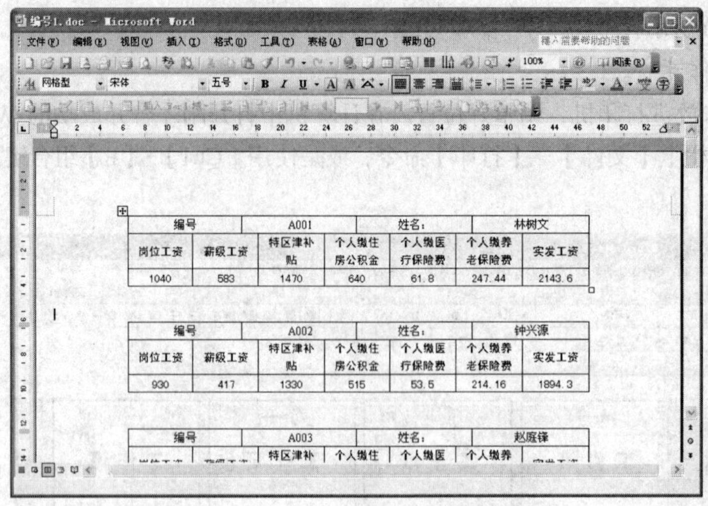

图 7-1-11　工资单批量生成

使用该工具栏上的命令按钮修改自动生成的表格，即可制作以下工资条，如图 7-1-13 所示。

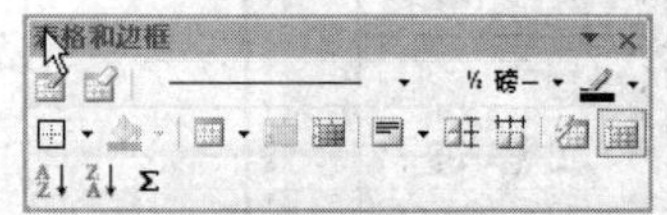

图 7-1-12　【表格和边框】工具栏

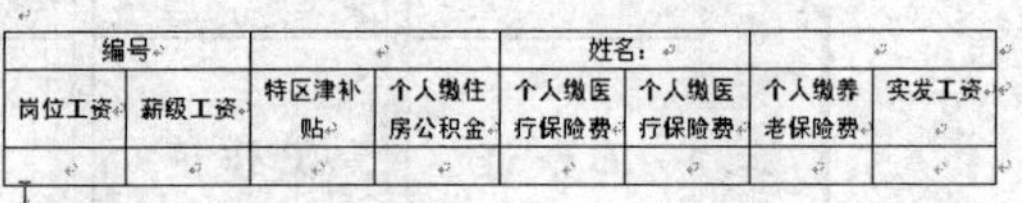

编号				姓名：			
岗位工资	薪级工资	特区津补贴	个人缴住房公积金	个人缴医疗保险费	个人缴医疗保险费	个人缴养老保险费	实发工资

图 7-1-13　工资条表格

（2）插入域。选择菜单栏上的【工具】→【信函与邮件】→【显示邮件合并工具栏】命令，显示【邮件合并】工具栏。

单击【邮件合并】工具栏上的第 1 个命令按钮【设置文档类型】，设置文档类型为【普通 Word 文档】，单击【确定】按钮。单击第 2 个命令按钮【打开数据源】，选择 Excel 文件【工资单.xls】，单击【确定】按钮，弹出【选择表格】对话框，在【选择表格】对话框中选择所需的工作表。

此时，工具栏上的其他按钮处于激活状态，单击【邮件合并】工具栏上的【插入域】按钮，弹出【插入合并域】对话框。在【插入合并域】对话框中选择【插入】为【数据库域】选项，则在下面显示的列表中将显示工作表中所有的字段名称，在 Word 中的相应位置依次插入相应的域“编号”、“姓名”、“岗位工资”、“薪级工资”、“特区津补贴”、“个人缴住房公积金”、“ 个人缴医疗保险费”、“ 个人缴医疗保险费”、“实发工资” 等内容，如图 7-1-14 所示。

（3）插入 Word 域。将光标定位在表格下方一行，单击【邮件合并】工具栏中的【插入 Word 域】按钮，选择【下一记录】命令，在表格下方插入“Next Record”，如图 7-1-15 所示。

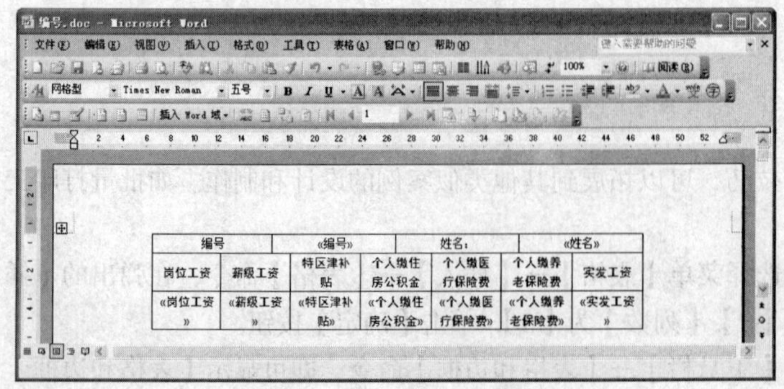

图 7-1-14　插入数据库域

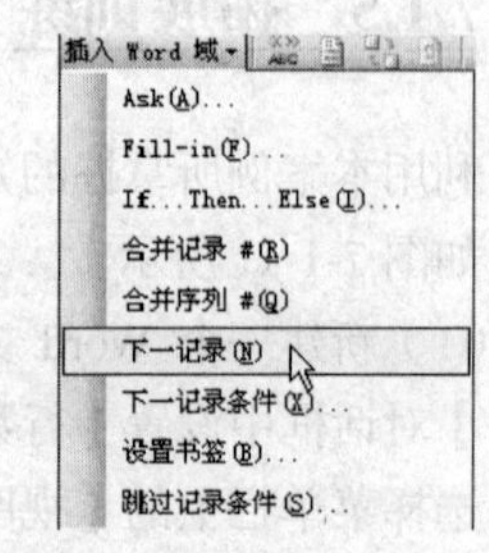

图 7-1-15　插入 Word 域

（4）增加记录。复制以上内容并在原页面粘贴，可在单页显示多条工资记录，如图 7-1-16 所示。

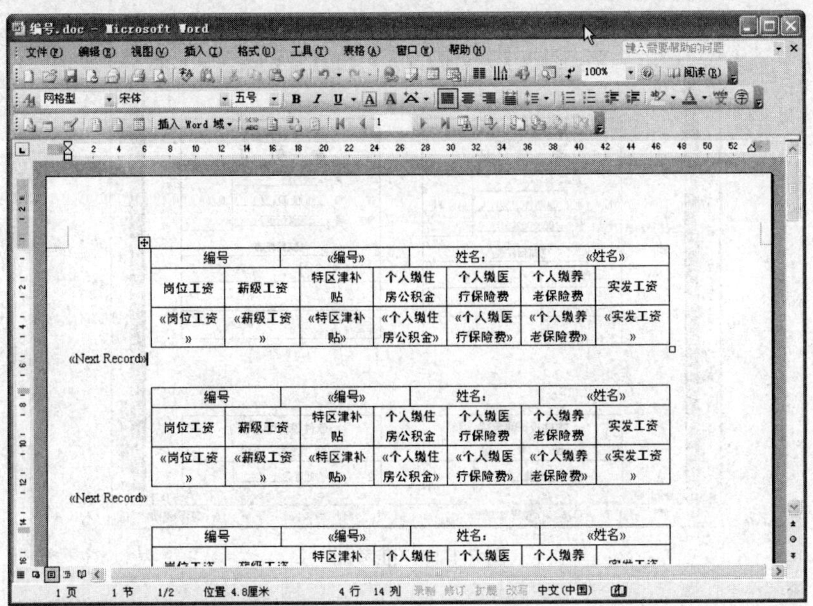

图 7-1-16　工资条模板

（5）合并新文档。单击【邮件合并】工具栏中的【合并新文档】按钮，即可得到全部人员的工资条，如图 7-1-17 所示。

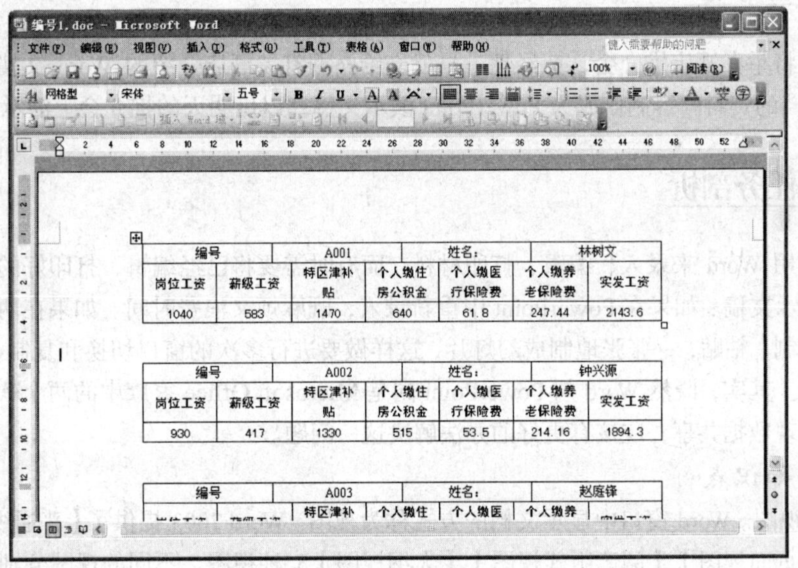

图 7-1-17　合并新文档

7.1.6　课后练习

使用邮件合并功能，制作准考证，如图 7-1-18 所示。

要求：打印的纸张类型为 A3，同时为了节约纸张，要求一页纸打印 4 张准考证，准考证以两行两列方式排列。

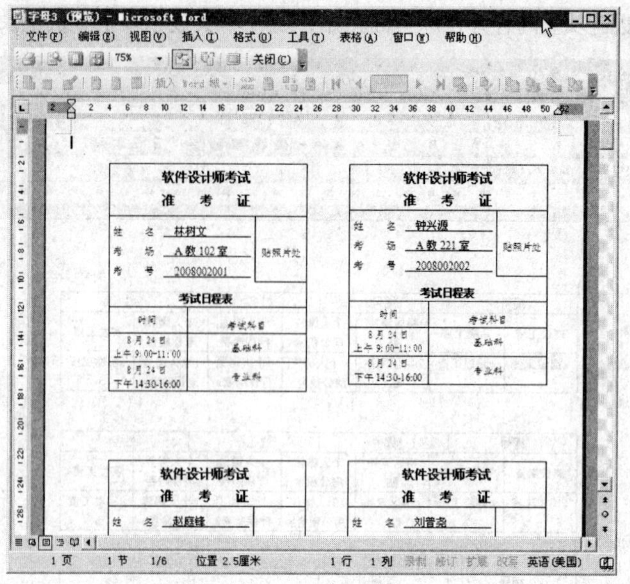

图 7-1-18 准考证

7.2 Word 与 PowerPoint 应用——酒店介绍展示

7.2.1 创建情景

明天公司将举办酒店推介会，蓝经理一早就交给骆珊有关酒店介绍的 Word 文档资料，让她根据 Word 文档的资料内容制作成为 PowerPoint 演示文稿，以供明天的推介会上演示使用。

7.2.2 任务剖析

我们通常用 Word 来录入、编辑、打印材料，而有时需要将已经编辑、打印好的材料，做成 PowerPoint 演示文稿。如果在 PowerPoint 中重新录入，既麻烦又浪费时间。如果在两者之间，通过一块块地复制、粘贴，一张张地制成幻灯片，这样做要进行多次的窗口切换和复制、粘贴操作，是比较繁琐的。其实，既然 Word 与 PowerPoint 同是 Microsoft Office 家族中的两个软件，它们之间应该可以实现数据共享，应该有更好的办法解决这一问题。

1. 相关知识点

（1）大纲视图。Word 窗口中显示文档的方式称为视图。Word 2003 提供了【普通视图】、【Web 版式视图】、【页面视图】、【阅读版式视图】、【大纲视图】5 种视图。不同的视图分别以不同的方式显示文档，并适应不同的工作要求。因此，采用合理的视图方式将极大地提高工作效率。

在各种视图间进行切换有两种方法，一是选择【视图】→【…】中的适当命令；二是单击文档编辑窗口水平滚动条左侧的【视图】切换按钮 。

【大纲视图】用于显示文档的框架，显示的文档内容层次分明，可以用它来组织文档，并观察文档的结构。转入大纲视图方式后，系统会自动在文档编辑区上方打开【大纲】工具栏。通过单击该工具栏中的相关选项，可决定文档显示哪一级别标题，或显示全部内容。要展开标题，可先单击要展开的标题行，然后单击【大纲】工具栏中的【+】按钮。要折叠标题，可单击【大纲】工具栏

中的【 – 】按钮。此外，展开或折叠标题更简便的方法是，双击选定标题前的【+】形标记即可。

（2）插入对象。在 Word 2003 中，插入对象是插入选项中功能最多的，可以插入声音和视频剪辑等多媒体对象，也可以插入其他应用程序的某些数据，还可以插入系统中安装的许多文件类型。比如可以插入 Word 支持的任何数据库，如 MS Access、Dbase、FoxPro 等数据库类型，以及 ACDSee bmp 图像、Adobe Photoshop Image、Flash 影片、媒体剪辑、视频剪辑等类型。应用最多的可能是 Excel 图表对象的插入。插入对象后，只需要用鼠标双击该对象，系统又会调出该对象所需的应用程序，打开对象进行编辑，相当方便。

（3）文件的发送。在 Word 2003 中，通过【文件】→【发送】→【Microsoft Office PowerPoint】命令可以将 Word 文档的大纲内容发送，生成 PowerPoint 演示文稿。

（4）发布网页。演示文稿文件保存或发布为网页文件后，在其保存的位置可以看到一个文件夹和一个网页（*.htm）文件，在这个文件夹中包含所有支持的图像、声音、视频、脚本等文件。要预览这个网页（*.htm）文件时，只要移动鼠标对准这个网页（*.htm）文件双击，即可打开演示文稿网页，进行网页浏览。

2. 操作方案

根据需求，本方案将进行如下操作。

（1）收集整理 Word 文档内容。

（2）在 Word 中输入所需的表格。

（3）将 Word 文档内容发送 PowerPoint 中。

（4）修饰 PowerPoint 文件。

（5）将 PowerPoint 文件内容发布到网页。

7.2.3 任务实现

1. 制作 Excel 表格

（1）启动 Excel 2003，选择“Sheet1”工作表，录入如图 7-2-1 所示数据内容。

（2）计算合计数据。选择 B10 单元格，单击【常用】工具栏上的【自动求和】按钮 Σ ▾，求出酒店房间数总和，并利用填充柄向右填充公式计算出开出间数的房间总数。

（3）计算酒店入住率。在 D2 单元格中输入“=C2/B2”，如图 7-2-2 所示，然后按【Enter】键或单击地址栏上的“✓”按钮，确认输入。

	A	B	C	D
1	房型	房间总数	开出间数	入住率
2	高尔夫景房	36	12	
3	高级园景房	60	48	
4	高级海景房	88	56	
5	豪华海景房	56	20	
6	高尔夫套房	16	16	
7	海景套房	30	21	
8	行政套房	20	6	
9	蜜月套房	16	12	
10	合计			

图 7-2-1　Excel 数据内容

RANK　▾ ✕ ✓ fx =C2/B2

	A	B	C	D
1	房型	房间总数	开出间数	入住率
2	高尔夫景房	36	12	=C2/B2
3	高级园景房	60	48	
4	高级海景房	88	56	
5	豪华海景房	56	20	
6	高尔夫套房	16	16	
7	海景套房	30	21	
8	行政套房	20	6	
9	蜜月套房	16	12	
10	合计	322	191	

图 7-2-2　计算入住率

（4）利用自动填充功能复制公式。单击 D2 单元格，按下所选方框右下角的填充柄向下拖动至 D9 单元格，再松开鼠标，求出各房型的入住率。

（5）数据格式设置。目前求出的入住率是用小数表示，需设置为百分比表示。选择 D2：D10

区域，选择【格式】→【单元格】命令，选择【数字】选项卡中的【百分比】格式，并设置【小数位数】为【1】，如图 7-2-3 所示，然后单击【确定】按钮，完成设置。

（6）行高列宽设置。选择 A1：D10 单元格区域，选择【格式】→【行】→【行高】命令，在弹出的对话框中输入“22”，再选择【格式】→【列】→【列宽】命令，在弹出的对话框中输入“15”，分别设置单元格的行高为【22 磅】，列宽为【15 磅】。

（7）在常用工具栏中设置表格中文字的【字体】为【仿宋】、【字号】为【12 磅】、【对齐方式】为【居中】，工具栏设置如图 7-2-4 所示。

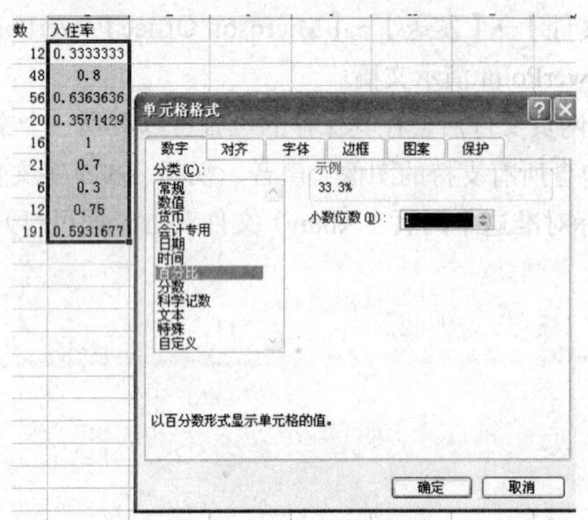

图 7-2-3 设置百分比显示

图 7-2-4 设置文字格式

（8）单击常用工具栏上的按钮的下拉箭头，在弹出的菜单中选择按钮，为选择区域的全部单元格添加所有框线。

（9）选择 A1：D1 区域，单击常用工具栏上的 **B** 按钮，将所选区域的数据进行加粗设置。

（10）选择 A1：D1 区域，选择【格式】→【单元格】命令，选择【图案】选项卡中的绿色，然后单击【确定】按钮，效果如图 7-2-5 所示。

（11）选择【文件】→【保存】（或【另存为】）命令，弹出【另存为】对话框，在【文件名】文本框中输入“房间入住率情况表.xls”，单击【保存】按钮，将工作簿保存至【我的文档】中。

2. 整理 Word 文档

（1）启动 Word 2003，新建【酒店介绍.doc】文件，文档内容如图 7-2-6 所示。

F10

	A	B	C	D
1	**房型**	**房间总数**	**开出间数**	**入住率**
2	高尔夫景房	36	12	33.3%
3	高级园景房	60	48	80.0%
4	高级海景房	88	56	63.6%
5	豪华海景房	56	20	35.7%
6	高尔夫套房	16	16	100.0%
7	海景套房	30	21	70.0%
8	行政套房	20	6	30.0%
9	蜜月套房	16	12	75.0%
10	合计	322	191	59.3%

图 7-2-5 效果图

海南蓝色记忆大酒店

一、酒店简介

酒店位于西海岸带状公园前沿，海口秀英港环亚太旅游码头南侧，海榆中西线交汇处，北依浩瀚的琼州海峡，西邻美丽的“假日海滩”，距美兰机场 20 分钟车程，粤海铁路南站 10 分钟车程，海口公路西站仅 2 分钟车程。

登临海南蓝色记忆大酒店空中花园，极目远眺琼州海峡尽收眼底，椰风海韵，湖光水色，相交辉映，气象万千，心旷神怡。风格独具之处更在于它坐落在远近闻名、风景秀丽的“港中湖”公园之中，园内古刹“湖中寺”将宗教文化与现代文明融为一体，旅游者和四海香客理想的梵音圣地，这在中外酒店中堪称一绝。

二、客房预订

酒店拥有高尔夫景房、高级园景房、高级海景房、豪华海景房、高尔夫套房、海景套房、行政套房、蜜月套房共 322 套。

客房宽敞明亮、光线柔和、各类客房均使用红木家私，与东西方古典艺术融合现代化的舒适便利，为您的居停倍增美感和情趣。

三、会议中心

四、商务中心

电脑复印、中英文文字处理、传真、文件装订、互联网络、长途电话、航空售票邮政速递等服务，是您忠实的商务助手。

五、联系方式

酒店地址：海南省海口市海秀路 80 号

邮政编码：570331

总 机：0898-98123456

图 7-2-6 Word 文档内容

（2）选择【文件】→【页面设置】命令，弹出【页面设置】对话框，将页边距的上下左右边距设置为【2 厘米】，【纸型】为【A4】。

（3）选择标题，设置【字体】为【华文中宋】，【字号】为【一号】，【颜色】为【蓝色】，【空心】，【居中对齐】，段前、段后距都为【1 行】。

（4）按下【Ctrl】键，分别选择“一、酒店简介”等 5 个段落标题，设置【字体】为【黑体】，字号为【小三】，【颜色】为【蓝色】，【首行缩进】为【2 字符】，【段前距】为【0.5 行】，【单倍行距】。

（5）按下【Ctlr】键，选择其他所有正文，设置【字体】为【宋体】，【字号】为【小四】，【首行缩进】为【2 字符】，【单倍行距】，设置后的效果如图 7-2-7 所示。

（6）将文件保存至【我的文档】中。

3. 插入 Excel 表格对象

（1）打开【房间入住率情况表.xls】，选择“A1：D10”单元格区域，单击常用工具栏中的【保存】按钮。

（2）将光标放在【酒店介绍.doc】文档中的“三、会议中心”文本的上一段中，选择【编辑】→【选择性粘贴】命令，弹出【选择性粘贴】对话框，选中【粘贴】单选项，在【形式】列表框中选择【Microsoft Office Excel 工作表对象】选项，如图 7-2-8 所示，单击【确定】按钮，将表格作为对象嵌入至【酒店介绍.doc】文件中。

海南蓝色记忆大酒店

一、酒店简介

酒店位于西海岸带状公园前沿，海口秀英港环亚太旅游码头南侧，海榆中西线交汇处，北依浩瀚的琼州海峡，西邻美丽的“假日海滩”，距美兰机场 20 分钟车程，粤海铁路南站 10 分钟车程，海口公路西站仅 2 分种车程。

登临海南蓝色记忆大酒店空中花园，极目远眺琼州海峡尽收眼底，椰风海韵，湖光水色，相交辉映，气象万千，心旷神怡。风格独具之处更在于它坐落在远近闻名、风景秀丽的“港中湖”公园之中，园内古刹“湖中寺”将宗教文化与现代文明融为一体，旅游者和四海香客理想的梵音圣地，这在中外酒店中堪称一绝。

二、客房预订

酒店拥有高尔夫景房、高级园景房、高级海景房、豪华海景房、高尔夫套房、海景套房、行政套房、蜜月套房共 322 套。

客房宽敞明亮、光线柔和、各类客房均使用红木家私，与东西方古典艺术融合现代化的舒适便利，为您的居停信增美感和情趣。

三、会议中心

四、商务中心

电脑复印、中英文文字处理、传真、文件装订、互联网络、长途电话、航空售票邮政速递等服务，是您忠实的商务助手。

五、联系方式

酒店地址：海南省海口市海沙路 80 号
邮政编码：570331
总 机：0898-98123456

图 7-2-7　文本格式设置效果

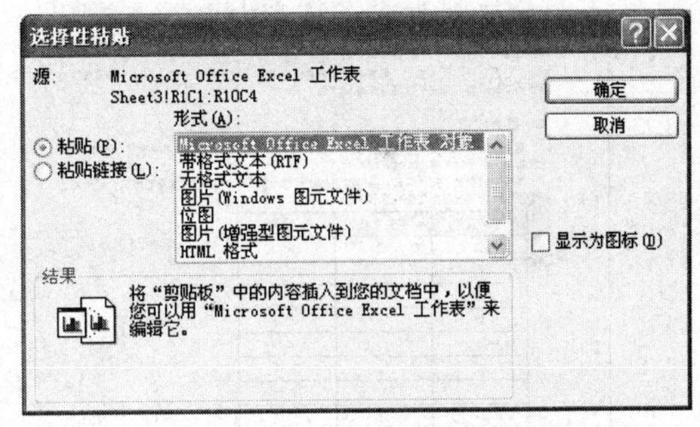

图 7-2-8 【选择性粘贴】对话框

（3）双击插入的表格，激活 Excel 对象，按下【Ctrl】键，在表格中选择“A1：A9”及“D1：D9”区域数据，选择【插入】→【图表】命令，弹出【图表向导-4 步骤之 1-图表类型】对话框，选择【标准类型】中【柱形图】的子图表【三维簇状柱形图】类型，如图 7-2-9 所示。

（4）单击【下一步】按钮，在弹出的对话框中，按照向导提示依次单击【下一步】按钮，完成在表格中插入图表操作，完成后的效果如图 7-2-10 所示。

（5）选择所插入的图表，单击常用工具栏中的【复制】按钮，将所选择的图表复制到剪贴板，再在 Word 文档的空白处单击鼠标，将光标调整到表格的下方。

图 7-2-9 【图表向导】对话框

（6）选择【编辑】→【选择性粘贴】命令，弹出【选择性粘贴】对话框，选中【粘贴】单选项，在【形式】列表框中选择【Microsoft Office Excel 图表 对象】选项，如图 7-2-11 所示。

（7）单击【确定】按钮后，并且双击表格区，再次选择图表，将表格区域中的图表删除，光标回到 Word 文档区域，效果如图 7-2-12 所示。

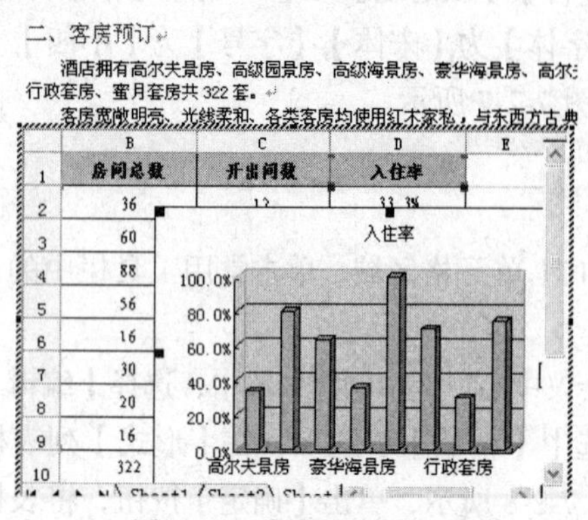

图 7-2-10 在表格中插入图表

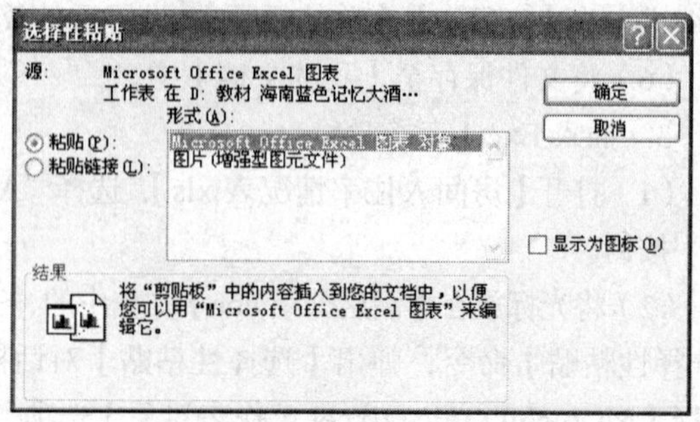

图 7-2-11　在表格中插入图表

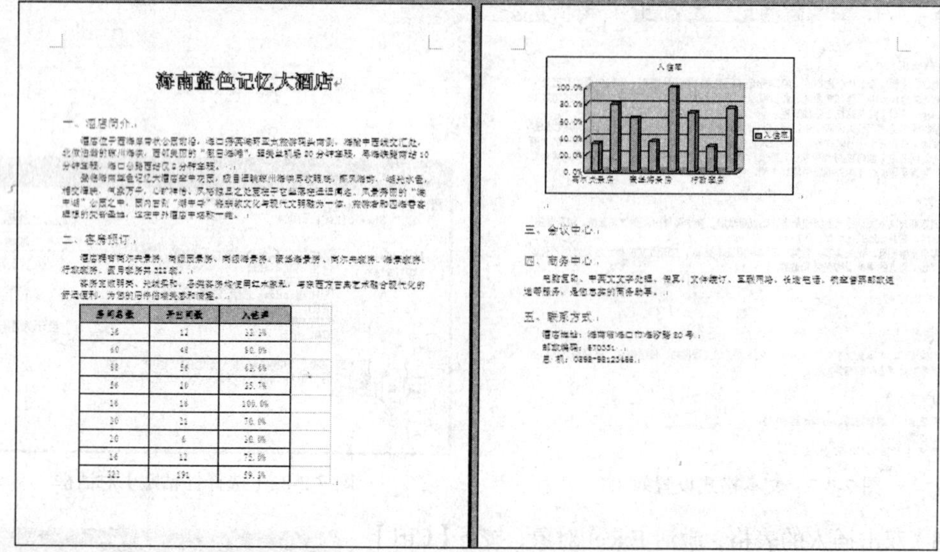

图 7-2-12　插入图表后 Word 文档效果图

（8）双击图表将其激活，鼠标右键单击，在弹出的快捷菜单中选择【背景墙格式】命令，在弹出的对话框中单击【填充效果】按钮，在弹出的【填充效果】对话框中选择【纹理】选项卡，选择【蓝色面巾纸】纹理，如图 7-2-13 所示。

（9）单击【确定】按钮，完成图表背景墙格式设置。

（10）双击坐标轴"高尔夫景房"处，在弹出的【坐标轴格式】对话框中选择【字体】选项卡，将坐标轴的【字号】设置为【6】，单击【确定】按钮，其他图表内容格式也同样设置，完成后的图表如图 7-2-14 所示。

（11）在"三、会议中心"下方输入如下文字内容。

（12）单击常用工具栏中的【保存】按钮，将当前文档保存。

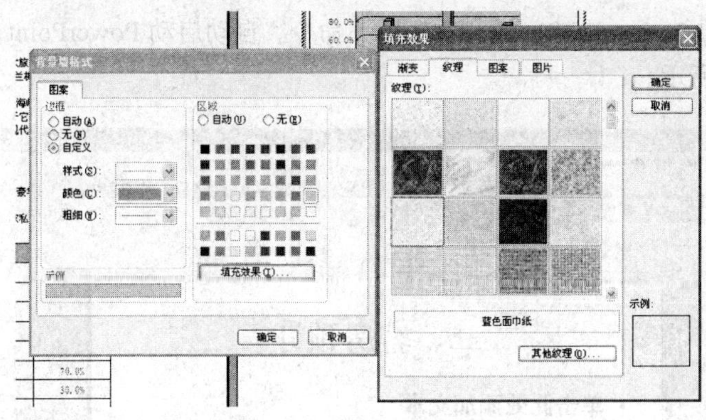

图 7-2-13　填充效果表设置

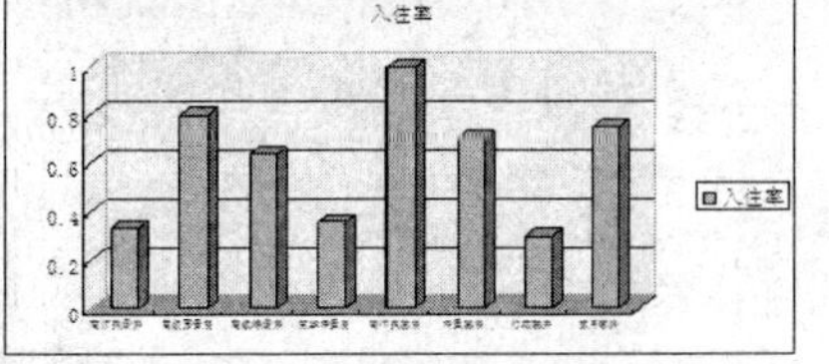

图 7-2-14　图表设置后效果

美兰厅
大会议室，可容纳 300 人同时参会
石梅厅
中会议室，可同时容纳 100 人同时参会
玉带厅
小会议室，可同时容纳 40 人参会会
玉带厅
小会议室，可同时容纳 40 人参会

4. 发送到 PowerPoint

（1）打开【酒店介绍.doc】文档，选择【视图】→【大纲】命令，将视图方式转换为【大纲视图】。

（2）按下【Ctrl】键，分别选择“一、酒店简介”等 5 个段落标题，单击大纲工具栏中的【升为一级标题】按钮，将 5 个标题设置为一级标题。

（3）按下【Ctrl】键，分别选择“美兰厅”、“石梅厅”、“玉带厅”3 段文本，打开大纲工具栏中的【大纲级别】下拉列表框，选择【2 级】选项，将这 3 段文字设置为二级标题，设置后的效果如图 7-2-15 所示。

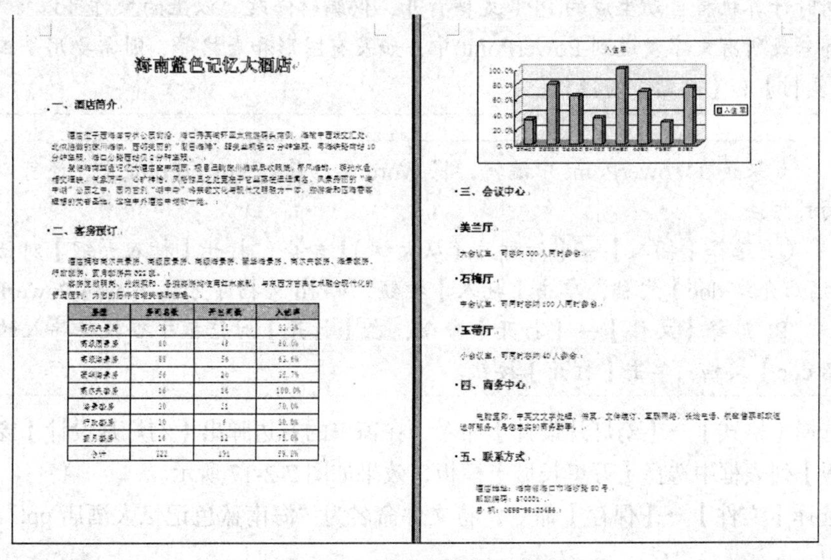

图 7-2-15　设置标题后的效果

（4）选择【文件】→【发送】→【Microsoft Office PowerPoint】命令，自动启动 PowerPoint，并将文档生成演示文稿，如图 7-2-16 所示。

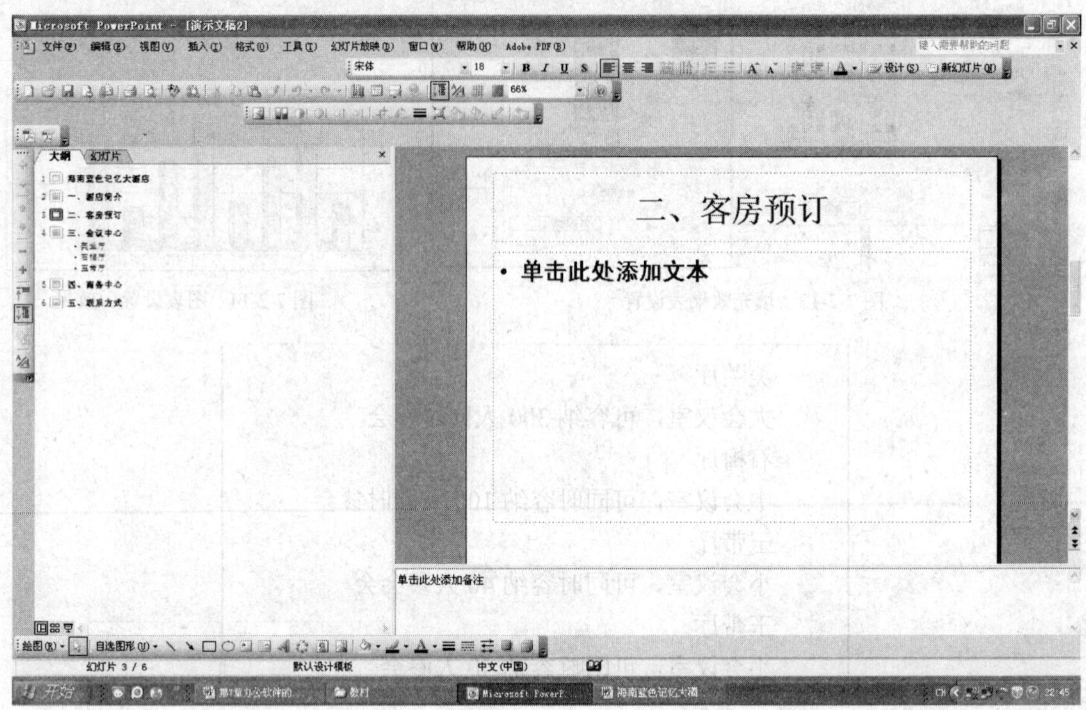

图 7-2-16　生成演示文稿

（5）以上操作只能将标题级别的文本生成演示文稿的各幻灯片，其他内容则通过【复制】、【粘贴】操作来完成。

利用 Word 文档中的【发送】命令完成本操作。在 Word 中，执行【文件】→【发送】→【发送到 PowerPoint】命令，这样即实现了由 Word 文档生成 PowerPoint 文档，同时计算机将自动生成的 PPT 文档打开，供编辑修改。以上的操作可以将 Word 中的部分或所有文字发送到 PowerPoint 中，如果有图形和表格等，则需要用手工逐个进行【复制】和【粘贴】的操作。

如果是在 PowerPoint 中编辑，将 Word 文档导入 PowerPoint 中，还可以使用下面两种方法。

① 选择【插入】→【幻灯片（从大纲）】命令，打开【插入大纲】对话框，选择【酒店介绍.doc】文档，单击【插入】按钮，Word 文档即可被导入到 PowerPoint 中。

② 选择【文件】→【打开】命令，在【打开】对话框中查找待导入的【酒店介绍.doc】文档，单击【打开】按钮。

（6）选择【格式】→【幻灯片设计】命令，在窗口的右边弹出【幻灯片设计】窗格，在【应用设计模板】列表框中选择【万里长城】模板，效果如图 7-2-17 所示。

（7）选择【文件】→【保存】命令，将文件命名为“海南蓝色记忆大酒店.ppt”保存至【我的文档】中。

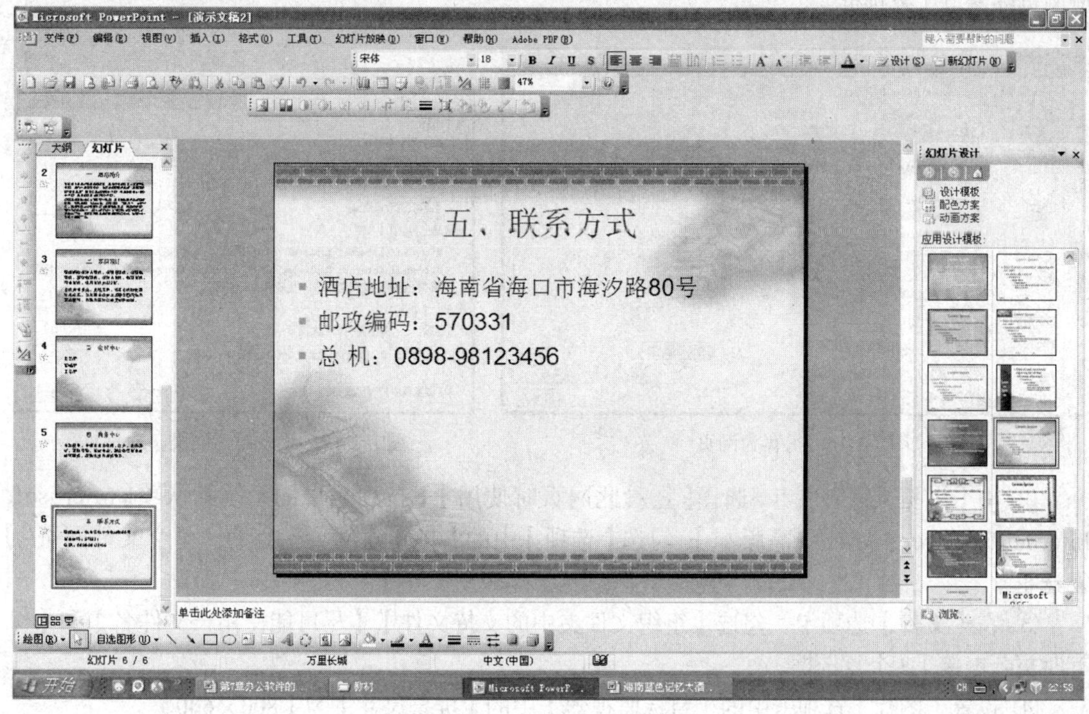

图 7-2-17　演示文稿效果图

7.2.4　任务小结

本案例通过操作，介绍了 Word 2003、Excel 2003、PowerPoint 2003 的联合应用，让用户掌握了灵活调用各软件的方法及应用，从而在以后的工作或学习中提高工作效率。

7.2.5　拓展训练

随着 PowerPoint 版本的不断更新，其功能也在不断完善，除了能制作丰富多彩的演示文稿，还具有十分强大的网络应用功能，将演示文稿转换成网页文件后，可以直接在网页浏览器中浏览。

公司最近需上网宣传合作酒店，如何将【海南蓝色记忆大酒店.ppt】内容上传到网页中呢？请看下面的操作。

1. 把演示文稿文件发布为网页

（1）打开【海南蓝色记忆大酒店.ppt】文件，选择【文件】→【另存为网页】命令，弹出【另存为】对话框，输入文件名为“海南蓝色记忆大酒店.htm”，设置【保存类型】为【网页】，如图 7-2-18 所示。

（2）单击【另存为】对话框中【发布】按钮，弹出【发布为网页】对话框，完成如图 7-2-19 所示设置。

（3）单击【发布为网页】对话框中的【Web 选项】按钮，打开【Web 选项】对话框，分别对该对话框中的不同选项卡进行设置。

① 在【常规】选项卡，勾选【添加幻灯片浏览控件】复选框，并在其【颜色】下拉列表框中选择【演示颜色（文字颜色）】选项；勾选【浏览时显示幻灯片动画】和【重调图形尺寸以适

应浏览器窗口】复选框。

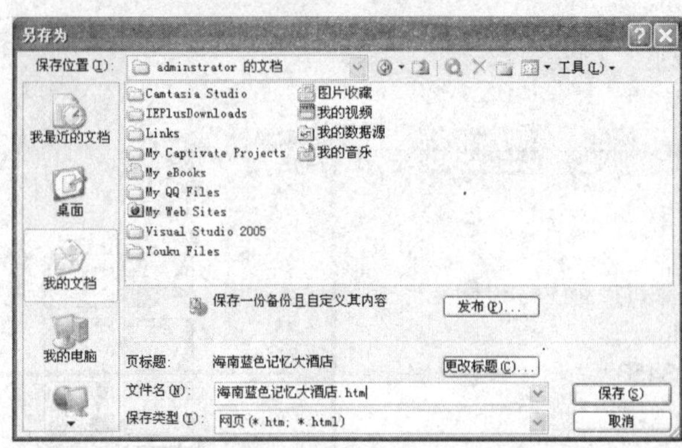

图 7-2-18　另存为网页

图 7-2-19　【发布为网页】对话框

② 在【浏览器】选项卡，选择【查看此网页时使用】下拉列表中的系统默认项【Microsoft Internet Explorer 4.0 或更高版本】；勾选【选项】中的【将新建网页保存为“单个文件网页”】复选框。

③ 在【文件】选项卡，勾选【组织文件夹中的支持文件】、【尽可能使用长文件名】和【保存时更新链接】3 个复选框。

④ 设置【图片】选项卡中的【目标监视器】中的【屏幕尺寸】为【800×600】。

⑤ 在【编码】选项卡，设置【将文档另存为】为系统默认选项【简体中文（GB2312）】。

⑥ 在【字体】选项卡，保持系统默认选项，单击【确定】按钮，返回【发布为网页】对话框。

（4）单击【发布】按钮，完成将演示文稿【海南蓝色记忆大酒店.ppt】发布为网页【海南蓝色记忆大酒店.htm】的操作，显示效果如图 7-2-20 所示。

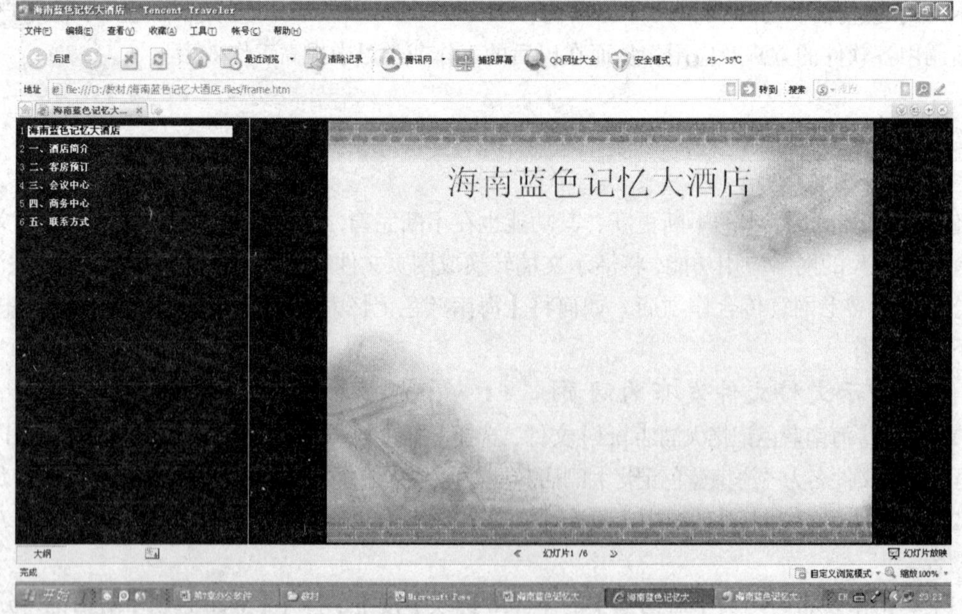

图 7-2-20　网页效果

（5）双击打开保存网页文件的文件夹，可以看到【海南蓝色记忆大酒店.files】文件夹和网页文件【海南蓝色记忆大酒店.htm】。

2. 在IE浏览器中预览演示文稿文件转换成的网页文件

（1）打开 IE 浏览器，选择【文件】→【打开】命令，在弹出的【打开】对话框中单击【浏览】按钮，按发布的路径选择需要打开的【海南蓝色记忆大酒店.htm】网页文件，如图 7-2-21 所示。

图 7-2-21 【打开】对话框

（2）在对话框中单击【确定】按钮，浏览器显示页面自动打开，网页发布完成。

也可直接双击打开网页文件【海南蓝色记忆大酒店.htm】，在打开网页文件的同时，系统会自动启动 IE 浏览器，并显示第一张幻灯片的效果。

（3）网页发布后，在 IE 浏览器的左侧显示的是幻灯片的标题，单击标题，可以在预览区切换幻灯片；在浏览器的下方有几个按钮，如图 7-2-22 所示。

图 7-2-22　浏览器下方按钮

① 最左侧为【显示/隐藏大纲】按钮，单击它会显示/隐藏 IE 浏览器左侧显示的幻灯片标题大纲；第 2 个是【展开/折叠大纲】按钮，只在显示大纲的前提下可用，可显示大纲的全部内容或只显示幻灯片的标题。

② 中间是【上一张幻灯片】和【下一张幻灯片】的切换按钮；在右侧是【幻灯片放映】按钮，单击后会以全屏的方式放映幻灯片。

（4）在 IE 浏览器中预览时，幻灯片的声音及动画效果保留不变，整个预览过程呈动态的显示效果。

（5）单击 IE 浏览器右上角的【关闭】按钮，可退出预览。

本次扩展任务是应用 PowerPoint 强大的网络功能，将制作好的演示文稿文件保存或发布为网页文件，然后在 IE 浏览器中预览其显示效果，在保存或发布制作过程所用到的知识点包括演示文稿文件的另存为操作、另存为及发布的各项参数的设置、在 IE 浏览器中预览文件等内容。

7.2.6　课后练习

1. 制作招生简章

（1）用 Excel 制作招生计划表。

（2）在 Word 中完成招生文本的输入及设置。

（3）发送生成 PPT 文件。

（4）将 PPT 发布为网页。

2. 制作公司培训计划

（1）用 Excel 制作公司培训计划表。

（2）在 Word 中完成公司培训文本输入及设置。

（3）发送生成 PPT 文件。

（4）将 PPT 发布为网页。

第8章 Access 数据库的应用

Access 是 Microsoft 公司推出的基于 Windows 的桌面关系数据库管理系统，它提供了表、查询、窗体、报表、页、宏、模块 7 种用来建立数据库系统的对象；提供了多种向导、生成器、模板，把数据存储、数据查询、界面设计、报表生成等操作规范化；为建立功能完善的数据库管理系统提供了方便，也使得普通用户不必编写代码，就可以完成大部分数据管理的任务。其主要特点如下。

（1）存储方式单一。

（2）面向对象。

（3）界面友好、易操作。

（4）集成环境、处理多种数据信息。

（5）增强的网络功能。

学习目标

✧ 掌握数据库 Access 的基本操作。

✧ 掌握数据库和数据表的创建和使用。

✧ 掌握查询的创建和使用。

✧ 掌握窗体的设计应用。

✧ 掌握报表的创建和使用。

8.1 Access 创建数据库管理数据——制作公司人事管理库

8.1.1 创建情景

李勇刚调到人事部从事人事档案管理工作，在任务交接的过程中，他觉得原来的工作

方式效率太低，因之前学过 Access，于是决定建立一个公司人事管理数据库，对数据进行有效的管理。

8.1.2　任务剖析

1. 相关的知识点

（1）数据库。Access 中用来保存数据信息的文件称为数据库。Access 所生成数据库文件的扩展名为【.mdb】。每个数据库中可管理 7 个对象：表、查询、窗体、报表、宏、数据访问页和模块，每个对象都有其特定的功能。

（2）表。数据库系统中，表是用于存储数据的对象，一个库可包含多张表，表与表之间要相互有关联。建立表首先需建立表结构，即输入表中所包含的字段，并给字段设置相应的数据类型，再向表输入数据。

（3）字段属性。在表的设计过程中，为了能在输入数据时提供便利，需给字段设置一些属性。在 Access 表中，每一个字段因为其数据类型不同，也会拥有不同的属性。

【格式】属性：设置字段的数据显示格式。

【输入掩码】属性：设置字段的数据输入格式。

【默认值】属性：设置字段在添加新记录时默认出现的值。

【有效性规则】属性：限制字段的数据范围。

【有效性文本】属性：当字段的数据不符合所设置的“有效性规则”时所显示出的错误提示。

（4）主键。为了数据表更有利于搜索数据以及建立表的关联，需尽可能地给表建立合适的主键。主键指的是能唯一标示一条记录的字段或字段的组合。要将某个字段设置为主键，先在表设计视图中选中该字段（若想选中多个字段，可以按住【Ctrl】键，再单击想要选中的字段），然后选择【编辑】→【主键】命令，即可将该字段设置为主键。

（5）表间关系。一个数据库可包含多个表，只有给各个表之间建立关系，才可以通过创建查询、窗体以及报表来显示从多个表中检索的信息。给表建立关系的依据是两个表之间要有相同字段，且该字段要在其中一个表中是主键。

（6）窗体。窗体是数据库中用来设置界面的对象，其数据源可以是表，也可以是查询，用户可以通过窗体中提供的控件实现对表数据的显示、输入、编辑等任务。利用窗体实现对表数据的管理如数据的操作（添加、删除、复制）、数据查找等，可通过添加命令按钮控件并在向导对话框中给其选择相应功能实现。

2. 操作方案

公司人事管理数据库主要实现的是对公司员工档案数据及部门信息的统一管理，方便数据检索、浏览及操作。因此，根据要求，李勇定出了具体的制作方案，主要有以下几个要点。

（1）设计表结构，并给表定义主键。

（2）设定表相关字段的属性。

（3）设置数据表的数据显示格式。

（4）给数据库中表建立关系。

（5）以数据表为数据源建立窗体，在窗体中添加命令按钮实现对表记录的操作。

8.1.3 任务实现

1. 新建数据库

启动 Access 2003，进入 Access 操作界面后，选择【新建】文件，出现如图 8-1-1 所示的任务窗格，选择【空数据库】选项，在随后弹出的【文件新建数据库】对话框中选择存储目录，输入文件名“公司人事管理系统”，并单击【创建】按钮。

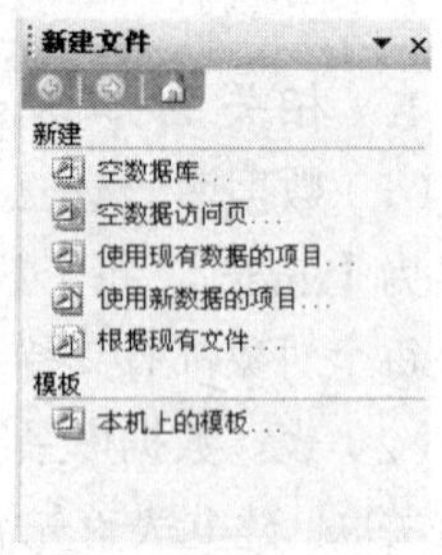

图 8-1-1 新建文件

2. 在“公司人事管理系统”库中创建数据表

有 3 种创建表的方法：使用设计器创建表；使用向导创建表；通过输入数据创建表。李勇选择第一种方式进行表的创建。

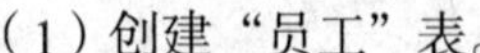

（1）创建“员工”表。

① 打开“公司人事管理系统”数据库，选择表对象，双击【使用设计器创建表】选项，屏幕上出现表设计器窗口，在设计视图中，单击【字段名称】列的第 1 行文本框，输入“职工编号”，将光标移到该行的【数据类型】列，单击下拉按钮，在弹出的列表中选择【文本】选项，依次输入表中其他字段，如图 8-1-2 所示。

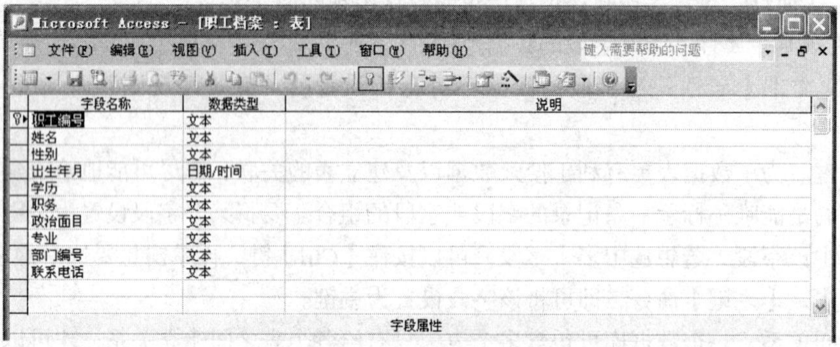

Microsoft Access - [职工档案 : 表]

文件(F) 编辑(E) 视图(V) 插入(I) 工具(T) 窗口(W) 帮助(H) 键入需要帮助的问题

字段名称	数据类型	说明
职工编号	文本	
姓名	文本	
性别	文本	
出生年月	日期/时间	
学历	文本	
职务	文本	
政治面目	文本	
专业	文本	
部门编号	文本	
联系电话	文本	

字段属性

图 8-1-2 设置数据类型

② 定义主键。主键的设置有以下两种情况：单字段设置主键，用鼠标右键单击“职工编号”字段所在行，选择【主键】命令，则将“职工编号“字段设置为表的主键；多字段设置主键，若表中无任一个字段符合设置主键的条件，则考虑多字段组合设置主键，只需单击第 1 个字段，再按住【Ctrl】键，并单击第 2 个字段，用同样的方法选择其他字段，再选择【编辑】→【主键】命令，完成对字段主键的设置。

③ 设置字段属性。单击“出生日期”字段所在行，在【字段属性】栏的【常规】选项卡中单击【输入掩码】右侧的文本框，单击…按钮，在【输入掩码向导】对话框中选择【长日期】选项，单击【下一步】按钮，在【占位符】下拉列表框中选择占位符的形式，如图 8-1-3 所示，再单击【下一步】按钮，在对话框中单击【完成】按钮，关闭对话框。用同样的方法设置“工作时间”字段的属性。

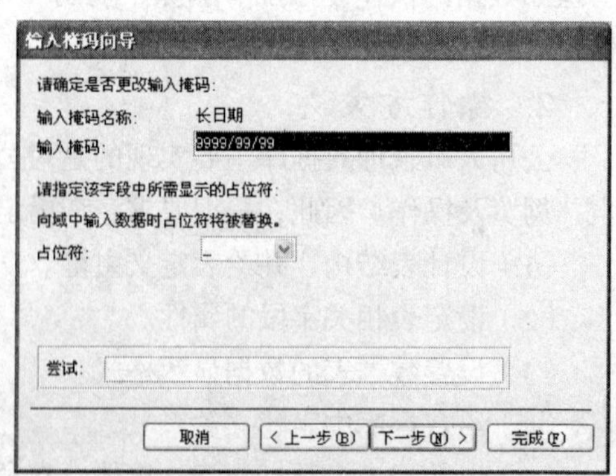

图 8-1-3 设置字段属性

字段的输入掩码除了通过【输入掩码向导】对话框选择，还可自己输入相应的掩码字符来设置，具体参照输入掩码表，如表 8-1-1 所示。

表 8–1–1　　输入掩码表

符　号	输入掩码字符定义
0	数字（0～9，必需项，不允许使用加号【+】和减号【-】）
9	数字或空格（可选项，不允许使用加号【+】和减号【-】）
#	数字或空格（可选项，在编辑模式下，空格以空白显示，但在保存数据时将删除空白，允许使用加号和减号）
L	字母（A 到 Z，必需项）
?	字母（A 到 Z，可选项）
A	字母或数字（必需项）
a	字母或数字（可选项）
&	任一字符或空格（必需项）
C	任一字符或空格（可选项）

单击“性别”字段，在【字段属性】栏中单击【默认值】右侧的文本框，输入“男”；单击【有效性规则】右侧的文本框，输入“男”或“女”，如图 8-1-4 所示

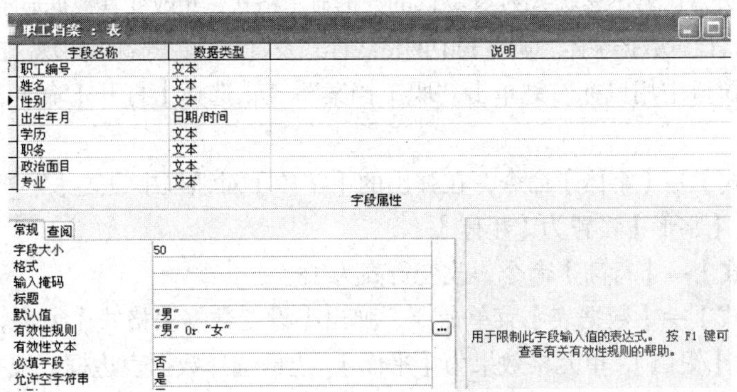

图 8-1-4　设置字段属性

④ 单击【保存】按钮，弹出【另存为】对话框，在【表名称】文本框处输入“职工档案”，单击【确定】按钮，返回数据库窗口。

若表中无任一个字段符合设置主键的条件，则考虑多字段组合设置主键。当主键是由多个字段组成时，只需单击第一个字段，再按住【Ctrl】键，并单击第二个字段，用同样方法选择其他字段，再选择【编辑】→【主键】命令,完成对字段主键的设置。

（2）创建“人员调动表”。

① 按“职工档案”表的创建方式，创建“人员调动表”，如图 8-1-5 所示。

② 设置字段属性：按照“职工档案”表的设计方式设置性别字段的默认值属性及有效性规则属性值，还要设置日期字段的输入掩码属性。

（3）创建“部门表”。

① 按“职工档案”表的创建方式，创建“部门表”，如图 8-1-6 所示。

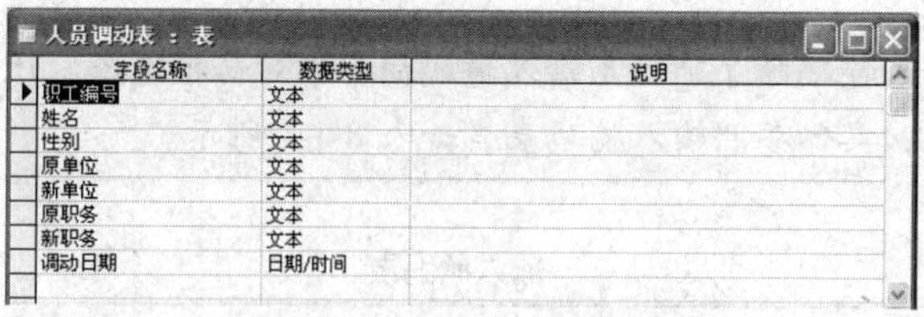

人员调动表 : 表

字段名称	数据类型	说明
职工编号	文本	
姓名	文本	
性别	文本	
原单位	文本	
新单位	文本	
原职务	文本	
新职务	文本	
调动日期	日期/时间	

图 8-1-5　创建“人员调动表”

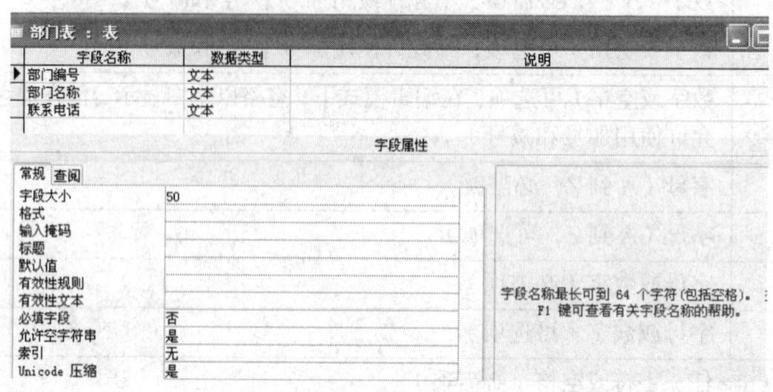

图 8-1-6　创建“部门表”

② 定义主键。用鼠标右键单击“部门编号”字段所在行，选择【主键】命令，则将“部门编号”字段设置为表的主键。

（4）调整表的外观。若不喜欢 Access 默认的数据显示格式，想改变其数据显示风格，这只需调整字段的行高和列宽，设置数据字体、调整表中网格线样式及背景颜色等就可实现。操作步骤如下所述。

① 在数据库窗口中用鼠标右键单击“职工档案”表，选择【打开】命令，显示表的数据表视图。

② 选择【格式】→【字体】命令，在弹出的【字体】对话框中设置【字号】为【小四】，字体颜色为【白色】，【字形】设置为【粗体】。

③ 选择【格式】→【行高】命令，改变行高为 18。

④ 选择【格式】→【数据表】菜单命令，弹出【设置数据表格式】窗口，将背景色设置为【青色】，网格线为【银白】，单元格效果为【平面】，边框选择数据表边框，线条样式选择实线，效果如图 8-1-7 所示。

图 8-1-7　设置数据表格式

按照上面的操作步骤设置“人员调动表”和“部门表”的数据显示格式。

（5）设置表的关系。

设置表的关系之前需先将所有打开的表都关闭。

① 单击工具栏上的【关系】按钮，将打开【关系】窗口，同时出现如图 8-1-8 所示的【显示表】对话框。

② 在【显示表】对话框中，单击“职工档案”表，然后单击【添加】按钮，用同样方法将“人员调动表”和“部门表”添加到【关系】窗口中。

③ 单击【关闭】按钮，关闭【显示表】对话框。

④ 单击“职工档案”表的“职工编号”字段，按下鼠标左键并拖动到“人员调动表”的“职工编号”字段上，松开鼠标。在弹出的【编辑关系】对话框中选择【实施参照完整性】复选框，单击【创建】按钮建立起两个表的关系。再单击“部门表”的部门编号字段，按下鼠标左键并拖曳到“职工档案表”的“部门编号”字段上，松开鼠标。在弹出的【编辑关系】对话框中选择【实施参照完整性】复选框，单击【创建】按钮，建立起【部门表】和【职工档案】表的关系，如图 8-1-9 所示。

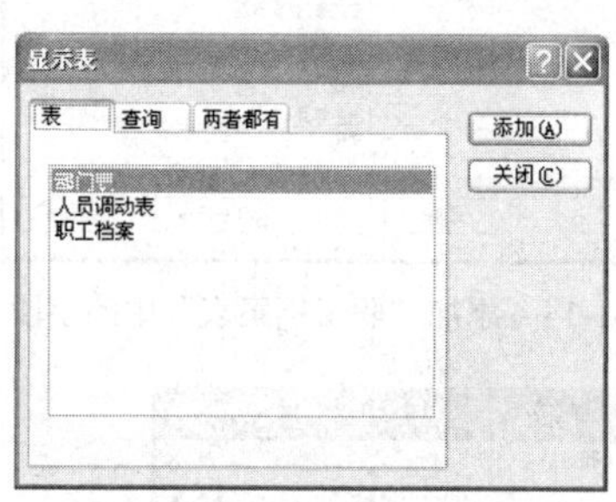

图 8-1-8　设置表的关系

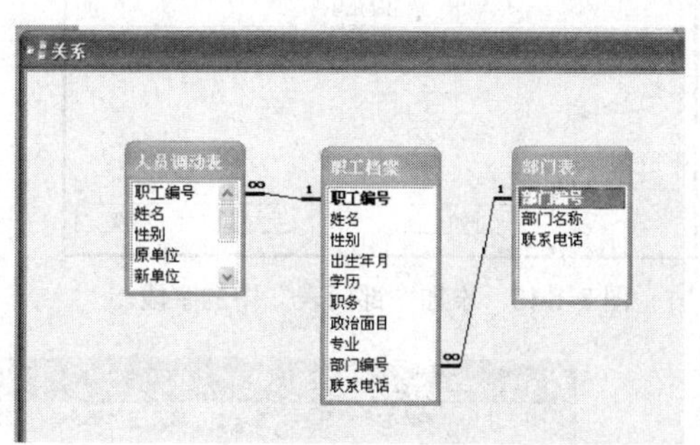

图 8-1-9　创建表间关系

（6）切换到表的数据表视图，输入数据。在数据库窗口中，选择表对象，在右边工作区中用鼠标左键双击“部门表”，然后在“部门表”的数据表视图中输入如图 8-1-10 所示的数据。其余两个表也通过此方式输入数据，如图 8-1-11 和图 8-1-12 所示。

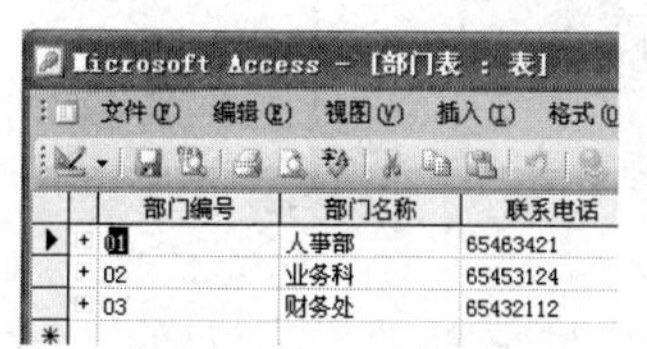

部门编号	部门名称	联系电话
01	人事部	65483421
02	业务科	65453124
03	财务处	65432112

图 8-1-10　输入“部门表”数据

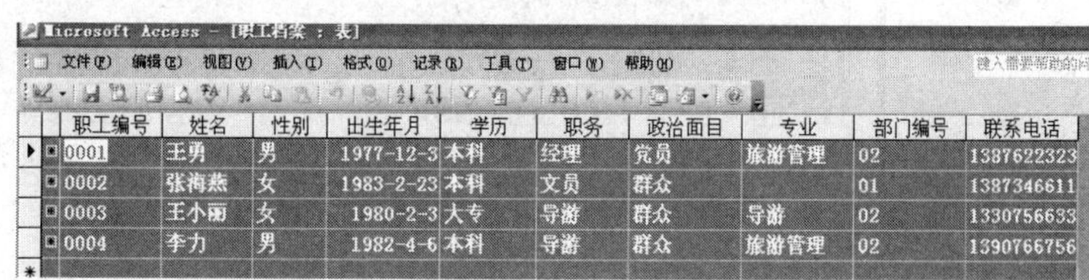

职工编号	姓名	性别	出生年月	学历	职务	政治面目	专业	部门编号	联系电话
0001	王勇	男	1977-12-3	本科	经理	党员	旅游管理	02	1387622323
0002	张海燕	女	1983-2-23	本科	文员	群众		01	1387346611
0003	王小丽	女	1980-2-3	大专	导游	群众	导游	02	1330756633
0004	李力	男	1982-4-6	本科	导游	群众	旅游管理	02	1390766756

图 8-1-11　输入“职工档案”表数据

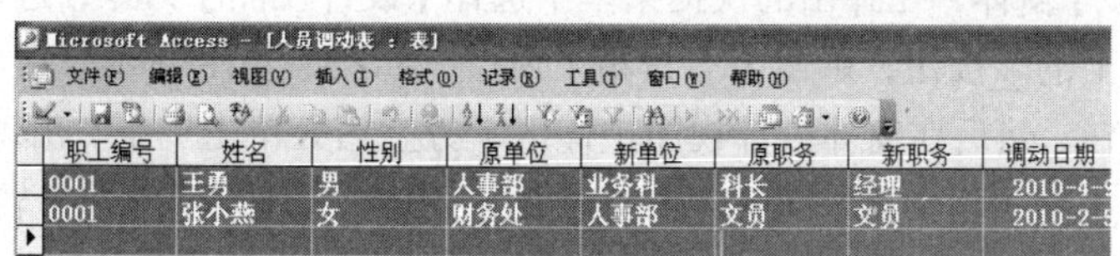

职工编号	姓名	性别	原单位	新单位	原职务	新职务	调动日期
0001	王勇	男	人事部	业务科	科长	经理	2010-4-9
0001	张小燕	女	财务处	人事部	文员	文员	2010-2-5

图 8-1-12　输入“人员调动表”数据

表有两个常用的视图，分别是设计视图和数据表视图。在数据库窗口中选中表后单击窗口上方的【设计】按钮即进入表的设计视图，该视图下可实现表结构的修改，如字段的添加、修改、删除以及字段属性的设置等；在数据库窗口中选中表后，单击窗口上方的【打开】按钮，即进入表的数据表视图，在该视图下可实现表数据的操作。

3. 创建窗体对表进行数据添加、删除、修改、浏览等操作

（1）创建“部门员工数据维护”窗体，操作步骤如下所述。

① 在数据库窗口对象栏中单击窗体，接着双击右边工作区的【使用向导创建窗体】选项，在【窗体向导】对话框中从组合框选择“部门表”，并单击 | >> | 按钮，将“部门表”的所有字段添加到右边框中，如图 8-1-13 所示。再从组合框中选“职工档案表”，并单击 | >> | 按钮，将“职工档案表”的所有字段添加到右边框中，如图 8-1-14 所示。之后按照向导步骤单击【下一步】按

钮，直到完成。窗体效果如图 8-1-15 所示。

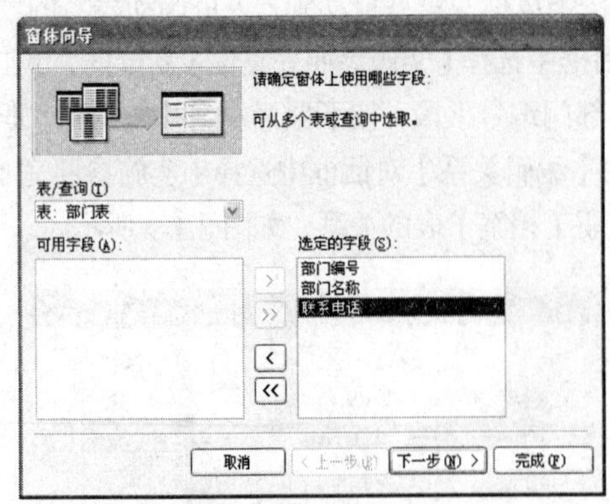

图 8-1-13　添加“部门表”中的字段

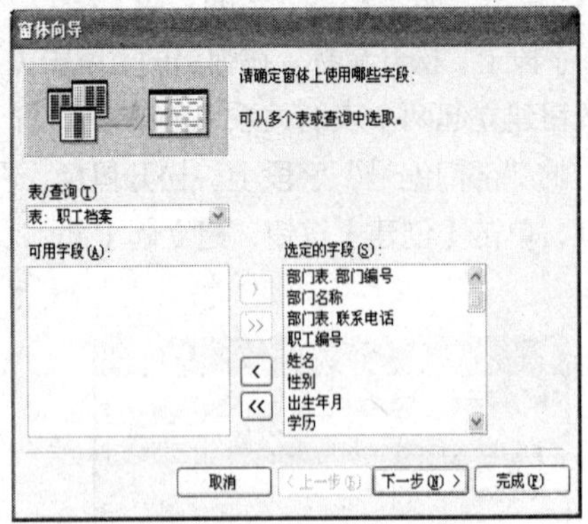

图 8-1-14　添加“职工档案表”中的字段

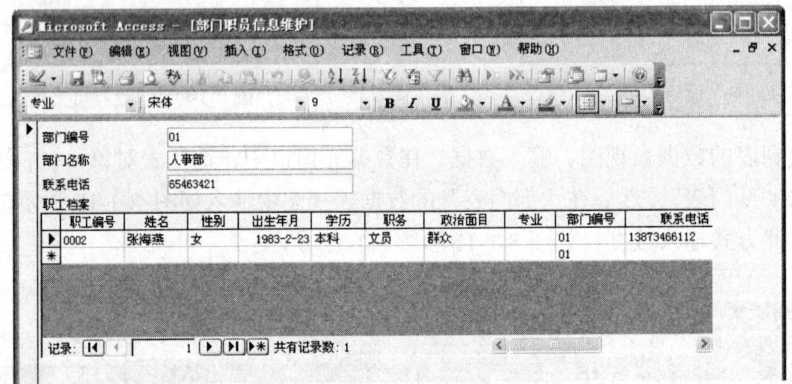

图 8-1-15　窗体效果

② 修改窗体，添加命令按钮。在数据库窗口对象栏中单击窗体，用鼠标右键单击工作区的【部门职员信息维护】窗体，在弹出的快捷菜单中选择【设计视图】命令，进入窗体的设计视图界面。单击工具栏上的按钮，弹出【工具箱】窗口，如图 8-1-16 所示。接着用鼠标单击工具箱窗口中的命令按钮，然后在窗体设计视图主体区下方空白处单击一下，出现【命令按钮向导】对话框，在【类别】列表框中选择【记录导航】，在【操作】列表框中选【转至下一项记录】，如图 8-1-17 所示，接着单击【下一步】按钮，选择【文本】选项，一直单击【下一步】按钮直到完成。

图 8-1-16 【工具箱】窗口

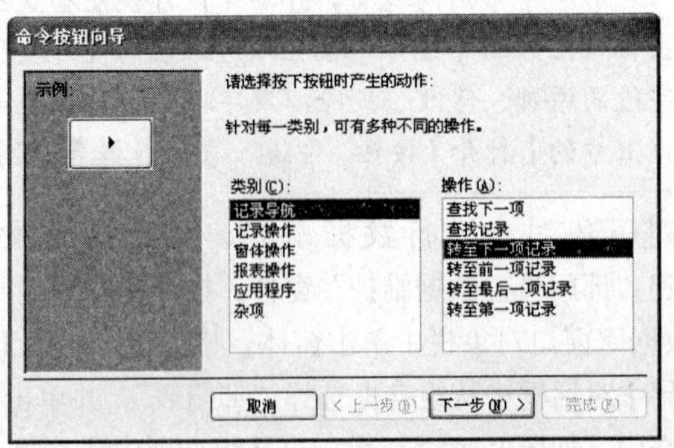

图 8-1-17　【命令按钮向导】窗口

按照第 1 个命令按钮的操作步骤，再依次添加 3 个命令按钮，分别给它们指定的操作为【转至前一项记录】、【转至第一项记录】和【转至最后一项记录】，这 4 个命令按钮的功能是实现表记录指针的移动。另外还要添加 4 个命令按钮，分别实现【删除记录】、【添加记录】、【复制记录】及【撤销记录】功能。这 4 项功能都是图 8-1-17 所示的【类别】列表框中【记录操作】类的 4 项操作，只需在添加命令按钮时在向导对话框中分别指定即可，结果如图 8-1-18 所示。

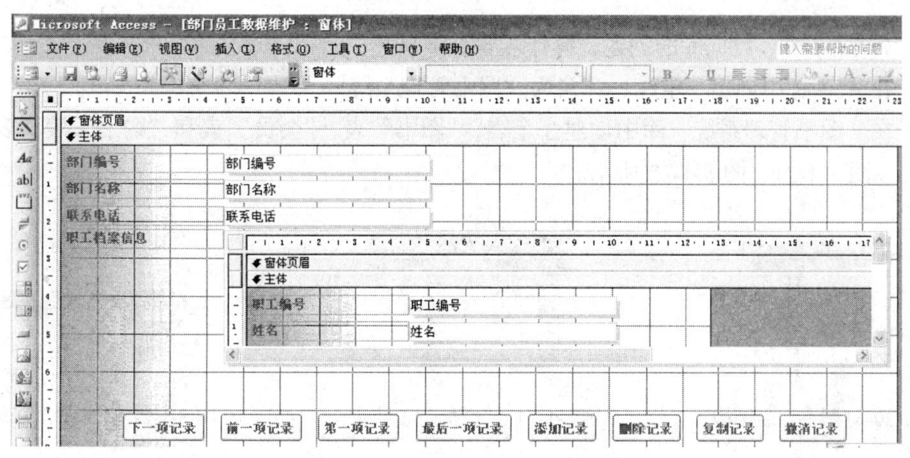

图 8-1-18　添加命令按钮结果

（2）创建【员工调动数据维护】窗体，操作步骤如下所述。

① 在数据库窗口对象栏中单击窗体，接着双击右边工作区的【使用向导创建窗体】选项，在【窗体向导】对话框中从组合框选择 【人员调动表】，并单击 | >> | 按钮，将“人员调动表”的所有字段添加到右边框中，之后按照向导步骤单击【下一步】按钮，【布局】选【纵栏式】选项，单击【下一步】按钮，【样式】选【混合】选项，单击【下一步】按钮，设置窗体标题为“员工调动数据维护”，单击【完成】按钮。

② 修改窗体，添加命令按钮。按照修改【部门职员信息维护】窗体的步骤，在【员工调动数据维护】窗体的主体节区添加 8 个和上一窗体一样的命令按钮，效果如图 8-1-19 所示。

图 8-1-19　最终效果

8.1.4　任务小结

本案例通过制作“人事管理系统”库，讲解了在 Access 中创建表、设置表结构、数据显示格式、数据录入和窗体的创建设计等操作。

（1）设计数据库需要确定数据库中需要的表，确定表中的字段。

（2）明确表中有唯一值的字段，将其设为表的主键（不一定每个表都有）。

（3）根据数据输入需要可适当设置字段的相关属性。

（4）创建表之间的关系。

（5）利用向导方式以表为数据源创建窗体，并通过在窗体中添加相关命令按钮实现对表数据的操作。

8.1.5 拓展训练

“图书管理系统”数据库的创建，操作步骤如下所述。

（1）在 Access 中创建一空库，命名为“图书管理系统”。

（2）在“图书管理系统”库中创建 3 个表，“图书”表、“会员”表和“购书”表，表结构如图 8-1-20、图 8-1-21、图 8-1-22 所示。

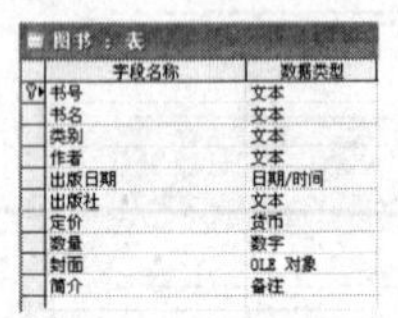
图书 : 表

字段名称	数据类型
书号	文本
书名	文本
类别	文本
作者	文本
出版日期	日期/时间
出版社	文本
定价	货币
数量	数字
封面	OLE 对象
简介	备注

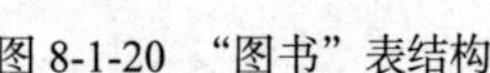
图 8-1-20 “图书”表结构

会员 : 表

字段名称	数据类型
编号	文本
姓名	文本
性别	文本
生日	日期/时间
电话	文本
电子邮箱	文本
积分	数字
婚否	是/否
身份证号码	文本
照片	OLE 对象

图 8-1-21 “会员”表结构

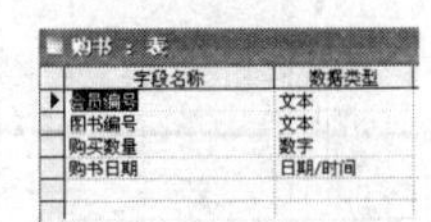
购书 : 表

字段名称	数据类型
会员编号	文本
图书编号	文本
购买数量	数字
购书日期	日期/时间

图 8-1-22 “购书”表结构

（3）设置“图书”表“出版日期”字段的输入掩码属性值为“长日期”；“会员”表“性别”字段的默认值为“男”，“生日”字段的输入掩码属性值为“长日期”；“购书”表“购书日期”字段的输入掩码属性值也设为“长日期”。

（4）设置 3 个表在数据表视图中的数据显示格式：字体为【华文行楷】，字号为【小四】，行高为【18】，单元格效果为【凸起】。

（5）给 3 个表建立关系。.

（6）以 3 个表为数据源分别创建 3 个窗体：【图书信息维护】窗体、【会员信息维护】窗体和【购书情况登记】窗体。每个窗体均添加如图 8-1-19 所示的 8 个命令按钮（功能相同）。

8.1.6 课后练习

管理学生信息

学生在校的信息包括学生基本情况、学生课程成绩、课程信息等。在日常管理工作中，经常需要对这些相关的数据进行查询、统计等操作。现在需要建立一个数据库对这方面数据进行统一管理。

（1）创建“学生信息系统”数据库，库中包含 3 个表：学生表（学号、姓名、性别、年龄、所属院系、入校时间、简历）、成绩表（学号、课程号、成绩）和课程表（课程号、课程名、学分、选修课程）。

（2）设置主键，将学生表的“学号”、课程表的“课程号”设置为主键、成绩表的“学号”与“课程号”组合设置主键（选中两个字段所在行，再单击主键按钮）。

（3）定义表间关系。

（4）创建窗体实现对表数据的管理。

8.2 快速查询打印数据——创建简单查询打印模块

8.2.1 创建情景

为了提高工作效率，李勇前阵子使用 Access 创建了一个“公司人事管理系统”数据库，利用数据库技术管理人事档案数据确实给他的工作带来很大便利。最近公司内部要进行人员岗位调整，领导不定时地就要查看某职员的信息，李勇每次都要打开表进行数据筛选，他觉得太麻烦了，于是决定修改“公司人事管理系统”数据库，创建一个简单查询打印模块，提高数据查找的效率。

8.2.2 任务剖析

1. 相关知识点

（1）查询。Access 数据库系统用来查找记录的对象称为查询。一个查询就是从数据表或其他查询结果中按照某种条件查找记录的一组相关操作，查询的执行结果是一张虚拟表。使用查询对象常用到两种视图：设计视图用于创建或修改查询，数据表视图用于查看查询的运行结果。

（2）查询类型。Access 中的查询有 5 种类型：选择查询、参数查询、交叉表查询、操作查询和 SQL 查询。

选择查询：最常用的查询类型，它根据指定的查询准则和条件，从一个或多个表中获取数据并显示结果。

参数查询：将条件设置为参数的查询，本案例所建查询均是参数查询。

交叉表查询：将查询结果以交叉表形式显示。

操作查询：对查询结果进行删除、更新、追加和生成表等操作。

SQL 查询：使用 SQL 语句创建查询。

（3）查询创建过程。进入查询设计视图，添加数据源表，添加查询字段，然后在相关字段对应的【条件】格中设置查询条件，最后执行查询操作。若要创建操作查询和交叉表查询，则需从【查询】菜单中选择相应的查询类型。

（4）报表。报表用于对表、查询或窗体中的数据进行组织、计算、排序、分组和汇总，并按照指定的格式显示和打印出来。报表由若干个“节”组成，包括“主体”、“报表页眉”、“报表页脚”、“页面页眉”、“页面页脚”、“组页眉”和“组页脚”等。每个节对应报表的不同位置，在不同的节中添加的控件其显示的次数也有区别。

主体：该节的内容每条记录显示一次。

报表页眉：该节的内容显示在报表首页的顶部，且一份报表只显示一次。

报表页脚：该节的内容显示在报表最后一页的下方，且一份报表只显示一次。

页面页眉：该节的内容显示在报表每一页的上方。

页面页脚：该节的内容显示在报表每一页的下方。

组页眉：该节的内容显示在报表每一组记录开始之前。

组页脚：该节的内容显示在报表每一组记录结束之后。

创建报表：一般先使用报表向导方式创建报表，再进入报表设计视图进行修改。

（5）面向对象。

对象：任何实体都称为对象。

属性：是对象的特性。

方法：是对象可以执行的行为。

事件：是对象可以识别的动作，可以为某个事件编写事件过程，以便在事件发生时执行用户期望的功能。本案例中通过对命令按钮的单击事件过程编写代码，实现数据的查询与打印功能。

2. 操作方案

该任务要实现两大功能：① 能根据输入的条件进行数据筛选，并将结果显示在当前窗体内；② 能根据输入的条件打印输出符合条件的记录。因此，根据要求，李勇制定出了具体的制作方案，主要有以下几个要点。

（1）设计能接受条件输入的窗体界面。

（2）设计参数查询，以窗体界面中用以接收输入条件值的控件为参数，实现窗体与查询的结合应用。

（3）设计以所创建的查询为数据源的子窗体。

（4）创建报表以实现数据打印输出。

（5）编写代码。

8.2.3 任务实现

1. 条件参数窗体界面设计

在数据库中进行数据查询，条件可由用户自己设置，才能更好地实现数据的检索。李勇的思路是以窗体为平台来进行查询条件的设置，再调用查询对象实现数据检索的操作。先打开“人事管理系统”数据库，在数据库窗口中，单击【对象】栏中的【窗体】对象，双击【在设计视图中创建窗体】命令，进入窗体设计视图，单击工具栏上的【保存】按钮，将窗体命名为“简单查询界面”，接着设计窗体界面。

（1）添加选项组控件，操作步骤如下所述。

进入窗体设计视图，鼠标移到主体的下边界线，出现双向箭头时，按下鼠标左键拖动到标尺为14的位置时松开，在主体的右边界线用同样方式调整主体宽度为16。单击工具栏的按钮，打开【工具箱】窗口，点击【选项组】控件，鼠标移动到主体节区的合适位置，按下左键并拖曳，绘制出矩形，弹出【选项组向导】对话框，在此分别输入“按部门编号查询”，“按姓名查询”，“按学历查询”，“按性别查询”4个选项标签。如图8-2-2所示，继续下面的操作。

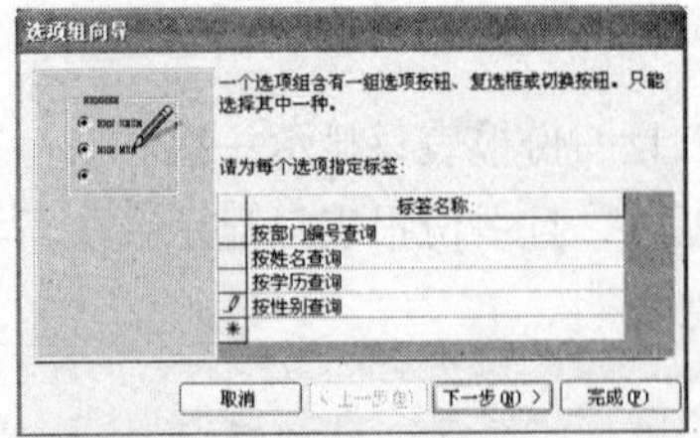

图 8-2-1 输入选项标签

图 8-2-2 添加选项组控件

① 单击【下一步】按钮，在窗口中选中单选项【是，默认选项是(Y):】，单击组合框，在下拉列表中选择【按部门编号查询】选项。

② 单击【下一步】按钮，显示每个选项对应的值，不需修改。

③ 单击【下一步】按钮，在对话框中选择【选项】按钮作为选项组中使用的控件，选择所用样式为【凹陷】。

④ 单击【下一步】按钮，输入选项组标题为“请选择查询类型”，单击【完成】按钮，在主体节区添加一个选项组控件。如图 8-2-3 所示。

（2）添加文本框，操作步骤如下所述。

① 在【工具箱】窗口中单击 ab| 控件，在选项组控件的右边按下鼠标左键并拖曳，绘制一个矩形，同时出现两个控件，左边是标签，右边是文本框；依次在下方再创建 3 个同样的控件。

② 选中第一个文本框左边的标签，打开【属性】窗口，单击【全部】选项卡，在【标题】属性中输入“ 请输入部门编号”，按此方式分别设置第 2 至第 4 个文本框标签的标题为“请输入姓名”、“请输入学历”、“请输入性别”。

图 8-2-3　突出的立体效果

③ 调整文本框位置，使它们与选项组中的每个选项水平对齐。

④ 选中第一个文本框，单击【属性】窗口中的【全部】选项卡，在【名称】属性中输入“Text1”；将【可用】属性设置为【否】；按顺序设置其他文本框的【名称】，属性值为“Text2”、“Text3”、“Text4”，并将它们的【可用】属性都设置为【否】。

⑤ 在工具箱中单击【矩形】按钮，在主体节区按下鼠标左键并拖曳，绘制一个矩形，包含所有文本框及其标签，突出立体效果，效果如图 8-2-4 所示。

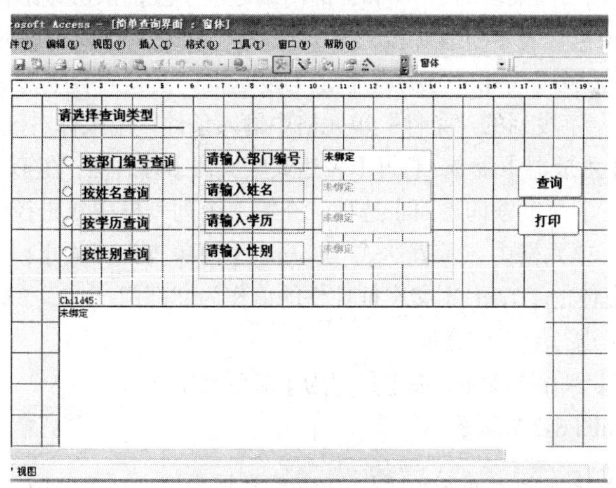

图 8-2-4　窗体界面

（3）添加命令按钮和【子窗体/子报表】控件。在文本框中输入查询条件值之后，通过单击命令按钮来实现查询，查询的结果用【子窗体/子报表】控件显示。设计另外一个命令按钮，调用报表打印输出查询结果。操作步骤如下所述。

① 在工具箱中单击命令按钮 ，在文本框右边空白处按下鼠标左键并拖曳一个矩形，在弹出的【向导】对话框中单击【取消】按钮，在【属性】窗口中设置其标题为“查询”。用同样步骤再添加一个命令按钮，设置标题为“打印”。

② 在工具箱中单击【子窗体/子报表】控件 ，在主体节区下方空白处按下鼠标左键并拖曳

一个矩形，在弹出的子窗体向导中单击【取消】按钮，窗体界面如图 8-2-5 所示。

2. 创建查询

Access 中有多种查询类型，有将查询结果显示出来的选择查询，有将查询结果进行删除、更新、生成新表等操作的操作查询，有以行列交叉方式对表中数据统计汇总的交叉表查询等。本例中仅对表中的数据进行检索，因此需要创建相应的选择查询。

根据“简单查询界面”窗体的设计，应创建 4 个查询，分别命名为“按部门编号查询”、“按员工姓名查询”、“按学历查询”和“按性别查询”。

（1）创建“按部门编号查询”，操作步骤如下所述。

① 在数据库窗口中，选择【对象】栏中的【查询】对象，双击【在设计视图中创建查询】命令，在显示表窗口的【表】选项卡中选中【职工档案】，单击【添加】按钮，将“职工档案”表添加到查询设计器上部的输入区，单击【关闭】按钮，关闭显示表窗口，效果如图 8-2-6 所示。

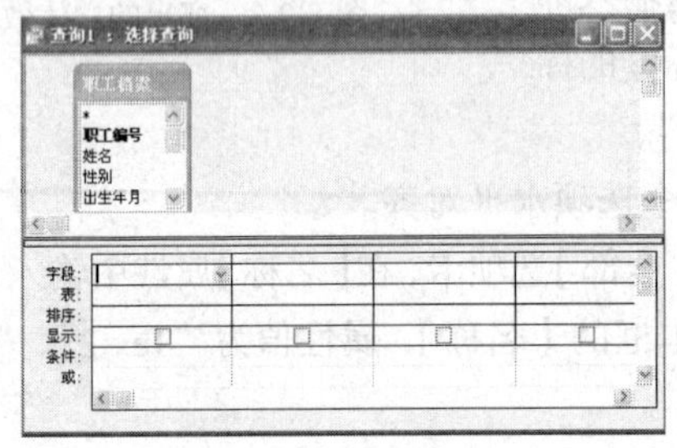

图 8-2-5　创建查询

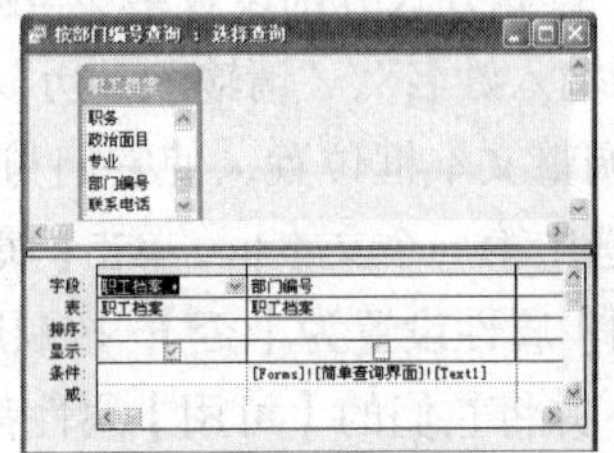

图 8-2-6　完成创建“按部门编号查询”

② 双击输入区中职工档案表的“*”和“部门编号”字段，依次显示在字段行的第 1、2 列。

③ 因为“*”已经包含表中所有字段，“部门编号”字段只作为查询的条件，不需再重复显示，因此，单击“部门编号”字段“显示”行上的复选框，使其内容空白。

④ 在“部门编号”字段列的“条件”单元格中输入条件，用鼠标右键单击“条件”单元格，在弹出的菜单中选择【生成器】命令，打开【表达式生成器】对话框，在第一个列表框中双击【窗体】→【所有窗体】→【简单查询界面】选项，在第二个列表框中双击控件【Text1】，单击【确定】按钮，在“条件”单元格中显示表达式“Forms!【简单查询界面】!【Text1】”。如此，可获取【简单查询界面】窗体的【Text1】文本框控件的值作为“部门编号”字段的条件值来进行数据的查询。

图 8-2-7　【输入参数值】对话框

⑤ 单击工具栏的【保存】按钮，在【另存为】对话框中输入“按部门编号查询”，如图 8-2-7 所示。

提示

查询的条件设置有两种形式：一种是在相关字段的条件格中输入固定条件表达式，每次运行查询都根据该固定条件筛选记录；第二种方式是将字段的条件设置为参数，条件值不是固定的，而是在查询运行时由用户临时输入，这样用户可以根据需要来查找数据，本案例使用的就是第二种方式。字段的条件参数设置有两种应用。

① 在字段的条件格中输入定界符“【　】”，在定界符内输入提示信息，如将姓名字段设为参数，在其条件格中输入“请输入姓名:”，运行查询时会弹出对话框如图 8-2-8 所示。

② 引用窗体中的控件值作为字段的参数值，这种方式就可以借助窗体界面来输入查询条件进行数据的查询，本案例就使用该方法来实现条件的录入

（2）创建“按员工姓名查询”，操作步骤如下所述。

① 使用设计视图方式创建查询，添加“职工档案表”。

② 双击输入区中“职工档案表”的“*”和“姓名”字段，并取消“姓名”字段显示行上复选框的√。用鼠标右键单击和“姓名”字段同一列的“条件”格，选择【生成器】命令，在【表达式生成器】的第一列表框中双击【窗体】→【所有窗体】→【简单查询界面】选项，在第二个列表框中双击控件【Text2】，单击【确定】按钮。

③ 单击工具栏的【保存】按钮，在【另存为】对话框中输入“按员工姓名查询”。

（3）创建“按学历查询”，操作步骤如下所述。

① 使用设计视图方式创建查询，添加“职工档案表”。

② 双击输入区中“职工档案表”的“*”和“学历”字段，并取消“学历”字段显示行上复选框的√。用鼠标右键单击和“学历”字段同一列的“条件”格，选择【生成器】命令，在表达式生成器的第一列表框中双击【窗体】→【所有窗体】→【简单查询界面】选项，在第二个列表框中双击控件【Text3】，单击【确定】按钮。

③ 单击工具栏的【保存】按钮，在【另存为】对话框中输入“按学历查询”。

（4）创建“按性别查询”，操作步骤如下所述。

① 使用设计视图方式创建查询，添加“职工档案表”。

② 双击输入区中“职工档案表”的“*”和“性别”字段，并去掉“性别”字段显示行上复选框的√。用鼠标右键单击和“性别”字段同一列的“条件”格，选择【生成器】命令，在表达式生成器的第一列表框中双击【窗体】→【所有窗体】→【简单查询界面】选项，在第二个列表框中双击控件【Text4】，单击【确定】按钮。

③ 单击工具栏的【保存】按钮，在【另存为】对话框中输入“按性别查询”。

3. 创建子窗体

因【简单查询界面】窗体中添加的【子窗体/子报表】控件的数据源对象是窗体，所以要实现将查询运行的结果记录集在【子窗体/子报表】中显示，只需实现将查询结果在窗体中显示，即以查询为数据源创建窗体，最后只需将【子窗体/子报表】控件的数据源设置为所创建的窗体即可实现操作。

（1）创建“按部门编号查询”窗体，操作步骤如下所述。

在数据库窗口中单击【对象】栏中的【窗体】对象，双击右边工作区的【使用向导创建窗体】命令，弹出【窗体向导】对话框，从组合框中选择【查询：按部门编号查询】选项，并单击|>>|按钮，将左边框的所有字段添加到右边框中，单击【下一步】按钮，【布局】选择【表格】选项，单击【下一步】按钮，【样式】选【混合】选项，再单击【下一步】按钮，窗体标题设为“按部门编号查询”，单击【完成】按钮。

（2）创建“按员工姓名查询”窗体，操作步骤如下所述。

在数据库窗口中单击【对象】栏中的【窗体】对象，双击右边工作区的【使用向导创建窗体】选项，弹出【窗体向导】对话框，从组合框中选择【查询：按员工姓名查询】选项，并单击|>>|按钮，将左边框的所有字段添加到右边框中，单击【下一步】按钮，【布局】选【表格】选项，单击【下一步】按钮，【样式】选【混合】选项，再单击【下一步】按钮，窗体标题设为“按员工姓名查询”，单击【完成】按钮。

（3）创建“按学历查询”窗体，操作步骤如下所述。

在数据库窗口中单击【对象】栏中的【窗体】对象，双击右边工作区的【使用向导创建窗体】选项，弹出【窗体向导】对话框，从组合框中选择【查询：按学历查询】选项，并单击|>>|按

钮，将左边框的所有字段添加到右边框中，单击【下一步】按钮，【布局】选【表格】选项，单击【下一步】按钮，【样式】选【混合】选项，再单击【下一步】按钮，窗体标题设为“按学历查询”，单击【完成】按钮。

（4）创建“按性别查询”窗体，操作步骤如下所述。

在数据库窗口中单击【对象】栏中的【窗体】对象，双击右边工作区的【使用向导创建窗体】选项，弹出【窗体向导】对话框，从组合框中选择【查询：按性别查询】选项，并单击|>>|按钮，将左边框的所有字段添加到右边框中，单击【下一步】按钮，【布局】选【表格】选项，单击【下一步】按钮，【样式】选【混合】选项，再单击【下一步】按钮，窗体标题设为“按性别查询”，单击【完成】按钮。

4．创建报表

报表的数据源可来自表或查询，设为表，则运行报表将打印输出表的全部记录；设为查询，则运行报表将只打印输出查询所筛选出的部分记录。本案例要打印输出的是查询的结果，所以报表的数据源将选择查询。

（1）创建“按部门编号查询打印”报表，操作步骤如下所述。

在数据库窗口中单击【对象】栏中的【报表】对象，双击右边工作区的【使用向导创建报表】选项，打开【报表向导】对话框，从组合框中选择【查询：按部门编号查询】选项，并单击|>>|按钮，将左边框的所有字段添加到右边框中，单击【下一步】按钮，设置分组级别，单击<按钮，将部门编号字段移回左边列表框，从左边列表框中选中“性别”字段，再单击>按钮，将“性别”字段作为分组字段添加到右列表框中，效果如图 8-2-8 所示。继续单击【下一步】按钮，设置排序字段为“职工编号”，单击【下一步】按钮，【布局】为【递阶】选项，单击【下一步】按钮，【样式】为【随意】选项，单击【下一步】按钮，报表标题为“按部门编号查询打印”，单击【完成】按钮。效果如图 8-2-9 所示。

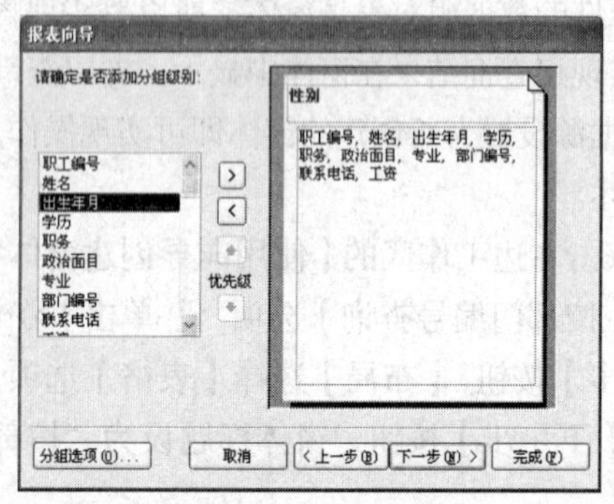

图 8-2-8　创建报表

图 8-2-9　按部门编号查询打印

利用报表向导创建的报表在排版布局上不一定能完全符合要求，常出现超出边界线的情况，这时需进入报表设计视图对控件的大小、位置进行调整，再通过对报表边界线的拖动，调整报表的大小。

（2）创建“按员工姓名查询打印”报表，操作步骤如下所述。

在数据库窗口中单击【对象】栏中的【报表】对象，双击右边工作区的【使用向导创建报表】选项，打开【报表向导】对话框，从组合框中选择【查询：按员工姓名查询】选项，并单击|>>|按钮，将左边框的所有字段添加到右边框中，单击【下一步】按钮，单击<按钮，将部门编号字

段移回左边列表框，单击【下一步】按钮，不选排序字段，单击【下一步】按钮，【布局】为【递阶】选项，单击【下一步】按钮，【样式】为【随意】选项，单击【下一步】按钮，报表标题为“按员工姓名查询打印”，单击【完成】按钮。

（3）创建“按学历查询打印”报表，操作步骤如下所述。

在数据库窗口中单击【对象】栏中的【报表】对象，双击右边工作区的【使用向导创建报表】选项，打开【报表向导】对话框，从组合框中选择【查询：按学历查询】选项，并单击 |>>| 按钮，将左边框的所有字段添加到右边框中，单击【下一步】按钮，分组字段为“部门编号”不更改，单击【下一步】按钮，设置排序字段为“职工编号”，单击【下一步】按钮，【布局】为【递阶】选项，单击【下一步】按钮，【样式】为【随意】选项，单击【下一步】按钮，报表标题为“按学历查询打印”，单击【完成】按钮。

（4）创建“按性别查询打印”报表，操作步骤如下所述。

在数据库窗口中单击【对象】栏中的【报表】对象，双击右边工作区的【使用向导创建报表】选项，打开【报表向导】对话框，从组合框中选择【查询：按性别查询】选项，并单击 |>>| 按钮，将左边框的所有字段添加到右边框中，单击【下一步】按钮，分组字段为“部门编号”不更改，单击【下一步】按钮，设置排序字段为“职工编号”，单击【下一步】按钮，【布局】为【递阶】选项，单击【下一步】按钮，【样式】为【随意】选项，单击【下一步】按钮，报表标题为“按性别查询打印”，单击【完成】按钮。

提示

报表创建过程中设置分组字段可以实现数据的分类输出，若之前没设置分组字段，则可进入报表设计视图，用鼠标右键单击空白处，在弹出的菜单中选择【排序与分组】命令，接着在弹出的窗口中选择分组字段，并设置下方的【组页眉】和【组页脚】属性值为【是】，关闭该窗口。这时出现报表对象的两个节区【组页眉】和【组页脚】，一般会将数据源为分组字段的控件放在组页眉节区，即组字段的值显示在每组记录开头；组页脚节区一般显示每组数据的统计结果，可通过在该节添加文本框控件，并设置其记录源属性值为一个计算表达式（如=Count（【职工编号】））实现。

5. 编写代码

窗体界面、查询、子窗体以及报表都已完成，接下来就是如何将它们结合在一起使用的问题了。在此，李勇的思路是通过对窗体的单选按钮及命令按钮的单击事件过程编写代码来实现。

（1）选项组控件中选项代码的编写。由于选项组中的控件是单选按钮，所以每次只能选择一个选项，李勇的设计思路是选中任意一个单选按钮的同时，设置与其相对应的文本框控件的可用属性为“是”，其余文本框控件的可用属性值设为“否”。即控制用户每次只能设置一个条件来筛选数据。

① 按住键盘上的【Shift】键，用鼠标左键单击文本框“Text1”、“Text2”、“Text3”和“Text4”，在属性窗口中单击【全部】选项卡，设置【可用】属性值为“否”。

用鼠标右键单击选项组第 1 个单选按钮，在菜单中选择【事件生成器】→【代码生成器】命令，在光标处输入事件代码如下。

```
Text1.Enabled = True
Text2.Enabled = False
Text2.Value = ""
Text3.Enabled = False
Text3.Value = ""
Text4.Enabled = False
Text4.Value = ""
```

效果如图 8-2-9 所示。

图 8-2-10 中代码 Option3_Gotfocus()是指控件的事件过程名，Option3 是单选按钮名称，具体添加时该按钮名称可能不一样。

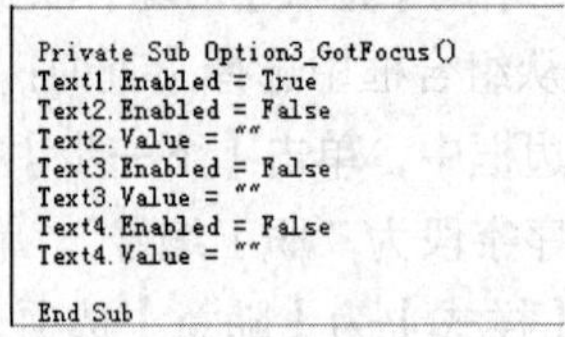

```
Private Sub Option3_GotFocus()
Text1.Enabled = True
Text2.Enabled = False
Text2.Value = ""
Text3.Enabled = False
Text3.Value = ""
Text4.Enabled = False
Text4.Value = ""

End Sub
```

图 8-2-10 输入事件代码效果

② 用鼠标右键单击选项组第 2 个单选按钮，在菜单中选择【事件生成器】→【代码生成器】命令，在光标处输入事件代码如下。

```
Text1.Enabled = False
Text1.Value = ""
Text2.Enabled = True
Text3.Enabled = False
Text3.Value = ""
Text4.Enabled = False
Text4.Value = ""
```

③ 用鼠标右键单击选项组第 3 个单选按钮，在菜单中选择【事件生成器】→【代码生成器】命令，在光标处输入事件代码如下。

```
Text1.Enabled = False
Text1.Value = ""
Text2.Enabled = False
Text2.Value = ""
Text3.Enabled = True
Text4.Enabled = False
Text4.Value = ""
```

④ 用鼠标右键单击选项组第 4 个单选按钮，在菜单中选择【事件生成器】→【代码生成器】命令，在光标处输入事件代码如下。

```
Text1.Enabled = False
Text1.Value = ""
Text2.Enabled = False
Text2.Value = ""
Text3.Enabled = False
Text3.Value = ""
Text4.Enabled = True
```

针对 4 个单选按钮所设置的代码均要在它们的 GotFocus（获得焦点）事件过程中输入，每个单选按钮实现的功能都是将与自己相对应的文本框设为可用，其他文本框设为不可用。

（2）【查询】按钮 Click 事件代码的编写。李勇给【查询】按钮指定的功能是，当窗体运行时，用户在相应文本框中输入条件后，用鼠标左键单击【查询】按钮，可根据 4 个文本框的可用属性值做判断，哪个可用属性值为“是”，则设置【子窗体/子报表】控件数据源属性值为相应的子窗体对象。这样可根据不同的选项来运行不同的查询对象，进而将查询结果在【子窗体/子报表】控件中显示，操作步骤如下所述。

用鼠标右键单击【查询】命令按钮，在快捷菜单中选择【事件生成器】→【代码生成器】命令，在光标处输入事件代码如下。

```
If Text1.Enabled = True Then
 Child40.SourceObject = "按部门编号查询"
ElseIf Text2.Enabled = True Then
 Child40.SourceObject = "按员工姓名查询"
ElseIf Text3.Enabled = True Then
 Child40.SourceObject = "按学历查询"
Else
 Child40.SourceObject = "按性别查询"
End If
```

上面这段代码主要使用 if 条件选择结构对文本框的可用属性做判断，哪个文本框可用，则将【子窗体/子报表】控件的数据源属性设置为相应的窗体对象。

（3）【打印】命令按钮 Click 事件代码的编写。李勇给【打印】命令按钮指定的功能是，当窗体运行时，用户在相应文本框中输入条件后，用鼠标左键单击【打印】命令按钮，可根据 4 个文本框的可用属性值做判断，哪个可用属性值为“是”，则运行相应的报表对象，操作步骤如下所述。

用鼠标右键单击【打印】命令按钮，在快捷菜单中选择【事件生成器】→【代码生成器】命令，在光标处输入事件代码如下。

```
If Text1.Enabled = True Then
 DoCmd.OpenReport "按部门编号查询打印", acViewPreview
ElseIf Text2.Enabled = True Then
 DoCmd.OpenReport "按员工姓名查询打印", acViewPreview
ElseIf Text3.Enabled = True Then
 DoCmd.OpenReport "按学历查询打印", acViewPreview
Else
DoCmd.OpenReport "按性别查询打印", acViewPreview
End If
```

代码中涉及的控件名不是固定的，要根据所添加的控件实际名称来填写，text 是文本框的默认名称，Child40 是【简单查询界面】窗体中添加的【子窗体/子报表】控件名。

8.2.4　任务小结

本案例通过制作数据库应用系统的“简单查询模块”，讲解了窗体的设计、查询的设计和报表的设计过程。该功能可实现利用窗体界面来输入查询条件筛选出记录，并可将所筛选出来的数据打印输出。李勇利用该功能模块，管理数据更是得心应手。于是，他对这次的任务做了一下小结。

（1）查询的条件应是动态设置，设计一个窗体界面，利用相关控件来进行条件值的输入效果较好。

（2）设计查询，将窗体跟查询两者结合应用。可通过将查询的条件指定为窗体中用来输入条件值的控件来实现。

（3）以查询为数据源创建子窗体，目的是为了将查询结果在窗体界面的【子窗体/子报表】控件中显示。

（4）创建报表，报表的数据源要选择为本案例中所建查询，这样才可实现有条件输出数据。

（5）要想完全实现想要的功能，还需给相关控件的事件编写代码。如要运行查询和报表，需在相应命令按钮中编写代码实现调用。

8.2.5 拓展训练

本节拓展训练的内容是“图书管理系统”的简单查询模块设计，该模块可实现图书信息查询。

1. 设计查询条件窗体

（1）在窗体设计视图的主体节区添加选项组控件，弹出【选项组向导】对话框，在此分别输入“按图书编号查询”、“按出版社查询”、“按类别查询”等3个选项标签，之后一直单击【下一步】按钮，最后设置选项组标题为“请选择查询选项”，单击【完成】按钮。

（2）在选项组控件旁边添加3个文本框，文本框左边标签的标题依次设为“请输入图书编号”、“请输入出版社”和“请输入图书类别”；依次设置文本框的名称为“Text1”、“Text2”和“Text3”，并将它们的可用属性都设为“否”。

（3）添加两个命令按钮，标题为“查询”和“打印”。

（4）在主体节区下方添加【子窗体/子报表】控件，命名为child1。

（5）保存窗体，命名为“图书查询界面”。

2. 创建查询

（1）以“图书”表为数据源创建查询，显示所有的字段，图书编号字段为参数，在与其同列的条件格中输入“Forms!【图书查询界面】!【text1】”，查询命名为“按图书编号查询”。

（2）以“图书”表为数据源创建查询，显示所有的字段，出版社字段为参数，在与其同列的条件格中输入“Forms!【图书查询界面】!【text2】”，查询命名为“按出版社查询”。

（3）以“图书”表为数据源创建查询，显示所有的字段，类别字段为参数，在与其同列的条件格中输入“Forms!【图书查询界面】!【text3】”，查询命名为“按图书类别查询”。

3. 创建子窗体

（1）使用窗体向导方式以“按图书编号查询”为数据源创建窗体，显示所有字段，窗体命名为“按图书编号查询窗体”。

（2）使用窗体向导方式以“按出版社查询”为数据源创建窗体，显示所有字段，窗体命名为“按出版社查询窗体”。

（3）使用窗体向导方式以“按图书类别查询”为数据源创建窗体，显示所有字段，窗体命名为“按图书类别查询窗体”。

4. 创建报表

（1）以“按图书编号查询”为数据源使用报表向导方式创建报表，选用查询的所有字段为报表的输出字段，报表布局、样式可自由选择，最后报表标题设置为“按书号打印输出”。

（2）以“按出版社查询”为数据源使用报表向导方式创建报表，选用查询的所有字段为报表的输出字段，报表布局、样式可自由选择，最后报表标题设置为“按出版社打印输出”。

（3）以“按图书类别查询”为数据源使用报表向导方式创建报表，选用查询的所有字段为报表的输出字段，报表布局、样式可自由选择，最后报表标题设置为“按图书类别打印输出”。

5. “图书查询界面”窗体中所有单击事件过程设置代码

（1）给选项组的每个单选按钮的相关事件设置代码

① 用鼠标右键单击选项组第 1 个单选按钮，在菜单中选择【事件生成器】→【代码牛成器】命令，在光标处输入事件代码如下。

```
Text1.Enabled = True
Text2.Enabled = False
Text2.Value = ""
Text3.Enabled = False
Text3.Value = ""
```

② 用鼠标右键单击选项组第 2 个单选按钮，在菜单中选择【事件生成器】→【代码生成器】命令，在光标处输入事件代码如下。

```
Text1.Enabled = False
Text1.Value = ""
Text2.Enabled = True
Text3.Enabled = False
Text3.Value = ""
```

③ 用鼠标右键单击选项组第 3 个单选按钮，在菜单中选择【事件生成器】→【代码生成器】命令，在光标处输入事件代码如下。

```
Text1.Enabled = False
Text1.Value = ""
Text2.Enabled = False
Text3.Enabled = True
Text3.Value = ""
```

（2）给两个命令按钮设置代码

① 用鼠标右键单击【查询】按钮，在菜单中选择【事件生成器】→【代码生成器】命令，在光标处输入事件代码如下。

```
If Text1.Enabled = True Then
 Child1.SourceObject = "按图书编号查询"
ElseIf Text2.Enabled = True Then
 Child1.SourceObject = "按出版社查询"
Else
 Child1.SourceObject = "按图书类别查询"
End If
```

② 用鼠标右键单击【打印】按钮，在菜单中选择【事件生成器】→【代码生成器】命令，在光标处输入事件代码如下。

```
If Text1.Enabled = True Then
 DoCmd.OpenReport "按书号打印输出", acViewPreview
ElseIf Text2.Enabled = True Then
 DoCmd.OpenReport "按出版社打印输出", acViewPreview
Else
DoCmd.OpenReport "按图书类别打印输出", acViewPreview
End If
```

8.2.6 课后练习

给“学生管理系统”数据库设置数据查询及打印功能，能实现学生基本信息、成绩查询和打印。

（1）设计查询界面，如图 8-2-11 所示。

（2）设计查询，根据图中所列的条件选项，设计 4 个相应的参数查询（以文本框值为参数），分别命名为“按姓名查询”、“按所属系查询”、“按课程查询成绩”和“按学号查询学生成绩”。此外还要设计 3 个数据统计查询，实现“统计不及格记录”、“统计成绩优秀记录”和“统计每门课程平均分”功能。4 个参数查询的设计图如图 8-2-12～图 8-2-15 所示。

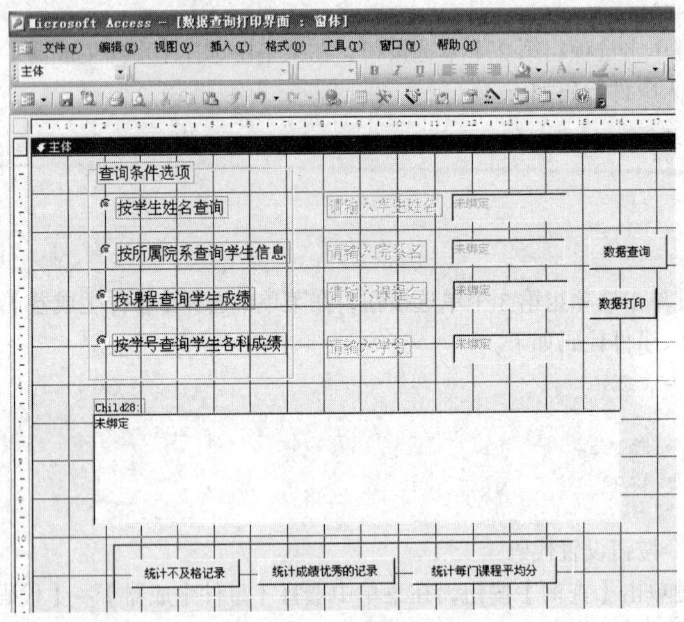

图 8-2-11 查询界面

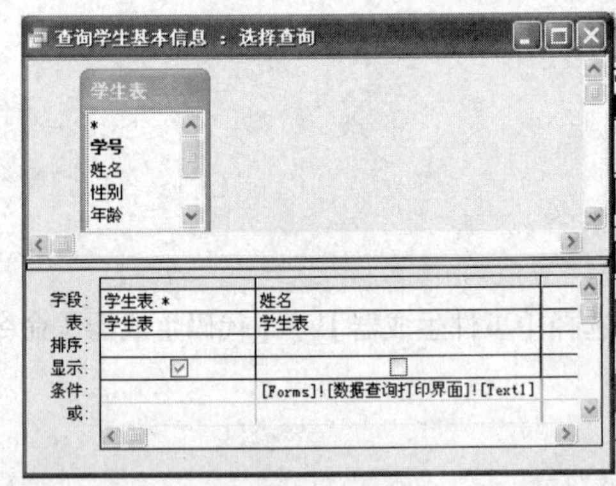

图 8-2-12 “按姓名查询”

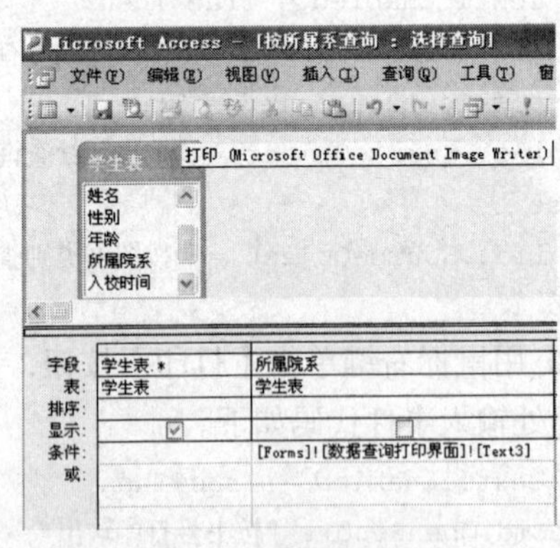

图 8-2-13 “按所属系查询”

3 个数据统计查询的设计图如图 8-2-16～图 8-2-18 所示。

（3）创建报表，以所建的参数查询为数据源创建 4 个报表，分别命名为“打印学生个人信息”、“按系打印学生信息”、“按课程打印学生成绩”和“打印学生成绩”。

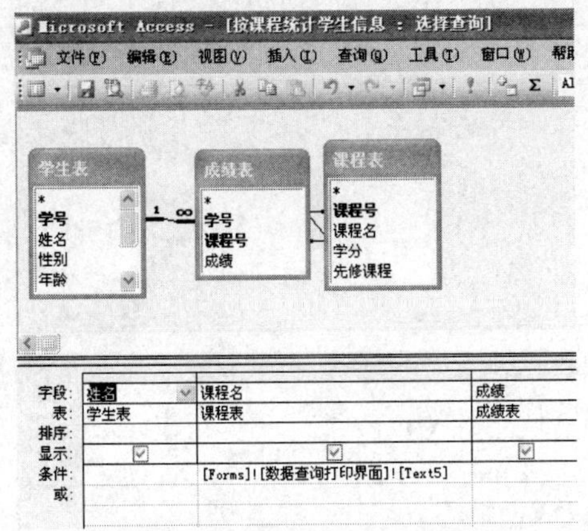

图 8-2-14 “按课程查询成绩”

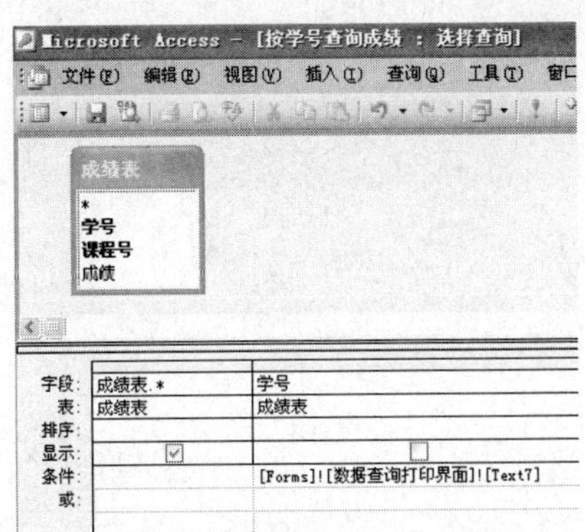

图 8-2-15 “按学号查询学生成绩”

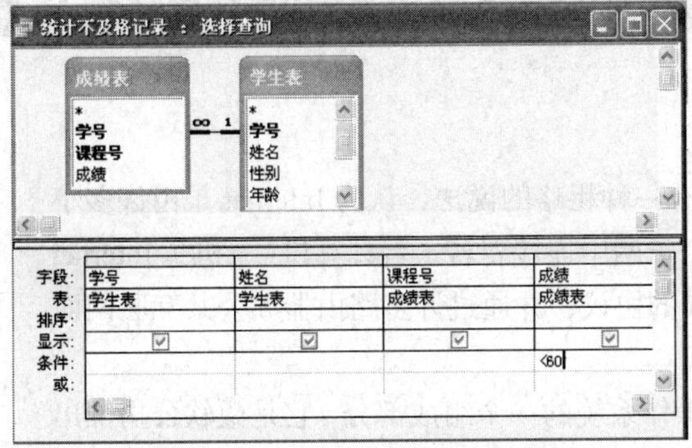

图 8-2-16　统计不及格记录

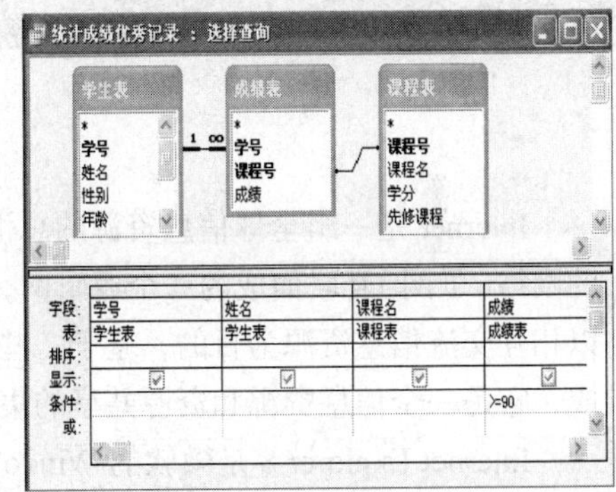

图 8-2-17　统计成绩优秀记录

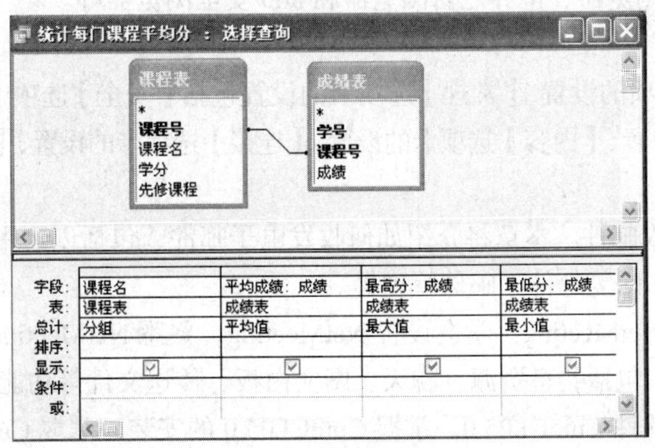

图 8-2-18　统计每门课程平均分

（4）以参数查询为数据源创建 4 个窗体，自己命名。

（5）给单选按钮和命令按钮设置任务

“数据查询打印界面”中单选按钮需在事件过程中输入代码（参考前面案例），【“数据查询】和【数据打印】按钮也要设置事件过程中代码，“数据查询打印界面”中最下方的 3 个命令按钮的功能在按钮添加时弹出的【命令按钮向导】对话框中进行设置。

第9章 Internet 综合应用

Internet 是一组全球信息资源的总汇。有一种粗略的说法，认为 Internet 是由许多小的网络（子网）互联而成的一个逻辑网，每个子网中连接着若干台计算机（主机）。Internet 以相互交流信息资源为目的，基于一些共同的协议，并通过许多路由器和公共互联网而成，它是一个信息资源和资源共享的集合。

Internet Explorer 8 是微软的 Windows 操作系统的一个组成部分，它是微软公司推出的一款网页浏览器，是使用最广泛的网页浏览器，比较著名的使用 IE 核心的浏览器有：傲游浏览器、搜狗浏览器、世界之窗浏览器和 360 安全浏览器等。

学习目标

- ✧ Internet 选项的设置。【常规】选项卡的设置包括【安全】选项卡的设置、【隐私】选项卡的设置、【内容】选项卡的设置、【连接】选项卡的设置、【程序】选项卡的设置。
- ✧ 发送与接收邮件。本章将介绍如何收发电子邮件，包括创建用户账户、编写邮件、接收和回复邮件、邮件管理等。
- ✧ 网络会议 NetMeeting。学会设置 NetMeeting，熟悉 NetMeeting，掌握如何召开网络会议，包括共享资源、聊天、图文白板、传送文件等功能的使用等。
- ✧ 文件传输软件 CuteFTP5.0。掌握 CuteFTP5.0 的安装，掌握 CuteFTP5.0 的文件上传和下载。

9.1 Internet 基本应用——Internet 选项的设置

9.1.1 创建情景

由于公司业务需要，骆珊经常要上网查找资料、联系客户；平时，骆珊想通过网络查看新闻；在网络上搜索和下载一些学习资料、音乐、电影等；通过电子邮件和同学、

家人、朋友进行沟通和交流资料；利用网络商城购买一些自己喜欢的东西。

现在的网上广告无孔不入，打开很多网站的同时，就会弹出广告页面，是否可以屏蔽。对于骆珊的这些需求，她该如何学习应用 Internet 选项的各项设置，来满足她的上网要求。

9.1.2　任务剖析

当用户浏览网页的时候，都想直接访问浏览喜欢的网站，会有一些 Internet 的页存储在计算机上的特定目录中，这样以后浏览的时候就会提高浏览速度。但是时间长了之后，有些页面的内容就过时了，这些过时的内容大量存储在计算机上，占用空间，造成了不必要的浪费，而且有时还会使页面不能正常浏览。因此要养成良好的及时清理临时文件的习惯。

历史记录部分可以规定网页在历史记录中保存的天数。超过这个天数的历史记录就会自动清除。默认情况下为保存 20 天的历史记录。这样当用户按下【历史】按钮时就可以看到近 20 天内所访问过的记录。这个天数可以根据用户的需要自行设定。

在连接选项卡下可以设置代理服务器，来访问一些在直接连接的情况下无法访问的站点。根据连网方式的不同又分为拨号设置和局域网设置。骆珊在学校学习了办公软件课程中的 Internet 综合应用这部分知识后，就可以对【Internet 选项】进行设置，“蔽”掉烦人的广告了。

1. 相关知识点

（1）【常规】选项卡。在浏览 Web 时，Internet Explorer 8（以下简称 IE）会存储有关访问的网站信息，以及这些网站经常要求提供的信息（如姓名和地址）。IE 会存储以下类型的信息：临时 Internet 文件、Cookie、曾经访问的网站的历史记录、在网站或地址栏中输入的信息和密码等。通常，将这些信息存储在计算机上是有用的，它可以提高 Web 浏览速度，并且不必多次重复键入相同的信息。但是当用户正在使用公用计算机时，不想在该计算机上留下任何个人信息，就要删除这些信息。在【常规】选项卡中，可进行主页、Internet 临时文件、历史记录和辅助功能的设置和操作。

① 默认首页。选择【工具】→【Internet 选项】命令，在【常规】选项卡中的主页中键入自己欲设置的默认网页名称，以后打开 IE 后就会默认使用设置的网页作为默认主页了。

② Internet 临时文件。IE 在访问网站时都是把它们先下载到 IE 缓冲区（Internet Temporary Files）中的。时间一长，在硬盘上会留下很多临时文件，可以通过【Internet 选项】中【常规】选项卡中的【Internet 临时文件】项目下的【删除 Cookies】和【删除文件】来进行清理。

③ 历史记录设置。IE 历史记录文件夹记录了最近一段时间内浏览过的网站的内容，假如是 Windows 2000 操作系统的话，还会记录操作过的文件，这样从 Histroy 文件里可以监视本机上的所有操作。这可不是危言耸听，几乎所有的操作都会被系统自动记录下来。此选项可以清除 IE 历史记录。

（2）【安全】选项卡。在【安全】选项卡中，可单击选择【Internet】、【本地 Internet】、【可信站点】或【受限站点】区域之一，然后单击选择【站点】选项。如果选择了【本地 Intranet】，单击【站点】后可选择【高级】按钮，在【将该网站添加区域中】文本框中，键入要添加到该区域的网站的地址，然后单击【添加】按钮，就将该网站指派到安全区域。单击【默认级别】按钮，可设置该区域的默认安全级别，单击【自定义级别】按钮，可选择需要的设置来设置每个区域的安全级别。

（3）【隐私】选项卡，可以对 Cookies 进行管理。要定义所有网站的隐私，可在【隐私】选项卡中单击【高级】按钮，再单击【覆盖默认设置】按钮，然后设定 IE 如何处理第一方网站和第三方网站（当前正在查看的网站之外的网站）的 Cookie。单击【接受】按钮，则 IE 始终允许在主机上保存 Cookie；单击【阻止】按钮，则 IE 不允许在主机上保存 Cookie；单击【提示】按钮，则 IE 询问是否允许在主机上保存 Cookie。如果让 IE 始终允许在主机上保存会话 Cookie，则单击【始终允许会话 Cookie】按钮。要定义个别网站的隐私设置，可单击【编辑】按钮，在【网站地址】中，键入要指定自定义设置的网站的完整地址。

（4）【内容】选项卡。在【内容】选项卡中包括 3 项内容：分级审查、证书、个人信息。

（5）【程序】选项卡。利用该选项卡可以更改电子邮件、新闻组、日历和 Internet 电话使用的默认程序。单击这些程序在网页上的链接时，IE 将打开用户指定的默认程序。

（6）【高级】选项卡。该选项卡用于对安全、打印、浏览、搜索、多媒体等一些高级选项进行设置，也可以单击【还原默认设置】按钮来还原设置。

2. 操作方案

Internet 选项设置的最大的特点就是安全快捷，使用户加快浏览网页的速度。因此，根据要求，骆珊制定出了具体的学习方案，主要有以下几个要点。

（1）【常规】选项卡的设置。

（2）【安全】选项卡的设置。

（3）【隐私】选项卡的设置。

（4）【内容】选项卡的设置。

（5）【连接】选项卡的设置。

（6）【程序】选项卡的设置。

（7）【高级】选项卡的设置。

9.1.3 任务实现

1.【常规】选项卡的设置

骆珊开始了解和熟悉 IE 浏览器的性质和功能，再逐步设置【Internet 选项】。进行 Internet 选项设置，首先在 IE 上选择【工具】→【Internet 选项】命令，进入 Internet 选项设置。

（1）快速设置默认首页。选择【工具】→【Internet 选项】命令，在【常规】选项卡的主页中键入用户欲设置的默认的网页名称，如图 9-1-1 所示，单击【确定】按钮，以后打开 IE 后就会使用用户设置的网页作为默认主页了。

提示

IE Cookies。Cookie 的主要作用本是为了方便的服务帮助网站跟踪用户，它会在用户访问网站时自动生成，并保存在【c:\windows\cookies】文件夹下，记录网站的 IP 地址、用户名等信息。但是有些人就利用这个功能，对用户进行恶意跟踪，用户常常因此而遭到攻击。此选项可以清除 IE Cookies。

（2）删除浏览的历史记录。在 Internet Explorer8 中，单击【安全】按钮，然后单击【删除浏览历史记录】按钮，再选中要删除的每个信息类别旁边的复选框。如果不想删除与用户的【收藏夹】列表中的网站关联的 Cookie 和文件，请选中【保留收藏夹网站数据】复选框，单击【删除】按钮。如果有大量的文件和历史记录，则此操作可能需要一段时间才能完成。

① 删除 Internet 临时文件。可能大家没有在意过，IE 在访问网站时都是把网页内容先下载到 IE 缓冲区（Internet Temporary Files）中的。时间一长，在硬盘上会留下很多临时文件，虽然 Windows 声称能够在关闭之后自动将它清除，但实际上，并不完全是这样的。不过，可以通过【Internet 选项】中【常规】选项卡下的【Internet 临时文件（T）】、【Cookies（O）】和【历史记录（H）】来进行清理，如图 9-1-2 所示。

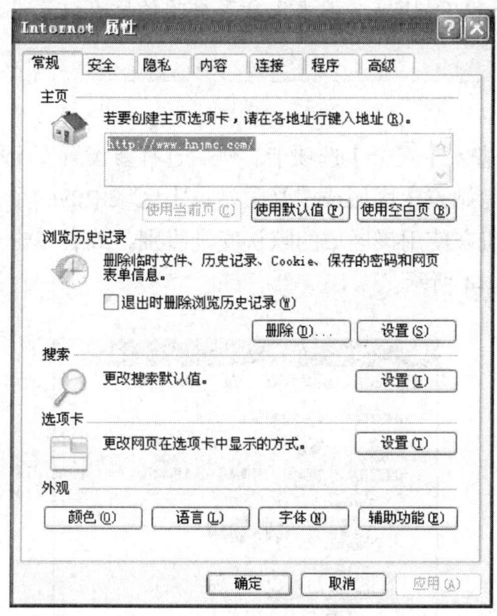

图 9-1-1　快速设置默认首页

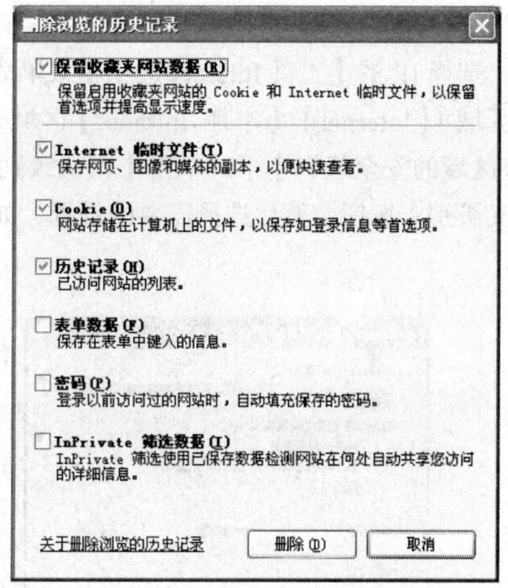

图 9-1-2　删除浏览的历史记录

② 通过删除 Cookies，还可以防止隐私被人窥视呢!

（1）IE 缓存。为了提高访问网页的速度，Internet Explorer 8 浏览器会采用累积式加速的方法，将用户曾经访问的网页内容（包括图片以及 cookie 文件等）存放在电脑里。这个存放空间被称为 IE 缓存。以后用户每次访问网站时，IE 会首先搜索这个目录，如果其中已经有访问过的内容，IE 就不必从网上下载，而直接从缓存中调出来，从而提高了访问网站的速度。

（2）设置 IE 缓存大小。要提高 IE 的访问速度，IE 缓存是必不可少的。IE 缓存默认安装在系统区，而且会需要占用较大的系统空间。所以如果用户的系统空间的确很紧张，可以将缓存占用的空间设置得小一点，在 IE 中选择【工具】→【Internet 选项】命令，然后在【常规】选项卡中选择【Internet 临时文件】这一项，单击【设置】按钮，然后在弹出的【设置】对话框中将缓存大小设置为一个合适的值。用户也可以直接将 IE 缓存移动到其他位置上去。在【Internet 临时文件】下单击【设置】按钮，然后在【设置】对话框中单击【移动文件夹】按钮，在【浏览文件夹】对话框中选择文件夹，将 IE 缓存移动到其他地方，这样就不必担心 IE 缓存太大，占用更多空间了。

③ 历史记录设置。删除历史记录，选择 IE 浏览器【工具】→【Internet 选项】命令，正常打开后，可看到【常规】标签下【历史记录】区域，单击【删除所有历史记录】按钮即可将 IE 浏览的所有网址及 URL 删除。另外还可设置保存访问网页和 URL 的天数，根据用户的要求设置即可，设置历史记录保存天数，如图 9-1-3 所示。

（1）从当前浏览会话清除完仍位于内存中的 cookie 后，应该关闭 Internet Explorer8。使用公共计算机时，这一点尤其重要。

（2）删除浏览历史记录并不会删除您的收藏夹列表或订阅的源。

（3）用户可以使用 Internet Explorer8 的 InPrivate 浏览功能来避免在浏览 Web 时留下任何历史记录。

（4）用户可以删除第一次安装 Internet Explorer8 以来进行了更改的所有设置，包括浏览历史记录。

2. 安全选项卡的设置

选择 IE 的【工具 Internet 选项】菜单命令，进入【安全】选项卡。然后选择要设置安全级别的区域（【Internet】、【本地 Intranet】区域、【可信站点】区域或【受限站点】区域中的一个，在【该区域的安全级别】下，单击【默认级别】按钮来使用该区域的默认安全级别，或者单击【自定义级别】按钮，然后选择需要的设置，如图 9-1-4 所示。

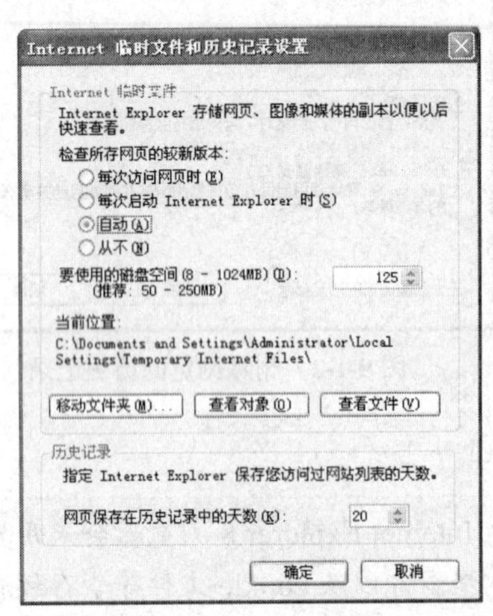

图 9-1-3 历史记录设置

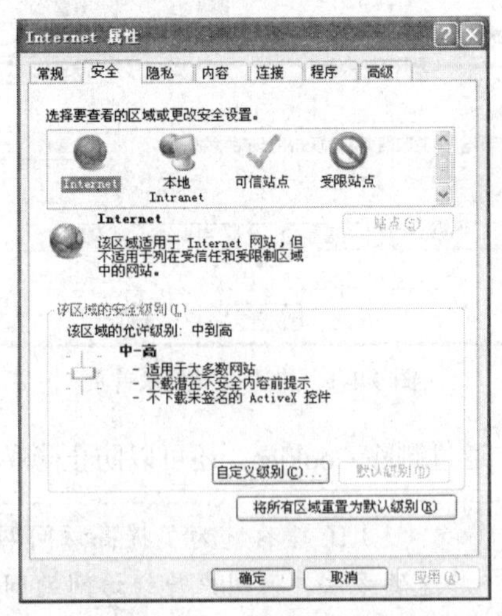

图 9-1-4 【安全】选项卡的设置

（1）【Internet】区域。在默认情况下，该区域包含非本机站点和未划归其他任何区域的局域网内所有站点。【Internet】区域的默认安全级为【中】。可以在【Internet 选项】对话框的【隐私】选项卡上更改【Internet】区域的隐私设置。

（2）【本地 Intranet】区域。该区域通常包含按照网络系统管理员的定义，不需要代理服务器的所有地址。包括在【连接】选项卡上指定的站点、网络路径（如\\computername\foldername）和本地 Intranet 站点（通常不包括具体的地址，例如 http://internal）。【本地 Intranet】区域的默认安全级是【中】。因此，IE 允许该区域中的网站在计算机上保存 Cookie，并且由创建 Cookie 的网站读取。

（3）【可信站点】区域。该区域包含信任的站点，也就是说，相信可以直接从这里下载或运行文件，而不用担心危害计算机或数据。可以将站点分配到该区域。【可信站点】区域的默认安全级是【低】。因此，IE 允许该区域中的网站在计算机上保存 Cookie，并且由创建 Cookie 的网站读取。

（4）【受限站点】区域。该区域包含不信任的站点，也就是说，不能肯定是否可以从该站点下载或运行文件而不损害计算机或数据，可以将站点分配到该区域。【受限站点】区域的默认安全级是【高】。因此，IE 将阻止来自该区域中的网站的所有 Cookie。

此外，已经存放在本地计算机上的任何文件都被认为是安全的，所以它们被设置为最低的安全级。无法将本地计算机上的文件夹或驱动器分配到任何安全区域。可以更改某个区域的安全级别，例如可能需要将【本地 Intranet】区域的安全设置改为“低”。或者自定义某个区域的设置。也可以通过从证书颁发机构导入隐私设置文件来为某个区域自定义设置。

3.【隐私】选项卡的设置

（1）单击 IE 右上角的工具按钮，在菜单中选择【Internet 选项】。在【Internet 选项】对话框中，选择【隐私】选项卡，勾选【打开弹出窗口阻止程序】复选框就可以啦。

（2）如图 9-1-5 所示，用户还可以单击【设置】按钮，进行更高级的设置。可以在【例外情况】中添加允许的网站列表，还可以在【阻止级别】中选择 3 个筛选级别，如图 9-1-6 所示。现在用户再也不用被弹出广告“骚扰”了！

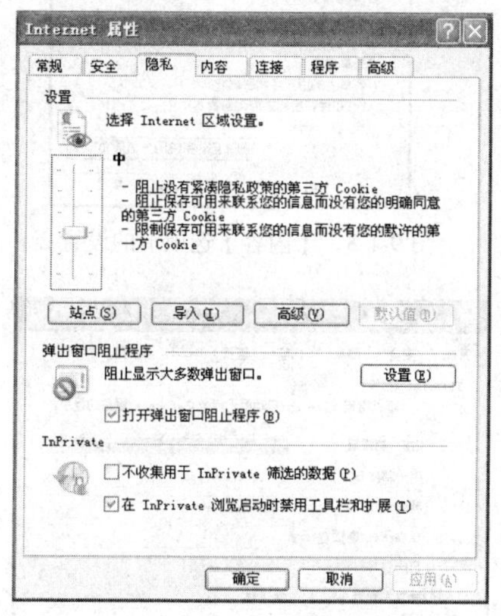

图 9-1-5 【隐私】选项卡的设置 1

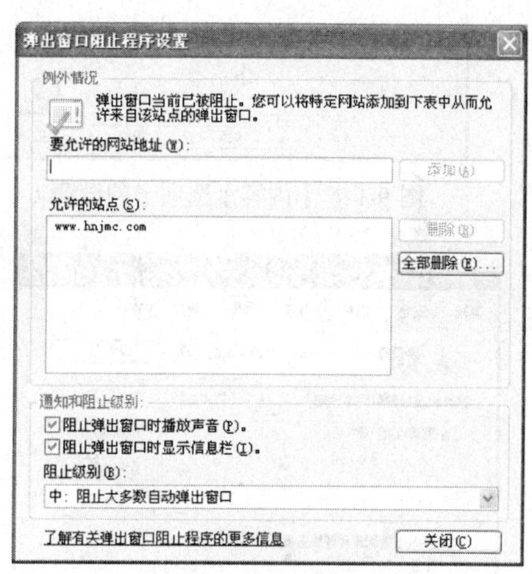

图 9-1-6 【隐私】选项卡的设置 2

4.【内容】选项卡的设置

如何清除自动保存的登录密码？每次进入一个新网站，要输入用户名和密码时，系统总会提示，是否需要记住密码以方便下一次登录使用。一般情况下都会选【否】，不过有的时候操作太快，或者鼠标没操作好，也有一时不慎点了【是】的时候。如果普通网站就无所谓了，要是邮箱之类的私人地界，就有点麻烦了，只要有人能猜中用户名的第一个字母，这就算是解密了，怎么办？【Internet 选项】来帮咱！在【Internet 选项】对话框中选择【内容】选项卡，在【自动完成】栏单击【设置】按钮，在【自动完成设置】窗口中不要勾选【表单上的用户名和密码】复选框，以后就再也不会自动保存用户的密码了，如图 9-1-7、图 9-1-8 所示。

5.【连接】选项卡的设置

移动办公目前越来越流行，不同的办公地点登录互联网的方式是不同的，在家一般用 ADSL 拨号上网，在公司使用局域网可在家设置的 ADSL 拨号，总会不停地跳出拨号连接的提示框，在【Internet 选项】对话框的【连接】选项卡里，点选【从不进行拨号连接】单选项，再单击【确定】按钮即可，如图 9-1-9 所示。

6.【程序】选项卡的设置

（1）如何恢复 IE 为默认浏览器？自己的电脑总免不了会给别人用，可经过别人手之后，好多设置就会被改掉。在【Internet 选项】对话框中选择【程序】选项卡，在【默认的 Web 浏览器】栏中单击【设为默认值】按钮，再单击【确定】按钮！如图 9-1-10 所示。

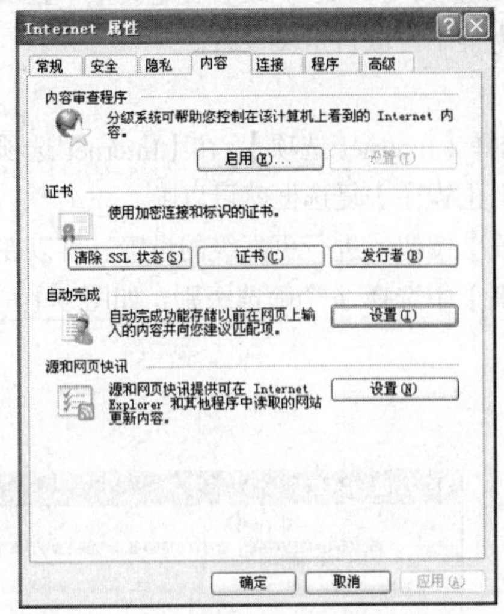

图 9-1-7 【内容】选项卡的设置 1

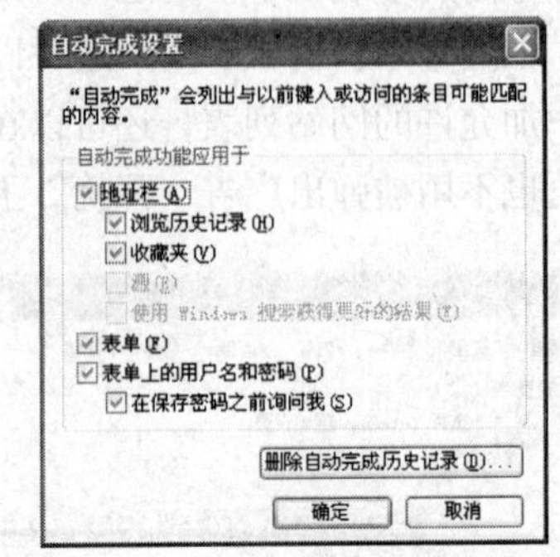

图 9-1-8 【内容】选项卡的设置 2

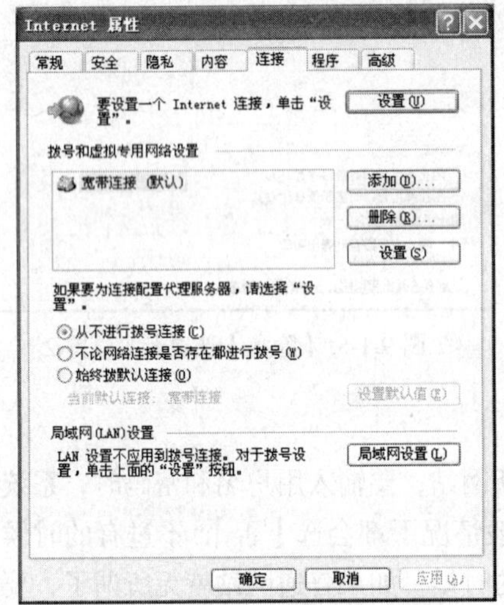

图 9-1-9 【连接】选项卡的设置

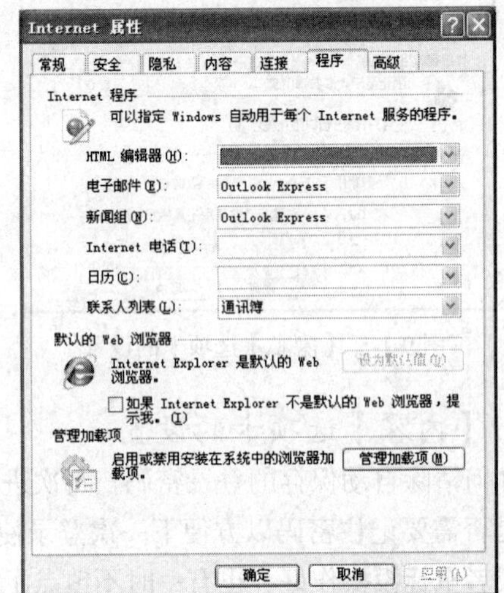

图 9-1-10 【程序】选项卡的设置

（2）如何清除烦人的加载项。其实很多加载项能让人们上网更顺畅，比如 IE8 新推出的加速器功能，而且大多数加载项都会通过提示框来获得用户的允许才会加载，不过也总有一些不自觉的网站或软件会不经用户允许在背地里加载，还有一些加载项是用户目前已经不再使用了的，可以通过【Internet 选项】中的【管理加载项】功能来完成，在 IE8 中这一功能有了全面改进，操作更加简单。

在【Internet 选项】对话框中选择【程序】选项卡，在【管理加载项】栏单击【管理加载项】按钮来管理加载项。IE 上所有的加载项都分门别类列在这里了，选择需要删除的加载项，像加速器和搜索这一类的加载项如果不需要可以直接删除。当然如果用户特别喜欢使用哪个加载项，也可以设置为默认首选，让它们使用起来更顺手。如图 9-1-11 所示。

7.【高级】选项卡的设置

为了加快网页浏览的速度，可以有选择地关闭显示图片、音频、动画和视频等多媒体信息的

功能，从而快速地浏览网页的主要内容，操作方法是在【高级】选项卡的【多媒体】区域做相应的设置；为了提高安全性，还可以通过对【安全】区域内的相关参数进行设置，关闭或限制 IE 执行脚本和 ActiveX 控件的功能。

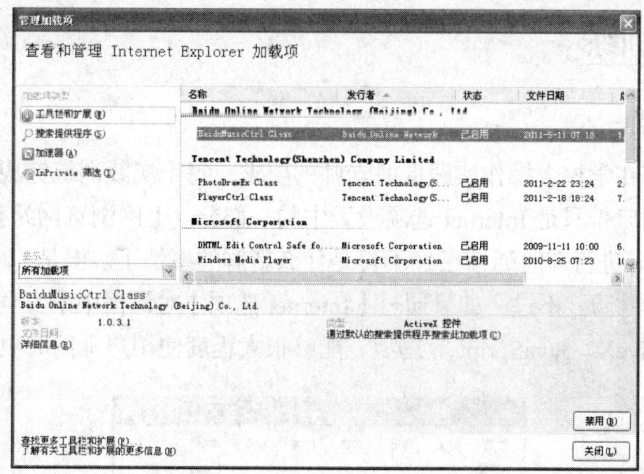

图 9-1-11 【程序】选项卡的设置

设置项目需要读者具有较高的使用计算机的能力，否则可能会影响 IE 的正常工作与安全。设置 Internet 高级选项需要执行【工具】→【Internet 选项】命令，打开【Internet 选项】对话框，选中其中的【高级】选项卡。在【Internet 选项】的【高级】选项卡的【设置】文本框内列出了【http1.l 设置】、【安全】、【从地址栏中搜索】、【打印】、【多媒体】、【浏览】、【辅助功能】等多个复选框设置区域，选择相应区域的设置项目复选框，可以打开/关闭相应的功能，设置完成后，单击【应用】或【确定】按钮可以使设置内容生效，如图 9-1-12 所示。

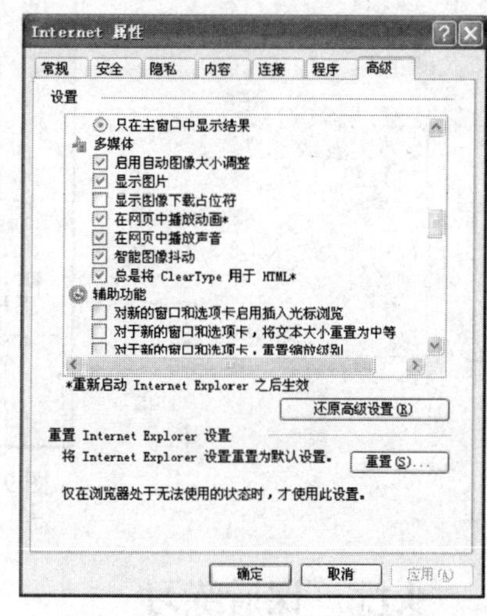

图 9-1-12 【高级】选项卡的设置

高级选项的设置项目多涉及 IE 的显示效果控制、安全设置、插件程序的控制等方面（具体的参数含义请参考有关材料）。

9.1.4 任务小结

本章内容包括常规选项卡，可以配置 IE 的默认主页；可以设置 Cookies，还可以设置历史访问的网页，这样可以不保留历史访问网页，也可以设置过期时间，还可以设置最多保留的网页数目；另外还可以对网页显示的字体设置颜色，字体格式，语言等。在安全选项卡中，可以设置信任的站点和不信任的站点，以防止某个陌生网页的的病毒乘机侵入；隐私选项卡，就是通过对 Cookies 的设置，及时清理保存在 Cookies 里的用户名密码等信息的；内容选项卡，主要是针对加密方面的，SLL 的加密与因特网的结合，以保证安全性，当然这比隐私中的安全更强。连接选项卡中可以配置以何种方式连接的。即联网的方式。程序选项卡的设置，侧重于如何恢复 IE 为默认浏览器；高级选项卡，就是结合当前的配置，可以选择需要的项和效果。骆珊完成了【Internet

选项】设置，全身心放松使得上网过程更加安全方便。

掌握了【Internet 选项】的各项功能，如安全选项卡，高级选项卡中的安全措施，为自己的网络环境添加一道安全屏障，可以尽情地在网上冲浪。

9.1.5 拓展训练

让上网多一份安全

骆珊最后还不忘在学校上操作实践课时老师的要求：每个实践训练完成之后，都得思考，屏蔽网页上讨厌的弹出广告只是 Internet 选项设置中的一部分。上网浏览网站获取资料、收发邮件、用 QQ 或 MSN 与他人进行即时通信已经不再是什么新鲜的事情了。但是，现在网上有很多病毒、木马，使得我们防不胜防。不过，如果通过【Internet 选项】对话框中【安全】选项卡下的相应设置来自定义诸如 ActiveX、JavaScript 等选项，能够很大程度使用户上网时更加安全。

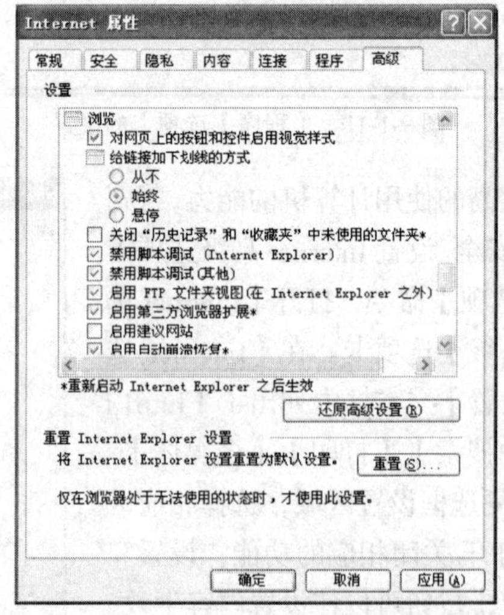

图 9-1-13 【高级】选项卡的脚本设置

9.1.6 课后练习

请练习将 Internet Explorer 8 设置为默认值。(提示：用鼠标右键单击 Internet Explorer 8，在弹出菜单中选择【高级选项】，再单击【重置】按钮即可，如图 9-1-14 所示。

图 9-1-14 【高级】选项卡重置为默认值

9.2 Intenet 基本应用——电子邮件使用

9.2.1 创建情景

由于公司日常业务需要，骆珊经常和客户联系，而利用电子邮件与客户进行交流，是一种快捷、廉价的现代化通信手段，尤其在电子商务及国际交流中发挥着重要的作用。

9.2.2 任务剖析

骆珊知道要使用电子邮件服务，首先要拥有一个电子邮箱（MailBox），但怎样申请电子邮箱，如何收发电子邮件呢?

1. 相关知识点

（1）电子邮件简介。电子邮件（Electronic mail，简称 E-mail，标志：@，也被大家昵称为“伊妹儿”）又称电子信箱、电子邮政，它是一种用电子手段提供信息交换的通信方式，是 Internet 应用最广的服务。通过电子邮件系统，用户可以用非常低廉的价格，以非常快速的方式（几秒钟之内可以发送到世界上任何用户指定的目的地），与世界上任何一个角落的网络用户联系。这些电子邮件可以是文字、图像、声音等各种方式。同时，用户可以得到大量免费的新闻、专题邮件，并轻松地实现信息搜索。

（2）电子邮件的发送和接收原理。可以很形象地用人们日常生活中邮寄包裹来形容电子邮件：当人们要寄一个包裹的时候，首先要找到任何一个有这项业务的邮局，在填写完收件人姓名、地址等内容之后包裹就寄出；而到了收件人所在地的邮局，对方取包裹的时候就必须去这个邮局才能取出。同样地，当发送电子邮件的时候，这封邮件是由邮件发送服务器（任何一个都可以）发出，并根据收信人的地址判断对方的邮件接收服务器而将这封信发送到该服务器上，收信人要收取邮件也只能访问这个服务器。

（3）电子邮件地址的构成。用户名@电子邮件服务器名：它表示以用户名命名的信箱是建立在符号“@”后面的电子邮件服务器上，该服务器就是向用户提供电子邮政服务的“邮局”机。

电子邮件地址的格式由 3 部分组成。第一部分“USER”代表用户信箱的账号，对于同一个邮件接收服务器来说，这个账号必须是唯一的；第二部分“@”是分隔符；第三部分是用户信箱的邮件接收服务器域名，用以标志其所在的位置。

（4）电子邮箱的选择。在选择电子邮件服务商之前，要明白使用电子邮件的目的，根据不同的目的有针对性地去选择。如果经常和国外的客户联系，建议使用国外的电子邮箱。比如 GMail，Hotmail，MSN mail，Yahoo mail 等。如果想当作网络硬盘使用，经常存放一些图片资料等，那么就选择存储量大的邮箱，比如 GMail，Yahoo mail，网易 163 mail，126 mail，TOM mail，21CN mail 等都是不错的选择。

如果自己有计算机，那么最好选择支持 POP/SMTP 的邮箱，可以通过 Outlook，Foxmail 等邮件客户端软件将邮件下载到自己的硬盘上，这样就不用担心邮箱不够用，同时还能避免别人窃取密码以后偷看你的信件。当然前提是不在服务器上保留副本。以上建议主要是从安全角度考虑。

如果经常需要收发一些大的附件，GMail，Yahoo mail， Hotmail， MSN mail，网易 163 mail，126 mail，Yeah mail 等都能很好地满足要求。

2. 操作方案

电子邮件最大的特点是安全快捷。因此，骆珊根据要求定出了具体的操作流程，主要有以下几个要点。

（1）登录邮件服务器。

（2）申请新的电子邮箱账号。

（3）编写新的邮件。

（4）收发电子邮件。

9.2.3 任务实现

骆珊登录邮件服务器，申请到电子邮箱后，得到了一个电子邮件账户，每个电子邮箱都有一个邮箱地址，称为电子邮件地址（E-mailAddress）或 E-mail 地址。例如，在“263.net”主机上，有一个名为 abc 的用户，那么该用户的 E-mail 地址为：abc@263.net。电子邮件地址的格式是固定的，并且在全球范围内是唯一的。用户的电子邮件地址格式为用户名@主机名。它包括用户名（Username）与用户密码（Password）。骆珊可以将电子邮件发送到客户的电子邮箱中。

下面以 126 网易邮箱为例，简要说明申请免费电子邮箱和收发电子邮件的方法。

（1）登录专用电子邮局注册界面，如图 9-2-1 所示。

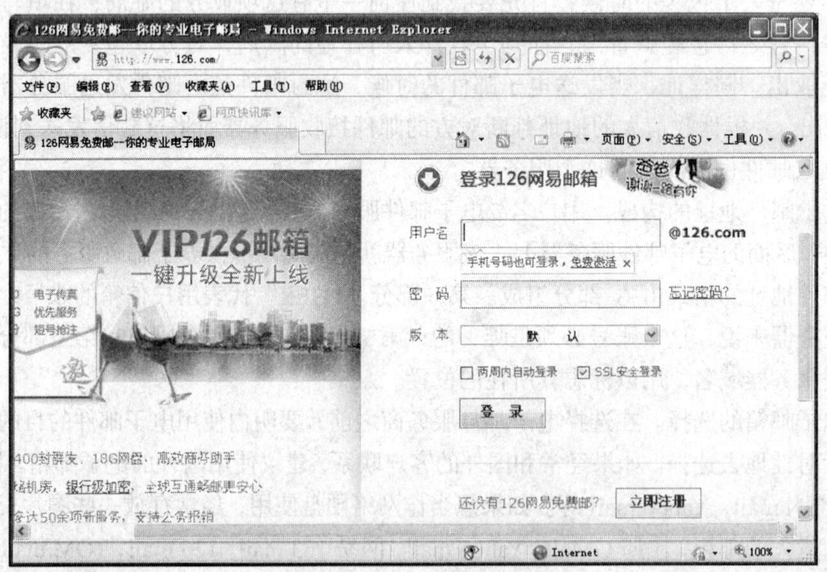

图 9-2-1 登录专用电子邮局

（2）创建新的邮箱账号，如图 9-2-2 所示。

（3）注册成功，如图 9-2-3 所示。

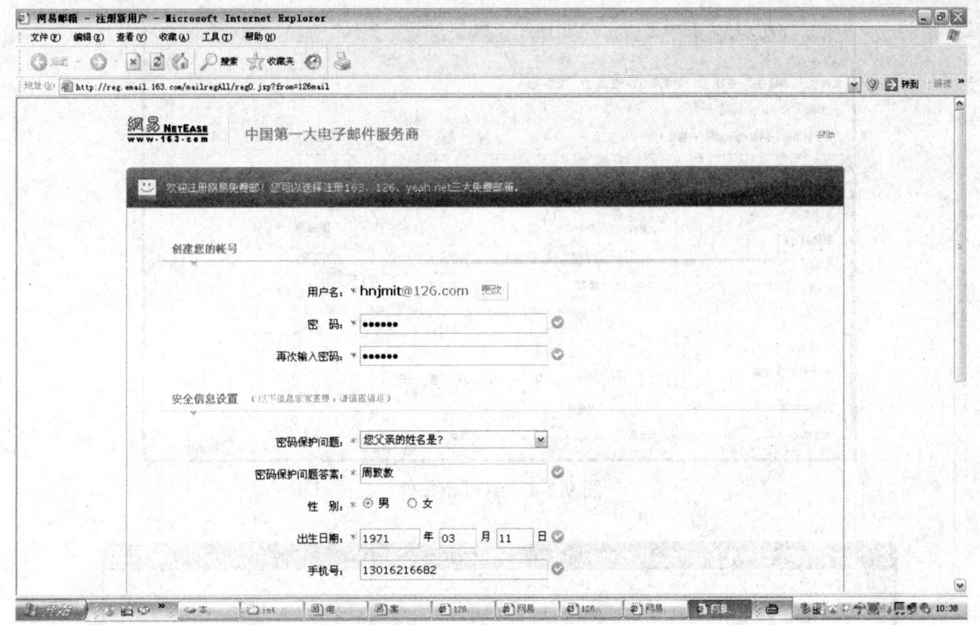

图 9-2-2　创建新的邮箱账号

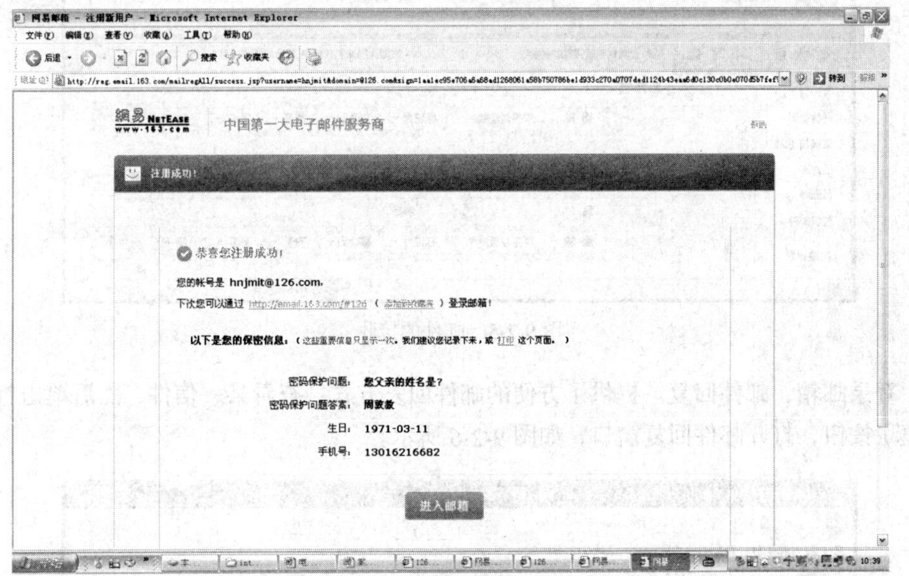

图 9-2-3　注册成功的界面

（4）登录邮箱，开始编写新邮件，发电子邮件，如图 9-2-4 所示。

① 填写收件人邮件地址。

② 填写发送邮件的主题。

③ 添加邮件附件。

④ 输入邮件正文。

（5）登录邮箱，邮件的接收，如图 9-2-5 所示。

① 自动接收邮件。

② “别针”标识，表示该邮件带有附件。

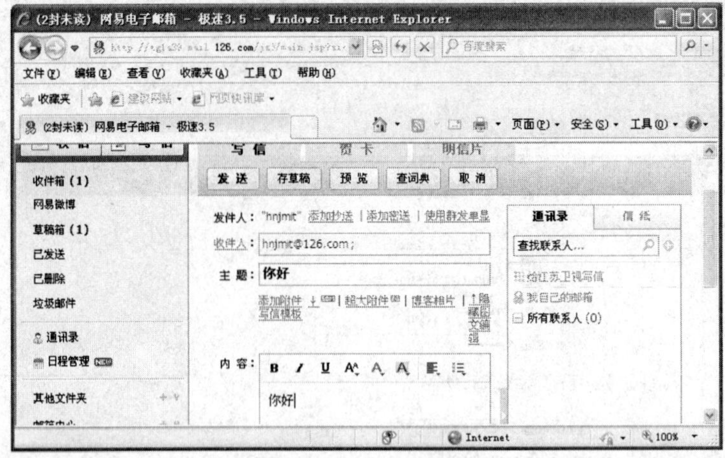

图 9-2-4　编写新邮件

图 9-2-5　邮件的接收

（6）登录邮箱，邮件回复。提供了方便的邮件回复方式：查看某一信件，然后单击查看窗口的【回复】按钮，打开邮件回复窗口，如图 9-2-6 所示。

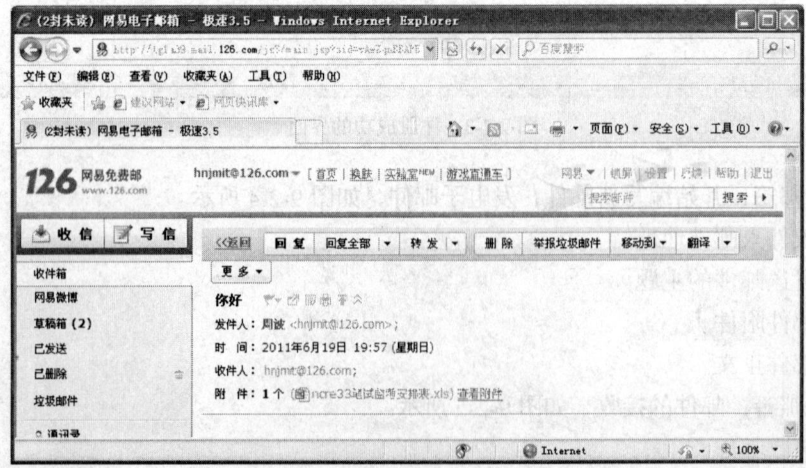

图 9-2-6　邮件回复

9.2.4　任务小结

骆珊完成了电子邮件的注册及登录，并能进行日常收发电子邮件操作，身心放松，她觉得自己在互联网的灵活使用上，又上了一级台阶。于是，她对这次任务做了一下小结。

电子邮箱的工作方式如下所述。

（1）发送方将写好的邮件发送给自己的邮件服务器，发送方的邮件服务器接收用户送来的邮件，并根据收件人地址发送到对方的邮件服务器中。

（2）接收方的邮件服务器接收到其他服务器发来的邮件，并根据收件人地址分发到相应的电子邮箱中。

（3）接收方可以在任何时间和地点从自己的邮件服务器上的电子邮箱中读取邮件，并对它们进行处理。发送方将电子邮件发出后，通过什么样的路径到达接收方，这个过程可能非常复杂，但是不需要用户介入，一切都是在 Intemet 中自动完成的。电子邮件程序向邮件服务器中发送邮件时，使用的是简单邮件传输协议（SMTP），电子邮件程序从邮件服务器中读取邮件时，可以使用 POP3 或 IMAP，它取决于邮件服务器支持的协议类型。

9.2.5　拓展训练

126 邮箱密码忘记或被盗如何修复？

（1）请登录 126 邮箱页面，单击登录框右边的【忘记密码？】按钮，如图 9-2-7 所示。

（2）选择使用【通过密码提示问题】选项进行修复密码，如图 9-2-8 所示。

图 9-2-7　登录邮箱

图 9-2-8　选择【通过密码提示问题】选项

（3）填写正确的用户名及出生日期，再单击【下一步】按钮，如图 9-2-9 所示。

（4）回答您设定的密码提示问题答案，输入新密码，单击【下一步】按钮，如图 9-2-10 所示。（如有绑定将军令、密保卡、电话密保的用户需先通过密保验证。）

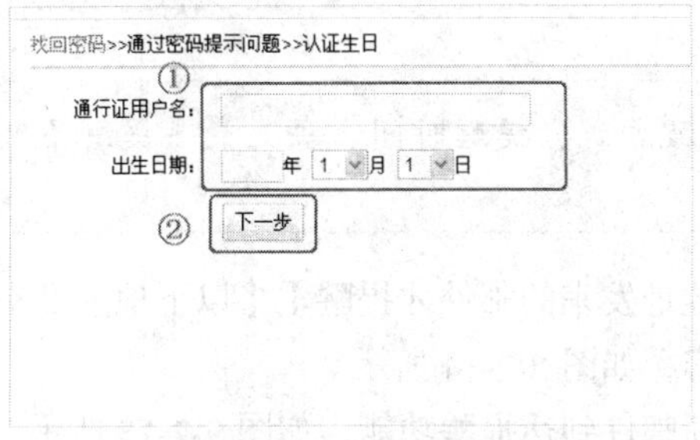

图 9-2-9　填写密码提示问题

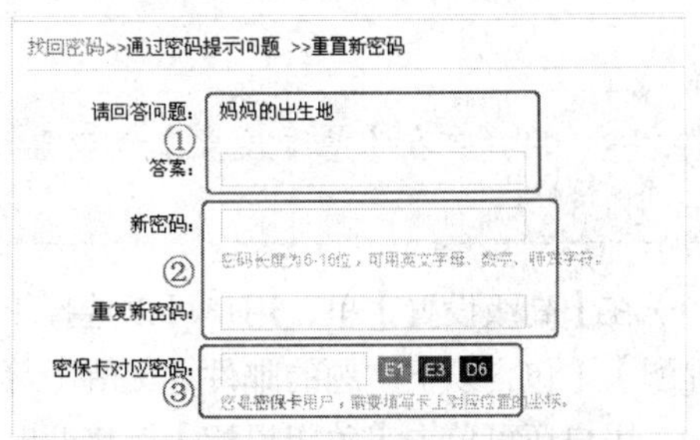

图 9-2-10　通过密码提示问题

（5）修改密码成功！如图 9-2-11 所示。

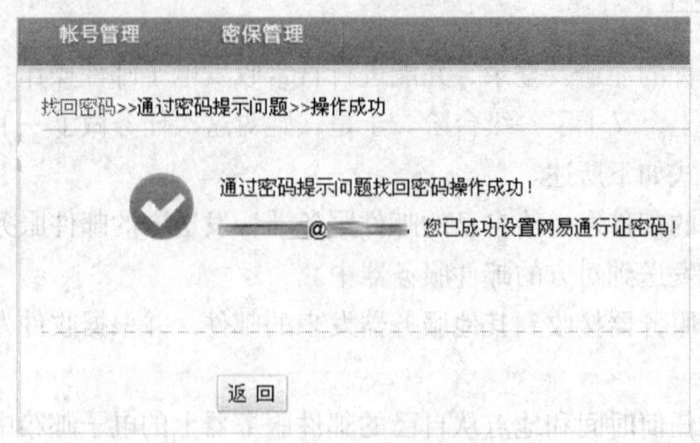

图 9-2-11　修改密码成功

9.2.6　课后练习

1. 请上网申请一个 126 免费邮箱，并使用它给任课老师发送邮件。
2. 给上题中申请的邮箱设置【新邮件到达短信提醒】功能。

开通 126 随身邮服务的用户收到邮件后，开通该服务的手机号码将收到新邮件到达短信提醒。用户可以根据收到的短信内容，在手机上完成阅读和回复邮件。

（1）已开通随身邮的用户，登录邮箱后，单击左侧【邮箱服务】中的【随身邮】——设置新邮件到达提醒，如图 9-2-12 所示。

（2）进入随身邮设置页面，通过修改设置条件，能让随身邮更好地为您服务，如图 9-2-13 所示。

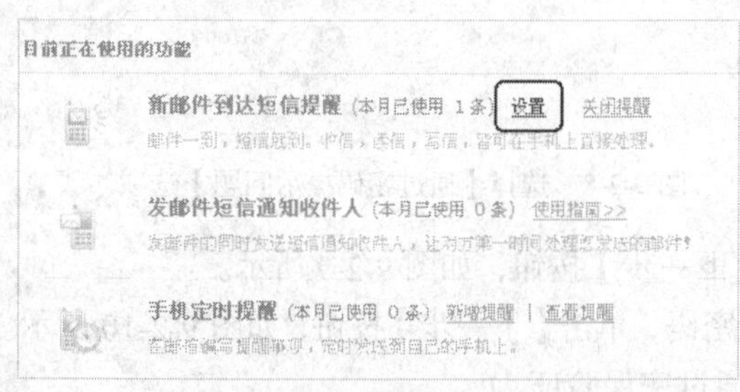

图 9-2-12　设置新邮件到达提醒

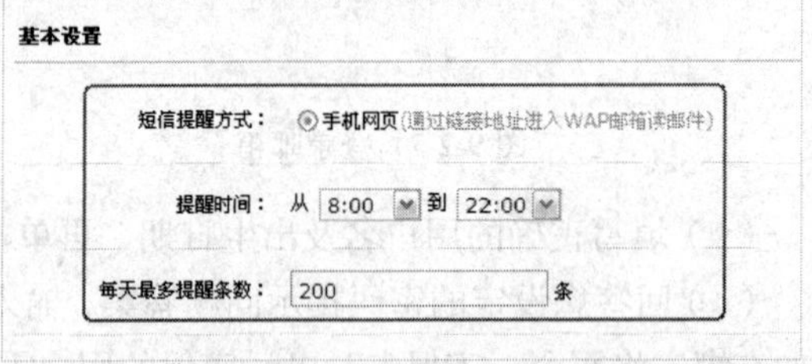

图 9-2-13　设置新邮件到达提醒条件

提示　用户可在【基本设置】里设置短信提醒方式、提醒时间、每天最多提醒条数等内容。

（3）在【高级设置】里，用户可以选择【以下地址发来的邮件才提醒】、【以下地址发来的邮件不提醒】、【包含以下主题的邮件才提醒】等项内容，如图 9-2-14 所示。

（4）用户还可单击【关闭提醒】链接暂时关闭新邮件到达提醒功能，如图 9-2-15 所示。

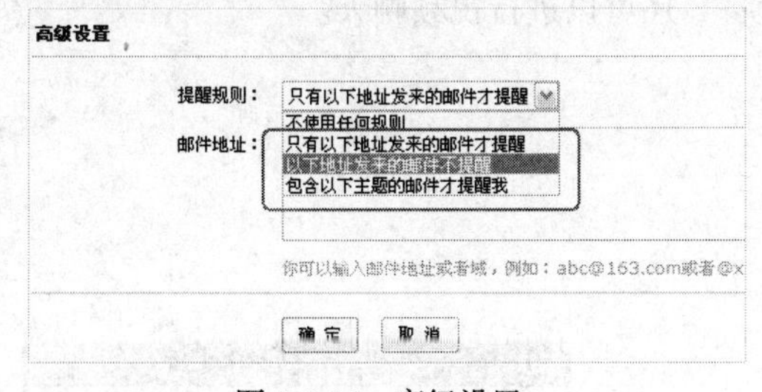

图 9-2-14 高级设置

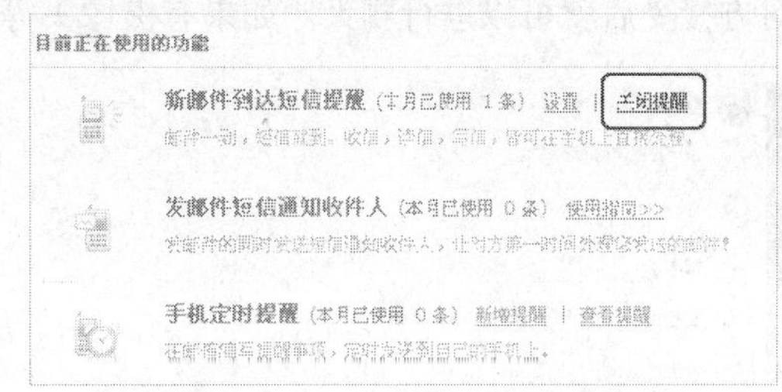

图 9-2-15 设置【关闭提醒】

9.3 Internet 综合应用——网络会议 NetMeeting

9.3.1 创建情景

Microsoft NetMeeting 拥有强大的功能，它可以说是最早实现网络视频聊天、会议的即时通信软件之一，只要你配备麦克风、摄像头这样简单的道具，就可以真正实现了足不出户，天涯海角任你聊，音容笑貌近在眼前，在家舒服地坐在沙发上一样参与办公会议。

9.3.2 任务剖析

1. NetMeeting 相关知识点

（1）聊天。文字、语音、视频聊天都可以。

（2）白板绘图功能。可以和你的朋友一起画图，一起完成演示文稿、表格统计等工作。

（3）文件传递功能。可以直接为自己的朋友，或从朋友那里得到文件。

（4）共享桌面、共享程序的功能。如果对电脑功能不了解，或使用电脑遇到问题，可以让信任的朋友远程控制自己的电脑，非常的快捷和高效。

基于以上几点，学会使用 NetMeeting 会令用户的学习工作事半功倍。

现在，越来越多的企业和政府机关组建了办公网。组建办公网的目的不仅仅是共享网络资源，还可以用办公网来召开网络会议，提高工作效率。在一个单位内部，很多工作是可以在办公网上进行的，网络会议就是其中之一。下面将介绍用 NetMeeting 来实现网络会议系统。

Microsoft 提供的 NetMeeting 是个功能齐全的网上实时会议程序，它不仅包含标准的会议功能，还提供了让用户通过音频、视频进行交流的功能。交流双方还可以共享应用程序和共享白板。在共享白板上，可以双向绘画交流，这几乎与人们在日常工作中在同一个图形上讨论问题一样。会议期间，无需在每台计算机上安装软件，即可共同创建文档、电子表格或其他文件。此外，该程序还可以向一个或全部参加会议者发送文件。

可以在会议服务器上主持会议。主持会议时，可以选择会议名（如统计年会）、密码、安全性（限制参加会议或邀请参加会议的人数）以及邀请谁参加会议。在会议服务器主持会议时，可以访问服务器并从会议列表中选择会议。

使用 NetMeeting 非常简单，在 XP 系统下，选择【开始】→【运行】命令，输入“conf”命令后运行，就能打开 NetMeeting，如图 9-3-1 所示。进行一些设置后，就能正式使用。当你想要呼叫某人时，在窗口的输入框中输入欲呼叫的电脑 IP 地址，再按旁边的电话图案，就能发出呼叫，当对方接受后就可以进行聊天。如果有摄像头等设备，还可以进行视频聊天。

图 9-3-1　启动 NetMeeting

2. 操作方案

NetMeeting 最大的特点是召开视频网络会议。因此，根据要求，骆珊定出了具体的操作流程，主要有以下几个要点。

（1）启动 NetMeeting。

（2）NetMeeting 的设置。

（3）召开网络会议。

9.3.3　任务实现

1. 使用方式

（1）NetMeeting 可直接用网络（TCP/IP）地址呼叫对方，这种方式只要知道对方的网络地址，将其在呼叫时输入即可。在这种方式下，被呼叫方一定要正在使用计算机，且其 NetMeeting 一定要处于打开状态。若对方没有打开 NetMeeting，则只有通过电子邮件来与对方联络，使其打开 NetMeeting。如果对方的计算机没有打开的话，就无法使用这种方式。在这种方式下，使用 NetMeeting 很费时，但它不需要使用目录服务器。在这种方式下使用 NetMeeting 时，启用【新呼叫】窗口时，呼叫方式一定要选【网络 TCP/IP】选项，地址项一定要选取网络上存在和正在使用的计算机的网络 TCP/IP 地址。

（2）通过网络上的目录服务器使用 NetMeeting（不论是内部网络上的目录服务器，还是 Internet 上的目录服务器，都可使用）。用这种方式使用 NetMeeting 时，启用【新呼叫】窗口时，呼叫方式一定要选【目录服务器】选项，地址项一定要选取网络上存在和正在使用的目录服务器的网络地址。在这种方式下使用 NetMeeting 时，只要连到目录服务器上，就有很多用户组在目录服务器上交谈，可以加入到任一个允许自己加入的谈话组，不需要再进行联络。

2. NetMeeting 的设置

（1）选择【工具】→【选项】命令，在弹出的对话框中的【目录设置】文本框中输入某个目录服务器地址，例如【ils.nbip.net】，然后单击【确定】按钮。

（2）选择【呼叫】→【登录到 ils.nbip.net】命令，稍候正在登录。

（3）第一次使用 NetMeeting 时，可以根据 NetMeeting 向导程序进行必要的系统设置。运行 NetMeeting 程序，当向导出现时，单击【下一步】按钮，如图 9-3-2 所示。

（4）根据屏幕提示输入你的个人信息，如姓名、电子邮件地址等，如图 9-3-3 所示，再单击【下一步】按钮。

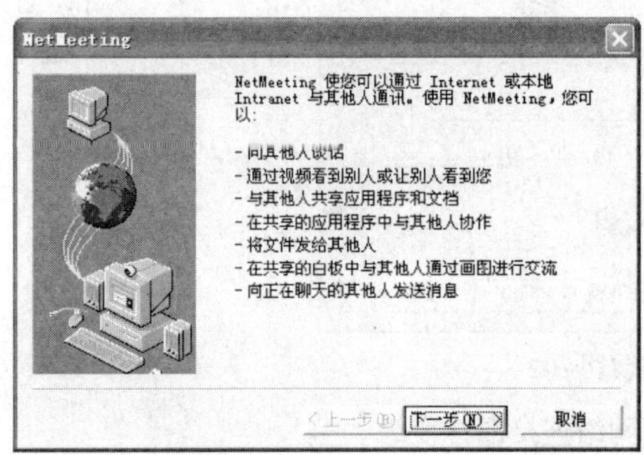

图 9-3-2 启动 NetMeeting

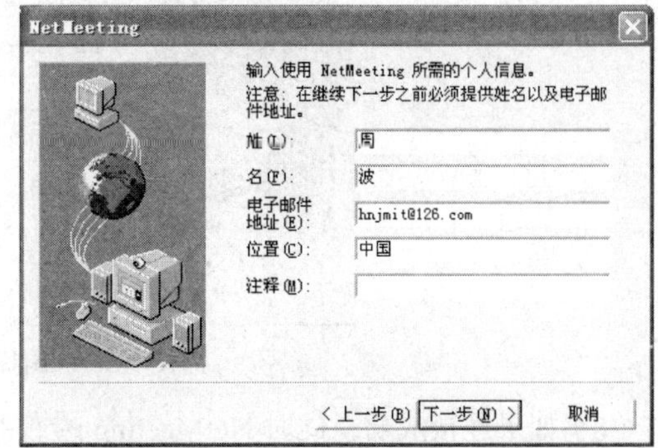

图 9-3-3 NetMeeting 个人信息填写

（5）选中【当 NetMeeting 启动时登录到服务器】复选框，然后在下拉列表选中你所需要的目标服务器，单击【下一步】按钮，如图 9-3-4 所示。

（6）选择连接网络方式，如图 9-3-5 所示。

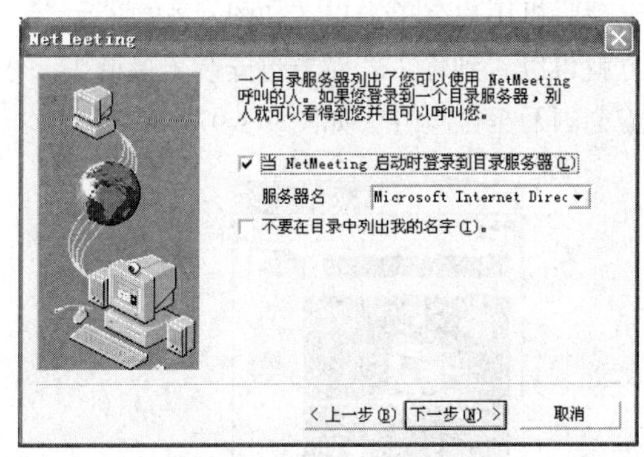

图 9-3-4 选择登录的服务器

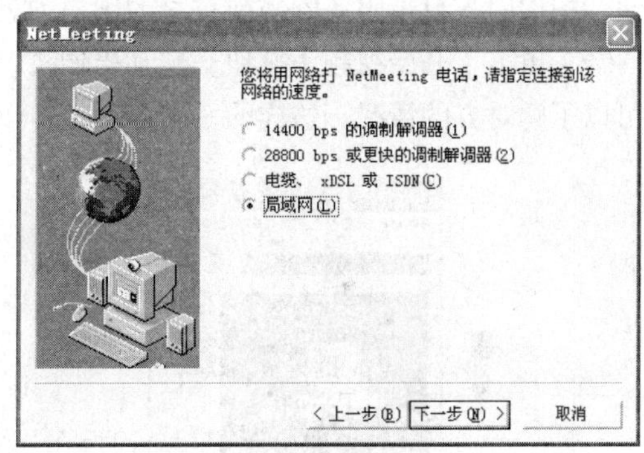

图 9-3-5 选择连接网络方式

（7）调整音量大小。单击【测试】按钮，阅读屏幕上的文字，单击【下一步】按钮，出现如图 9-3-6、图 9-3-7 所示的画面，单击【下一步】按钮直至最后完成。

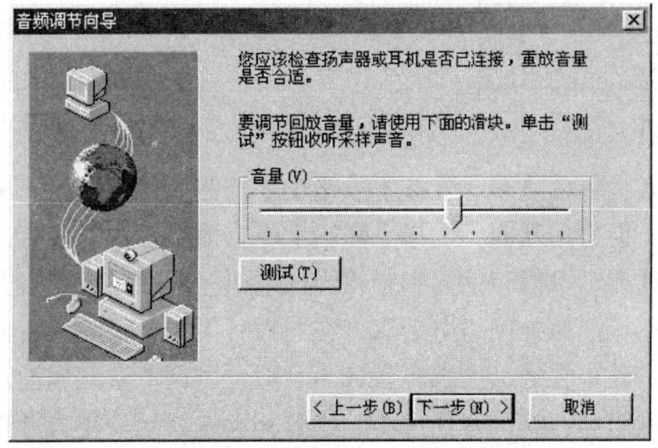

图 9-3-6 调整音量大小（1）

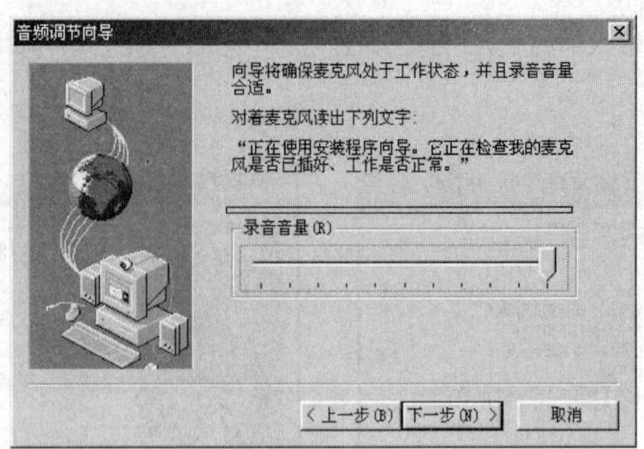

图 9-3-7　调整音量大小（2）

（8）如果连接成功，此时 NetMeeting 的右下角网络连接图标变绿。

3. 召开网络会议

NetMeeting 可以让身处异地的人们轻松召开会议，还可以指定会议主持人来负责整个会议的进程，如果想成为会议主持人，就进行如下操作。

（1）连接服务器。第一次使用设置完信息后，NetMeeting 就会和设置的目录服务器连接，或直接输入对方的 IP 地址进行连接，并启动 NetMeeting 软件。单击主画面屏幕右侧的【进行呼叫】按钮，把你引入目录服务器当前登录的用户列表，出现联机用户名单窗口，如图 9-3-8 所示。

（2）单击【开始视频】按钮，启动摄像头，对方就可以看到你。若对方也安装了摄像头，你也可以了解对方的情况，这样的一个会议，可以覆盖全国乃至全世界，如图 9-3-9 所示。

图 9-3-8　呼叫工具

图 9-3-9　视频工具

（3）接受呼叫。他人拨电话进来，你按下【接受】按钮接受，反之，单击【忽略】按钮。若想停留在目录服务器上，但禁用呼叫，选择【呼叫】→【请勿打扰】命令，如图 9-3-10 所示。

（4）通话。开始通话后，可以将话筒和音箱当做电话。通话效果受多方因素的影响，如声卡的优劣、网络连接的速率等。另外网络电话双方在通话时会有一定的滞后感，这是正常的。

（5）调节音频属性。若是在通话中感到音量不合适也可调节音频属性。方法是：单击【调整音频音量】按钮来调整话筒和音箱的音量大小，如图 9-3-11 所示。单击并拖动【话筒】图标下面的调节滑块，调节话筒音量；拖动【喇叭】图标下面的调节滑块，调节音箱音量。另外，还可以

在 NetMeeting 的选项中，根据音频调节向导设置音频的属性。方法是：选择 NetMeeting→【工具】→【音频调节向导】命令，根据向导来一步步地设置音频。

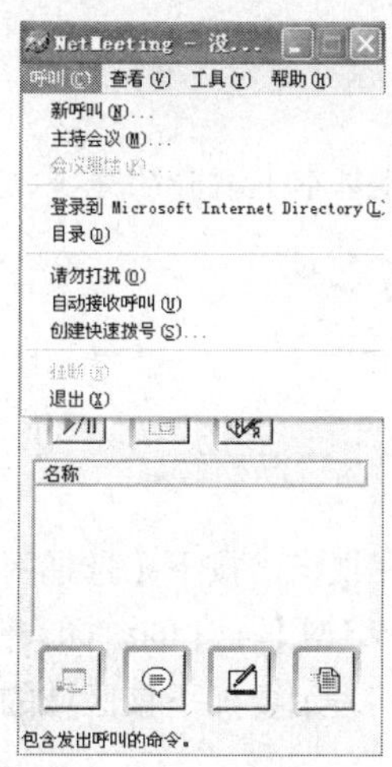

图 9-3-10　呼叫选项

图 9-3-11　调节音频属性

（6）利用白板进行图文交流。单击【白板程序】按钮，弹出一个【白板】窗口，如图 9-3-12 所示。它是一个共享式的绘图窗口。在会议中，所联网的人都可以在这个“白板”中用图形形式与其他人交流，并可以充分发挥你的想象力。

（7）利用【共享应用程序】进行交流。选择【工具】→【共享应用程序】命令，选择 Word 程序，这时，在对方的计算机上，就可以看到你正在编写的报告（界面同 Word 软件）。如果选择【工具】→【开始协作】命令。这样，所有人都可以在你的报告中输入各自的意见，单击【停止协作】按钮即可将控制权收回。要停止共享应用程序，只需选择【工具】→【共享应用程序】命令，然后再次选择先前选择的 Word 程序即可。

（8）传送文件。单击【传送文件】按钮，就可以把文件发送到你的联系人所在的计算机中，也可以查看你所接收的文件，如图 9-3-13 所示。

（9）聊天。NetMeeting 也具有聊天功能，当选中聊天对象后，单击【聊天】按钮，即开始聊天，输入你的聊天内容后，单击【发送信息】按钮即可，如图 9-3-14 所示。

图 9-3-12　白板程序

图 9-3-13　白板程序传送文件工具

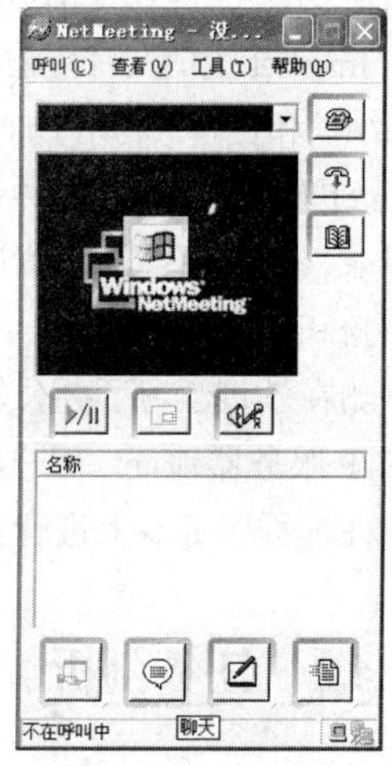

图 9-3-14　聊天工具

（10）单击【在目录中找到某人】按钮，在出现的对话框中，可以选中一个目录地址，也可直接键入地址，通过服务器就可以找到这个人。

9.3.4 任务小结

Microsoft Windows 自带的 NetMeeting 工具的所有功能基本上就介绍完了，使用此软件可方便地进行异地会议与交流，应充分加以使用。

9.3.5 拓展训练

NetMeeting 还有一个功能，那就是配合画图工具抓图。

开启白板后要将白板最大化，以免遮住其他的应用程序视窗。按下【选择区域】按钮，或是选择【工具】→【选择区域】命令，鼠标将会变成相机及十字型【 + 】的游标，白板将会最小化，按下鼠标左键不放，再拖曳鼠标，将会出现一个虚线方块，表示要抓下该区域的画面。然后，松掉鼠标左键，将自动抓下图形并贴到白板内。

可以重复这些步骤，多抓几页画面，并贴到白板内，再编成画簿。视窗下方可看出共有几张图形，目前是第几张。可以直接按左右方向键以翻阅此画簿。

9.3.6 课后练习

利用所学知识，设置召开一个 NetMeeting 的班级网络会议。

9.4 Internet 综合应用——文件传输软件 CuteFTP 5.0

9.4.1 创建情景

Internet 作为现代信息高速公路，已深入人们的生活，它所提供的电子邮件 Web 网站信息服务已被越来越多的人所熟知和使用。FTP 虽然没有像 E-mail 和 Web 网站信息服务那样得到广泛使用，但是它在 Internet 上的文件传输功能，受到了一些专业人士的青睐。骆珊的一部分工作是日常管理公司网站的维护和更新，利用 FTP 进行文件的传输。

CuteFTP 5.0XP5 是一种使用容易且很受欢迎的 FTP 软件，下载文件支持续传、可下载或上传整个目录，具有不会因闲置过久而被站台踢出的优点，具有上载下载队列、上载断点续传、整个目录覆盖和删除等功能。

骆珊在学校学习了办公软件 Internet 综合应用课程，知道利用 CuteFTP 5.0 进行文件传输，掌握了 FTP 服务器地址、用户名和密码的设置，FTP 站点的连接和断开方法，文件的下载和上传方法以及在远程服务器上进行文件操作的方法。

9.4.2 任务剖析

骆珊于是开始着手在 CuteFTP5.0 XP 5 中建立了站点管理，下面可以添加一些常用的网站，

并可以上传和下载文件了，一起来看看吧。

相关知识点

主界面主要有 4 个工作区，介绍如下。

① 本地目录窗口：默认显示的是整个磁盘目录，可以通过下拉菜单选择已经完成的网站的本地目录，以准备开始上传。

② 服务器目录窗口：用于显示 FTP 服务器上的目录信息，在列表中可以看到的包括文件名称、大小、类型、最后更改日期等信息。窗口上面显示的是当前所在位置路径。

③ 登录信息窗口：FTP 命令行状态显示区，通过登录信息能够了解到自己目前的操作进度，执行情况等，诸如登录、切换目录、文件传输大小、是否成功等重要信息，以便确定下一步的具体操作。

④ 列表窗口：显示队列的处理状态，可以查看到准备上传的目录或文件放到队列列表中，此外配合【Schedule】(时间表）的使用还能达到自动上传的目的。

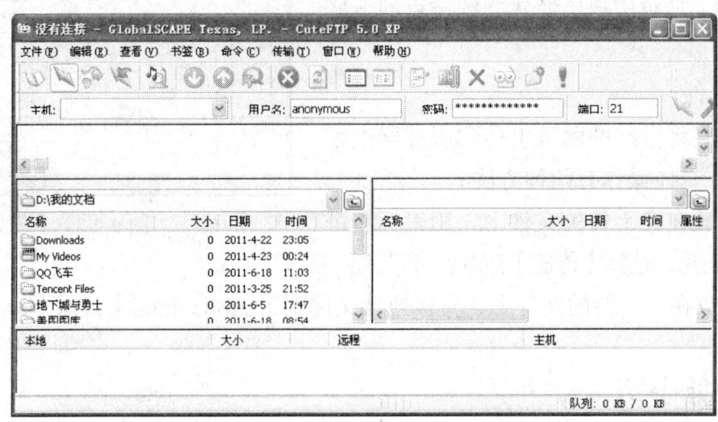

图 9-4-1　CuteFTP 5.0 主界面简介

9.4.3　任务实现

打开 CuteFTP 5.0 软件。在下载完 CuteFTP 5.0 软件后，单击可执行的“.exe”文件开始安装，按照提示输入磁盘目录并逐步完成安装，这时在系统桌面上会自动创建一个快捷图标，单击图标进入欢迎窗口。

1. FTP 站点的创建

选择【文件】→【站点管理器】命令，进入【站点设置】对话框，如图 9-4-2 所示，在这个对话框中可以看到新建、向导、导入、编辑、帮助、连接和退出等按钮。

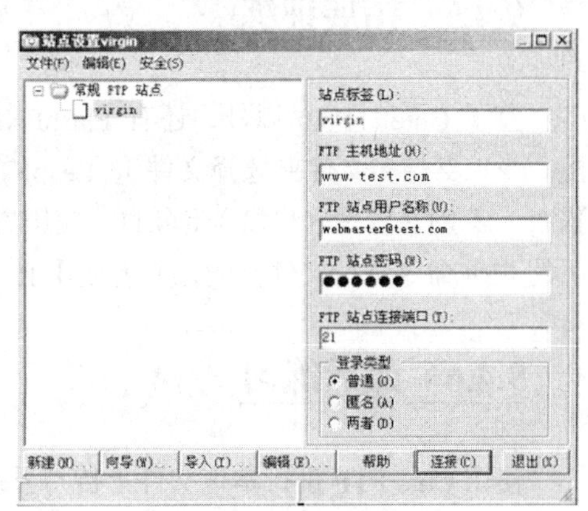

图 9-4-2　新建 FTP 站点

（1）【新建】是创建/添加一个新的站点。

① 【站点标签（L）】，可以输入一个便于记忆的名字。

② 【FTP 主机地址（H）】，这是 FTP 服务器的主机地址，在这里只要填写域名就可以了。

③ 【FTP 站点用户名称（U）】，填写用户在虎翼网注册时的用户名。

④【FTP站点密码（W）】，填写在虎翼网注册时填写的密码。

⑤【FTP站点连接端口（T）】，CuteFTP 5.0软件会根据用户的选择，自动更改相应的端口地址，一般包括FTP（21）、HTTP（80）两种。虎翼网FTP设置的端口就是21。最后，当所有设置完成后，单击【Connect】按钮建立站点连接，就可以成功地与服务器连接，开始上传文件。

（2）【向导】，是软件来一步一步辅导用户创建新的站点，如果用户对FTP软件还不是很熟悉，可以单击【向导】按钮来辅助创建新的站点。

（3）【导入】，是允许用户直接从CuteFTP、WS-FTP、FTP Explorer、LeapFTP、Bullet Proof等FTP软件导入站点数据库，这样就不用一个一个地设置站点，减少了录入庞大数据库的时间和无谓的录入错误。

（4）【编辑】，是对用户已经建立的站点的一些功能的设置。

2. 上传文件

连接后就可以将做好的网页上传到服务器上，如图9-4-3所示，具体操作有两种方法。

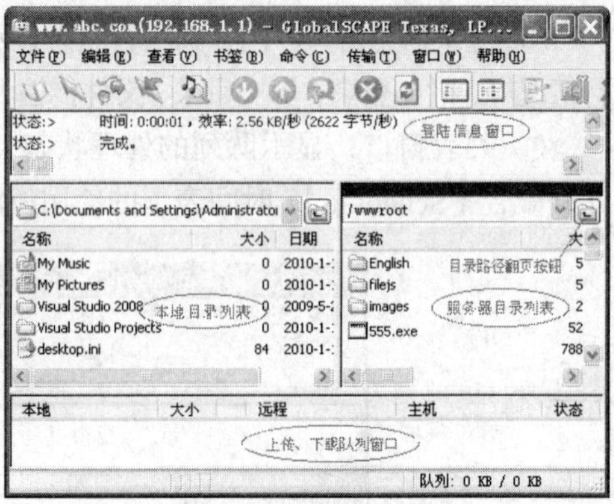

图9-4-3　上传文件

（1）将鼠标放在要上传的文件上，用鼠标右键点击，出现一个表单，选择【传送】命令就可以了。

（2）将鼠标放在要上传的文件上，直接拖动文件到【public_html】目录下。

9.4.4　任务小结

骆珊用CuteFTP 5.0完成文件传输，她认为该软件是一种使用容易且很受欢迎的FTP软件，具有上载下载队列、上载断点续传、整个目录覆盖和删除等功能，具有不会因闲置过久而被站台踢出站台的优点。在目前众多的FTP软件中，CuteFTP5.0因为其使用方便、操作简单而备受网上冲浪者的青睐。

9.4.5　拓展训练

除了CuteFTP5.0以外，还有FlashFXP（笔者一直用它）、IglooFTP（同时登录多个FTP）、BpFTP（支持多文件夹选择文件）、LeapFTP（外观界面）、网络传神（优秀国产软件）、流星雨-猫眼（多FTP管理客户端）等软件，使用方法大同小异。如果临时没有这些软件，还可以用DOS下的FTP命令进行文件传输，或者使用IE进行FTP传输。

9.4.6　课后练习

使用Cute FTP进行本地文件上传与异地下载。